山・水・人の風景

― 地質コンサルタントの世界 ―

辻 和毅 著

櫂歌書房

はじめに

　今までいろいろな機会に原稿を書いてきました。この本はいつの間にか書きたまった雑稿を整理しようと思いたったことから始まりました。世にいう「終活」のようでもありますが、そこまで改まった気負いはありませんし、達観した訳でもありません。20歳台後半から勤めた会社を2003年9月に60歳で定年退職し、それ以降に書いたものが多い。

　その題材は3ケ年続けて歩いたチベット、5年間参加したCREST(クレスト)(文部科学省の特定研究)、3年続いた国連大学のワークショップ、6年担当した大学の講義、学会や研究会での発表や投稿、同窓会誌への寄稿、学位論文のまとめなどによっています。いろんな機会に感じ考えたことを綴ってきました。

　こうして過ごした60歳台は思い返せば多忙な10年でした。2冊の本を刊行したのもこの時期でしたし、定年後も第二の職場で働いていましたから、人生で一番中身の濃い時間だったかもしれません。

　このようにまとめてみると、よくも書いたものだと思う。ことに本を出版する時は憑かれたように書いていた。海外の調査旅行や学会活動、第一線の研究者とのお付き合い、探検史料など新しい材料に事欠かないから、書きたいことは山ほどあった。さらに学術論文ではない気軽さで、思うことを自由に書かせてもらった。初出の媒体は、学会誌、郷土誌、研究会誌、市販定期刊行物、同窓会誌、調査報告書など多岐にわたっている。まとめてゆくうちに欲が出て若いころのものを少し整理して加えた。

　とりとめもなく書き記してきたが、本としてまとめるに当たって、ある程度にかよったテーマ別に分類して章だてしてみると、おのずとわが身の趣向が色濃く見える人生録になっている。8章構成で序章と終章を加えた。第3章まではチベットの「カンリガルポ山群」と辺境地域を主題として、あとは山、離れ孤島、地下水、水資源、海外調査、大学で留学生に話したことなど好きなことを取り扱っている。楽しく存分にやってきたし、つらいと思った覚えはないから、幸せなことであった。

　本として刊行するに当たって、書いた年度など紛らわしい数字や説明不足の表現は加筆して分かりやすくし、明らかな誤字や誤りは修正した。ほかはできる限り原文のままとし、文体は統一していない。また、読者層が違う雑誌に載せたため共通する題材が同工異曲となってだぶった箇所がある。我ながらぎこちなく硬い武骨な文章が多いので忸怩たる思いだが、力不足で仕方がない。

以上合わせてお詫びを申し上げる。後期高齢者となった昨今、肩の荷も下り気持の余裕もでて、ようやく難しいことを少しはやさしく書けるようになったかなと安心して読める文章もあるように思う。

　この間にじつに多くの方にお世話になった。厚くお礼を申し上げる。定年の60歳以降に交換した名刺の数は現役時代と変わらない。職業柄、役所や会社関係の方が多いが、アカデミックな世界や海外の方、山の仲間との交歓が増えた。明らかに定年を境にお付き合いの世界が変わった。

　最後に二人の娘たちと愛犬を守り、いつも快く送り出してくれた妻 なをみに心から感謝の言葉を送ります。

2018年10月

目　次

はじめに …………………………………………………………………… 3

序　章　章の組み立てと要旨 …………………………………………… 9

第1章　チベット・ヒマラヤの東　カンリガルポ山群と探検史 …… 15

1-1　流域紀行　チベット・ヤルツァンポとアッサム・ブラマプトラ川 … 19
　　　－インド東北部・アルナチャル・プラデシュ州の国境を歩く－

1-2　ヒマラヤの東・カンリガルポ山群東端の6327m峰 ……………… 29
　　　－探検家はこの未踏峰をみたか－

1-3　東南チベット・易貢措（イゴンツォ）の天然ダムと大洪水 ……… 36
　　　－探検家ベイリーの記録と現地踏査から－

1-4　アッサム大地震　－1950年8月－ ………………………………… 45
　　　－キングドン・ウォード夫妻の記録から－

1-5　カンリガルポ山群の民俗誌　－山麓の史跡と建造物あれこれ－ ……… 49

第2章　ミャンマーからブータンにかけての辺境地域 ……………… 65

2-1　ビルマ（ミャンマー）訪問記　－カ・カルポ・ラジを目指して－ …… 67
2-2　ミャンマー北部および周辺地域の探検史　－概説と年表－ ……… 71
2-3　ブータンとタワン・スバンシリ地域の探検史と年表 ……………… 86

第3章　探検史の断章 …………………………………………………… 101

3-1　灯台下暗し　－文献探しに思う－ ………………………………… 103
3-2　キングドン・ウォード追想 ………………………………………… 109
3-3　カンリガルポ山群・探検史余話　－ラッドロウとシェリフ－ …… 115

第4章　東南アジアから南アジアへ　－大都会と水の風景－ ……… 121

4-1　ヤシの木陰で卒業論文を …………………………………………… 123
4-2　インドネシア　－第二の故郷（1999年）－ ……………………… 126
4-3　いったい今ミャンマーで何が起こっているのだろう …………… 130
4-4　モンスーンアジアの大都会みたまま（その1）　ハノイ ………… 135

- 4-5 モンスーンアジアの大都会みたまま（その2）……………………140
  －ベトナム第一の商業都市ホーチミンとメコンデルタ－

- 4-6 モンスーンアジアの大都会みたまま（その3）……………………147
  東南アジアの中心商業都市バンコクとチャオプラヤ川
  －水の都は洪水をなだめてゆっくり流す－

- 4-7 モンスーンアジアの大都会みたまま（その4）……………………154
  軍事政権から民主化への胎動－新たな挑戦を始めた親日の国ミャンマー－

- 4-8 モンスーンアジアの大都会みたまま（その5）……………………163
  －ガンジス平野・ヒ素汚染の地下水に苦悩する人々－

- 4-9 モンスーンアジアの大都会みたまま（その6）……………………168
  －ガンジス平野・地下水と人間の安全保障－

第5章 大海の孤島に渡る……………………177

- 5-1 尖閣列島と私……………………179
- 5-2 尖閣列島調査隊の成立……………………182
- 5-3 尖閣列島の波高し……………………184
- 5-4 韓国・済州島の漢拏山(ハンナサン)登山（1966年4月）……………………189
  －蒸し返される日韓問題と私のトラウマ－
- 5-5 白頭山を訪ねて3000里……………………193
- 5-6 白水隆先生の思い出……………………196

第6章 地下水と水資源の環境保全……………………199

- 6-1 タイ王国・高貴なる大河 チャオプラヤと流域の水資源管理………201
  －日本が学ぶこと－
- 6-2 松下潤(中央大学研究開発機構教授・前流域圏学会会長)氏の書評
  辻 和毅 著「アジアの地下水」櫂歌(とうか)書房……………………206
- 6-3 古川博恭（琉球大学名誉教授）氏の書評
  辻 和毅 著「アジアの地下水」櫂歌(とうか)書房……………………209
- 6-4 書評 辻 和毅 著「アジアの地下水」櫂歌(とうか)書房……………………210
- 6-5 書評 守田 優 著「地下水は語る－見えない資源の危機」岩波新書…212
- 6-6 書評 谷口真人 編著
  「地下水流動 モンスーンアジアの資源と循環」共立出版…………214
- 6-7 書評 谷口真人・吉越昭久・金子慎治 編著
  「アジアの都市と水環境」古今書院……………………216

6-8 書評 古川 博恭・黒田 登美雄 著
英文「The Underground Dam」海鳥社 ································ 219

第7章 邂逅(かいこう)のひとこま －人生の妙－ ······························ 223
7-1 マダガスカルと天草を結ぶ糸 ··· 225
－バルチック艦隊の消息を打電した日本人がいた－
7-2 地図から消える町　ウィットヌーム　西オーストラリア ········· 231
－鉄鉱石とアスベスト禍に翻弄された100年－
7-3 君、お椀だって指先の小さな力でスーッと動くんだよ ············· 237
－勘米良亀齢先生の小さな実験の思い出－
7-4 図書紹介「九州大学探検部 50年の軌跡」九州大学探検会 ········· 240

第8章　郷土の情景 ·· 241
8-1 水からみえる土地の風景　－大分県臼杵－ ·························· 243
8-2 コミュニケーション能力と町おこし ·································· 249
－「専門性を生きる備えと教養」シンポジウム－
8-3 六郷満山　国東半島の不思議におもう ······························· 253
8-4 四万十川紀行 ··· 255
8-5 「コモンズの悲劇」から世界自然遺産「屋久島」を考える ······ 261
8-6 ユネスコの世界文化遺産「神宿(むなかた)る島」宗像・沖ノ島と関連遺産群 ··· 267

終章　若き友へのメッセージ ··· 273
- Sustainable Development 「持続可能な発展」について ··············· 275
- 地下水をめぐる環境問題を身近に考えるヒント －杜と水の都・熊本－ ··· 278
- 流域圏と地質屋・Lessons learnt from the past ····························· 282
- 大学で留学生との語らい　－水資源とその環境保全・講義録－ ··········· 286
- 国連大学のワークショップ『地下水と人間の安全保障』に参加して ··· 291
－若き友へのメッセージとともに－

あとがき ·· 296

初出一覧 ·· 298

序章　章の組み立てと要旨

第1章　チベット・ヒマラヤの東　カンリガルポ山群と探検史

　私は2003年11月に初めてチベットに行って以来、翌2004年秋、2005年夏と3ケ年続けてカンリガルポ山群に足を運んだ。「カンリガルポ山群」は広大なチベット高原の南東端にあり、インドやミャンマーとの国境に近い。当時は区都のラサから2泊3日もかかる辺境のまた辺境であり、地理的な全容が分かっていないため、大いに探検的な気分にひたることができた。本場ネパールに劣らないヒマラヤ襞が張り付いて屹立する氷壁に囲まれ、6000mを越える未踏の山稜や氷河が次から次に現れ、眺めるだけで高揚する気持ちを抑えきれなかった。興奮しながら日本山岳会福岡支部の仲間と山名や山座の同定に汗を流した。

　この章は同山群の未踏の高峰とその山里を踏査した記録と、関連する文献をひも解いてまとめた歴史物語風の探検史を5編収めた。冒頭の1編は同山群のすぐ南にあってインドと中国の国境をなし、現在も紛争が偶発するマクマホンラインについて述べた。これは序章として山群の地理的な位置を頭に入れるとともに、探検家の行動がラインの成立に深く関わった歴史を知ることで、チベット東南部の地政学的な重要性を理解して欲しいと思ったからです。

　私たちが同山群に赴いた当時は2008年開催の北京オリンピック直前で、中国は開放政策のもと外国人の辺境地の入域に鷹揚であったようで、かなり自由に奥地まで入ることができた。オリンピックが終わると年を追ってチベット情勢は悪化し入域許可は非常に厳しくなっている。さらに高速道や空港などインフラ整備が進み、急速に観光地化し遊牧民の定住化など生活の様相も急激に変貌している。チベット人に対し中央政府の統制が厳しくなり、経済的にも困窮しているとニュースは伝えている。

　昨今の政治情勢をみると、我々はまことに幸運であった。6000m峰が連なる山群の谷間に散在する昔ながらの山里を訪ねてキャンプし、地元の人と交歓しながらのんびりと探索するなど、今ではとても考えられないことである。素晴らしい写真もたくさん撮ることができた。

　さらに私にとって、学生時代から尊敬する探検家キングドン・ウォードが歩いた道をたどることができるとは夢にも思わなかった驚きと喜びであった。

第2章　ミャンマーからブータンにかけての辺境地域

　1972年2月私はミャンマー（ビルマ）を訪れた。1年間のオーストラリア勤務を終えて、日本に帰る途中の寄り道で、わずか1週間の忙しい行程であったが、若いころ

からミャンマーに憧れていた身に強烈な印象を残した旅であった。この旅にははっきりとした目的があった。ミャンマーの北端にある当時未踏のカ・カルポ・ラジ山（5881m）に登る手がかりを探ることであった。その顛末をまとめて、章の第1編とした。

次いで2011年4月、東日本大地震の震災直後の混乱が収まっていない大変な時に再度ミャンマーに行く機会があった。しかも北部カチン州のプタオまで行くことができるというので、喜び勇んで出かけた。ヒルに悩まされながら深い森林を抜け、膝上までの結構な流量の支流を渡渉すると牧草地に出た。わずかに北に展望が開け、霧がかかった緑濃い山稜を遠望することができた。ただそれだけのことであったが、途中の村落の風情や人情に触れ、チベットとの国境山稜まで接近して満ち足りた充足感を味わった。山稜を北に越えるとそこはチベット東南端の察隅県（ザユール）で2004年に立ち寄っている。禁断の国境を北と南から指呼（？）の間に眺めたことになる。

ついでこの時の踏査に刺激されてミャンマー北部とその周辺地域の探検史を「概説と年表」としてまとめた。探検家キングドン・ウォードは若いころからミャンマー北部から雲南にかけて横断山脈を縦横に踏破したが、その足取りをつぶさに追うことができた。

3編目のブータンとアッサム西部・タワン・スバンシリ地域はマクマホンラインの西半分に当たる。この地域について情報は今でも非常に少ない。その探検史や地理について詳しく解説した書物は英文も含めてまだ目にしたことがない。その点で詳しい探検史年表も付けたので、本篇は役に立つのではないかと思う。

第3章　探検史の断章

探検史の編集は文献を読むことから始まる。カンリガルポ山群を含むチベット東南部から雲南省にかけて探検が行われたのは、18世紀末から20世紀中ごろまでである。大半が英国人によっており、英文の本や雑誌に記録されている。ほかわずかに仏文がある。

古い時代のものばかりであるので文献の収集には随分時間と費用を費やし苦労した。まずなによりも孫引きではなく、一次資料が欲しいから文献の追尾に時間がかかる。次にどこに所蔵してあるのか、探すのがまたひと苦労である。単行本に比べ雑誌ははるかに手間がかかる。この点は最近急速に整備されたインターネットを通した図書館どうしの情報交換によって多大な便益を受けた。当然のことであろうが、大学関係者には文献検索のサービスが随分と行き届いているようで、友人を通して便宜を図ってもらった。

ここではこの間の苦労話や意外な体験、そして尊敬する探検家への熱き想いなど若いころの思い出を織り交ぜて紹介した。まことに幸運なことにカンリガルポ山群の旅は彼らの足跡が残る道をたどる感動の旅となった。

第4章　東南アジアから南アジアへ　－大都会と水の風景－

　この章から話はチベットから離れ一転する。私は2003年9月まで日本工営という建設コンサルタント会社に長く勤め、多くの海外のプロジェクトに参画した。退職後は文部科学省の特定研究と国連大学のワークショップに加わりまた海外に出る機会に恵まれた。

　その現場は東南アジアが圧倒的に多い。今まで生きてきた結果としてこうなったもので、仕事を選別した訳ではない。若いころから関心を持ち馴染み深い地域であったので、海外の仕事でもフィーリングの波長が合う東南アジアの人たちとともに時間を過ごせたのは幸せなことであった。

　ここでは少し古い話になるが、30～40歳台の若いころに長く滞在し、結局生涯でいちばん長く在留したインドネシアでの地下水プロジェクトを再録した。次に東南アジア「ASEAN」の大都会について近況を報告した。章末にはバングラデシュでヒ素に汚染した地下水に苦悩し、安全な水を渇望する人々について述べた。

第5章　大海の孤島に渡る

　「尖閣列島」と聞いてその名を知らない人は少ないのではないでしょうか。中国の度重なる領海侵犯など毎日のように報道されている東シナ海の南端に浮かぶ孤島群である。

　私は1970年12月九州大学と長崎大学の探検部の仲間と尖閣列島に渡って10日間生活した。沖縄の復帰直前のことであるが、そのずっと以前から領有権争いは続いていた。ここでは厳しい世相の中で渡島をもくろんだ調査隊の苦労と冬の嵐が吹きすさぶ孤島でテント生活を共にした仲間の活躍を追った。

　済州島は東シナ海と黄海を隔てるように、韓半島のはるか東南の沖合いに浮かぶ大海の孤島である。学生時代私は探検部に所属して、海外の山に登ることを夢見ていた。念願かなって済州島に行ったのは4年生の春であった。その2年後1968年に再度訪れる機会があった。共に漢拏山（ハンナ）に登ることを目標とした。その後会社に入ってからダム調査で3回ほど韓国南部に行ったことがある。日韓関係は現在がそうであるように、その当時から微妙で一触即発の様相を帯びていた。韓半島の南北関係は今非常に流動的な時代の只中にある。

　ここでは1966年最初の登山の折に遭遇した「山小屋事件」を報告する。一昨年公表し長年の宿題をやっと果たした。このひと晩の体験は日韓関係を考える時いつも私の胸の中にあったトラウマでしたが、少し胸のつかえがとれたように思います。

　昨今の米朝関係を見ますと済州島から白頭山を目指したリレー登山はひょっとして起こりうるかもしれず、にわかに現実味を帯びてきました。

第6章　地下水と水資源の環境保全

　この本では専門的な話はできるだけ避けてきましたが、この章は専門書の書評のまとめですのでどうしても触れないわけにはゆきません。

　2005年から2012年にかけて「水」と題名の付く本が数多く出版された。本の題目や狙いは一見何の脈絡もなく世に出回っているようにみえるが、主題とするところは明らかに変化してきている。

　まず、2007、8年までは地球上の水資源を気候変動や人口の増加と結びつけて、理学的に数字で資源量の過不足を算定し、将来の水需給を予想し、その逼迫度に応じて警鐘を発する。最終的には需給の乖離を最小にするため社会・経済状況を考慮して管理・運用の政策の問題点を指摘するグローバルな観点から解説した本が多いようです。

　その後、水資源を介する地域間の戦略や生命に必須な経済的動体として水資源を地政学的に取り扱うようになった。そして水資源を国家間の政治・経済や、将来の成長戦略を支配する重要資源として明確に認識するよう警鐘を発する論調が目立ってくる。

　次いで新しい水資源確保のための手段として、2012年頃はとみに"水"を経済戦略財として活用する方策が論じられている。日本の場合には優位に立つ膜技術で上水だけでなく下水の世界にも活路を見出し、攻めの戦略を鼓舞する内容が多い。いわゆる"水ビジネス"論である。

　さらに、外国資本による大規模な水源林の土地の買い占めやリゾート開発など、日本の水資源の確保や環境に対して危機的な問題を真摯に取材し、政府や自治体に警鐘を鳴らしている本もでている。

　以上のような大きな流れにあって2009〜2012年に出版された拙著を含め5冊の著書の書評を編んでみた。冒頭の文章は2011年8月〜11月に未曽有の大洪水があったタイ・チャオプラヤ流域のすぐれた水資源管理である。

第7章　邂逅(かいこう)のひとこま－人生の妙－

　辞書には邂逅は思いがけなく出会うこと、めぐりあいとあります。人生は人に限らず事変との出会いです。それを自分の成長の糧としてうまく生かせるかどうかは個人の能力や心構えです。少し意味あいが違いますが、英語に「The chance favors the prepared mind. チャンス（の神）は心の準備ができた人に舞い降りる」という意味のことわざがあります。

　この章では私に心の準備が出来ていたかどうかは別にして、いくつかのめぐりあいを題材に4編のお話をします。天草で出会ったバルチック艦隊の消息をいち早く打電した日本人の話、住み慣れた西オーストラリアの町が消えてゆく話、大学時代の恩師とのマンツーマン授業そして探検部の仲間との出会いです。

第8章　郷土の情景

　この章では郷土の情景を「水や山の視点」で綴った文章を集めました。私は博多で生まれ、福岡で育ちました。そこは北は海に臨み、すぐ南には山が連なっている狭い平野ですので、小さな川しかありません。大きく広い「とうとうと流れる大河」に憧れがあります。そんな気持ちがその後「水」やその源流に関心をもつきっかけかもしれないと最近思い当たりました。その思いはこの本に共通して流れています。

　最初の3篇は大分県臼杵市に住む友人が主宰する郷土誌に掲載された話題です。冒頭は「水道を通してみた都市の比較研究」で、臼杵市と周辺の津久見と佐伯の両市の水道の水源や水質などをまとめて、その土地柄を反映する特徴を拾い出してみたものです。

　次に「町おこし」は決まって○○振興協議会が作られ内部のコミュニケーションは十分に図られるけれど、肝腎の外部のお客さんと直接接する町の人に、それが周知され"コミュニケーション力"となるまで心配りされているかどうか疑わしい、という疑問を投げかけたものです。3篇目は私の好きな土地である「国東半島」の不思議について少し大胆な推論を提起しました。

　四万十川は日本で有数の清流として有名な川です。その流域の不思議を紀行してみました。

　このごろユネスコの世界自然遺産や世界文化遺産が大きな話題になります。身近な「屋久島」と「神宿る島」宗像・沖ノ島と関連遺産群について登録後の課題を中心に考えました。

終章　若き友へのメッセージ

　序章では各章の要旨を述べるつもりでしたが、ここまで少し長々と書きすぎたようです。終章では環境問題を考えるキーワードである「持続可能な発展」と水資源がもつ社会的・地政学的側面である「地下水と人間の安全保障」の視点を念頭に置いて地下水を考え、内外の若い人たちへ国際舞台に飛躍して欲しいというメッセージを届けました。

　この中で1編と3編は学会誌の巻頭言として発表したもので、そのような場を頂いて大変ありがたいことでした。

　さらに熊本市が長年のすぐれた地下水管理・運営によって国連機関から表彰されたことを紹介し、「杜と水の都」ぶりを活写してみました。その熊本にあって地下水研究を推進してきた熊本大学で海外の留学生に6年間水資源の講義をしました。現役のラストステージで海外の若い人たちとお話しできたことは望外の喜びでまことに楽しい時間でした。その一端を彼らの様子と共に紹介しました。

上の写真の左から右端へ、下の写真の左から右へと続く。ラウからデマラ峠（4920m）に向かう途中、ナゴン高原から南西（右）方向にカンリガルポ山群東部の主稜を一望することができる。写真の左から怪奇な双耳ドームの巨大な山塊であるルオニイ（ロウニ）峰（6882m、カンリガルポ山群の最高峰で未踏）、緩やかな稜線を右にたどる（前方の山体に遮られる）と乳房状のロプチン（6805m）の高まりになる。この峰は2011年神戸大隊によって登頂された。さらに主稜線は氷壁を伴って右に続いている。下の写真の右端で前方に伸びる支尾根に遮られて主稜は判然としない。

第1章

チベット・ヒマラヤの東 カンリガルポ山群と探検史

カンリガルポ山群東南・デマラ峠(4920m)の青いケシ

山・水・人の風景

ラグ氷河。全長30kmでチベットでも第1級の氷河。源頭には6000m以上の未踏峰が群立する。ラグ村のキャンプ地より。

ドゥポアリモナ（5688m、未踏峰）ヒマラヤ襞が張り付いた氷壁に囲まれて、氷瀑の波打つ懸垂氷河が今にも崩落しそうである。ボミの南にある。

第1章 チベット・ヒマラヤの東 カンリガルポ山群と探検史

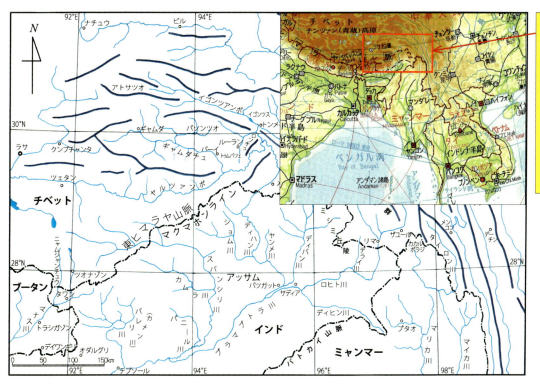

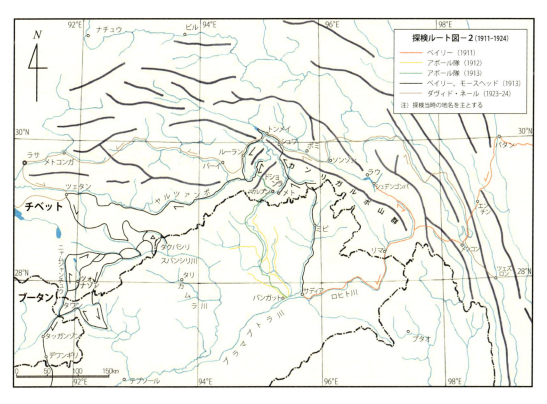

山・水・人の風景

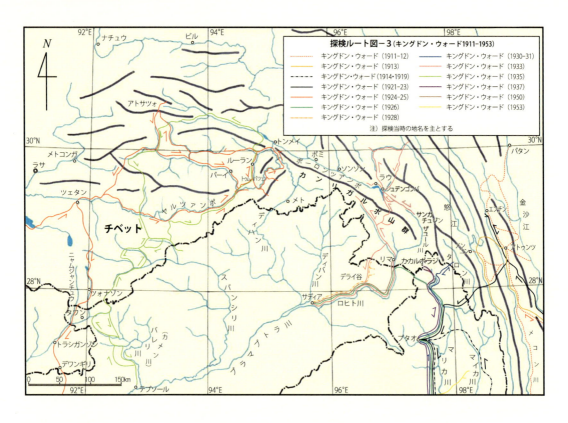

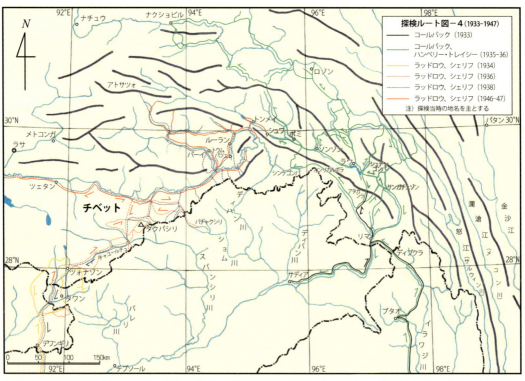

流域紀行　チベット・ヤルツァンポとアッサム・ブラマプトラ川
—インド東北部・アルナチャル・プラデシュ州の国境を歩く—

1. はじめに

中国チベット自治区の西南端にカン・リンポチェ（カイラス）という高峰が聳えている。標高6656mの未踏峰である。お椀を伏せたような特異な山容は独立峰として超然と鎮座しチベット仏教の聖山と崇められるに相応しい。ヤルツァンポはその山懐に源を発し、チベット高原を東に流れてインド・アッサム平原に至る。途中インド領内に入って、ディハン川、ブラマプトラ川と名前を変えて西流し、バングラデシュでガンジス河と合流して、大デルタを悠然と流れベンガル湾に注ぐ大河である。流域面積は173万km²におよぶ。流路が東から西に大きく転向する東チベットでは、7000mを越える東ヒマラヤ山脈を分断して大峡谷を刻み込んでいる。現在東ヒマラヤ山脈はインド・東北部とチベットの間に障壁となって国境を成しているが、そこに至る歴史は20世紀初め山稜に沿って引かれた「マクマホンライン」までさかのぼる。

2015年10月インド・アッサム州のテズプールからアルナチャル州のタワンまで行く機会があった。今回紹介するのはこの大河のほんの一部に過ぎず、流域紀行と言うには少し範囲が狭くおこがましい。この小文は同じ大河の中流域と下流域が、20世紀になって国境で隔てられ、国際河川となったために引き起こされた激動の近代史を点描したひとコマである。それははからずも1959年チベット動乱を逃れた傷心のダライ・ラマ14世がチベットからインドへ亡命した苦難のルートを逆にたどる旅でもあった。走行距離は片道420km、標高は50mから4000mであった。

2. チベットとインドの国境

インドと中国のチベット自治区の境界は、東はミャンマー北部からインドのアッサム、ブータン、シッキム、ネパールを経て、西はパキスタンとインド北部に跨るカシミール地方（ラダクとアクサイチンを含む）に至るまで、長さ約3500kmにおよぶ（図1）。

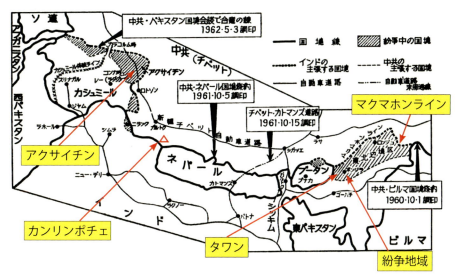

図1　インドと中国の国境紛争地図（長沢,1964に加筆）

この中で、正式に画定した国境線は、ネパールとの間が1961年に、パキスタンとは1962年にそれぞれ条約が締結されて決着し、シッキム州は2005年に解決した。ブータンとの国境線はまだ画定していない部分が多く、現在も交渉中である。ことに、ブータン北縁を東西に伸びる国境線のほぼ中央にあるクーラカンリ（7554m）を中心とする大きな山塊は、細い尾根筋でブータンヒマラヤの主稜とつながっている。この地域では一方的に中国がブータン主張線を越境して開発を進めている。ブータンは抗議しているが、中国は居座ったままである。最近両国間で政治決着したような話も聞いたがはっきりしない（岩田修二氏談、2008）。ミャンマーと中国の国境は1960年に条約が締結された。

　このように、中国とインドなどとの国境は今日でも未画定で暫定的な区間の方が長い。この不安定な現状は、暫定線を挟んで偶発的な小競り合いがたまに報道されるが、いつもは遠い時代の遺産として忘れ去られている。そのなかで、チベット東南部とインド東北部が接する区間は、延長が約1000kmにおよび最も長い。この国境線が「マクマホンライン」と呼ばれる部分で、今回の主題である（図1）。中国はほぼ南のアウターラインに沿った境界を主張しており、アルナチャル・プラデシュ州は中国領になる。

3. マクマホンライン

　このラインの範囲と線形について明らかにしておくと、東はミャンマー北部国境からチベット東南端の崗日嘎布山群（カンリガルポ）の南に沿って西北に向かい、ヤルツァンポの深い峡谷を跨いで、東ヒマラヤ山脈の主稜に移り、西南に下ってブータン東北端まで続いている。現在の行政界ではインド東北のアルナチャル・プラデシュ州（陽いずる国）と中国チベット自治区の実質的な支配範囲を分断する国境線となっている。一昨年2014年は「マクマホンライン」が歴史に登場してちょうど100周年にあたった。ここで成立の時代背景をまとめておくのも意義あることかもしれない。

　今日ではあまり語られることにないこのラインは、1913年秋から翌年夏にかけて開かれた「シムラ会議」という国際交渉の場で決められた。このラインをめぐる政治情勢について、会議前後の20世紀初頭にチベット東南部からインド東北部で活発に行なわれた探検を考え合わせながら簡単に述べてみたい。それは、探検家たちの行動がラインの成立に深くかかわっていると思うからである。

4. マクマホンラインを越えた人たちと主な事変

　マクマホンラインが成立する1914年を挟んで、前後80年ほどの間にこの境界を北から南に、あるいは逆方向に通過したと思われる人たちを拾いあげた（表1）。大半は探検家だが、ほかにパンディット（ヒンズー語で学者の意）やキリスト教伝道師が含まれる。かのダライ・ラマ14世もラインを南に越えインドに亡命した。これらの人たちの足取りから、マクマホンライン成立の時代背景を垣間見ることができる。表の中で地区・方向の欄の色と矢印の見方は、紫はライン外の地区、黄色はライン西部、黄緑はライン中部、空色はライン東部を示し、矢印は下向きがラインを北から南に越えたこと、上向き矢印はその逆を示している。例えば最上欄のナイン・シンは他の地区からチベットに入り、ライン西部のタワンから南のインドに抜けたことを示している。右側に関係する主な歴史的事変を並べた。

表1 マクマホンラインを越えた人たちと主な事変

探検者	年代	地区・方向		主な事変・年代	
ナイン・シン(パンディット)	1875			1840～42	アヘン戦争
キントゥップ(パンディット)	1883～84			1863	パンディット派遣承認
リンジン・ナムギャル(パンディット)	1885～86			1873	インナーライン設定
オルレアン公、ルゥー(仏)	1896			1887	仏領インドシナ連邦
ベイリー(英)	1911			1903～1904	英国チベット遠征
プリチャード(英)	1911			1904～1905	日露戦争
ダンバー、ダンダス(英)	1913			1911	辛亥革命
トレンチャード、ペンバートン(英)	1913			1911～1913	アボール遠征
ベイリー、モースヘッド(英)	1913			1913～14	シムラ会議
多田等観(日)(?)	1913			1914～18	第1次世界大戦
キングトン-ウォード(英)	1933, 35, 50			1933	ダライラマ13世死去
コールバック(英)	1933			1939～45	第2次世界大戦
ラッドロウ、シェリフ(英)	1934, 36			1947	インド独立
コールバック、ハンベリートレイシー(英)	1935～36			1948	ビルマ連邦独立
モース(米)	1949			1949	中国成立
ジーン・キングトン-ウォード(英)	1950			1960	ビルマ・中国国境条約
パターソン(英)	1950			1961・1962	ネパール、パキスタン国境条約
ダライラマ14世(チベット)	1959			1962	印中国境紛争

5. パンディット

インド測量局によるパンディット派遣案は1863年に英国政府に公認され、採用は1862年から1863年にかけてモンゴメリーによって行なわれた。その案とは、当時チベットが厳しく鎖国していたため、「現地人を教育、訓練し、パンディットとして潜伏させて秘密裏にチベットを測量させる」ことであった。

最初にマニ・シン(Mani Singh)と彼の従兄弟であるナイン・シン(Nain Singh)の二名が採用された。シン・ファミリーと言われるように、機密保持のため親族から選ばれる例が多かった。Ward(1998)によれば21名のパンディットの名前が挙がっており、1885年頃まで活動した。約20年間もスパイ隠密活動が続いたというのも驚きではある。そのなかでマクマホンライン近傍の地域を踏査したのは、ナイン・シン、キントゥップおよびリンジン・ナムギャルの三名である。

ナイン・シンは第一号のパンディットとして一年間の訓練を終え、1865年1月モンゴメリーの命により、マニ・シンと二名で任務についた。彼が受けた使命は、西チベットのマナサロワール湖からヤルツァンポを東に下り、ラサに至って緯度など地理情報を得ることであった。こうしてパンディットの活動は始まった。

ナイン・シンは三回目の踏査でラサに再度立ち寄り、英国の使節団の到着を待って資金を受けることも考えたが、官憲の追尾を恐れ自身はいったん急いでラサから北に出立し、夜になって南に方向転換して逃げ、ツェタン近くでヤルツァンポを渡った。このように人目を欺く逃避行も訓練されていた。資金も不足していたのでインドへの最短距離のルートを選んだ。その後ツェタンで南からヤルツァンポに合流するヤルルンチュを遡上し、聖山ヤラ・シャンポ(6635m)の東南にあるカルカン・ラを越え、スバンシリ川の源流に出た。緩やかに起伏するチャユール高原の分水界を越え、東南チベットの交易の中心地ツォナゾンに到着した(図2)。

図2 マクマホンライン西端のタワン地区の略図

南にあるタワン（2980m）の避暑地である。もうここはブータンに流れ下るマナス川の源流である。1874年12月にその下流のタワンに近い村に着いたが、二ヶ月留め置かれた。彼の目的とした巡礼先のシンクリ寺院（Sangjiling Gompa？）は英国領にあり、それ以上進むには許可が必要であった。許可を取るには時間がかかるため、タワンに荷物を置き戻ってくる条件で許された。その後のルートは次の通りである。タワンからセラ（4270m）を越え、ディランゾンを通ったあと、南に向かってマンダラ、フタンラを越え、タクルンゾン（タルンゾン？）、アムラタラ（アマツウラ？）を経由してアッサムのウダルグリに抜け、苦難のルートマップ測量を終えた。以上のことから当時インド政府とチベットの境界はタワンの南にあったことがわかる。現在の国境はタワンの北約20kmのマクマホンラインにある。最終的には英国領ダラン（Dirang Dzong？）地区の役人の助けを借りて、アッサムに入国することができた。1875年3月のことであった。ブラマプトラ川畔の町グワハティを経由して蒸気船で、3月11日カルカッタに到着した。彼が探検したニャムジャンチュや東隣のツェタンを含むタワンチュの上流域は、約40年後の1913年にベイリーとモースヘッドによって広範に探検され詳細な地図が作成された。

次のキントゥップの長期（1880～84）にわたる踏査は波乱に富んで非常に興味深いものである。彼は1883年ごろツァンポ峡谷を南に下り、アッサムに到達する寸前まで行った。しかし現地ミリパダムのアボール族に阻止され引き返さざるをえなかった。この時「ヤルツァンポはブラマプトラ川につながる」という世紀の発見は彼の手からこぼれ落ち、30年後ベイリーたちが手にするのである。彼の帰還後インド測量局が行った聞き取りで注目したいのは、キントゥップがどこまで到達したかを論じた時、英国人がその地点の距離を示す場合、「英国領（British boundary や British frontier）から北に35マイル」（56km、なんとわずか、あと数日の距離！）と報告していることである。これは、当時（1914年のシムラ会議以前）英国人がチベットとの国境をアッサム平原と北の山岳地付近の地形境界（標高100～200m）に引かれていたアウターラインと認識していたことを明らかに物語っている（図2）。

以来、中国との国境紛争において、アウターラインは英国の喉もとに刺さったトゲ（Lamb, 1966）のように、中国を利する論点の一つとして英国やインドの後の世代を苦しめる結果をもたらした。アウターラインは、いわば英国は敵に塩を送ったことに、中国には渡りに舟であったのである。

さらに続くリンジン・ナムギャルの東ブータンの踏査（1885～86）は、クーラカンリ（7554m）から東に続くブータンヒマラヤ山脈を初めて明らかにした探検として評価を得た。当初は西ブータンから入域する予定であったが、知人が居ることを恐れて、そちらは信頼する部下のフルバにまかせ、のちほど落ち合うことにした。彼自身はブータンの南縁を東進し、途中でゾンポン（知事）から拳銃を持っているかと尋ねられ、見返りに旅行許可書をもらうことで難事を凌ぐというきわどい事件にあった。東ブータンはディワンギリから入域し、マナス

川を斜断・遡上してチベットに越境した。踏査の終盤にブータンから正規の峠を越さずに、脇道に入った温泉場を経てチベットに入りユラゾン（クーラカンリの南東）に近づいた。

彼らは周辺の警戒を事前に察知し、測量道具を岩陰に隠した。地元民に捕まり、厳しい取調べを受けるが、夜にテントから逃げ出して事なきを得た。これはロシア人や英国人が侵入するといううわさが広まって入国を警戒していたためであった。東に向かってツォナゾンの谷を南下し、東ヒマラヤの高い峠越えを繰り返し、逃亡して11日後にタワンに着いた。さらに南下してウダルグリを経て、インドのグワハティに5月31日に帰り下った。

以上三名の中でナイン・シンとリンジン・ナムギャルがラインを越えてインド領・タワンに入り、ディランゾン以南で辿（たど）ったルートは、後述するキングドン・ウォードの足跡と同様に、現在のカメン川の右（西）岸を延々とトラバースする車道より随分と西寄りである（ティルマンの1939年遠征も同様である）。往古の街道は幾重(いくえ)もの東西系の山脈を南北に縫う九十九折(つづら)りの険しい峠越えの径(みち)であったのだろう。

パンディットは当時鎖国のチベットから地理学上や文化面で貴重な情報を世界にもたらした。身の危険を顧みず任務を遂行した彼らに対し、各国の地理学界はメダルや賞金を授与しその功を称えた。

しかしインド独立後の評価はどうであろうか。ホップカーク（1982）は書いている。「独立後のインドにとって、パンディットは厄介(やっかい)な存在かもしれない。しょせん彼らはインドではなく英領インドの英雄なのだから」（今枝他訳）と。

最近インド公文書館で地図の研究を生涯の仕事としたマダンがパンディット英雄譚(えいゆうたん)（Madan、2004）を著した。これはインド測量局を退官したラワート（Rawat、1973）の著書とちがい、彼らの日誌を追いながら、パンディット16名の事跡を行動記録だけでなく人間的側面や文化的発見の二部に分けて具体的に述べている。その内容はホップカークの時代から20年以上経って、彼らの行為を正当に評価しようとするインド本国での変化を感じさせる。

最近（2007）出版されたKapis Raj「Relocating Modern Science」ではパンディットの業績をインド科学史のなかで再評価する動きを感じる。

6. アボール遠征

アボール遠征の大義名分はアボール族による英国人虐殺に対し報復し掃討して責任を認めさせ、同族とその他多くの部族に対しインド政府の管轄下にあることを周知徹底することであった。英領インド政府がその威信をかけて北部アッサム全域をカバーした、大規模な測量および広範な分野にわたる一大探検・学術調査事業ということができる。動植物や地質など学術隊も同行した。

この1911年末から1913年秋まで乾季に行われた「アボール遠征」の作戦範囲はタワンからビルマ北部にかけて、これまで述べてきたマクマホンラインの全区間におよんでいる。英国人とインド人・グルカ人兵士約1000名、現地ナガ族数千名を要した掃討と探検の成果はライン画定のうえで地形的、かつ地政学的に決定的な情報をもたらした。もし1914年7月、第一次世界大戦が勃発していなければ、英領インドの攻勢は中国のもっと奥深くに達し、特に雲南－ビルマ国境において国境線は中国側にもっと張り出して決着していたかもしれない。

7. ベイリーとモースヘッドの探検

表1にあるようにベイリーとモースヘッドはかの有名なヤルツァンポ峡谷探検のあと、ヤルツァンポを上流に向かって西進し、南下してタワンに抜けた。1913年5月から11月まで半年にわたるこの探検によって、ディバン川（ブラマプトラ川の北東支流）源頭の脊梁を北に越えたペマコ地区に東西方向の明瞭な谷があるこ

と（国境線が自然な流域境界で引けることを意味する）が初めて判明した。さらにスバンシリ川（ブラマプトラ川の北西支流）の源流が東ヒマラヤ山脈を分断してチベット側に奥深く入っている国際河川であること（上流のチベット族と下流のロパ族の間に無人域があり、ここに国境ラインを引いた）が発見された。マクマホンラインは一面では東ヒマラヤ山脈の測量をやりとげたモースヘッドのラインと言えるかもしれない。彼はツァンポ峡谷探検の直前までアボール遠征に測量尉官として従軍し、ミシミ丘陵や崗日嘎布曲(カンリガルポチュ)まで歩いており、ライン東部の地形を熟知していた。ベイリーとの探検で西部のラインと地形図をつないだことになる。彼らの功績はともすればツァンポ峡谷探検に目がゆきがちであるが、それだけではこの探検の真価を見あやまってしまう。

彼らは6ヶ月におよぶ行程の終わり、一度（ライン成立まえの）国境を越え1913年10月にタワンに到達したあと、再度チベットに別ルートで引き返し、さらに2週間も踏査を続けた。私はこの行動に地形や民情の解明という情報員としての使命感はもちろんであるが、安逸な帰還を求めずあえて冒険とリスクに挑んで奮い立つ隆盛期英国人のジョンブル魂を見る思いがする。その心意気は安定志向や成熟社会などの美名のもとで日本人が失ってしまった精神文化のように思われる。

8. ラインの西部・タワン地区の所属をめぐる攻防とキングドン・ウォードの探検

ライン線引きの折、ブータンに隣接するライン西部で問題となったのは、国際河川のニャムジャンチュとタワンチュが北から南に貫流しチベット文化圏がかなり南まで浸透していたタワンと南のモンユール地区であった。ラサの大寺院デブン寺の支配下にあったタワンゴンパを首都とするタワン地区は、シムラ会議の折、会議を担保する条件としてチベットが英領インド政府に割譲し、シムラ会議でもインド領と認定さ

れていたが、その後もチベットは税金を取り立てて実効支配を続けていた。インド政府は遠隔地であり、長い間表沙汰にする気にも無かったようである。

しかし、一人の探検家の行動がにわかに国境問題を喚起させることになる。それは、キングドン・ウォードが1935年6月中旬、タワンの東からチベットのスバンシリ川の源流に越えた時である。彼はモンユール地区の有力なチベット僧を通じて入国の申請をタワンゴンパに出していたが、結果的にチベットが拒否することを予想し、その返答を無視して密入国したのである。密入国は直ぐに政治問題化した。彼はそのごチベットの官憲に追尾され、ポ地方のトンギュクで共産主義の密偵の嫌疑で拘束され尋問されることになる。この嫌疑はキングドン・ウォードが取り調べた刑事からある英国人の名前を尋ねられ、すかさず正鵠を射たことで晴れる。それはギャンツェに長く住んでいた彼の旧知のマクドナルド（20年在留した英国のエージェント）のことであった。

タワンの町を南から望む。遠方の稜線はチベット高原の南縁で、その北約15kmにマクマホンラインがある。

いっぽう、チベット政府はシッキムの政務官であったウィリアムソンに不満の意を伝え、グールド使節団が1936～37年ラサにおもむいた折にも同様であった。使節団は数回にわたり、マクマホンラインとタワンの地位についてチベットと議論した。このように、英国は改めてマクマホンラインを確定し、領有する意思（管

轄事務所の設置や軍の駐留）を明確に標示せざるをえない状況になったのである。

第二次世界大戦後独立して間もないインドが、1962年東部地区（タワンからミャンマー北端まで）での中国との国境紛争を負け戦ながら何とかしのぎ、現在もマクマホンライン以南の実効支配を続けている現実をよくよく考えると、キングドン・ウォードの密入国は英国とインドにとって、国益は断固守るという民族意識を喚起させた事変と言える。結果として「災い転じて福となって」予期せぬ余禄をもたらした探検であったと思われる。現在タワン地区にはディランゾンからセラ峠に通じる自動車道の沿線にかなりの数の軍事基地があり、ひんぱんに軍用トラックが往来している。軍用施設や橋は写真撮影禁止で、今でも中国人はアルナチャル・プラデシュ州には入れない準監理地区である。とくに山域は秘密保護法で厳しく管理されているそうである。最近の国境地域におけるインフラ整備は急速に進んでいるが、末尾に簡単にまとめた。

以上に述べたように、アボール遠征にしろ、ベイリーやキングドン・ウォードにしろ、ほかの探検家の行動も含めて、探検の目的がどうであれ、その動機や探検中の事件は当時のチベットやインドおよび中国との国際政治情勢と深い係わりを持っており、探検の結果は国際関係に大きな影響を与えたことを読み取ることができる。

9. 1962年の中印国境紛争

第二次世界大戦後インドと中国は相次いで独立した。両国は新しい外交関係の構築に向けて、ネール首相と周恩来外相の間で数次の外交交渉を行なったが、国境問題に関しては合意に至らず決裂した。その後、1959年のチベット大動乱をきっかけに緊張が高まり、ダライ・ラマ14世はインドへ亡命する。そのルートはニャムジャンチュ沿いに南下しタワンを経由した。その折の写真がタワンゴンパ文物館に掲示してある。

緊張が続くなか、1962年10月ついに両国の戦端が開いた。中国軍がアッサムの西端にあるニャムジャンンチュの谷沿いと、その東のトゥルンラ峠の2方向から軍を侵攻させ、圧倒的に攻勢で戦いを進めた。2週間後にはインド軍の要衝タワンが陥落した。さらに中国は軍を南進させ、標高4000mのセラ峠に迫った。ここでは一つの英雄譚が誕生する。峠に通ずる山間の要路の戦闘では、トーチカに籠り中国軍の猛攻を一人で72時間も阻止したインド軍の英雄兵士がいたのである。その記念館が建っていた。

記念館から北に眺望が開け、タワンチュの深く切れ込んだ谷筋と対（北）岸の前山の奥になだらかに波打つスカイラインを一望に収めることができる。そこはもうマクマホンラインが走るチベット高原の南縁である。右手（東）に向かって稜線がせり上がり、東端には氷河が懸かる高峰（ソ連の50万分の1地図の5766m峰）からゴリチェン（6488m）に続く雪稜が雲間に輝いていた。いずれも未踏峰である。

この中国軍の侵攻の時期は実に巧妙に仕組まれている。まずパキスタン、ネパールそしてミャンマーと国境条約を締結して、後顧の憂いを取り払った直後であること、1954年にインド・中国の両国間で締結された平和五原則（領土主権の相互尊重、相互不可侵など）を前文とする「チベットに関する通商交通協定」が1962年6月に失効した直後であることなど、中国がメンツを損なわない仕掛けは十分施されていた。

マクマホンライン西端を南流するニャムジャンチュ。遠方の山稜の北にラインがあり、源流はチベット領である。疎林地帯になる。

中国の侵攻に対し、インド大統領は非常事態宣言を出して世界に救援を求めた。中国軍の急襲のあと、一時小康状態になったものの、まもなくさらに中国は軍をベイリーが1913年に通ったルート（ベイリー・トレイル）に沿って南下させた。ラインから南東に直線で75km、ブラマプトラ川まで90kmの所に位置するボンジラ（2600m）にある最も重要な要塞は落ち、一部の隊はテズプールに達し中国軍の圧勝に終わった。しかし11月下旬中国軍は突如一方的に停戦を宣言して軍を撤退させ、1959年の実際支配線（マクマホンライン）からそれぞれ20km後退することを提案した。補給線が伸びすぎて冬の作戦を避けたという説もある。

このように中国軍が攻めるだけ攻めてさっと引き、優位な立場に立ったうえで、「さあ、どうだ」といわんばかりに当事者間の会議を提案するのは、中国外交の露骨で巧妙な常套手段である。最近では東シナ海の海底油田開発をめぐる日本との摩擦や、最近ことに激しくなった南シナ海諸島でのベトナムやフィリピンとの領有権紛争で同じ手法が認められる。尖閣列島の問題は2012年9月の日本の国有化以来にわかに顕在化したが、このような歴史的な事実からみるとゆきつく先は明らかなような気がする。それだけに国際法に則った先占の領有権ははっきりと主張し、国土は自分たちで守るという確固たる覚悟と行動が日本人に求められている。そして私たちには前世代から引き継いだ貴重な国土や社会資産を次の世代に遺す責務があると考える。私は沖縄が祖国に復帰する直前の1970年12月に、魚釣島ほか2島に上陸し10日ほどキャンプ生活をしながら地質調査をした。主峰の奈良原岳（362m）に登ったことがありとくにその思いは強い。

タワンには印中戦争記念館がある。犠牲となったインド兵2420名以上の兵士銘碑は胸を打つが、なかでも圧巻は中国軍の快進撃を矢印で示した戦闘図が壁一面に掲げられ、稚拙な立体地形模型が置かれた広さ8畳ほどの歴戦跡の展示室である。1名の若い兵士が説明し、1名は後ろから見張っており緊張感が漂っている。撮影禁止であった。当時日本から緊急援助された小銃が壁に掲げてあった。説明では停戦後の会議でニャムジャンチュの上流の一部は中国に併合され、現在の国境は当初のマクマホンラインより谷ひとつ南に（数km）後退したとのことであった。説明の兵士は負けた戦いだから仕方がないような口ぶりであった。

ここでは少し説明が必要です。第二次世界大戦直後、中国は内線状態で混乱し、外交の余裕はなく、1949年の共産党による建国後もしばらく放置したままでした。この間インドのネール首相は印中国境でマクマホンラインを現地で確定するという大義名分のもとに北進政策を進めます。軍は険しい山岳地に分け入ったのです。この時問題になったのが、流域が両国にまたがる国際河川沿いでした。ライン西端のニャムジャンチュ沿いには点々とチベット系のモンパ族が住む集落があります。私たちが訪れたジミタン村（標高2065m、人口1200人）は現在インド領で最北（最上流）の村ですが、その上流約12kmにレ村があり中国領です。今はこのほぼ中間にラインは東西に走っています（グーグルでは北緯27°45′26″）。マクマホンが引いたライン（北緯27°44′30″）はブータン国境に向かう支谷の稜線沿いだったのですが、インド軍の調査ではブータン国境に遡上する峡谷沿いに相当したため、その北側の稜線をラインとし進駐したのです。中国はすぐに抗議し、このブータンとの国境線で囲まれた65km^{2}ほどの三角流域が紛争の発端です。上記のように緯度で1分ほど（距離にして約1.8km）違っていますが、測量の精度の違いなのかどうか分かりません。現在は上記の三角流域を中国が取り戻した形になっています。これが先の兵士が説明したラインの後退でしょう。実に些細なことから国境紛争は起きるものです。

中印紛争に話をもどすと、この後インドと中国の間で外交交渉が行われたが決裂し、合意は

無いまま中国は東部ではマクマホンラインを実効支配のおよぶ境界として事実上認めた形になった。その代わり西部の紛争地であったアクサイチン地区を確保し、現在も実効支配している。これは戦略的な価値と資源の存在を考慮すれば「東部を棄てて西部を生かした」中国の外交の勝利（長沢、1964）と言われている。

マクマホンラインの南約6kmにあるジミタンの村。インド領最北の村。遠方の山稜の北にラインがある。

10. 多田等観の入蔵

以上マクマホンラインに関わる前世紀からの経緯と探検家の動きについて簡単に述べました。紙幅の関係で表に示した全ての探検家たちの行動まで筆がおよばなかったことをお詫びします。ただ一つ多田等観について述べておきましょう。彼は河口慧海と違って入蔵の行程についてまとまった記録を残していないので、細かいことは分かりませんが、1913年7月シッキムを発ちブータンを35,6日かけて縦断しラサに入っています。ブータン入国後東に向かい、パロから北に転進しブータンヒマラヤ主稜に聳えるチョモラーリ（7326m）の東の峠（彼は標高6500mと書いていますが、何かの間違いでしょう）を越えてヤムドックツォ（湖）の西にあるナカルツェ（これが手掛かりとなる唯一の地名で、私も確認しました）に出たようです。6500mもの高い峠は見あたらないようですが、英国の検問を非常に警戒していましたから通常のルートではなかったのでしょう。十分な装備も無いなかでよくぞ雨季の山越えをしたと思います。ベイリーがタワンを歩いたのが1913年秋で、ちょうど同じ頃の探検行ですから、ひょっとしてタワン近辺で等観がベイリーとすれ違った可能性はないかと、歴史的な邂逅を期待しましたが、等観はマクマホンラインを越えていないようです。

11. おわりに

今回の旅でタワン地区の道路や宿泊施設のインフラ整備と軍事基地の様子を瞥見しました。土石流を回避する橋梁の付け替えや豪華ホテルの新築など、明らかに積極的に事業が進んでいるのを肌で感じました。軍用トラックが頻繁に往来する交通渋滞や基地の多さに驚きました。これは近年のインド政府の政策転換によるものです。インドは2006年にアルナチャル・プラデシュ州の戦略道路建設を承認しました。この背景は2006年チベットで西寧〜ラサ鉄道が開通したことと、2005年カトマンズ〜ラサ間のハイウェイが完成したことが大きな脅威となったからだと言われています。

さらに、2014年に就任したモディ首相は同州とシッキム州の実効支配線の中国による越境は安全保障上の重点課題として挙げ、大規模なインフラ整備を行うことを表明しました。最近の専門家の分析では、インドが軍事とインフラ両面ですでに中国に追いついて整備し、攻めの作戦に転換したとも言われています。建設した道路が中国軍の侵攻に利すると言うトラウマ的弱気の判断からようやく抜け出したのです。

そして今回私たちがラインから直線でわずか6km南のジミタン村まで入域できたのは、同州を開放しインド化を進める実効支配を既成事実として、世界に平和で安定した実情を喧伝するためでしょう。実際多くの国内外の観光客と会いました。チベットでは外国人が国境地域へ立ち入ることに厳しい禁制を敷いておりとても考えられないことです。

インド政府は一貫してマクマホンラインを英帝国から引き継いだ国境と主張しています。第

山・水・人の風景

二次世界大戦後、インドは中国攻勢の辛酸の一時代を凌ぎながら、実効支配を堅持してきました。インドはここまでよくやったと思います。日本もインドの国土防衛に学ぶべきでしょう。

マクマホンラインをめぐる緊張はチベット情勢次第であることは論を待ちません。中国はチベット支配を確固たるものにするため、後顧の憂いであり、後門の狼であるインドとの国境問題は早く取り除きたいはずです。今後ともマクマホンラインの動静は注意深く見守ってゆきたいと思います。

この小論は日本ヒマラヤ協会の会誌ヒマラヤNo.470（2014）に掲載された「マクマホンラインと探検史物語」から抜粋し一部を編集して、大幅に加筆・修正したものです。

参考文献（主な書籍を中心に掲げた）
Bailey, F.M. (1957) No Passport to Tibet,1913. London, Rupert Hart-Davis. 294p.
Intelligence Branch, Army Headquarters, India(1913) Frontier and Overseas Expeditions from India: Official Account of the Abor Expeditions 1911/1912, Vol. 7. Reprint,1984,Delhi, Mittal Publications.241p.
Kingdon-Ward,F.(1926)The Riddle of the Tsangpo Gorges. London, Edward Arnold & Co.317p
Kingdon-Ward,F.(1941)Assam Adventure. London, Jonathan Cape. 293p.
Lamb,A.(1966)The McMahon Line. vol.1,vol.2.London,Routledge & Kegan Paul. Tronto, University of Tronto Press.656p.
Ludlow,F.(1938)The Sources of the Subansiri and Siyom. Himalayan Journal, vol.10, p.1-21.
Marshall,J.G.(2005)Britain and Tibet London, 1765-1947. Routledge Curzon.643p.
Maxwell,N.(1970)India's China War. Bombay. Jaico Publishing House.475p.
Tilman,H.W.(1946)When Men and Mountains meet. Cambridge, University Press,232p.
Waller,D.(1990)The Pundits British Exploration of Tibet & Central Asia. The University Press of Kentucky.327p.
九州大学・長崎大学合同学術調査隊（1973）東支那海の谷間―尖閣列島．105ｐ．＋写真・資料集
長沢和俊（1964）チベット．校倉書房,310p.

アルナチャル・プラデシュ州に入域するチェックポストであるバリパラの北のジャングルを流れ下るカメン川。

インド国軍の基地。タワンのディランゾンからセラ峠の道路沿いにはこうしたキャンプが多い。道路は軍用トラックの移動が頻繁で渋滞となる。かなり動きが激しいように感じた。

タワンゴンパを北から望む。ラサのポタラ宮に次ぐ規模とされる。遠方の山稜の向こう側はブータン。

ヒマラヤの東・カンリガルポ山群東端の 6327m 峰
―探検家はこの未踏峰をみたか―

1. はじめに―現地の報告から

日本山岳会福岡支部は 2004 年 10 月 31 日から同年 11 月 15 日まで、東南チベットのカンリガルポ山群に第 4 次踏査隊を送った（図 1）。この間 11 月 5 日にはデマラ峠（4920m）を越えて察隅県に入り、夕刻に峠より 50km 下流の古玉村（ケーユイ）まで到達した。用心して検問所の手前で止まり村の様子と周辺の地形を概観したのち、その夜は途中の白学（巴学）村の北に戻って、桑曲（ソチュ、ザユール川）と支流の合流点（3590）でキャンプをした。

図 1　カンリガルポ山群と周辺の地形図
（英国王立地理学協会の 300 万分の 1 編纂図をコンパイルした）

図 2　カンリガルポ山群東端にある標高 6327 m の未踏峰（渡部秀樹氏撮影）

翌 6 日朝、天気は快晴で、視界は良好であった。隊の一部は 1 台のランドクルーザーで、再度古玉に下り、旧ソ連邦の 20 万分の 1 の航測地図に記されたカンリガルポ山群東端にある、標高 6327 m 峰の目視による確認を試みた。

前方を遮る尾根が低くなる箇所に狙いをつけながら下り、古玉村の直上流で桑曲の左岸側にある尾根筋に登った。道路面より潅木の生えた尾根筋で見通しは良く、比高差約 100 m 程度登った地点から前面の尾根の向こうに地図のとおり、西南西方向、約 13km の位置に南北に連なり雪に覆われた巨大な山塊を確認した（図 1、図 2、および図 3 の C の方向）。展望した地点には巨石が露頭し、その表面にはチベット文字の経文が刻印してあり、地元で当峰の遥拝所となっているのかもしれない。そして山名もあると推測されるが、今回は聴取できなかった。実のところ行動の許可はデマラ峠までで南の察隅県への立ち入りは違法であったので、村人との接触は避けていた。

到達した地点の GPS 測定値は、北緯 29 度 10 分 34 秒、東経 97 度 11 分 53 秒、標高は 3490m である。手前の尾根に隠されて山麓部は見えないが、山頂から中腹部にかけてどっしりとした山塊の東面が白雪に輝いている。全容は台形をしており、主峰 (6327m) を挟んで、SW70 度方向の南峰と SW75 度の方向の北峰からなる。南北両峰とも 6000m を越すだろう。主峰は中間よりやや北よりに突き出ている。3 峰をつなぐスカイラインは急峻な雪稜となって切れ落ちている。東面はヒマラヤ襞が発達した雪壁となっている。主峰と南峰にはそれぞれ東に派生した支稜があり、その間は懸垂氷河の雪原を抱えるカールとなっている。

本報告ではこの美しくも険しい隠された未踏のピークを、過去の探検家が見たかどうか、探検史を紐解きながら検証した結果を述べる。

なお○○ラのラは峠を意味するが、和文で分

かり易くするため○○ラ峠と表現する。峠や山の標高は基本的に旧ソ連邦の20万分の1の地図を参照した。

2. 近くを通過した探検家たち

過去にこの周辺を探検し、6327m峰を眺める機会があったと思われる探検家はわずか下記の7人しかいない。彼らの通過年代、季節、文献は下記の通りである。

1) Pundit A-K (Kishen Singh) は1882年7月～8月：Hennessey,J.P.N. ed.(1884)Explorations in Great Tibet and Mongolia, by A-K. 1879-1882 made in connection with the Trigonomerical Branch, Survey of India.

2) F.M.Bailey は1911年6月：(1945) China —Tibet—Assam, A Journey,1911. London, Jonathan Cape. 175p. と ―(1912) Journey through a portion of South-East Tibet and the Mishmi Hills..G.J., vol.39, no.4, p.334-347. スケッチ地図はp.420.

3) F. Kingdon-Ward は1933年9月：(1934) A Plant Hunter in Tibet. London, Jonathan Cape. 317p. と ―(1934) The Himalaya East of the Tsangpo. G. J., vol.84, no.5, p.369-397.

4) R. Kaulback と J. Hanbury-Tracy は往路の1935年7月と復路の1936年10月：

・R.K. は (1938) Salween. London, Hodder and Stoughton. 331p. と ―(1938)A Journey in the Salween and Tsangpo Basins, South-eastern Tibet.G. J., vol. 91,no.2, p.97-122.

・J.H.T. は Black River of Tibet (1938) London, Frederick Muller Ltd. 305p.

5) 中村 保・永井 剛は2003年10月：
T.Nakamura(2004)Source of the Irrawaddy and Gorge Country. Japanese Alpine News,vol.5.p.41-49.

なお、GJはGeographical Journalの略である。

3. 探検家の記録から

3.1 パンディット A-K

Pundit A-K (Kishen Singh) は1882年イラワジ川源流域の少し北側をかすめて、4月20日ティラ峠（4907m）を越え、ザユール川流域に入った。4月22日にドロワゴムパに出て、ザユール川を下りリマ（サマ）に同月25日に到着した。

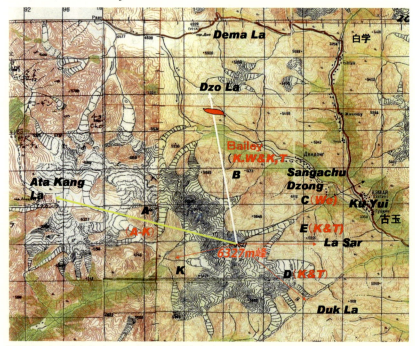

図3　探検家たちが無名峰（6327m）を望んだ方向（旧ソ連邦の20万分の1の地形図、格子は4km）

7月19日	Sonling, 1890m	Sonling 村の住民は Zayul で一番裕福。約 72km 北西に Pemakaun という聖山がある。盗賊常習の Lhobas の国を通過するので訪れる巡礼は稀。3 日間滞在。
7月22日	Isatodh	Ngaong District に向け北に行く旅人達と一緒。Isamedh, Rangyul. Dabla からここまでは水田が多い。
7月23日	（空き家）	左岸側を遡上。
7月24日	（右岸側河原）	険しい箇所にさしかかる。ロープブリッジ。
7月25日	Modung	狭い渓谷の悪路を行く。5 軒の村だが非常な金持ちが住んでいる。3 日間滞在。
7月28日	Ata, 2423m	Sugu, Lasi。優美な木製の椀を作っている。Zayul District で農耕が行われている最も北にある村。穀類は安く、Ngaong の人が買いに来る。西の山の峰から東方に Neching Gangra 山脈が見えるということだ。この峰はチベット人に信仰の対象になっている。6 日間滞在。
8月3日	Chutong	氷河の南東側のうねった径を行く。Sikha からここまで、村周辺の耕作地を除き、山腹は森で覆われている。
8月4日	（空き家）、4478m アタカンラ峠越え	1.2km ほどの急な登りで、ひとつの峠に着く。北西方向 6km に雪山を見る。さらに 2.25km で Ata Gang La 峠に着く。氷河を下り、6.8km で旅行者用の空き家に到着。降り続く雨のため 5 日間滞在。近くに遊牧民のテントが 5 つ見える。

　インドに出る最短ルートはザユール川を下ってミシミ丘陵を横断し、川沿いにアッサムに出るルートであるが、丘陵に住む敵対的な山岳部族を恐れ、これを避けるため北に転進した。途中天然痘の流行する地域を通過してきたため止め置かれ、またアタカンラ峠（4536m）の雪解けを待ってしばらく村に滞在し、ようやく 7 月 28 日アタ村落、8 月 4 日アタカンラ峠、同月 9 日ラグを通過した。

　カンリガルポ川を遡上して、アタカンラ峠を越えるまでの行程を抜粋して日毎に追うと、次表の通りである。年次は 1882 年である。

　Pundit A-K が 6327m 峰を見た可能性が一番高い地点はアタカンラ峠を通過した時だが、道筋も約 20km 西に離れ天候も恵まれていないため見ていないと思われる（図 3 の A）。

3.2　F.M.Bailey

　1911 年 6 月イラワジ川源流域からザシャラ峠（4755m）を越え、ザユール川流域に入った。インドが近づいたことに安堵している。同 21 日にドロワゴンパに到着した。ザユール川（桑曲）を遡上し、6 月 23 日 ゴチェン（古玉）に到着した。6 月 25 日サンガチュゾンを出発し、6 月 26 日 ゾラ峠（4940m）を越え、ナゴン高原の Pugo Cave に泊まった。

　ゾラ峠を越えた後、最初に落ち合った川が依然として南に流れていることを不思議に思っている。彼自身しばらく歩いてナゴン高原に踏み入った後に気付いているが、ゾラ峠はパーロンツァンポ川とザユール川の分水界をなす峠ではなく、ザユール川の本流と支流を境する支尾根の峠に過ぎなかったのだ。真の分水界の峠は高原の緩やかな高まりにすぎなかった。

　ゾラ峠を越えた日はバタンを出発して以来、初めての Clear day であった。峠から南のサンガチュゾン, ゴチェン, ロマの近くまで谷に沿って眺望が良かった。南と南西の極めて近くに幾つかの大きな雪原と峰々を見たことは、直後に書いた G.J,1912,Vol.39 の報告に記されている。しかしずっとあとに出版された A Journey (1945) では雪山のことは省略され一つも記

していない。

6327 m峰とゾラ峠の間には 5285 m峰を持つ山稜が東西方向にあり、視界を遮っている可能性が高い（図3のB）。ソ連の地図で断面図を画くと、上記の尾根が屛風のように立ちはだかり、見通しは利かなかったはずである。

3.3　F. Kingdon-Ward

彼は1933年3月から12月にかけてほぼ東経97度線を北上するようにサルウィン川まで探検をした。この途次、シュデンゴンパからサンガチュゾンに向かい、同じルートでシュデンゴンパに戻っている。この目的について彼は明確に述べていない。

彼は既にシュデンゴンパのゾンポンからアッサムに抜ける帰路にカンリガルポ川を遡上し、カンリガルポラ峠まで行く許可は得ていた。しかし峠を越え西のペマコ地区に入ることは許されていなかった。このことから考えるとあわよくばその峠を西に越える許可をザユールのゾンポン（知事）からもらうために行ったのではないかと推測される。もちろん彼にとって初めての土地であったから植物採取は入っていたであろう。サンガチュゾンはゾンポンの夏季の避暑地であった。

その行程で彼は次のように記している
(A Pant Hunter in Tibet, 1934, 211 − 212 p)。

- 9月6日、シュデンゴンパを発った（これより以前八宿からサルウィン河畔まで到達し、東よりのルートで南下しゴンパに戻っていた）
- ゾラ峠を越えたとき、南に開けた谷の遠くまで見えた。聳える石の上に腰掛けたような白いサンガチュゾンを認めた。雪はみえなかった。下って本流との合流点にくると西に雪山と氷河が見えた。
- サンガチュゾンからは西に一群の雪峰が見えた。確かにアタカンラ峠に近い雪峰と氷河である。
- 南西から流れ込む急流があり、その上流は雪の峰々が見える。この谷にはアタ川沿いにあるロパ，スクに通ずる径がある。この雪の峰々に6327m峰が含まれる可能性はあるが、地図にも特に記載はない。
- その後、往路と同じルートでラグ（9月15日）を経由し、シュデンゴンパ（9月20日）に戻った。

この時は天気が良く、ゾラ峠からドジチェンザの尖峰が見えると書いているくらい山の眺望が良かった。そのため、直前の8月に踏査したサルウィン川までの踏査結果も踏まえサルウィン川とナゴンチュ（現在のパーロンツァンポ川）の分水界について思いをはせ、気づいたことを整理して次のように述べている。

- 以前予想していたように、サルウィン川は、山脈（ここでいう山脈は今のカンリガルポ山群東部からニェンチェンタングラ山脈東側を南北に走るバショイラリン山脈を示す大きな範囲のようだ）を切って、流れるのではない。
- この山脈は2つの軸を持ち、その間は48～64kmの幅の高原地域（ナゴン地区）によって分離される。
- 南の主稜軸はチョンボ（バイリガ）峰と南東へ伸びる峰峰（これは今初めて見た）で、アタカンラ峠が（山稜を）越えている。
- 北の主稜軸はトラキラ峠（八宿の南東にあり5634m）周辺の高峰である。
- ナゴンチュは主稜軸と平行に流れ、その源は山脈の源頭部にあって、山腹からではない。
- ザユール川とナゴンチュはどこかでこの山脈の山稜軸を切らねばならない。
- ザユール川は南に流れて、西に大きく曲がるから、山稜軸を切るに違いない。
- ナゴンチュについては、シュワの下流で深いゴルジュを流れているのを知っている（1924年のコーダー卿との探検）。

以上のことから次の重要な点が認識されたと考えられる。

◆カンリガルポ山群が初めてニェンチェンタングラ山脈とは別の独立した山脈として認識された。
◆その範囲はナゴンチュとコンボチュ（ロンチュ）の合流点から、ザユール川までと認識された。
◆その主稜軸は北西─南東方向で、ナゴンチュと平行し、北の（ニェンチェン・タングラ）山脈とは別である。
◆以上の考えは今日の考え方とまったく変わらない。

3.4 閑話休題─カンリガルポ山群の名称の由来

カンリガルポとはチベット語の Kha, Ka または Kang は（氷）や（雪）を、Ri は（峰）を、Karpo は（白い）を意味し、合わせて"白い雪の峰"となり自然の地貌を単純明快に表現している。

F.Kingdon-Ward は Burma's Icy Mountain (1949) の中で Ka Karpo はしばしば雪山の連峰を指し、ri は特定の峰を示す場合に加えられると解説している。

カンリガルポ山群が今日のように280kmも連綿と続く山脈として認識され、カンリガルポ山群と総称されるようになるのはそう古いことではない。キングドン・ウォードが山群を初めて認識する過程については既に述べた通りである。

カンリガルポの地名が初めて表示されたのは上記の探検報告として出された1934年のKingdon-Ward の探検記「A Plant Hunter in Tibet」であろう。現在の山群の南にあって、ロントゥチュウ（カンリガルポ川）の源頭の峠として地図に記されている。彼は1933年11月この峠まで3日の行程という地点まで遡上したが、ゾンポン（知事）との約束と食糧不足を心配した人夫頭に請われて後ろ髪を引かれる思いで引き返した。その峠は東のザユールと西のペマコ地区を分ける分水界であると報告書に明確に述べ、今日の理解と変わらない。

これより50年前パンディット A－K は、1882年夏にカンリガルポ川を遡上しアタカンラ峠への道との岐れのラシ村まで来たが、カンリガルポ川の源頭や山群の地理について記載は無い。ただアタカンラの東にネチンガンラという山塊があると聞いたと報告している。添付された地図ではカンリガルポ峠に概略相当する地点に15086フィート(4598m)の独標点（？）が記してあるが地名はない。

その後ベイリーは1911年に雲南からアッサムに抜けたが、探検の記録は1945年に出版された。その報告や付図にはカンリガルポ峠の地名はない。1911年の探検直後に発表されたG. J. (1912) の報告に添付された地図にも記載されていない。従って探検当時から聞き及んでいなかったと思われる。「No Passport to Tibet」でも触れていない。

西欧人でこのカンリガルポ川源頭の峠を初めて越えたのはコールバックである。1935年9月初めここを東から西に越え標高を測定し、4712m の値を得た。旧ソ連邦の20万分の I の航測地形図では5040mほどである。

1955年のキングドン・ウォードの報文にKangri Karpo を山群名として用いたように読める箇所があるが、全体を包括した名称ではない。カンリガルポが山群を総称する名称として正式に公表されたのは1986年に出版された中国科学院の氷河調査報告である。

このようにカンリガルポの地名については峠が先で、ずっと遅れて山群に命名された。これは、今では不思議な気がするが、土地の人にとって聖山を除けば高い山は障害物であり、峠は交易や巡礼路としてそれだけ生活に密着していたからに相違ない。また現地の人にとって聖山など個々の山が信仰の対象であり、"山脈"という概念は近代に外国から移入された考え方で無縁のことであったのであろう。

3.5 R.Kaulback

Kaulback は次に述べる Hnabury-Tacy とリ

マからシュデンゴンパまで同じルートで行動している。リマより1935年6月20日にゾグラ峠(4190m)を越えて レパチュに入った。雨季で雨が多くしばらく待機した。明けて7月4日にドゥクラ峠(4264m)とラサール峠(4550m)を越えて、サンガチュゾンに、7月上旬に着いた。

サンガチュゾンに11日間滞在し、この間6日は乾燥して陽射しがあったが、あとは少し雨が降った。Tracyは南西から吐合う谷を遡上し、ポドゥンラ峠(?m)まで登った。彼らは当初この未探検の峠を越えてカンリガルポ川に戻る予定であった。周辺を偵察したが、霧で眺望は全く無い。ここが6327m峰に一番近いが、何も記していないので見ているとは思えない。ゾンポンからは反対側(南西)は危険だからアタカンラ峠越えで行くように勧められていた。のちにコールバックは反対側からこの峠に向うが、実際に氷河が切り立った険しい峠で登坂不可能であることを確認している。

二人は7月19日にサンガチュゾンを発ち、ベイリー、キングドン・ウォードと同様にゾラ峠(彼らの測定で4825m、ベイリーの値より100m余り低い)経由でシュデンゴンパに向かった。この峠からの眺望についてはベイリーと同様に可能性は低い。しかも夕刻時の薄明かりで霧がかかり、視界は数mしかなかった

シュデンゴンパから2人は別行動をとり、7月24日にHanbury-Tracyはゴンパを発ち、ナゴンチュを下った。1ヶ月半後にダシンゴンパでKaulbackと再会した。

2日後、Kaulbackは カンリガルポ峠 に向け出立する。7月28日にアタカンラ峠(彼の測定では4605m)を越え、カンリガルポ川に戻る。既に述べたように8月初め Kaulback.は Hanbury-Tracy.とは反対の南西からポドゥンラ峠を目指すが、巨大な氷河に阻まれ、峠下600mほどから引き返している。

この深い植生の谷から6327m峰を眺めた可能性はあるが、報文にも地図にも峰の記載がな

い。北西側にある6050m峰に相当する位置には20080フィート(6120m)峰が記入してあるから、実際に見ていれば記入していたはずである(図3のK)。

1936年10月帰路に サンガチュゾンに再度寄るが、山に関する記載は無い。

3.6　J.Hanbury-Tracy

1935年7月7日コールバックと一緒にレパチュの 森林帯を抜け、氷河端に着いた。両側に雪峰が太陽に輝いており、測量にいい成果があった。アタカンラ峠で越える山脈はロントゥチュ(カンリガルポ川)とザユール川の間で、遥か南まで連続していることをつきとめた。さらに南には山の平均高度は減少する。これはカンリガルポ山群の東南端の延長を確認した点で重要な記載である。

緩やかなドゥクラ峠を西欧人として初めて越えた喜びに浸り、眺望を楽しんでいる(図3のD)。ラサール峠(4550m)は雪庇が張り出たリッジで厳しい峠越えをしている。植生は潅木に変わり、乾燥世界に入った。遥か谷の下に緑の畑や茶色の家が見えだが、急に風が出て、太陽が隠れたと記し、見通しは一時的には良かったと推測できる。この峠が6327m峰に一番近いが、この峠から雪峰の展望については、Kaulbackと同様に何も記していない(図3のE)。

7月8日にサンガチュゾンに到着した。7月9日朝、西にナゴンチュ(パーロンツァンポ川)流域の一群の雪峰が谷の奥に見えた。Hanbury-Tracyは7月20日、ゾラ峠に登る途中で川筋からqueenly peak(女王のように威厳があると言う意味か?原文のまま)の南西にポドゥンラ峠と氷河が見えたと書いている。6327m峰はポドゥンラ峠の南東に位置するから方向がちがう。queenly peakは6050m峰に相当するのかもしれない(図3のB)。

4.　結論

1) Pundit A-Kはアタカンラ峠越えで約

20km と道筋も離れ、天候も恵まれず見ていないと思われる（図3のA）。

2）F.M.Bailey はゾラ峠から見た可能性は低い。6327m峰がある南南東方向には峠との間（約16km離れている）に視界を遮る高い尾根が東西に連なっている。天気が良かったので、G. J. の報告では東南と直南から西に少しずれた方向に雪峰が見えたと述べているが、独立峰として目に付くはずの6327m峰については記していない（図3のB）。

3）F.Kingdon-Ward は、可能性としてはゾラ峠から南南東を眺めた時（約16km離れている）と思われるが、記載も無く見ていないように思われる。ベイリーと同様に南に視界を遮る山があり、森林帯でもあり可能性は低い（図3のB）。

4）F.Kingdon-Ward は、1933年9月にカンリガルポ山群を初めて独立した山群として今日の理解に近いかたちで認識した。また、カンリガルポを山群の南に位置する峠の地名として初めて公表した。

5）R.Kaulback と J.Hanbury-Tracy は、ドゥクラ峠(4262m、6327m峰から南東に10km)では前山が高く視野を遮っているため見た可能性は低い（図3のD）。

6）R.Kaulback と J.Hanbury-Tracy は、ラサール峠（4550m、6327m峰から東に8km）からは、間に視界を遮る山がなく、天候も一時的には良かったと思われるため、雲の間から2人が見た可能性はある。しかし雪峰があるとも独立峰としても2人は文章にも地図にも記していない（図3のE）。

7）J.Hanbury-Tracy は1935年7月20日、ゾラ峠に登る途中で川筋から queenly peak（同上）の南西にポドゥンラ峠と氷河が見えたと書いているが、これは方向から判断して6327m峰を見たとは考えられない（図3のB）。6327m峰からポドゥンラ峠は北西方向にある。6050m峰（ソ連邦の50万分の1編纂図ではこの峰の南東に6285m峰－中国の察隅県地図にあるゲニ峰？－がマークしてある）からは南東の位置になる。

8）R.Kaulback と J.Hanbury-Tracy がゾラ峠を越える時は夕暮れ時でしかも霧で視界不良であったので眺望した可能性は全く無い。

9）Kaulback は1935年8月初旬南面からアプローチしたポドゥンラ峠への途上で見た可能性はあるが、報告と地図に記載が無い（図3のF）。

10）中村 保氏には2005年3月の横浜での横断山脈研究会の席でお尋ねしたが、見ていないとのことであった。

以上のことから、現在までに6327m峰を確実に見たという報告や地図への記載は記録として残っていない。従って外国人としてその存在を初めて確認し、写真撮影したのは今回の福岡隊である可能性が高い。

5. 付記―隠れた未踏峰の山岳として

カンリガルポ山群南東端に近いドゥクラ峠の北西から屹立し今回触れた6327m峰、ポドゥンラ峠を経て、6285m峰、そして北西端に聳える6050mまで南東から北西に続く約12kmの主稜にある6000mを超える連峰は、同山群東南部の中で隠された魅力ある未踏峰群であろう。

謝辞：本報告を書くに当たって多くの文献を参照したが本稿では省略した。松本德夫氏には貴重な文献の提供を受け、本稿の校閲を頂いた。また中村 保氏には貴重な文献の提供を頂き、適切なご意見を賜った。記して厚くお礼を申しあげます。

山・水・人の風景

東南チベット・易貢措(イゴンツォ)の天然ダムと大洪水
－探検家ベイリーの記録と現地踏査から－

1. はじめに・崗日嘎布山群(カンリガルポ)

　日本山岳会福岡支部は2001年より2005年まで5回にわたって東南チベットとインド・ミャンマーの国境に近い崗日嘎布山群(カンリガルポ)に調査隊(隊長：松本徰夫山口大学名誉教授)を派遣した。同山群はチベット自治区の東南に位置し、南縁はインドの北東端にあるアルナチャル・プラデシュ州と東南端はミャンマーと国境を接する急峻な山岳地帯である。経度・緯度ではほぼ東経95度から97度30分、北緯28度30分から北緯30度の線に囲まれた範囲に入る(図1、2)。チベットでも辺境の地にあり、国境に近いため未開放地域が多いが、福岡隊は可能な限り未探検地域を踏査した[1]。

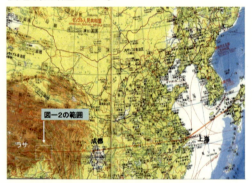

図1　チベット東南部と日本との位置関係
（赤線は福岡〜上海〜成都〜ラサの航空路を示す）

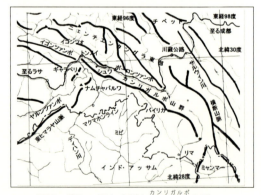

図2　東ヒマラヤ山脈と崗日嘎布山群(カンリガルポ)

　カンリガルポとはチベット語でKha, KaまたはKangは雪や氷を、Riは峰を、K arpoは白いを意味し、Kangri Karpoと連ねると"白い雪の峰"となり自然の地貌を単純明快に表現している。山群の標高は5000mから6500m余で、6000m以上の高峰は30座以上に及ぶ。高峰は山群の東半分に集中している。最高峰は東の端近くに聳えるバイリーガ(別名、ルオニ、チョンボ、6882m)である。

　ブータン東北端から東へ約400km続く東ヒマラヤ山脈は、その東端となるヤルツァンポ峡谷を挟んでそびえ立つ2つの高峰ナムチャバルワ（標高7782m）とギャラペリ（標高7294m）で終えんする。崗日嘎布山群(カンリガルポ)はこの両巨峰とはヤルツァンポの東支流である帕隆蔵布(ポーロンツァンポ)が刻む峡谷によって明瞭に境され、その主稜線は西の端から東南方向〜東南東方向に伸び、約280kmの延長がある。同山群は気候的には、ベンガル湾に5月から9月にかけて発生するモンスーンの影響を受け、降水量はこの時期に集中する。国境の南に広がるアッサムのミシミ丘陵は標高4000〜5000mの比較的平坦な地形であるため、湿った南風は同山群にまともに吹き込んで来る。このため山群には大量の積雪があり低標高まで氷河が発達し、谷筋にはチベットでも一、二を争う長大な氷河がある。同山群は大量の積雪や降水をもたらすモンスーンによって、チベットの山岳としてはめずらしく山麓まで緑で被われている。

　今回話題とする易貢措(イゴンツォ)は同山群の西端より西に約20km離れた易貢蔵布(イゴンツァンポ)の谷筋にある湖で、105年前に発生したとされる大規模な土石流によってせき止められた天然ダム湖である。

　この地域はチベット自治区の首都ラサから、四川省の省都の成都に通じる重要な交通路である川蔵公路・南路（全長2413km）沿いにあ

るが、一歩道を外れると今だに知られざる秘境の地が多く残っている。物語は今から93年前、東南チベットに残された地理上の大きな謎を解明するためこの地に入域し、その途中でこの湖にたまたま立ち寄った二人の探検家の話から始まる。

2. ベイリーとモースヘッドのヤルツァンポ大屈曲点の探検

英国の探検家ベイリーと英領インド測量局の尉官であったモースヘッドは、1913年5月から11月にかけて、東南チベットを広く探検した[2]（図3）。その目的はチベット高原の南部を東に流れ、その下流は蛇行を繰り返しながら深い峡谷に消えてゆく、行方知れずの大河ヤルツァンポを探検し、インドのアッサム平原を西に流れるブラマプトラ川との関係を明確に解き明かすためであった（図4）。これは近世以来世界の地理学者のあいだで長年の謎であったのである。

図3 モースヘッド（左）とベイリー（右）

二人は、アッサムから脊稜を北に越えて、チベットに入った。ヤルツァンポ峡谷に踏み込む直前、東南チベットの秘境であったポ地方の古都縮瓦（シュワ）の立ち寄ったあと、ヤルツァンポの東支流である帕隆蔵布（ポーロンツァンポ）に沿って西に下り6月に通麦（トンメイ）に至った。ここで帕隆蔵布は東流してくる易貢蔵布（イゴンツァンポ）と衝突するように合流したあと、南に反時計回りに方向を転換し、約38km下流のゴムポネで険しい峡谷をうがって蛇行するヤルツァンポの激流に合流する（図4）。

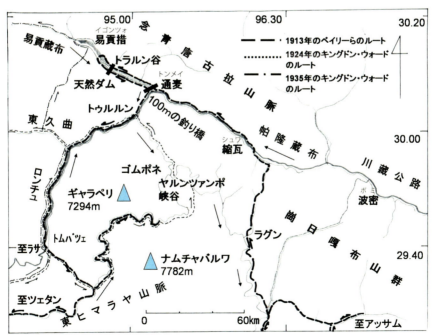

図4 帕隆蔵布、易貢蔵布、易貢措とヤルツァンポの峡谷と大屈曲点（ベイリーとキングドン・ウォードの探検ルートを図示した）

現在、易貢蔵布のこの地点には長さ約100mの釣り橋（大型トラック1台幅）がかかっており（図4）、通麦は川蔵公路の重要な岐路となっている。この地は川蔵公路に沿って、ラサから東に行くこと約490kmにあるが、途中車は険しい渓谷を縫うように徐行するため、途中で一泊しないと到達できない。

1913年当時、ここにかかる橋（といっても恐らくロープブリッジであろう）は洪水で流失していた。ベイリーたちは易貢蔵布の左岸に沿って上流に回ったため5日ほど遠回りを強いられた。2日ほどで易貢措（イゴンツォ）（湖、現在の面積は22km^2）に着き、フェリーで満々と水が貯まった湖を右岸に渡った。フェリーは2艘（そう）の丸木舟を平行に接舷させた粗末なもので10人程度が乗ることができた。その時の写真が彼の探検記[3]に載っており、たまたまアッサムの山に取り残されたため、探検に随行した二人のグルカ兵らしき人物とチベット人たちが写っている。

現在易貢措に向う道は、帕隆蔵布との合流点から易貢蔵布の右岸沿いに造ってあり、四輪駆動車1台が通るだけの幅の相当な悪路である。降雨時や凍結時には落石や斜面崩壊の恐れのため非常に危険な通行となる。合流点から湖の下流端まで約18kmである。湖の上流端のさらに16kmほど奥まで道は通じている。湖の下流端の少し下流に釣り橋があり、左岸に車で渡ることができるが、下流の村（ギャゾン）には行けるものの、上流に向う道はない。

3. 易貢措

ベイリーは易貢措に着いた時、易貢措の成り立ちについて住民からかなり細かい聞き取り調査をしており、当時の大災害を今日に伝える貴重な科学報告となっている。その概要は次の通りである[3]。

・1901年7月、易貢措の左岸トラルン谷（現在のザム弄巴（ロンバ））で3日間川の水が止まった。
・3日目の午後土石流が発生し、1時間本流に押し出した。
・本流右岸に押し出した土石流の扇形幅は3.2km、厚さ107mに及ぶ（これはベイリーが実測している）。
・本流左岸の3村、右岸2村が埋没した。
・土石流は足の裏に水膨れができるほど熱かったが、翌日は冷めた。
・本流はせき止められ、上流では湖を造った。
・上流は増水し、家畜・村が水没したが、人は山に避難して助かった。
・本流をせき止めた土砂は、1ヶ月と3日後に決壊し、下流に洪水が発生した。
・湖の水位は下がったが、昔のようには戻らなかった。
・ベイリーが渡った時点で湖の上流端まで長さは約10kmあった。渡舟地点で幅548mほどであった。
・土地や家を失った村人は新天地を求めてアッサムのミシミへ移動する者もいた。ベイリーがアッサムの出発地ミピで撮ったチベット人の写真を見せると写っている人を知っている人がいた（これはベイリーが写真機のみならず、現像薬を持参していたことを示しており、探検家の努力に頭が下がる。モースヘッドはカメラを持っていなかった）。
・ベイリーは村人に湖の水を取って土地を返してくれと頼まれた。付近に鉄の鉱山があった。測量中のモースヘッドが磁石の方向が振れるので気が付いた。彼は坑内を探索した。

以上の報告を要約すると、彼らが渡った湖は1901年夏、その直下流左岸のトラルン谷（現在のザム弄巴、北緯30度10分24秒、東経94度56分27秒）の上流の山腹で大崩壊があり、川をせき止めた。そのご貯まった水によって崩土が決壊して土石流が発生し本流をせき止めた。易貢措は支流の"天然ダム"に起因する土石流によって、本流がせき止められた"天然ダム湖"であった[4,5]（図5）。

図5 易貢措とトラルン谷（ザム弄巴）の衛星写真（トラルン谷源頭に茶色の崩壊地が見える，右端）

その経過はまず3日間トラルン川の流れが止まった。3日目の昼過ぎダムは決壊し、本流に猛烈な土石流となって流れ下った。3村が流失、2村が埋没した。押し寄せた土砂は非常に熱かった。これは密度の高い泥流に乗って流下する岩塊が衝突や摩擦で高熱になる現象で、土石流の特徴を良く示している。夜には火花を見ることがある。本流右岸に埋積した土砂はベイリーの測定（アネロイド気圧計）で河床から107mに達していた。

土石流が本流をせき止めたため、今度は易貢蔵布がせき上がり大きな貯水池ができた。上流のドレの村は水没した。増水は一ヶ月と三日続き、ついに堰の天端が決壊して貯水した水が溢れ出し、大洪水が発生した。しかし天然ダムは決壊したあとも、土砂はすべて流失せずに右岸側にかなりの量が残留し、後背地にダム湖は残った。

ベイリーが来た時点で、貯水池は舟で渡ったところでも548mの幅があった。このときモースヘッドは湖の詳しい測量をしており、当時の貯水池の正確な大きさを知る上で貴重な記録だが、英領インド測量部の内部資料のため残念ながら見ることができない[6]。最近（2018）資料を手に入れた。そこには貯水池測量について細かい記載はない。行程が日記体で淡々とつづってある。

図6は2005年8月の私たちの現地観察と、衛星写真[7]（図5）をもとに作成した、易貢措の天然ダムとせき止め湖の地形解析図である。

ベイリーは易貢蔵布の右岸を下っている途中、河床のずっと上に12年前の洪水で破壊され、基礎だけが残った家屋の跡を見つけ、河床との比高を測定し51.7mの値を得た。この大

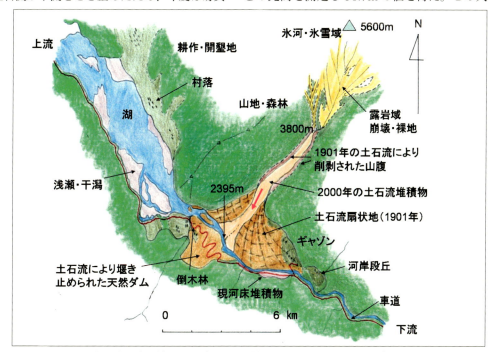

図6　トラルン谷からの土石流と天然ダムと易貢措（現況の地形解析図，ほぼ図5の範囲と同じ）

写真　トラルン谷の合流点から上流を望む。土石流と最上流の裸地・崩壊地が見える（中村保氏撮影）

洪水の痕跡を見逃さない観察眼は情報将校としてさすがと言うべきである。通麦の対岸を経て、下流のロンチュとの合流点トゥルルンに着いたが、そこの橋も落ちていたため、ヤルツァンポとの合流点ゴムポネに行くのは断念した。

4. 易貢措の決壊と大洪水の記録

ベイリーはこの時発生した洪水はベンティンクの報告と符合すると書いている[2]。それはベンティンクが1912年アボール遠征のとき政務官として随行し、ディハン川（プラマプトラ川上流の呼称、そのさらに上流はヤルツァンポとなる）の左岸を遡上した際、途中のシモン村（易貢措より約300km下流、現在の中印国境から100kmほど下流）で聞いた話である[8]（図7）。彼は1900年と書いているが、「この地方で大洪水があり、出所不明の死体と現地には育たない多くの針葉樹が多数発見された。その死体はアボール人にとってチベット人とは明らかに違うポバ族であった。そのため発生地はイルン川（易貢蔵布）と考えられていた。」シモン村とディハン川の河床からの比高は不明だが、Dunbar(1916)の地図では河畔かその近くの村のようである[9]。

この大洪水については、有名な植物探検家のキングドン・ウォードも1924年にヤルツァンポを探検したときの記録『ツァンポー峡谷の謎』(1926)のなかで触れている[10]。「プラマプトラ川のサディア近くで強力な芳香性のある大木（胴周りが3.7m）の丸太が大量に発見された秘密が解けた。」と書いている（図7）。

「その木は加工し易く保存がよいことで話題になったが、現地性でないことは確かだった。その木こそキングドン・ウォードがヤルツァンポを探検中にゴムポネの対岸で発見したツガで、1900年（と彼も書いている）の大洪水で下流に流された木に違いない。」と述べている。ゴムポネは大洪水が発生した易貢措から約53km下流になる。

両者の話をまとめて推測すると、洪水はヤルツァンポ峡谷の両岸の巨木をなぎ倒し、さらに350km下流のサディアまで巨木を押し流して土石に埋まったことを意味しており、そのすさまじい洪水流量を想像できる。私の知る限り、被災者の数について正確な記録は残っていない。

上記の二人は洪水の年を1900年と書いているが、ベイリーの聞き取りでは、「災害が発生した年はちょうどスバンシリ川源流にある

第1章 チベット・ヒマラヤの東 カンリガルポ山群と探検史

図7 易貢蔵布の天然ダムと大洪水の記録が残る地点

ツァーリ巡礼の年に当たる12年前の1901年にあたり、そのため村長も居なかったと村人が記憶しており、確かだった。」と述べている。これはリンコールと呼ばれ、12年に一度行われる聖山タクパシリ（標高5735m）を周る大巡礼で、チベット暦でさる（申）歳の7月12日に行なわれる。私はこちらの方が間違いないように思われる。しかし、中国側の最近の資料では1902年夏に連続する豪雨によりザム弄巴は15日間せき止められたとあり[11]、状況の記録が随分違うので、今後検証が必要であろう。

キングドン・ウォードは1935年8月に易貢措に初めてきた[12]。天然ダム地点より約12km上流の右岸の谷を下ってきたため、天然ダムについて記録していない。ただ記録では易貢措は13～16kmの長さがあり、800mの幅があったと書いている。これは上記のベイリーが通った時に推測した値、長さ10km足らず、幅550mに比べ随分広い。2人が訪れた季節は7月と8月でほぼ同じだが、降水量の違いによるのであろうか。

最近の衛星写真（図5）をもとに測定すると、奥行きはトラルン谷の合流点から約12km、最大幅は約1.6km、面積は22km²ほどでさらに

広い。しかし1970年に作成された旧ソ連邦の20万分の1の航測図[13]（図8）では、湖はほとんど干上がって、耕作地が広がっている。下に述べるように2000年4月に新たな土石流が発生しており、この地図にある耕作地は見えないから再びせき上げられて湖の水位は上昇したのであろう。

図8 旧ソ連邦の航測図に示された易貢措
（1970年作成、格子は4km，図4と同じ範囲）

5. 中国の最近の調査

中国側の資料によれば、ベイリーが報告した災害は、1902年の夏、長雨のあとザム弄巴で発生した土石流の体積は510百万m³で、本流にできたせき止めダム（natural damとある）の規模は、高さ140m、ダム天端の幅70m、ダムの上下流の幅は2.5～3.5kmとなり、貯水面積は最大で51.9km²、貯まった貯水量は2,700百万m³となっている[11]。そして1ヶ月後に決壊し、洪水を引き起こした。日本最大のダムである奥只見ダムの有効貯水容量は約460百万m³だから、その約5.9倍の水が転石や倒木とともに洪水となって一気に流れ下ったことになる。

さらに同じ資料では、ザム弄巴の流域面積は31.8km²であり、氷雪を頂いた最高標高は5610m、本流との合流点の標高は2190m（ソ連邦の地図では2395m）、流路長は9.7km、平均河床勾配は5.2%となっている。

ソ連邦の地図で測ると、合流点から山頂まで

41

の平均勾配は 33%（約 18 度）という大きな数字になる (図 9)。合流点から標高約 3800m まではほぼ一直線の谷で、その距離は約 7km であるから、20%(約 11 度) の勾配である。この区間にはまだ多量の岩塊や土砂が堆積している。3800m 以高は露岩した急崖に囲まれた二股の谷に分かれ、氷雪を抱く山頂に至る。日本一の急流河川、富山の常願寺川が 4.2% だから、それを遥かに凌ぐ急勾配である。図 9 にはトラルン谷の上流での山腹崩壊から本流の天然ダムの形成に至る流れを模式的に重ねて記入した。合わせて東チベット地域における植物高度分布を記入した[14]。

しかし本流に堆積した天然ダムの土砂量は、わずか 32km² の流域から出た土石流として、1 度や 2 度の回数とは考えられず、長い歴史の間に崩壊と土石流を繰り返した結果、溜まった土砂の累積量を示していると考えられる。中国の資料ではほぼ 10 年に 1 度の割合で崩壊が起きているとなっている。

ソ連邦の地図（図 8）に基づいて、天然ダム地点（2395m）において、衛星写真 (図 5)に示される現在の貯水池の上流の水位（ほぼ 2480m）まで水位が 85m 上昇したとすると、貯水面積は 33.5km² で、貯水量は 285 百万 m³ となる。このことからも中国側の数字はかなり過大であるように思われる。現在の中国側の資料の標高はソ連邦のそれより 200m ほど低く注意を要する。ここでは後者の標高によっている。

2000 年 4 月にも同じ谷で山腹が崩壊して土石流が発生し本流をせき止めた。この 2 ヶ月後本流の天然ダムが決壊して大洪水が発生した[11]。この時中国の資料は人的な被害はなかったと伝えているが、下流のインド・アルナチャルプラデシュ州では洪水で 30 名が死亡し、100 名の行方不明者が出たと災害の様子を報じている[15]。

2000 年のときの土石流堆積物はザム弄巴と本流との合流点に認められる。古い 1901 年の土石流堆積物にはガリーの跡が見え、松の小木等が繁茂しているが、新しい土石流は裸地か草程度で植生の相違から両者は明瞭に区別される。なお、当地の雨量は年間 1086mm、雨季は 5 月後半から 10 月まで、平均気温は 11.9 度である[11]。

この易貢措の記録は、天然ダムの権威である Schuster(1986) のリストには載っていない[16]。千木良（2005）がまとめた記録にもない[17]。このように 1901 年に発生した天然ダムと易貢措、およびその後の大洪水は世界で第一級の規模の災害であるにもかかわらず、世に知られていない。そしてここに述べたように災害の時期や規模に関して不明な点が多く、今後正確な調査と災害の防止のため継続的な監視が望まれる。

6. 福岡隊の観察

2005 年 8 月、福岡隊は幸運にも現地に入ることができた。その結果土石流が発生したト

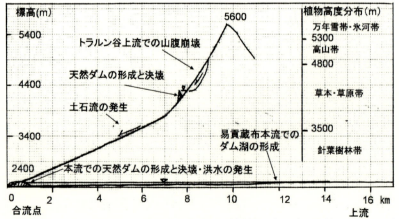

図 9　トラルン谷（ザム弄巴）と易貢蔵布本流の河床縦断図（1：2）を重ねて表現してある

ラルン谷の位置が、諏訪多・松月（1968）に添付された地図では誤っていることが判明した[18]。この地図は当時の百万分の1縮尺のONCとGSGSを基にした山稜・水系図だが、易貢蔵布や東久周辺は大きな誤りが多い。原本のベイリー（1957）の地図は概念図ながら、トラルン谷はギャゾン村や易貢措との位置関係は正しく示されている。ギャゾン村は1901年の土石流による扇状地の下流末端に新しく再建された村で、ラッドロウとシェリフが1946～47年の探検の折ベースキャンプとした[19]。

福岡隊は2005年8月現在、湖が満々と水を湛えていることを確認した。その貯水位は1901年天然ダムが決壊した際、下流側になぎ倒されたと想像される立ち木の倒木が多い荒野のずっと下位にある。

また天然ダムの下流から帕隆蔵布との合流点の間には、河岸段丘が点在しているが、右岸側に点在する平坦な河床段丘面（現河床との比高は約20m）の上に、人の背丈以上もある角ばった巨石がいくつも転がっているのを観察した。山腹からの転石とは考えられず、ダム決壊の濁流により上流から運ばれたと推測される。右岸から遠望すると、左岸山腹に河床から50～60（?）mの高さで、植生のちがい（下位は草本類やガレ場で、上位に樹木が多い）によって水平に走る縞模様がかすかに見えるところがある。河川が曲流するところでは、洪水はうねって高い水位となるから、当時の洪水位の痕跡であろうか。

湖の周辺から上流は地形も平坦になり、両岸に集落が多くなる。新しい開拓村も建っている。天然ダム近くの道の途中には災害の様子を伝える案内板いくつもあり、トラルン谷の正面にあたる天然ダムの頂上には小さな展望台が造ってある。とても観光開発の対象となる立地とは思えないが、巨大な天然ダムとすさまじい2次的な洪水災害の恐ろしさを伝える迫真の現場であることに疑いはなく、今後の災害に警鐘を鳴らしている。

中国の地質図を見ると、易貢蔵布と帕隆蔵布が流れる峡谷は北西から南東方向に約300kmの区間見事に線状構造をなし、地質学上大きな断層が存在している[20]。山腹崩壊の素因はこの断層の動き（地震）による地層の劣化であろう。岩質は片麻岩質の花崗岩（二畳紀～石炭紀）である。それに加え、雨季の豪雨や凍結・融雪が誘因となって今後山腹崩壊が発生することは十分考えられる。山肌が大きくえぐられたトラルン谷の源頭が、雲間に見え隠れするのを見上げると、想像を越えた災害の規模の大きさに圧倒される。

2005年10月に中村保・永井剛両氏が易貢措よりさらに上流を探検し、外国人としては1935年のキングドン・ウォード以来、70年ぶりに秘められた渓谷と念青唐古拉（ニェンチェンタングラ）山脈の姿を伝えた[20]。

近年東チベットでは温暖化が他地域よりも急速に進行していると報じられている（朝日新聞、2005）。ここに述べたような大災害が雨期の豪雨に誘発されて、氷河や万年雪の融解と融雪を促進し、再び発生することがないことを切に祈りたい。同じような災害は近くでは1930年に下流の東久曲の上流域で発生した災害が、1935年のキングドン・ウォード[12]と1947年のラッドロウの探検により報告されている。特にラッドロウはこの方面に関心が強く東久曲の右俣を遡上し、地すべり発生地点まで迫ったが、厳しい地形に阻まれ断念している[22]。遠くではカラコラムのショック氷河のショックダムの崩壊について、ラッドロウも報告し、ケネス・メースンが総括的で詳細な報告をそれぞれHimalayan Journalに載せている[22), 23)]。高峰山岳地域における氷河の後退と氷河湖の発生・崩壊や、土石流の堆積と天然ダムの形成と洪水という一連の流れで発生する災害は、地球温暖化という観点から、科学者のみならず山岳人や探検家によって今後真剣に論じられるべきであろう。私は機会を見つけて、再度踏査を試みたいと考えている。

最後にベイリーたちの探検のその後を紹介して筆を置くことにしよう。彼らはヤルツァンポ峡谷の踏査を完遂することはできなかった。前人未踏の峡谷に挑んだが、約86kmの未踏区間が残った。しかし、インドアッサムの三角測量網とヤルツァンポ峡谷つなぐ測量を成し遂げたことによって、ヤルツァンポがブラマプトラ川の上流であることは実証された。峡谷での3週間の苦闘のあと、二人はヤルツァンポに沿って上流（西）に向かい、ツェタンからブータンに南下して、6ヶ月におよぶ苦難の探検を1913年11月に終えた。その広域にわたる地理的な成果は翌年にかけて英領インド・チベット・清の間で行なわれたシムラ会議で、チベットと英領インドの国境を画定する際に大きな影響を与えた。その東の部分、ブータンの東端からミャンマーにいたるほぼ1000kmにおよぶ境界が、マクマホンラインと呼ばれる現在の暫定国境線である。

謝辞：本文を作成するにあたり、日本工営（株）の井上公夫博士は、天然ダムにつき懇切なご指導を下さった。また日本山岳会福岡支部の関係各位には苦労の多い現地踏査を共にして頂いた。松本徰夫隊長には貴重な文献を拝見させて頂いた。ともに記して厚くお礼を申しあげる。

参考・引用文献
1) Matsumoto,Y. (2004) Survey and Exploration of Kangri Garpo East ,Identification of Peaks and Unveiling of a Hidden Valley. Japanese Alpine News(Japanese Alpine Club) , vol.5, p.50-56. など多数
2) Bailey,F.M.(1914)Exploration on the Tsangpo or Upper Brahmaputra. Geographical Journal.,vol.44,no.4, p.341-364. map p.428.
3) Bailey, F .M. (1957) No passport to Tibet, London, Rupert Hart-Davis. 294p.18)はこの和訳本．
4) 田畑茂清・水山高久・井上公夫 (2002)：天然ダムと災害，古今書院．205p
5) 井上公夫 (2006)：土砂災害の地形判読－実例問題 中上級編，古今書院．
6) Morshead,H.T.(1914)Report on an exploration on the North East Frontier 1913. Dehra Dun, Office of the Trigonometrical Survey.21p.
7) http://earth.google.com
8) Bentinck,A.(1913)The Abor Expedition: Geographical Results. Geographical Journal., vol.41, no.2 , p.97-114.
9) D-S.Dunbar,G.(1916)Abor and Galongs. Mem. Asiatic Society of Bengal, vol. Ⅴ ,extra no.Part Ⅲ , p.98-113.
10) Kingdon -Ward, F. (1926)The Riddle of the Tsangpo Gorges. London, Edward Arnold & Co.328p. 金子民雄訳 (2000)『ツァンポー峡谷の謎』．岩波書店 ,540p. を参照した
11) Lu,R. et. al.,(1999)Debris Flow and Environment of Tibet. Chengdu .Publishing House of Chengdu Science and Technology University
12) Kingdon- Ward, F. (1941) Assam Adventure. London, Jonathan Cape. 293p.
13) ソヴィエト連邦 (1970)20万分の1航測地図．H46-17B
14) 松本徰夫・下田泰義 (2006)崗日嘎布山群周辺の植生に関係した垂直分布．日本山岳会福岡支部報，19号,p.15.
15) World Tibet Network News（2000）Published by The Canada Tibet Committee. Issue ID: 00/07/11; July 11, 2000
16) Schuster,R.L.(1986)Landslide Dams：Processes, Risk and Mitigation, American Society of Civil Engineers,164p.
17) 千木良雅弘 (2005) すべりに伴う物質の移動と変形．大規模地すべり．地すべり学会誌,42巻.1号, p.89-95.
18) 諏訪多栄蔵・松月久左訳 (1968) ヒマラヤの謎の河．あかね書房 ,322 p．上記3) の和訳本．
19) Fletcher,H.R.(1975)A Quest of Flowers, The plant explorations of Frank Ludlow and George Sheriff told from their diaries and other occasional writings. Edinburgh, Edinburgh University.387p.
20) 中国地質科学院編・佐藤信次訳 (1972, 1974) 中華人民共和国地質図集．築地書館 ,149p.
21) Nakamura,T. (2006) A Journey to the Forbidden Yi'ong Tsangpo. Japanese Alpine News(Japanese Alpine Club) , vol.7, p.297-316.
22) Ludlow,F.(1929)The Shyok Dam in 1928. Himalayan Journal.vol,1, p,4-10.
23) Mason,K.(1929)Indys Floods and Shyok Glaciers. Himalayan Journal.vol.1.p.10-28.

アッサム大地震 −1950年8月−
−キングドン・ウォード夫妻の記録から−

1. はじめに

 植物探検家として知られるキングドン-ウォードは、1910年代から50年代までビルマを中心として、周辺の雲南、東南チベット、四川そして東北インドを主なフィールドとして広範な活動をした。第二次世界大戦後、探検を始めて以来繰り返し歩き慣れたチベットや雲南の山河は、新中国として生まれ変わり竹のカーテンの彼方の禁断の地となった。平和が戻り世の中がようやく落ち着き始めた戦後、彼は円熟した50歳代後半の約6年もの長いブランクのあと、主な活躍の舞台を東北インドとビルマに移した。彼が若い頃から活動の軸足としたビルマが、依然として自由に活動できる地として残っていたことは、幸運なことであったろう。そこに、アメリカの植物園や英国王立園芸学会から植物採取の依頼が数多く舞い込んで忙しくなった。
 1950年、フランクと二度目の妻ジーンの二人は、両者の後援によってインドのアッサムからチベットの入り口、察隅（ザユール）のリマへの植物探検に出かけた。この探検は、1950年1月末に出立したが、前年の11月末にやはりアッサムのナガ丘陵からもどったばかりで、矢継ぎばやである。1947年にジーンという心強いパートナーを得て、彼は気持も落ち着き張り切っていたのであろう。彼が65歳のときである。その途中の8月15日、アッサムの奥地でたまたま彼らは大地震に遭遇した。その20世紀で最大規模といわれる大地震が今回の話題である。

2. チベットの入り口リマへ−パターソンとの出会い

 彼らはブラマプトラ川に沿って、サディアに至り、さらに上流のロヒト川の北側山腹を遡ってチベット国境の村・察隅（ザユール）のリマに向かった（図1）。その途中、二人はワロン村で逆にチベットから下ってきたばかりの、パターソンと偶然に会った。パターソンの著書『Tibetan

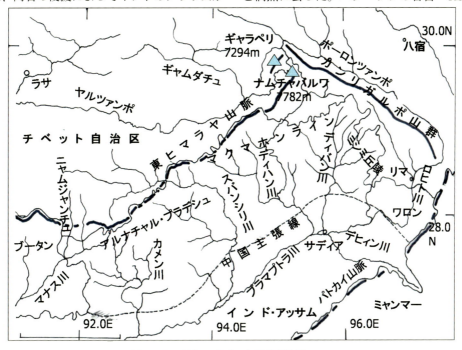

図1 アッサム・チベット東南部地図

Journey』(1954)によれば、2月20日である。パターソンは1947年に東チベットに入国し、パタンの南東のポテウ村（波密）でキリスト教の布教と医療活動を続けていた。1950年、前年の1949年に独立を宣言した中国の解放軍が西に進攻してきたため、一人のチベット人の従者と冬の厳しい横断山脈を越えてかろうじて逃れて来たところであった。19世紀末にパンディットA-Kがたどった道をほぼ30日かかったという。同僚であったブルはマルカム（芒康）の北で中共軍に捕まり、3年半牢獄に監禁されたあと解放された。

ジーンの著書『My Hill So Strong』(1952)には、同国人の美青年に会った印象や、サディアの政庁から入域許可を取得し、別れるまで世話をしたことが書かれている。しかしキングドン-ウォードが1953年 G. J. に寄せたこの時の報告には一言も触れていない。この出会いについて中村氏は『深い侵食の国』(2000)に詳しく書いているが、氏が英国まで問い合わせたパターソンの消息は判明したのであろうか。

3. アッサム大地震

キングドン・ウォードたちはリマに4月上旬に到着した。そのあと同地で植物調査をしながらキャンプをしていた。そこに4ヶ月ほど滞在した8月に地震に遭遇した。ちょうどその日は人夫の集まりが悪く、山に出発するのが遅れたため、キャンプから一日出歩くことがなかった。それが不幸中の幸いとなって彼らは命拾いをした。このことは姉ウィニフレッドにあてた手紙に生々しく記されている。地震の後には山崩れが頻発し、山の方角から白い煙が立ち昇るのが見え、昼間でも霧がかかったようであった。各地で山崩れや地すべりのため天然ダムが川を堰きとめ、川の水が一時的に湛水した。そのあと、しばらくしてダムが決壊し洪水が発生した。橋は流され道は塞がれ、リマやロヒト川沿いの町サディアは壊滅状態であった。

1953年 G. J. の報告では、彼自身が冒頭で植生や氷河については詳しく述べない。代わりに地震について記すとわざわざ断りを入れている。その通りであって、たまたま地震の震央近くに居合わせた彼は、知識人として優れた大地震の現場報告を残している。National Geographic (1952) にも「Caught in the Assam-Tibet Earthquake」と題して報告を寄せ、被災直後の写真を数多く載せている。副題には「Record Shocks Dammed Rivers, Split Mountains, and Trapped Botanists in Rock-strewn Devastation for Three Months」（記録的な地震は川をせき止め、山を切り裂き、落石が散乱した荒廃地に植物学者は3ヶ月閉じ込められた）と記されている。

後の記録から、この時の地震は1950年8月15日午後7時39分（現地時間）に発生した。マグニチュード（リヒタースケール）は8.6で20世紀最大と言われる。震央は北緯28度50分（26度30分の説もあるが、疑わしい）、東経96度50分、リマの北北西約50kmの地点である(図2)。貢日嘎布曲に沿って走る西北から東南方向の大きな断層線のほとんど直上にあたる。震源の深さについて記録はない。震度階ではリマで10の激震となっている。

図2 近年のアッサム周辺の大地震の震央・規模と断層帯

以上のことから、リマ村近くの低い砂丘（low sandhill、低位段丘の砂層）にテントを張っていた彼らは、ほぼ直下型の烈しい震動を受けたことになる。交通路が遮断され3週間リマに閉じこ

められて、そのご川沿いに下る。救助キャンプを転々と移動し、サディアにたどり着いたのは、なんと11月に入っていた。サディアの丘の麓は、雪で覆われたように土砂で縁取られていた。ディバン川の被害はロヒト川よりひどく、地すべりダムができていた。上流で川が流路を変え、サディアの町を押し流してしまう危険性があった。

4. キングドン・ウォードの記録から

　地震に関係したキングドン・ウォードの観察と見解を拾いあげてみる。まず前兆はなかった。地震直後の揺れは5，6分続いた。揺れは非常に長く、激しく、縦方向であった。震動が収まった直後、数秒の間隔を置いて、五，六回爆発するような音が西北の震央方向から聞こえた。これは320km離れた北ビルマのミートキーナでも聞こえたという。

　閉じ込められた三週間に地域の後遺症を調べた。リマ地域は厚い河床段丘堆積物（少なくとも5段以上あり、比高差は300m、これは衛星写真でも読み取ることができる）とモレーンで覆われている。段丘の縁は崩れ落ち、長く細い亀裂が開いていた。所々で地面が凸凹していた。銀色の砂‐シルトが虫の鋳型のように噴き出ていた。これは今でいう砂層の液状化現象と思われる。チベット人の村はほとんど被害がないのに、リマのログハウスは全て屋根が抜け落ちていた。報告には倒壊したチョルテンの写真が載っている。遠くの山腹では白い埃が立つのは見えた。落石崩壊が起きていた（図2）。ひどい洪水が起こる危険性が高まってきた。リマはロヒト川河床より30m高い段丘面にあった。地震のあと、鶏が卵を産まなくなったり、夜鳴きした犬が鳴くのを止めたりと、生き物にも変調が観察された。枯れた川で魚を捕らえ食べた。帰る途中の支流ティディン川では天然ダムができ、その後の洪水（高さ18m）でテロンリアンのレストハウスを始め全てを押し流していた。

　以上の地震に関する報告とは別に、彼は、没後に出版された『Pilgrimage for Plants, 1960』（植物巡礼、塚谷裕一訳、1999）の11章の後半で、地震体験を詳しく述べている。その内容は数分の出来事を克明に、順序を間違えることなく、あくまでも冷静に、するどい観察眼が随所に光っている。しかしこれほど個人的な感情を交えた文章は、彼の本としては珍しいのではないだろうか。余震が続く中やっとの思いで被災地から逃れている（図3,4,5）。

図3　山腹崩壊し、落石が溜まった側を逃れる

図4　先頭は人夫に背負われて川を渡るジーン。足を怪我している

図5　震央から約300km離れたアッサムの道路の崩壊

　翌1951年2月にキングドン・ウォードとジーンはワロンに向かう救援物資を積んだ航空機ダ

コタに乗り、空からアッサムの地震被災地を観察した（図6）。二人はアッサムの山地に限らず、ヤルツァンポから北ビルマの山まで地震の被害が及んでいるのを見て心を痛めている。この時の観察報告がG.J.(1955)で、これが彼の同誌への最後の寄稿となった。『青いケシの国』の著作として結実した1912年の雲南の報告に始まり、Letter（短報）とObituary（追悼録）を含め、実に43年間に亘って25篇を寄稿したことになる。

ちなみに、RGS(王立地理学協会)で調べてもらったところ、アフリカの探検で有名なスタンレイやリビングストン、それにマルカムが同じ数の寄稿をしており、インド総督であったカーゾン卿には27篇の寄稿があるとのことである。いずれにしてもトップクラスである。

彼は被災地を冷静に観察し、その惨状と拡がりの大きさを憂えながらも、今後豪雨地域である当地で二次災害が長年に及ぶことを予想し、思いは自然環境の保全や保護の重要性に向けられているようである。特に彼が歩きなれた山河の特徴を、気候、山、川、植生、現地人の生活（焼畑）など具体的な例を挙げながら、地すべりや斜面崩壊に起因する洪水の防止に向けた対策を提案している。大探検家の自然環境の保全を見据えた先見性に、改めて偉大さを見る思いがした。

ジーンはこの地震に遭遇した1950年の探検を『My Hill So Strong・1952』にまとめた。キャンプベッドに横になっていた彼女は強烈な揺れを感じ、夫フランクについてテントを飛び出したが、二人とも揺れで地面に投げ出された。ランプも壊れ、暗闇にうずくまっていると、不気味な山鳴りが聞こえてきた。そしてリマに閉じ込められたことに気付くまでの恐怖の様が7頁にわたって綴ってある。とくに被害の大きさを伝えるのは、飛行機から撮った写真の中に、山肌が一面真っ白になった写真である（図6）。説明には「雪ではない、露出した岩だ」とある。山地の斜面一帯に崩壊が発生し、表土や風化帯が剥がれ山肌が白く露出した痛ましい姿である。

図6 飛行機から見たアッサムの山。山腹崩壊や地すべりで白い山肌が見える

のちの記録によると、本震のあとともマグニチュード6程度の余震が長い間続いた。図2にあるように、国境の直ぐ西南のアッサムでは本震の余震かどうか分からないが、同じ年にマグニチュード7の地震が記録されている。山腹崩壊や地すべりで1526人が亡くなり、スバンシリ川では天然ダムの決壊による洪水で532人が死亡したとある。人の被災は、地震が人口過疎な山岳地域で発生したため、山や河川の自然災害が甚大であった割に少ない。

参考文献
Patterson,G.N.(1954) Tibetan Journey.London,Faber & Faber.232p.
Bull,G. (1955) When Iron Gates Yield. London, Hodder & Stoughton.254p.
中村 保(2000)深い浸食の国―ヒマラヤの東、地図の空白部を行く.山と渓谷社,381p.
Kingdon-Ward,J.(1952)My Hill So Strong. London, Jonathan Cape.240p.
Kingdon -Ward, F. (1952)Caught in the Assam-Tibet Earthquake. National Geographic, vol. ,p.402-416
Kingdon -Ward, F. (1953) The Assam Earthquake of 1950. G. J.,vol.119, part.2, p.169-182.
Kingdon-Ward, F.(1955)Aftermath of the great Assam Earthquake of 1950.G.J.,vol.121,part 3, p.290-303.
Lyte,C.(1989)Frank Kingdon-Ward, The Last of the Great Plant Hunter. London,John Murray Publishers Ltd. 218p.
キングドン・ウォード著・塚谷裕一訳（1999）植物巡礼.岩波書店,356p.,
Zurick,D. and J.Pacheco(2006)Illustrated Altas of the Himalaya. Lexington, University Press of Kentucky. 211p.

カンリガルポ山群の民俗誌　山麓の史跡と建造物あれこれ

1. 川蔵公路・南路の開通（1954年）とその後の改良・復旧工事

　川蔵公路・南路は四川省の成都からチベット自治区のラサを結ぶ総延長2413kmの幹線道路である。東南チベットを東西に貫く唯一の道路として、崗日嘎布山群と念青唐古拉山脈を境する帕隆蔵布（パーロンツァンポ）の北岸(右岸)に沿って走っている。公路は沿線地域の開発に大きな役割を担っているとともに、開通は両山群の解明に大きな転換をもたらした。さらに公路から分枝した道路の建設によって秘境と言われた察隅（ザユール）や墨脱（メドック）、さらに拉古（ラガー）や米堆（メーツイ）、易貢蔵布（イゴンツァンポ）まで車が入るようになった。これから先この地域がどう変貌してゆくか予想もつかない。

　公路の建設の歴史を簡単に振り返り、現況をみてみよう。

　1950年から本格的に始まった中共のチベット侵攻と引く続く併合後、成都とラサをつなぐ自動車道路の建設はチベット統治政策の根幹事業として開始され、突貫工事の末1954年10月に完成した。急峻な山岳地形をヘアピンカーブで遡行し、深く浸食された大河川や峡谷をまたぐ橋梁が多いため、工事は困難を極め、工事中に多くの殉職者を出した。完成後も洪水や落石崩壊、地すべりのためたびたび道路の流失や埋没を繰り返している。そのため現在も改修や上下2車線への改良が重ねられており、その維持管理が国家の一大事業であることは今も変わりが無いし、今後も続くであろう。

　2005年8月現在、工事区間のなかでも最も地形が厳しい東久（トングゥ）から通麦（トンメイ）〜索通に至る区間で大規模な改良が進んでいる（図1）。垂直な岩盤を発破によって拡幅する工事や急斜面を深礎工によって路肩を確保するなど難工事が続くなか、大半が終了しつつある。この区間は地形が急峻なうえに、降水量が比較的多いこと、大きな地質構造線が存在し、弱い地質があることや、地震が発生することなどによって斜面災害が頻発している。1986年に大規模な地すべりが通麦の東で崩落し、長期間道路が不通となった。この区間は現在も対策は進められているが、斜面は上部まで裸地のままで放置してあり、集中降雨があれば再び崩落する恐れは十分予想される。

図1　川蔵公路の通麦と索通間における道路改良の難工事

　さらに縮瓦（シュワ）の上流約6kmの右岸側では、念青唐古拉山脈の前衛峰に源を発する急流河川が公路を横断している。この流域の最上流は衛星写真によると、裸地となった崩壊地がかなり広い範囲に分布し、雨が続くと斜面が崩落する恐れがある。最近では2005年8月に土石流が発生し公路が約500mの区間に亘って埋没し2日間不通となった（図2）。

図2　縮瓦の対岸6km上流地点での土石流、公路は完全に埋没している

山・水・人の風景

この巨礫で埋め尽くされた公路直上流の氾濫原は広大であるため、恒久対策は上流に長大な砂防ダムや導流堤を築くか、道路を橋脚スパンの長い橋にするかのどちらかであろう。いずれにしても巨額の建設費を要する。

一方もう一つの難工事区間であった然烏から米堆谷吐き合いに至るゴルジュ沿いの改良はほぼ完成した。しかし米堆谷吐き合いから玉譜まで崖錐の長大斜面が続く地帯では、落石が頻発している。現在その直下では3ケ所にコンクリート製の明洞洞門が設置され（図3）、渓流が道路に吐き合う地点では床固め工やコンクリート舗装も進んでいる。また、然烏の直ぐ東、八宿へ北上するゴルジュ帯にはりっぱなコンクリート製の洞門が完成し、安全性がかなり確保された。

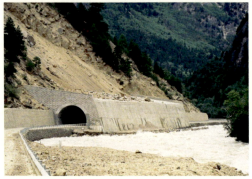

図3　米堆と王譜間の崩落斜面下の明洞洞門（右は帕隆蔵布、下流側から）

以上述べたように各所で進む道路の大規模な改良工事や分岐道路の延長は、中央政府と豊かな沿海各省の援助によって進められる「西部大開発」を目の当たりにする感じがする。最近紙上で存続か否かが騒がれている中国に対する日本のODAは、近いうちに終了するであろうが、中国西部に地域限定して継続する話もあり、開発の手が益々入ることは間違いのない趨勢であろう。

2. 橋——交通のかなめ
2.1 ロープ・ブリッジ

さすがに我々は今回の踏査中にロープ・ブリッジを見る機会はなかったが、過去の探検家の記録から拾ってみると、まず、ネールは1925年冬通麦で易貢蔵布を渡る時に使用した。その様子を次のように記している（中谷訳）。

「サルウィン川やメコン川を渡った時のように、ケーブルで宙吊りになって川を渡らなくてはならなかった。（中略）私たちの渡った場所はサルウィン川よりも川幅が相当に広く、そこに掛かっている綱はひどくたわんでいて、中央は川の水かさが高くなったときは多分水を被るに違いなかった。（中略）私は一人の女と共に鉤に結び付けられたが、今回はここに書くほどの事故は起こらなかった」

1913年にベイリーが通った時の記録にあるように、ここの橋は1901年に易貢蔵布上流で発生した地すべりダムの決壊による大洪水で流失していたのである。

次にハンベリー・トレイシーは、1935年サルウィン川を渡る時、興味深い観察をしている。

「ロープ・ブリッジの材料は竹の多い東南チベットでは竹が使われ新しいロープの付け替えは一日仕事で終わる。しかし北ではヤクの皮を使うため数週間かそれ以上維持・管理に時間が掛かって大変な仕事である。維持管理は地方政府から周辺の村に指名される」。チベットでも気候や植生を反映して、家屋と同じように北と南で大きく文化様式が異なることが分る。図4は1933年コールバック隊が察隅曲をロープ・ブリッジで渡河する風景であるが、彼は特に感想を述べていない。

図4　察隅曲におけるロープ・ブリッジ（コールバック、1934）

2.2 釣り橋

釣り橋は現在当地域では主流の架橋方式である。交通量や村の大きさによりその規模が大きく異なる。対象となる川は帕隆蔵布で、川蔵公路のある北側（右岸）から南岸（左岸）の村に渡る橋が大半である。長さは30〜40mで、易貢蔵布の架かる橋を除きそれ以上のものはない。鋼製のワイヤーで吊られ、アンカーはコンクリートブロックである。

1）トラックや四輪駆動車まで通行可能な橋：崗日嘎布地域で最大のものは通麦の易貢蔵布に架かる釣り橋である（図5）。片側通行で両岸にチェックポストがあり交通整理しているので混雑時には時間がかかる。長さは約100mほどである。すぐ下流側に昔人と二輪車が通行したと思われる釣り橋があるが、現在は閉鎖されている。次に規模が大きいのは玉譜（ユイプ）(図6)と松宗（ソンゾン）(図7)に森林の伐採用トラックが通行している橋がそれぞれ1つある。現在森林の伐採は許可制であるから、どこでも架橋できる訳ではないだろう。公路沿いの町でも材木を満載したトラックを検問しているのをよく見かけた。他に通麦〜東久間に1橋あるが、橋脚橋が隣接して工事中で近々閉鎖になると思われる。

2）軽自動車まで通行可能な橋：達興村（ダシン）には村長が経営する製材所があり、トラック積み出しに使っている。しかしかなり下盤板が傷んでいるので、通行には注意を要する（図8）。巴卡ゴンパのある中洲に架かる橋もこのタイプである。波密（ポミ）の上流側にも帕隆蔵布に架かる1本の釣り橋がある。

図5　易貢蔵布の架かる釣り橋（通麦の対岸、易貢蔵布の右岸から）

図6　玉譜の釣り橋（上流側から）

図7　松宗から朗秋間の釣り橋、トラックが渡る（上流側から）

図8　達興村に渡る釣り橋、軽トラックが渡っていた

3) オートバイや人まで通行できる釣り橋は、帕隆蔵布本流では縮瓦、朗秋、米麦（図9）など多くに地点で見かけた。長さは30から40m以内のものである。

図9　米麦村に渡る釣り橋（8月の増水期、上流側から）

4) 釣り橋ではないが、然烏の上流にあるマンツォでは左岸にあるケス村から、対岸の康沙村の下流まで渡しの小舟が利用されている。

2.3　キャンティレバー橋

この方式の橋はチベット東南部から雲南にかけて広く見られる小型橋の代表方式だが、洪水で両岸の基礎が破壊され、釣り橋に更新されているものが多い。この形式の橋に対してチベット語の名称は特に無いようである。チベットに石はどこにでもあるが、強度を持った太く長い材木（モミ、ツガ、松など）が調達できる南チベット、特にポ地方、察隅地方ならではの橋であろう。

造り方はまず川幅のできるだけ狭い両岸に川面より高い堅固な地盤ないしは巨石の上に基礎を築く（図10）。これは多くの大礫を丸太枠で立方体に蛇籠状の固定アンカーの役目を果たすブロックで、その丸太のうち2本は横方向に下部から上部にかけて、石を積み重ねながら徐々に長い横梁として対岸に緩く斜め上方向に伸ばしてゆく。対岸でも同じように工事し、ほぼ中間地点で上部の一番長い横梁の先端が密着した段階で、固定される。すると片持ち梁にアーチアクションも加わり、橋の強度が増す仕組みになっている。橋が長くなると、両岸の基礎が大きくなって大変なため、片持ち梁は途中まで伸ばし、間を丸太で架ける場合もある。新果弄巴にゆく道ではこのタイプであった。小形のものは米堆にある。ヨーロッパ中世の時代、水堀で囲まれた城攻めに用いられたCantilever（片持ち梁）に似ることから、過去の探検家の観察にはこう記されている。ネール、ハンベリー・トレイシー、ラッドロウたちの記録から拾ってみよう。彼らは一様にその工芸の巧みさを賞賛している。

図10　松宗のキャンティレバー橋の壊れた基礎、礫と丸太を組み合わせた橋脚の構造がよく分る

ネールは縮瓦の橋について、「この谷間に沿っている本道は、ショワで再びポルン・ツァンポ川を渡って、その右岸に戻った。この場所に架かっていた橋は、全体が木製で、幅が広く、廊下のように囲まれていて、屋根がついていた」。達興に架かる橋について、「私たちは、非常に美しい木の橋を渡って、ポルン・ツァンポ川をもう一度横切り、左岸に戻った」と述べている。

ハンベリー・トレイシーは然烏から米堆谷の入り口に着いた時に「我々は川を素晴らしい木の橋で渡った。キャンティレバー方式でしっかりと造ってあった。6.4kmの旅の間すでに曲がりくねった川を6つ以上の橋で渡ったが、その堅固でうまく組み合わされたポバ族の工芸には感心する」。達興に着いた時「我々はナゴンチュ（帕隆蔵布）を渡った。その橋は私が見たチベットの橋の中で最も美しいものだった。約3mの幅で、長さ45mのキャンティレバー方式だっ

た。両岸の基礎は石積みでしっかりと固定してあり、木製の楔で締め付けてあって、一本の釘も使ってなかった」。もっと川幅の長い橋では、川の中に石と木で積上げられた橋脚を立てて、端の組み合わせでつなぐ橋もある。しかし不安定で安全は保証されない。

ラッドロウは「縮瓦に渡るキャンティレバー橋（9段の片持ち梁が釘や螺子を全く使わずに組み立てられていた）が長さ49m、河床面からの高さが25mあって、立派な工芸である」と述べている。上に書いたようにこれより22年前に縮瓦の橋を渡ったネールも感心したと述べているが、果たして同じ橋であろうか。

福岡隊は2004年11月、帕隆蔵布に架かるこの方式では現存する唯一の幅50cm、長さ15m程度の橋（図11、図12）を渡って、新果弄巴（図13）に向った。

参考のためにコールバックが1933年察隅で観察したキャンティレバー橋を図14に示した。さすがに昔のものは規模が大きく、長さ20mを優に越えそうな、アーチがかった本格的なキャンティレバー橋である。

話は突然変わりますが、日本にも現役のキャンティレバー橋があるのをご存じでしょうか。山梨県大月市にある猿橋です。全長31mほどの木製（H鋼で補強）で横梁は4段で、刎木は2列です。中央部に14mほどの行桁が乗っています。富士山から流下した猿橋溶岩が深く切れ込んだ桂川の峡谷を跨いで架かっています。江戸時代には存在していたとの記録があります。以来、何度か架け替えられ、現在の橋は1984年に竣工したもので、歩道橋として利用され、文化財に指定されています。

図11　帕隆蔵布を渡るキャンティレバー橋（下流で新果弄巴が合流する、人が渡っている、下流側上方から、増水期）

図12　新果弄巴に入るため、帕隆蔵布を渡るキャンティレバー橋（上流側から、中央の巨石は下流の河床にあるもので橋の上ではない、増水期）

図13　新果弄巴に架かるキャンティレバー橋

図14　崗日嘎布曲に架かるキャンティレバー橋（コールバック、1934）

2.4 橋脚橋

当地域内でこのタイプの橋では波得蔵布に架かる橋が2車線で一番長い。この橋の西端にはチックポストで兵士が監視しており、写真撮影は禁止であった。次いで波密から墨脱に通ずる主要道路で、帕隆蔵布に架かる橋は2本の橋脚を持った本格的なコンクリート橋である。外国人がこの橋を渡って墨脱に行くことは現在許可されていない。米堆谷の入り口に最近できた帕隆蔵布に架かる橋は車が通る短いアーチ橋である。

3. 家屋―森の文化と石の文化

3.1 気候条件の違い―森の文化と石の文化

ポ地方は帕隆蔵布の流域のなかで中流〜下流を占めている。上流に位置する然烏錯の下流(西側)端より約15km続くゴルジュ帯を抜けた米堆から始まり、下流の通麦までの帕隆蔵布の流域と、易貢蔵布との合流点から易貢錯あたりまでさかのぼった流域を含む地域である。東西にほぼ直線状に約200kmに広がっている。ポ地方には帕隆蔵布の主流に沿って、上流から米堆、米麦、玉譜、松宗、朗秋、達興、波密、古郷、索通、縮瓦、通麦などの集落が散在する。支流の曲宗蔵布には曲宗や崗巴が、波得蔵布沿いには傾多などの集落があり、易貢蔵布沿いには貢徳村などが開け、約26,000人の人が住んでいる。この統計は少し古い(2000年)ため、最近の漢人の進出ぶりからすると実際にはもっと多いと推測される。

地形的にこの方方は崗日嘎布山群と念青唐古拉山脈の2つの巨大山脈に挟まれた山間低地であり、チベット語のポメやポミは低地のポ地方を意味する。標高は4000m足らずから2000m余である。南寄りのモンスーンによって多量の雨や雪がもたらされ、波密で年間880mmの平均降水量がある。標高4500〜5000mの森林限界以下の山腹は豊かな森林に覆われてチベットでも極めてまれな地域である(図15)。

図15 雪茄弄巴の巨大なモミの木、標高3600mほど

ここで暮らす人々の家屋は恵まれた木材資源を有効に利用した木造家が大半である。これはいわばキャンティレバー橋や日常の燃料と同じように森を軸とした生活文化圏と言えるだろう。それに対し帕隆蔵布の最上流のナゴン地方として一括されるナゴン高原や崗日嘎布山群東部は、降水量が少なく、森林資源に恵まれない、石や土を軸とした生活文化圏と表現できよう。その特徴を異にした2つの地方の家屋をこれから見ていこう。

3.2 木造(校倉)造り

木造家の一般的な作りは、次の通りである。まず基礎は河原の礫を丸太で組み合わせた枠に固定した頑丈な造りで、四方に積み上げて高床式になっており(図16、図19)、なかは物置や家畜小屋として利用されている。土台基礎の上部に四方はチョウナで削った平板を釘を使わずに組み合わせた壁で囲ってゆく工法を基本とし、適宜窓枠が入っている(図17、図18)。屋根は切妻の板葺きで、屋根板には石の重し石を載せてある(図21)。屋根の軒は外に張り出したものが多く、長さは1mを越える。雨の吹き込み防止を考えた設計であろう。平家と二階家があるが、米堆村には二階家が多い(図20、図21)。

第1章　チベット・ヒマラヤの東　カンリガルポ山群と探検史

図16　朗秋村の家、基礎の壁は石と丸太枠で堅固に固定してあり、隙間には粘土が充填してある

図17　朗秋村（標高3000mほど）の築造中の校倉造りの家、ちょうなで削った平板を組み合わせている

図18　朗秋村の古い家

図19　松宗北の家屋の基礎は礫と丸太で固定してある。太い丸太の横梁が見える。高床式になって中は物置等になっている。

図20　米堆村（下村）の2階建ての家屋が多い、標高3650mほど

図21　松宗の新築の平家、壁も屋根も板葺きである、屋根には押さえに石が置いてある

3.3 石の家

帕隆蔵布の最上流のナゴン高原は標高が4000mを越え、崗日嘎布山群の主稜から離れているため、ポ地方に比べて乾燥した地域である。潅木や草本に覆われているが、モミや松などの大木を見ることはない(図22)。したがって、当地域の家屋は基本的に石と土を主な材料とし、横壁に材木を用いる工法が用いられている。また、風が強いため、家の周りを石や潅木を積み上げた防風壁で囲んだ集村がほとんどで

ある(図23)。さらに特徴的なことは、屋根が平屋根で、上部を厚い土で盛っている(図24、図25)。この土屋根はおそらく断熱効果が高いのであろう。

帕隆蔵布の最上流に位置する拉古村は標高4000mで、拉古氷河の末端の氷河湖の周りに散在する村である。当地も乾燥した草本・潅木帯に入り、冬季は特に風が強い。したがって石と土で固めた家屋が大半で、周りを防風壁で囲んだ集村である。

図22 シュデンゴンパからナゴン高原を望む、植生の乏しい高地の様子が分る(標高4100mほど)

図23 康沙村の全景、石積みや荊のある潅木の壁で平らな土屋根の家を囲んでいる

図24 康沙村の平らな土屋根の家(後方の尖峰はドジチェンザ)、周りを木柵で囲んでいる

図25 ナゴン高原の雅則村、木製の横壁と土を盛った平らな屋根

3.4 カルカ ― 遊牧小屋

2005年7月末福岡隊は然鳥からナゴン高原を通り徳母拉まで植物調査をした。この間、ナゴン高原では多くの遊牧民がヤクや牛の放牧をしているのに出会った(図26,27,28)。彼らは然鳥の手前の雅則村から7〜8月出かけているとのことであった。図26のように半恒久的に石積みをした小屋に居住中だけビニール

の覆いをするものは一棟だけであった。ほかはヤクの毛皮で作ったテントに居住していた。

4. 小水力発電所 ― 自然再生エネルギーの開発へ向けた地道な取り組み

ラサから川蔵公路を通って然鳥に至る間、各所で小規模な水力発電所を見かけた。それらは取水堰と導水路を伴った本格的な施設から、鉄

管の先に発電機を直結したミニ発電までその規模は様々である。発電能力や量、配電網などを調べた訳ではないので、細かい話はできないが、当地域に豊富にある水と地形の高度差をうまく利用した自然エネルギー開発である水力発電を地域のサイズに合った地道な取り組みとして紹介する。そこには厳しい自然の中でしたたかに生きるチベット人の知恵が隠されている。

4.1 然烏の南東約4㎞に落差30mほどの小さな滝がある（図29）。この渓流は北東に8㎞ほどの流路長しかない流域から流れているが、最大500ℓ/秒の流量はありそうである。その一部を滝の上部から導水管（径15cm程度）で、建屋に設置された発電機に連結している。おそらく100KW程度は能力があり、然烏の町と周辺の村を賄うには十分であろう。

図26　徳母拉（デマラ）の西（標高4500m）のカルカ、石積みの壁にビニール屋根を張っている

図29　然烏村発電所、滝の一部の水を左の導水管で発電所に落としている（2005年8月）

4.2 康沙村の北東から注ぐ大きな支流であるツェンブチュは、シュデンゴンパのある段丘を刻み込んで流れ、その端では崖面を形成している。ここでも河川水の一部を横方向に導水したのち、管路で落としてミニ発電（おそらく百KW程度）を行っている。

図27　図26のカルカの内部と家族、バターとヨーグルトを作っていた

4.3 米麦では帕隆蔵布に北から合流する格弄巴の右岸側で、支流の水を右岸側に沿って導水し、サイドモレーンの斜面をパイプを利用して落として発電をしている（図30）。

図28　徳母拉（デマラ）の南側に広がるナゴン高原の遊牧民のテント、ヤクの毛皮で作ってある（標高4400mほど）

図30　米麦にて、中央右の道路脇に数本のパイプが見える、モレーンの斜面を利用した発電所

4.4　松宗と波密の間で、北から合流する尼足弄巴（？）には、図31にように河川に取水堰を設け、右岸に設置した開水路によって導水し、川蔵公路の下を暗渠で通って本流の帕隆蔵布との間の落差を利用した発電所がある。然烏以上の規模があると思われる。

4.5　縮瓦では高位の段丘平坦面のほぼ中央を切って流れる小渓流の水を、鉄管（径5cm程度）で、数m横に導水しては、斜めに落とし、その下端に直結した発電機が回って電気を起こす仕組みになっている（図32）。まさに究極のミニ発電というべきであろう。これが高位と低位の二段の段丘の高度差（20mほど）を利用して三段ほど設置してあるが、落ち葉などゴミが挟まって水があふれ出し、効率がよいとはいえない。しかしラジオ、電灯を賄うには十分なのであろう。

その後著しい早さで普及した太陽光発電により電力事情は大きく変化したことであろう。

5．水車

米堆村では支流の水を、土堰堤で導水し、石臼を回して粉を挽いている（図33, 34, 35、36）。しかし洪水で河川の流路が変わるため、長期間安定して利用するには、維持管理が大変なようだ。場所を移動することが多いらしい。このほか水車小屋は各地で見かけた。

6．火縄銃

拉古村の奥コーギンで会った狩猟中の仲間、火縄銃を持っている（図37）。

図31　松宗と波密間にある渓流取水による発電、右岸に導水路がある

図32　縮瓦村のミニ発電、下端に発電機と電線が見える

図33　米堆村の水車小屋

図34　米堆村の水車、冬は水車の周りには氷が付いている

第1章 チベット・ヒマラヤの東 カンリガルポ山群と探検史

図35 米堆村の水車への導水堤

図36 小屋の中では麦を石臼で挽いていた

図37 拉古村のうえコーギンで会った狩猟中の仲間、火縄銃を持っている

【カンリガルポ山群の山麓に点在する史跡】

1．はじめに

カンリガルポ山群の周辺には古い都や僧院など旧跡が散在している。この小論では探検家たちが目の当たりにした旧跡の様子を彼らの報告をひもときながら明らかにし、当地域の20世紀以降における歴史的な変遷を辿ってみたい。

2．シュワ
2.1 ベイリーが見たシュワ

ベイリーは1913年6月ツァンポ川峡谷の大屈曲点を探検する直前、当時のポバの首都シュワに入った。入京に先立ち彼はポバの役人と慎重な折衝を重ねた。ポバは中国人の入京に非常に慎重であった。膠着した会議の席で便箋に入った透かしのアルファベットと彼が所持した辞書の文字が同じであることを示して、中国人でないことを証明できひと安心した。その矢先、モースヘッドが所持していた測量地図の墨

入れ用の墨に書かれた漢字が見つかって疑いがぶり返したりと、この辺の交渉は切迫した様子が伝わってくる。

ようやく疑いが晴れ許可されて入京した町とパーロツァンポに沿って下る道々の様子を次のように記している。それはポバの旅行を許されて意気揚々とした彼らの気持ちを萎えさせるものであった。

—シュワはひどい光景であった。僧院と宮殿はシナ人によって破壊されていた。シナ人がもたらしたこの荒廃を見て、彼らとなんら関係の無いことを証明しなければ探検続行の可能性はまずないということが実感として理解できた。ここで大臣と会見した折、シナ人の破壊が建物に限ったものでないことを知った。昨年（1912年）10人の大臣が死刑にされていた。

ディバン川を遡上して脊梁を越え、1913年6月にポバ地方の古都シュワに到着したベイリーは2年前シュデンゴムパで聞いたポバと中国の紛争が真実であったことを知る。ポバの女王付の代表者から聞いた話は次の通りである。王は既に殺害され、二人の若い女王がいた。

—シナとポバとの紛争はパンディットの行動に端を発している。ポバは「歩数を数え、それを記録する人を好まない」ので、追い返した。これは1880年にダージリンを発ち1881年に大屈曲地点の測量のため密入国したモンゴル人僧とキントゥップのことであろうとベイリーは推測している。中国人と関係があると濡れ衣を着せられた格好だが、それだけ中国との関係が緊迫していたと推測できる。

—その後数年間シナ人は現れなかったが、次はポバとラサの道路と通信線を造るといって大挙押し寄せたが、抵抗して1700人を殺害した。

—これに対しシナはポバに報復し多数を殺害した。ポバは反撃に転じ、スゥ・ラで多数のシナ人を殺害した。ベイリーはこの峠を南から越えるときこの戦闘の跡を見ている。

—シュワからパーロンツァンポ川を下り、トンメイを経てトンギュクに至る間、道々でベイリーは従者から戦闘の自慢話を聞き、住居の荒廃や家屋の惨状、痛ましい住民の姿など中国兵による破壊の様子を書き記している。「そのような国では少数の軍隊でも破壊は思いのままであった。ポバはほとんど抵抗することなく、到るところシナ軍の無法な直撃の爪跡がみられた。家は破壊され、畑は荒れるにまかせ、わずかに作付けされた畑では、まだ穂の青い大麦を村人がむしり取っていた。もう食べるものもないのであろう」。

—「ポバはラサにもシナの皇帝にも従属していないとの態度を曲げず干渉されることを拒んだ。シナ人はこれに耳をかさなかったため、ポバは攻撃を加え、チャブジィラ（トンメイとルナンの間の峠でギャラペリの眺めが良い）で500人を殺した」。

—ルナン（ルーラン）はコンボ地方に入り当初から中国に服従したため、ポバ地方とは全く違い農牧地も家も被害を受けていなかった。住む人の様子も身なりも全く異なると記している。

—また「シュワの議長はポ・ツァンポーの4.8（実際は53km）上流にあるダシンと今、争いがあることを付け加えた。2つの地区の間には城壁があって、近寄る者は無差別に撃たれるという話であった。われわれがシュデンゴムパからシナに行くのを警戒しているような感じであった」と書いており、ポバのなかでも内輪の戦闘があったことが伺える。

2.2 シュワの現況

シュワのサンジュゴンパは現在は村の東のはずれに建つ小さなお寺にすぎない。リンポチェを本尊とするニンマ派の属するが、以前居た活仏は1950年中国が侵攻した折、外国（アメリカ？）に亡命したと言う。昔はポミ地方全体のお寺の集会に800人もの人が集まったというくらい、位の高い僧房であったらしい。

2.3 20世紀初頭におけるシュワ村の歴史的変遷

年代	観察者	状況
		ポバはチベットの中央政府からも独立した国家形態を保っていた
1880.8～1884.11	キントゥップ（K－P）、セラップ・ギャツォ	ヤルンツァンポの大屈曲部に潜伏したパンディットの行動がポバの世情を騒がす
	ベイリー、キングドン・ウォード	20世紀初頭の政治不安からシャンバラ信仰に拠った民衆の移住が始まる（1911年辛亥革命）
1913.6	ベーリー	1911年シナ軍により王は殺害され、王宮は破壊。10人の大臣を殺害（1912）。王妃は健在。その後数年は平穏な時代が続く。再度シナ軍が侵入し、スウ・ラなど各地で戦闘。
1924.1	ネール	平穏な時代。正月に王と王妃はラサに滞在。（建物は再建されていたようだ）
1935.9	コールバック	1931年頃まで多少とも半独立国家として王に治められていた。1931年3ケ月シナ軍と戦闘。中央政府直接統治下に置かれ、主要な建物は破壊。王は逃亡中に死亡。若い王女が人質。
1947.2	ラッドロウ	植物採取のため、西よりポバに入る。激動前の最後の探検。寺院はまだ立派なものが建っていた模様。
1950		中国軍侵攻により、ゴンパの活仏は海外に亡命。
1954		川蔵公路の開通
1965～1975		文化大革命によりゴンパは徹底破壊。のち小規模に再建される
1988		ゴンパはポミ県の許可により再建。今に至る。
1996	コックス	キングドン-ウォードの足跡を辿る。植物採取

3．ダシンゴンパ

3.1 ダシンゴンパを探訪し、記録を残した人たち

- ダヴィッド-ネール,A.とヨンデン（1924年1月）
- ハンベリー・トレイシー.J.（1935年8月～9月）
- コールバック,R.（1935年9月）
- コックス,K.（1997年？月）

3.2 ネールたちが見たダシン

1924年1月に立ち寄っている。（パリジェンヌのラサ旅行より）

- ダシン寺の黄金色の屋根が森の中から見え出した頃・・・・
- 私たちが取り残されたところは、大きな森の外れだったので、森の景色の厳しさが弱まってきれいな景観を呈していた。
- 道筋を見下ろすように、岩の壁にいくつかのツァム・カン（隠者の庵）を建てていた。黒い岩に引っ掛けられているかと思われる隠者たちの白い小さな家々は岩の凸凹に奇跡的にぶらさがっていて、また岩山の裂け目からけなげに生えている樅の木々は隠者たちの庵の奇趣に富む無秩序を縁取っていた。素晴しい光景だった。
- 非常に美しい木の橋を渡って、ポルン・ツァンポ川をもう一度横切り、左岸に戻った。
- 谷間にあるダシン寺は、山の頂に建って睥睨している寺のような堂々したようすはまったくなかった。しかしその古い城壁の下を曲折して流れる緑の水を湛えた川と、

- その正面にある木々に覆われた岩山は、寺の黄金色をした丸屋根の周囲に、詩情ある美しい景色を作っていた。
- 寺の後に、一部分が畑になっている広い谷が開けていた。そこから、幾つかの峠を越えて南部チベットに向かっている一本の道が発していた。その道から幾本かの道が分岐して、アッサム地方の北でインドとの国境に至る道や、ビルマや雲南に行く旅人が辿る道となっていた。
- ポルン・ツァンポ川の右岸にはダシンの近くで、山脈を横切って北方に向かうもう一本の道筋が発していた。ラサからチャムドへ連絡し、更に先では分岐して、草の砂漠へ向かう数本の道となっていた。
- チャムドを起点とする郵便道の北側に位置するこれらの地方に私は滞在したことがあって、よく知っていたので、そこへ再び行くことのできる小道に行き遭うたびに、数々の思い出が私の心をよぎった。
- ヨンデンはこの寺でもスン・ゾンと同じく親切な歓迎を受けていた。
- 彼の祖父（紅帽派）がいた地方から来ている一人のタパ（修行僧）に出会った。近況を話して聞かせた。

3.3　コールバックの見たダシンゴンパ
- 9月12日の真夜中にダシンゴンパに到着。6月末にシュデンゴンパを発って以来、2ヶ月半ぶりにハンベリー・トレイシーと再会する。
- 9月16日にシュワに向け出発した。3日でシュワに到着。この時近くのイゴンツォにいたキングドン・ウォードとは会えないままであった。
- 10月1日コールバックとハンベリー・トレイシーの2人はポデツァンポ川のチュンボに向け出発する。
- コールバックの滞在は1週間ほどであったので、ダシンに関する記事は少ない。
- わずかに与えられた部屋の様子や、いろいろな食料品を購入できたこと、バルコニーから南の谷の奥にドーム型の雪山と短い氷河が晴れた日には見えたこと、しかしいつも雲に覆われていい写真が撮れないことなどが、記されている。

3.4　ハンベリー・トレイシーの報告から
　　　(Black River of Tibet,-1938-)
- 1935年6月24日にコールバックとシュデンゴンパで別れ、同年8月27日以降のいつかダシンゴンパで再び会う約束をした。パールンツァンポ川に沿ってラウ、ミードゥイを経由して8月5日に、ソンゾンに到着した。
- ダシンまでは2日の行程だったので、北の未知の谷を北上し、探ることにした。
- ソンゾンから2日行程のチュゾン（東ポユ地区の中心地）のゾンポンに会う。
- 北東に向かう谷を遡上し、サルウィンとの分水嶺をなす峠を2つ越え、サルウィン流域に入る。
- 峠では北の乾燥地と南の森林帯の景観の違いに驚いている。
- 下りてきた谷のひとつ西側の谷を北に遡上し再び峠を越えてソンゾンの戻り8月25日にダシンに到着した。
- 待つこと18日、コールバックはジンルーロンパを下って、9月12日の真夜中、ダシンゴンパに到着した。
- この間トレイシーは金も底をつき、シュワやチュンボにも出かけられず、近くを散策するだけで、資料のまとめなど退屈な日々を送っている。
- ダシンは "The houses in the Wood" と呼ぶに相応しい。家々は森に囲まれているので辿り着いた旅行者が見るのは勾配を持った木造の屋根と中央から金箔の尖塔がそそり立っているゴンパだけだ。
- ダシンの周りには石壁や荊の垣根で囲まれ

た耕作地がある。
- 川から300mほどの高さまでは、松の木のなかに竹の藪がある。1500m以高はシャクナゲの林で、それより高いところは草地と岩屑である。
- ダシンには以前もっと大きな僧院があったが、ラサ政府がポユに対し、行動を起こしたとき破壊され、全体が廃墟となっている。
- かっては強固に石で建てられた家も屋根の無い形骸になって、その間に高い草が茂っている。
- 現在の僧侶の住まいは廃墟のなかにあちこちに散らばっている。

3.5　ダシンゴンパの調査で観察し感じたこと
- ダシン村は河床から30mほどの比高を示す高位段丘面の平坦地にある。
- 河床近くと山地には大きな木が茂り、昔の景観が想像できる。
- 平坦地は牧草地と畑、及び集落で、木はまばらである。
- 集落は上流と下流の2つに分かれている。
- 上流には村長の経営する製材作業場がある。
- ゴンパは上流側の集落の川よりにある。
- 探検者の報告から、1935年以前ラサ政府の侵攻により、ゴンパの多くは既に破壊されていたことが分かる。
- 1924年訪れたネールは廃墟には触れていないが、おそらくシュワ村が破壊された1910年前後の事件と推測される。
- それでも1924年時点では、黄金に輝く塔が聳える寺院があり、周辺の山に数多くの瞑想の庵があったことから、1910年の事変による破壊は軽微なもので、復興も早かったと考えられる。1935年時点でも庵のことは述べていないが、様子は変わりなかったと推測される。
- 現在見るような徹底的な破壊は戦後の中国侵攻から文化大革命の時であろう。
- 村長の話しぶりから復興の意欲は強いと感じられた。

4．ソンゾン
4.1　ハンベリ・トレイシーの報告
―ミーツイ谷が本流に吐き合う地点の上流（ポバ地区への入り口）で1910年の中国侵略に対抗するために造られた石積み壁（長さ数メートル）が壊れているのを見た。
―ソンゾンは四つ角に3階建ての防御棟のある壁（180mの長さ）で四方を囲まれた村だ。
そのなかには地区の長の家と木造屋根の寺、それに100人の僧のための小さな住居がある。
―中国の侵略は苦い記憶をここに残した。ソンゾンはその時徹底的に破壊され、多くの財宝があった寺院は灰燼に帰した。
―年老いた僧は悔しい思いで破壊された、かっての華麗なゴンパを思い起こしていた。

4.2　ソンゾンでの観察
- ソンゾンの城壁は150m*150mほどあり、規模はポユ地方で一番大きいのではないかと思われる。
- 破壊はすさまじく、徹底している。
- 現在は本堂と脇侍堂および僧房が2棟のみ復興されている。
- 新しい漢人の集落は上流右岸の高位段丘面に建設中でチベット人の古くからの集落から離れている。

山・水・人の風景

破壊されたダシン・ゴンパ（2004 年撮影）。現在は再建されている。

シュワの村に残る石畳の道。きっとベイリー、モースヘッド、ネール、コールバックそしてラッドロウとシェリフが歩いた道に違いない。先達の足跡が残る道を万感の思いを込めて撮った写真。

第2章
ミャンマーからブータンにかけての辺境地域

世界で初めて公表されたミャンマーの最高峰カカボラジ（5881m）の北東面。金澤聖太氏撮影。2011年。

ミャンマー北方のプタオ盆地。土石流で埋められた複合扇状地。自然堤防や河川の曲流、段丘地形が見える。標高は500m、面積は500km^{2}とかなり広い平坦地である。

パガンのパサールの賑わい。

ビルマ（ミャンマー）訪問記
― カ・カルポ・ラジを目指して ―

1. はじめに

　これからの話は、1972年2月のことで、随分と旧聞に属するが、今でも入山が困難なビルマと雲南国境の山に憧れた1人の男の昔話としてお許し頂きたい。だから我慢をして最後まで読んで頂くためにはここに至る背景と経緯を前段として多少語らねばならない。

　私が九大探検部に入ってビルマの最北端の中国雲南との国境をなす山脈の中にカ・カルポ・ラジというその当時未踏峰の高山があり、その姿を垣間見た西洋人はキングドン・ワードという、イギリスの植物学専門の20世紀前半に活躍した探検家しか居ないという何とも魅惑的な話を聞いた。松本顧問を通してである。当時は世界の多くの地域が我々学生にとっては禁断の遠い国であって、中でもビルマは厚いベールに包まれた幻の国に属していたように思う。

2. ビルマへの思い

　私はビルマにはそれ以前から興味を引かれるものがあり、バルーチャン発電所建設工事を描いた岩波新書の「トングーロード」などを読んでいた。品川にあるビルマ大使館を訪ね、資料を見せてもらったり、文通している内に、2等書記官のウ・オン・チャン・タ氏と仲良くなった。

　その資料の中に"Forward"という広報誌があり、其の中の1冊（1968.4月号）に、"Snow－Capped Lungkru Madin"（3146m）の未踏峰登頂記があった。ビルマのHiking and Moutaineering Association(HMA)が組織した登山隊で、隊長はHMAの会長でもある、コロネル・ハラ・アウン氏である。山はビルマ北方、カチン州の州都プタオの西に位置する。プタオをベースキャンプとして、キャンプを7箇所も設け、1週間かかって登頂している。HMAにとって初めての雪氷訓練であった。ビルマ側の交渉の窓口の足がかりを得た思いであった。また、国内では日緬戦友会の川島威伸氏(旧軍将校でビルマ大使館顧問)ともお会いし文通をするようになった。しかし、当時はビルマの、しかも奥地に立ち入ることなど夢のまた夢でしかなく、関係文献をジオグラフィカル・ジャーナル等から集めて、知識を蓄えていつかと夢見ていたに過ぎない。

　ところが、ひょんなことで、大学院在学中の1971〜72年に西オーストラリアの鉱山会社に就職する機会を得た。滞在中に日本への帰路の途中でビルマに立ち寄る計画を立て、その当時は母国の外務省に帰っていたチャン・タ氏と連絡をとり、ビルマのハイキング・マウンティニアリング協会の会長をしているコロネル・ハラ・アウン氏と会見できるかどうかを打診した。当時ビルマは一定コースの1週間の団体観光に限り、外国人の入国を許可しており、キャンベラのビルマ大使館でビザを取得した。1年間の業務を終え、東オーストラリアやタスマニアを観光した後、東南アジアに飛んだ。

3. ラングーン

　そしてついに、1972年2月14日タイからにラングーンのミンガラドン空港に到着した。ゴム林で囲まれた田舎の飛行場と言う感じであったが、出迎えの人で混雑しており、その中から懐かしいチャン・タ氏を見つけた時は、正直ホッとした。氏の話では、ハラ・アウン氏は北部に出張中で1週間の間には会えないこと、しかし、ラングーン大学の地質学のウ・バ・タン・ハック教授とは、面会できるようにするし、そこで北の様子も聞けるだろうし、詳しい地図もあるはずだと言う頼もしい情報を得た。それは、1週間の旅行を終えてラングーンに戻る19日

に会えるように約束するとの事だった。彼の言葉を信じ、安心してその日は彼の案内で、夜の街で酒を酌み交わした。翌日はシュエダゴンパゴダなど市内観光をした。この日はユニオンデイと言う休日で、多民族国家の統一と融和を図る日となっている。催し広場は混雑していたが、各民族の出し物の中でも、北方のカチン族の若い娘さんが機を織る姿を見た時には、私が行きたいと恋焦がれている国から来た人だと思うだけで、胸が熱くなった。

4. パガン

翌16日から、北への旅に出たが、出発の飛行場でしょっぱなから、失敗の連続であった。ビルマの文字は勿論分からないし、アラビア数字は使われていない（！）から、出発便のアナウンスはあれども英語がよく聞き取れず、案内ボードの便名は読めずで、自分の乗る便が判らないまま定刻を過ぎ、待合室の周りから人が減って、とうとう一人になってしまった。不安できょろきょろしていたら、一人の青年が走ってきて「君はミスターツジか」と問う。「イエス」と答えると、聞くが早いか、彼は私の手を引っ張るようにかんかん照りのエプロンを駆け出した。先にはプロペラがキーンと金属音を出して回っている飛行機があった。それが私の便だった。タラップを息を切らして駆け上り、中に入ると客室から喚声があがり、隣のおばさんは大層喜んでくれた。フランス人の観光団だということだった。そして無事フレンドシップ機は中部の町パガンに向けて飛び立っていった。飛行機には数多く乗ったが、発車（？）間際の飛行機めがけてエプロンを走ったのはこれが唯一の経験である。まだおおらかな時代ではあったのだなと思わせる場面でもある。

パガンは、ビルマ中部イラワジ川の中流の東岸にある都市遺跡で、11～13世紀に栄えたが、13世紀末に雲南から侵入した元の軍に滅ぼされた。仏教を中心とした文化を華咲かせ、数多くのパゴダや、寺の遺跡が残っている事で有名である。現在は広大な野原に赤レンガの遺跡が散在する田舎町にすぎない。中に白く塗られたパゴダを散見するが、修復が施されたものであろうか。唯一の外人向け宿舎であるレストハウスで昼食の後、一人ぶらりと見物に出かけ、途中で馬車を見つけこれ幸いとのんびりと炎天下の旧都を散策した。しばらくするとニッパ椰子の小屋から賑やかな声が聞えてきた。御者に聞くとニヤとして、酒を飲む手付きをする。そこで椰子ビール（薄いミルク色をしたアルコール度の弱い酒）を飲みながら話すうちに、近くに日本に留学した人が居るから、紹介しようと言うことになった。家に上がりこんで飲むうちに、賑やかな宴会になってしまった。彼ウ・ティント・アウン氏は、漆器の勉強のため久留米に留学した経験があり、現在は政府の漆器学校の先生をしている青年であった。そうこうするうちに辺りも暗くなり、酔っ払って皆で肩を組みながら帰っていると、向こうからヘッドライトを照らしたトラックがやってくる。荷台には大勢の人が乗っている。何事かと聞くと、私のための捜索隊が出発するところだったと言う。夕食にも帰ってこないし、レストハウスしか宿泊施設はないから、日本人がまた行方不明と大騒ぎになったらしい。大変な迷惑を掛けてしまった若気の至りのパガンの一夜であったが、楽しい夜は今でも鮮明に覚えている。レストハウスの横を流れるイラワジ川を遡れば、カ・カ・ル・ポラジにたどり着くはずである。胸が熱くなった。

5. マンダレー

翌2月17日はパガンからマンダレーに移動した。毎日乾季の暑い日が続く。マンダレーはビルマ中部に位置し、ラングーンに次ぐ第2の商業都市で、19世紀以来の旧都である。そろそろ本題に入らねばならないが、ここでもハプニングがあったので、しばし時間を頂きたい。

西北オーストラリアのキャンプ生活は、キャンプとは言え、個室、エアコン、トイレ、シャ

ワー、食堂、売店付きの豪華版であった。毎日旨い食事を作ってくれたチーフコックのジョン・ウイリアムは、ビルマのマンダレーの少女モウリーン・キン・ソウ・ウインと文通を続けていた。彼の紹介で、今回彼女と会う約束が出来ていたのだ。17日夜家に招待され、家族と夕食を共にした。当の少女は高校生、上に大学生のお兄さんが2人位居たように記憶する。お父さんは亡くなっていた。皆非常に明るい、クリスチャンのインテリ家族で、英語がよく通じた。翌日は市内を案内すると言う。私も含め皆自転車で、砂埃の舞う市内を走り回った。有名なマンダレーヒルが含まれていたことは勿論だが、私はマンダレー大学を希望した。そこで北方地域に関する文献を探したかったのだ。ビルマの地方地誌 "Buby Mine District", Vol.A と Kachin 語のハンドブックを手に入れた。その後しばらくウインさんの家族とは文通していたが、数年して西北オーストラリアのカナーボンに移住した。私が滞在していたキャンプ地とは500km程しか離れていない。何かの縁であろうか。それにしてもビルマの自転車のサドルの高い事、楽しかったがおっかなびっくりの1日ではあった。

6. ラングーン大学

さて、いよいよ本論に入る、準備ができた。18日にマンダレーから、インヤレイク（バルーチャン発電所の水源）経由でラングーンに戻り、其の夜はチャン・タの家でご馳走になった。翌19日朝、宿舎のYMCAで、チャン・タの子息のサン・タと会い、大学に案内してもらった。Art and Science Dept.の地質学教授、ウ・バ・タン・ハク氏は、英国留学の経験を持ち、恰幅の良い紳士であった。きれいな英語を話した。こちらの希望は既にチャン・タ氏から伝わっており、簡単な挨拶の後、助手の2人を紹介してくれた。図書室と思われる薄暗い部屋の中に通され、そこには長いテーブルが並べてあり、其の上に雲南との国境地帯の地図が数枚広げてあった。縮尺が違う2つのシリーズがあり、一つは縮尺が1/2インチ＝1マイル(約1/128,000)の広域図、もう一つはより詳しい地図である事は間違いないが、縮尺は書き落とした。前者ではカ・カル・ポ・ラジにアクセスする渓谷は、アドゥン・ワン河であることが示されている。後者にはHkakabo・Razi(19315フィート、5887m)の南東に、5512mの無名峰を隔てて、Gamlang・Razi(5840m)がある。主峰のおおよその緯度、経度は北緯28度20分、東経97度32分である。この唾が出るような地図を目の前にして、私は興奮していた。おもむろに写真を撮っても良いかと尋ねると、「だめだ」と言う。遠くからなら良いと言う。スケッチは構わないとの答えであったので、急ぎ手帳に書き取り、少し離れた所から満身の思いを込めて写真を3枚撮った。文章に添付したのが、其の思い出の写真である。ビルマ入国前にカラーフィルムを切らしてしまい、ビルマ国内で購入出来なかったため、白黒の写真であるのは残念であるが、当時の雰囲気は伝えている。教授に謝意を表し、キャンパスを後にしたが、垣間見た地図が念頭から離れず、興奮はしばらく治まらなかった。その夜は世話になったチャン・タ氏と、会見の様子を肴に夜の街で酒を飲んだ事は言うまでも無い。

翌2月20日早朝冷え冷えとする暗い中をUBAのバスで、飛行場に向かった。チャン・タ氏を待つが来る様子が無い。税関、イミグレーションと慌しく済ませ、待合室に居ると、呼び出しのアナウンスがあった。彼が家族皆で見送りに来てくれていた。皆と握手をしてお別れをする。本当にお世話になった。

UBA227便はバンコクに向け離陸した。ホンコンを経由し、夜には東京に到着した。こうして、短かったが思い出多い私のビルマの旅は終わった。もし、この時ハラ・アウン氏と会談できていたら、あるいはカ・カルポ・ラジへの道は開けていたかもしれない。

山・水・人の風景

追 記

- 国名はその後ミャンマーと、首都ラングーンはヤンゴンと変わった。文中では当時の名称を用いた。
- カ・カルポ・ラジは1996年9月15日、日本人尾崎隆氏とミャンマー人ナンマー・ジャンセン氏の2名により初登頂された。
- カ・カルポ・ラジの標高は、下記の尾崎氏の報告では、5881mとなっている。
- 山名のカ・カルポ・ラジについては、現在の表示はカカボラジが正しい。当時は深田久弥(1965)カ・カルポ・ラジーヒマラヤの高峰81－岳人211号149－153P．により、文中ではこれを用いた。深田氏は恐らくキングドン・ワード(1939)Ka Karpo Razi：Burma's Highest Peak, Himalayan Journal Vol.11,74-88P.に拠ったものと思われる。初登頂した尾崎氏の著書(1997．7、山と渓谷社)では"幻の山、カカボラジ"となっている。なお、カカボラジはビルマ－チベット自治区国境線の最北端ではなく、南東側のビルマ国内の尾根にずれている。
- ミャンマーはビルマ族、シャン族、カチン族等からなる多民族国家で、今だに軍事政権下にあり、奥地の山岳に入るには困難な国と聞いている。日本のODAもペンディング状態である。現在ではかえって中国チベットから近づき易くなっている。
- 日本とミャンマーの民間の友好団体として、社団法人日本ミャンマー文化協会がある。当時は日本ビルマ文化協会といった。筆者も以前は会員として活動していたが、現在は退会している。事務所は大阪市南区長堀橋筋2－28に当時はあったが、現在どうなっているか判らない。最近は幾つかのNPOにより、両国間の交流が行われているようである。
- 文中にも述べたように、当時収集した当地域の文献リストや、コピーは幸い今も手元にある。興味のある方はお知らせ下さい。

ラングーン大学の構内で。向かって左側の青年がウ・オン・チャンタ氏の長男のサン・タ君。

ラングーン大学地質学教室の資料室でビルマ北部国境地域の地図を見せてもらう。この距離での写真のみ許可され、地図の近接写真は撮れなかった。

ラングーンの街（1972年2月）

ミャンマー北部および周辺地域の探検史
― 概説と年表 ―

1. はじめに

2011年4月、私はミャンマーを福岡の山仲間と訪れた。1972年2月以来40年ぶりのことである。もう山に登る元気はないが、北端の町プタオに行けると聞いたので、喜び勇んでやってきた。若い頃から憧れの地であった。プタオは標高400mから450mのまことに広々とした山間盆地にある小さな町である（図1）。

私にはフォート・ヘルツという呼び名もなじみ深い。昔の探検記にはその地名を記したものが多い。ここは年表にあるヘルツの名前を記念した砦(とりで)があったところで、彼はミャンマー最北部のカチン州の副弁務官であった。ヘルツは兄弟でカチン州の踏査や国境紛争など英印軍と共に19世紀末から20世紀初めに活躍した。砦は現在の町から少し離れた西側の小高い丘にあったように古い地図から読み取れるが、定かではない。飛行場（標高450m、滑走路長2km）は東南に近接した丘陵に位置している。

2. プタオ盆地（カムティロン盆地）

「まことに広い」と書いたが、緑深い山懐（やまふところ）に抱かれて、驚くほど平坦な盆野がおそらく500km²以上（旧ソ連の1/20万地図より概測）拡がっている。盆地の最上流で標高は500m強である。私は地質屋という商売柄その地形・地質発達史は研究の対象に、また地下水開発によって豊穣の沃野になりそうな気がするが、先を急ぐ旅にはそんな詮索の暇はなかった。概況を簡単にお話すると、まずこの盆野には北から西にかけてインドとの国境を画する流域界から3本の河川が流入しているが、盆野から吐き出す川は南東流するマリカ川1本しかない。

盆野には何段もの河岸段丘が発達しており、それらは円磨された砂礫層で、固結していない。

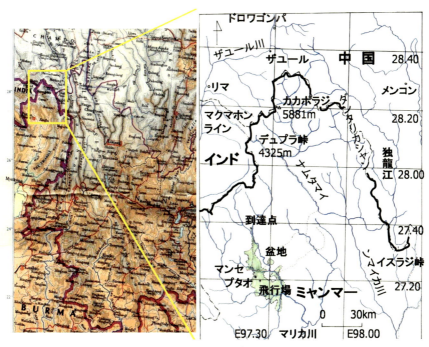

図1　ミャンマー最北端とプタオ北部の略図

明らかに旧い河川の河床で形成された地層である。ここからは私の勝手な予見だが、当地域は新しい地質時代（第四紀）を通して、地盤の隆起が激しく3つの後背流域から膨大な量の土石流堆積物がたまり、複合扇状地をつくった。隆起の激しさはチベットとの国境の北隣を流れるザユール川沿いに発達する複数の高い河岸段丘が証明している。盆地は一時的に谷が堰きとめられて湛水湖になったと思われ、最終的に土砂で埋没され氾濫原や後背湿地からなる平坦な盆地が形成されたと考えられる。今は茫漠たる原野が広がり、村落は山裾近くと道路沿いに散在している。

盆地の下流端から河相はしばらくの間山岳を刻み込んでゴルジュに一変する。その下流は予想外にゆったりとした谷となり、焼畑の跡か草本に覆われた山肌と赤土があちこちに見える（プタオからミッチーナまで流路長約290kmのうち中間の約50km区間ではラフティングの記録がある）。そんな右岸の山腹を1本の道がくねくねと続いている。プタオとミッチーナを結ぶ未舗装の泥道で唯一の国道である。過去多くの探検家が通った道である。

この地の正確な人口は分かりませんが、シャン族、リス族、ラワン族等が住んでいます。中国から追放され戦後長く滞在した米国人宣教師モース一家の影響が強く残り、プロテスタントが多いとのことです。高級なゲストハウスはあるようですが、私たちが泊まるような施設はなく、テントか民家を借りるかです。改造した大型トラックの荷台で振り回されながらも、何とか泥道の終点まで行き、後は徒歩で北に向かいました。おそらくマリカ川に沿って、27°37′N，97°22′Eのノアセチュという放牧地まで到達したと思われます。景色が開けて北の山の眺望がきく場所はここまでで、あとは密林のなかの坂道になり、1つの集落があるだけのようです。今回は生憎と雨季の始まりが早いようで、薄雲がかかって氷雪を戴くチベットとの国境の山は見えませんでした。旧ソ連邦の1/20万の地図では真北の国境線上にマドエ（4626m）というピークがあります。そこまでまだ30km近くも離れています。

途中の村はまさに日本の弥生時代に舞い戻ったようで、木や竹で作った切妻造りで高床式の家屋が並んだ集落です。そこに泊めてもらいました。隙間だらけの床下では鶏がエサをついばんでいました。翌朝は夏用の寝袋では少し寒いくらいの冷え込みでした。朝露に濡れた草原が遥かかなたまで薄霧の中に広がっていました。

3. ミャンマーの最高峰カカポラジ（5881m）とカチン高原に住む人々

ミャンマーの北部はなにしろ遥かに遠い。ミャンマー北端（28°30′N）の玄関口にあたるプタオ（27°19′N）の町は南のヤンゴン（16°48′N）から直線距離で1175kmも離れている。そこはインドやシナの海から北方に遥かに離れている。南に開いた弧状の脊梁山地には、モンスーンが収斂し吹きだまりとなるため、雪氷を戴き、谷間に氷河を抱いた峨々たる山々が連なり、中腹以下は熱帯密林の樹海である。このように、ミャンマーの最高峰カカボラジ（5881m）を含む山塊はチベットとの国境をなして屹立し、東南チベットを流れるザユール川（ロヒト川の上流）が刻む偏狭な谷を隔てて、崗日嘎布山群の東南端と対峙している（図1）。

踏み印された歩路さえ定かでなく、ましてや長い間そこで生活を営む人々のことなど知られる由も無かったであろう。世界でも有数の雨の多い地域（プタオで4000mm/年）でもあり、たどり着くのにどれほどの辛苦を強いられるか想像もできなかった。ユーラシア大陸の内陸南縁で、横断山脈の一翼をなす辺境のミャンマー北部が、探検家のみならず世の注目を集めるには、それなりの理由があったと思われる。

いっぽうミャンマー南部に住む里人は遥か北方の霞のかなたに連なる山々を望むこともあったであろう。そんな人々には、平野を滔々と流れるイラワジ川は田畑を潤し、日常の糧である

川魚をもたらし、主要な舟運の便を供する豊かな水源として、多くの恵みを与えてきた。しかし時には氾濫した洪水の惨禍に苦しんだ川として生活に溶け込んだ身近な存在であった。それが平野に生活する人々の見慣れた風景であっただろう。しかしいずれにしても長い間人々は遥か北方の山々や高原は足元の大地に流れ下り来る大河の源流であり、チベットや中国など見知らぬ異国を境（さかい）する障壁であり、野蛮な地に違いないと漠然と想像して暮らしていたことであろう。

そんな里人の思いとは別に、私たちは幸いなことに現在の学問によって、『はるか昔から人類は移動の歴史を繰り返し、里に住む彼らこそ北方の山々を越えて内陸の雲南省や四川省から南下して定着した民族であることや、さらにDNAレベルで大変近似した血が体内をめぐっているその末裔であること』を知ることができる。

長い間辺境の地であったミャンマーの北部（カチン高原 - いわゆる三角地帯 - やイラワジ川の源流）が注目され、関心ある人々を現地に駆り立てた理由はいくつか考えられる。探検や測量など実際に人の動きが始まる時代は19世紀に入ってからのことである。年表に示した幾多の人が残した報告をもとに彼らの足跡をたどってみよう。

この小論では国名は現政府を尊重し、ミャンマーで統一する。また、ここで言うミャンマー北部は一応鉄道の終点ミッチーナ（25°23′N、カチン州の州都）より以北の地域とする。したがってほぼカチン州の領域と重なる。

4. 英国・東インド会社と英領インドの進出

ミャンマー北部の話のまえに、まず当国に近代の歴史を通じて一貫して強い影響力をおよぼした英国との関係を概説しよう。その手がかりは英国の東インド会社である。1600年に創設された東インド会社がミャンマーに拠点を設けたのは、1647年のことである。場所はヤンゴンの東のシリアムであった。組織的に両者が接触するのはこれ以降のことである。会社の接点は船の寄る港に始まり、その勢力圏は南から北に向かって広がっていった。会社は時の王に何度か使節団を送り、利権の拡大を図った。その都度使節団はスケッチ入りの立派な報告書を出版している。なかでも1795年のサイムス、1855年のユールの報告書は大冊の見事な民俗誌となっている。

両国の間には当然紛争があった。第1次戦争に敗退し1826年のヤンダボ条約によってマニプール、アラカンはベンガル政府に割譲された。次いで英領インドは1853年には第2次戦争の勝利によってペグーの北ほぼ北緯19度の線までの領土の統治権を占有した。当時ミャンマー統治の中心は中部のアヴァ（マンダレーの南、21°47′N）からマンダレーに移っていた。さらに以北の領土は第3次戦争の敗退の代償として1886年に北部辺境地域を除いて英領インドに併合された。これ以降ミャンマーは独立国家としての主権を失ってしまう。その結果、英国と清（しん）が直接国境をめぐって対立する構図が生まれ、英国の同地域への測量や探検が活発になる。

5. 探検の時代

①ヤルツァンポの下流の行方（ゆくえ）をめぐる論争：イラワジ川とつながるのか

人々がミャンマー北部に関心を持ち行動を起こした動機をほぼ時代に沿って考えてみよう。まず1826年アッサムに拠点を築いたベンガル政府（インド統治権は1858年に東インド会社から実質的に本国の直轄となる）は18世紀後半からレネルによって開始された三角測量網をアッサムに拡張した。1つはブラマプトラ川の本流の源流を求めてであり、1つは東支川のロヒト川の源流である。ロヒト川はチベットへの最短の交易路と考えられていた。

本流こそはチベットから大屈曲する峡谷を穿って奔流するヤルツァンポの下流と目されていたが、証明されてはいなかった。この"ミッシングリンク"は当時の地理学の大問題であり、

探検や測量の先陣争いや論争が続いた。なかでも有名なものは、ヤルツァンポはミャンマーのイラワジ川につながるという説をめぐる論争である。英国のウィルコックスとバールトンはこの説に決着を付けるためアッサムとミャンマーの国境に連なる熱帯雨林で覆われた厳しいパトカイ山脈を越え、初めてイラワジ川の源流(プタオの北西約3.5km付近のマンセまたはマンチ)に到達した。こうして二人は図らずもプタオ盆地に初めて足を踏み入れた西欧人となった。彼らは川岸に立ったとき、川の流量と川幅の規模が小さく、北方に雪を抱く連山を見たことから、ヤルツァンポはブラマプトラ川につながり、イラワジ川ではないという自説を確信した。そのときの感動を彼は、イラワジ川説の主唱者であったクラップロートへの反駁とともに報告書に記している。いま良く考えると彼らの結果は正しいけれども、彼らが見たのはイラワジ川の西支流のマリカ川であり、さらに遠い山稜の東側を南流する本流のンマイカ川ではなかった。両川はプタオから約245km下流で合流し始めてイラワジ川となり、ミッチーナに流れ下る(つい最近この合流点直下に中国の融資で建設中の提高150mのミッソンダムがミャンマーの世論で工事凍結になり話題となった)。

このようにミャンマー北部の探検はイラワジ川を下流から遡上したのではなく、アッサムからの山越えで始まった。それだけ下流からのアクセスは厳しく、長い間外界との往来がなかったとも言える。プタオ盆地にはマンセを中心としてカムティ・ロン(金の出る所の意、今でも砂金を産する)という小独立国が17〜18世紀まであったといわれている。ここには祖先はチベットから来たという伝説が語られているとバーナードが記録を残している。

ウィルコックスは優れた測量尉官でのちに英領インド測量局の有名なエベレスト局長に見込まれその下で3年ほど勤務するが、若くして亡くなった。また、あまり目立った活躍はないが、ビルマ人のパンディット、アラガが居た

ことも付け加えておこう。イラワジ川の東流である本流(ンマイカ)と西流のマリカの合流点まで1879年に遡上し、本流の流量が多くないことを発見したとサンデマンが報告した。ヤルツァンポ下流説には不利な結果であった。

②国境画定のための測量:英領インド、チベットと清との国境紛争、マクマホンラインの東端

英領インド測量局による測量はミャンマーでも同様に南から北に向かって進められた。とくにチベットと清とのシムラ会議(1913〜1914))の議案である国境線画定の材料を整えることは喫緊の課題であった。このときアボール遠征(1912〜1913)とベイリーらの探検(1911,1913)で得た成果(地図や民族の住み分け)が相手方を説得するのに大いに役に立った。アボール遠征はアッサムだけでなく、ミャンマーでも同様の作戦が遂行された。測量はもちろん流域内のチベット族等の排除、国境標識の設置、砦の構築と戦闘による清兵の掃討などかなりの犠牲を伴う激しい作戦であった。もしこのとき英領インドの攻勢がなければ、カチン州の北半分は中国領になっていたかもしれない。実際、戦後になって中国は1954年に「平和5原則」を宣言したにもかかわらず数年後に、その第1項の『領土・主権の相互尊重』に反し、プタオ地域の領有権を主張したことがある。その少しまえ1945〜47年には中国の急進派がカチン州に侵入した。

アボール遠征の一環としてバーナードが指揮した部隊はプタオから北に入り一応測量を終えた。英国がそれらの結果を編纂して会議のなかで地図上に提示したのがいわゆる"マクマホンライン"の名で知られるチベット・清と英領インドの国境線である。そのときの約50万分の1の編纂図(へんさん)を見ると、ミャンマーの北端の流域界は実際と違って脊梁筋(せきりょうすじ)が随分と南に湾曲しており、ミャンマーの領土が随分損をした形になっている(図2)。

第2章　ミャンマーからブータンにかけての辺境地域

図2　シムラ会議で提案された国境線（赤線、マクマホンラインの東端部）

しかし、1952～56年の両国の合同隊の調査結果を踏まえ、現在は独龍江の流域を除き正確な流域界に沿っている。それが1960年の国境協定である。ミャンマーと中国が国境とするマクマホンラインの東端はダンダリカシャン山脈（現在のミャンマーと中国の国境）南端の東南にあるイスラジ峠（正確な位置は不明であるが、山名のような気もする）である。この区切りの設点はンマイカ川源流の東支流である独龍江（旧タロン川）流域が中国領であることを明示するためである。西端はインドとの国境とも重なるデュプラ（約4325 m）峠である。ここはアッサムとの要路として確保するようにマクマホン自身が主張した。したがって、中国はマクマホンラインの「流域界の原則」を実質的に一部認めたことになる。

しかし、インドの北東端・アルナチャル・プラデシュ州のミシミ丘陵と中国・ザユールの現在の実質支配の国境は昔の間違った編纂図に従った流域界の線形で残存し、現実の流域界とは調和していない（図2）。中国は対インドとの交渉では原則的にマクマホンラインの存在を認めていないから、もの申す立場にない訳である。そのアルナチャル・プラデシュ州については今でも中国の要人が時折領有権について公言しインドとの間で物議をかもしている。中国はアッサム山地の南縁が国境と主張している。

ベイリーとヤルツァンポの探検をし、測量をやりとげたモースヘッドは大峡谷から帰った足で、シムラに直行し缶詰状態で測量のまとめに多忙をきわめたはずである。その彼はその後エベレスト登山に参加し、晩年をビルマ測量局局長として避暑地メイミョーで家族とともに勤務した。不幸なことに1931年現地人に暗殺された。49歳の若さであった。犯人は長く不明だったが、最近実妹の恋人だったということをアーチャーの小説で知った。

カカボラジが北部山塊の最高峰であることはペッターズが指揮したグルカ人測量隊による1918年の成果とされる。その結果は19315フィート（5887m）であった。1996年9月尾崎隆とジャンセンにより初登頂された。ジャンセンは山麓の村に住むチベット系ミャンマー人である。そのピークは国境線より少しミャンマー側に入っている。

ここで、話がすこし脱線する。今回の対象地域の南になるが、英領インドが統治したミャンマー領と清（中国）のあいだで国境をめぐり長い間紛争したのは、中部のバモーからミッチーナ地区であった。前述の国境協定の結果落着した現在の国境はメコン川はもちろん、サルウィン川流域も西に跨いで、イラワジ川の支流の源流域を取りこんで、楔状に大きくミャンマー側に張り出している（図1）。昔から雲南に住む民族の南進傾向はあったと思われるが、歴史的には清の乾隆帝時代（1735～95）以来兵を大規模に派遣して建立した国境関門に象徴される拡張主義が遺産として残った形である。デーヴィスの著書にその関門についての例がいくつか記述してある。

この地域に接したミャンマーではルビー（紅玉）とヒスイ（硬玉）を産する。マンダレーの北東、イラワジ川の左岸（東岸）にあるモゴック周辺はルビーで有名であり、ヒスイはミッチーナの西約70kmのカチン州の山地に産する。ここの硬玉は新疆ウィグル自治区ホータンに産する青い軟玉とは違い、緑色を呈する。ル

ビーも硬玉も産地は国境から近い。古来中国人のとくに玉（ぎょく）に対する嗜好（しこう）はつとに有名である。私は地勢に逆らって切り込んだ現在のいびつな国境は、2つの玉を狙った長年にわたる南進の歴史の結果ではないかと秘かに思っている。中部の大都市マンダレーには大きな国際空港がある。中国の援助でできた立派なものだが、私たちが行った2011年4月には、ロビーは閑散としてエプロンには中華航空のジャンボ機1機が駐機しているだけであった。運航は昆明との国際便で、硬玉をあつかう商人の往来が多いとのことである。最近の報道ではこの辺りからベンガル湾に抜ける高速鉄道を建設する協定が両国間で調印された。中国の拡張主義は形を変え今も確実に進行している。

③プラントハンターの探検：チベット、雲南、四川への入口であり、アッサムとの中間フローラ帯

近代の探検において、地理的な位置関係からミャンマー北部を通ってチベット、雲南そして四川へと抜けた探検家やプラントハンターはそう多くはない。そのなかで一番有名で、回数も多いのは間違いなくキングドン・ウォードであろう。年表に記したとおり、彼は若い頃は北部でもさらに北部を、中年以降は比較的中部を足繁く歩いている。同業ではファーラーとコックスが居るくらいで、彼の独壇場といってよいかもしれない。彼のこの方面の活躍については和訳書もあるし、他書にも紹介されているので、表1を細かく見ていただくとして詳しくは述べない。

ただ彼が岳人として情熱をかけ、その初登頂を狙っていたのではないかと思われる、カカボラジについて記したい。彼はナムタマイ川を遡上してダンダリカシャンのいくつかの峠をチベットに越え、周辺もよく歩いている。カカボラジの南面から森林限界を越えて山深くまで偵察に入った。その報告が唯一"山"の表題の付く「Burma's Icy Mountain」という本である。

Geographical Journalの常連である彼がこのときはHimalayan Journalにカカボラジの報告を寄せている。その山への思い入れは尋常ではないように思う。戦後の晩年の踏査でも疲れた身体をタグラムブム（3512 m、約200km離れている）に登り、妻ジーンとカカボラジ連峰のパノラマを眺めたという。植物に魅入られた彼とは違った、いわば商売を離れたとき、きわめて人間的な一面を見るようで共感を覚える。彼のミャンマーとの関りは、第2次世界大戦による空白の14年間を除くと1911年から1956年まで31年の長きにわたっている。ペグー王朝やアヴァ王朝への使節団に随行したコレクターはいたし、最初にサディアからフーコン谷を経てミャンマー北部のミッチーナ近くまで到達した植物学者はグリフィス（1837年春）である。その後あいだが空いて、その以北に入ったプラントハンターは1904年雲南に行くために立ち寄ったファーラーのようである。しかし本格的に植物採集を始めたのは1911年のキングドン・ウォードであろう。プラントハンティングのフィールドとしてはインド、ヒマラヤ、ブータン、さらにアッサムの陰に隠れて、ミャンマー北部でのその歴史は意外と短い。

④交易ルートの開拓：鎖国のチベットを避けた清と英領インド間のルート開拓（鉄道を含む）

はっきりとここに掲げた目的をもってミャンマー北部を歩いたのは、クーパーと茶園の経営者であったエロルグレイそれとヤングではないかと思われる。クーパーは商人たちからお金を集め1868年の早い時期に中国からインドに抜ける通商路を求めて実行に移した。しかし維西（ウェイシー）で拘束され牢獄に入れられる。ミャンマー北部のすぐ東まで来ていた。釈放されたのち、しばらくして今度は逆にインドから中国へ抜けるべくロヒト川を遡上する。当時はまだミシミ丘陵の現地人（ミシミ族など）が戦闘的な頃で、結局彼らに追い返されて目的を果たすことはでき

なかった。エロルグレイはアッサムで茶園を経営していたが、1892から翌年にかけて、地元の商人の隊に紛れ込んで、山を越えプタオ盆地に到達する。異色は仏人オルレアン公を長とする探検（1895〜96）である。仏印の紅河から雲南に入り、独龍江からカチン高原を横断してプタオに至り、ディヒン川よりアッサムに抜けた。軍人も参加した大部隊で目的は複数あった。ヤングはベイリーより早く、中国からインドへ抜けた探検家の一人である。1905年から翌年にかけて紅河から大理を経由、三峡を横断し、ンマイカ川とマリカ川に挟まれた三角地帯を斜断してプタオに出た。この間国境の様子、鉄道敷設の可能なルート、川の流量、民俗などについて細かく観察している。その後ディヒン川沿いにアッサムに下った。早い時期の優れた成果に比べ語られることの少ない探検家である。

時代は前後するが、1894年〜1900年にかけて、英国のデーヴィス少佐らは、滇緬鉄道と雲南鉄道の建設計画のため、大規模な踏査と測量を主に雲南省で実施した（滇は雲南省、緬はミャンマーの意）。ハノイから鉄道を雲南に延伸していたフランスに対抗する意味合いもあった。この測量にはミャンマー北部は含まれていない。

⑤キリスト経宣教師の活動：主として18世紀から19世紀にかけて

時代は大きく前後し目的は異なるが、宣教師の活動の歴史を見過ごすことはできないだろう。ミャンマーにおけるキリスト教の布教は、13世紀後半のパガン王朝遺跡からキリスト教のフレスコ図柄が発掘されたように、随分早くから始まっていたと思われる。本格的に広まるのは16世紀ポルトガルがインド・ゴアに拠点を置いてからである。この方面について筆者はまだ十分に調べていないので、ここではミャンマー中部のアヴァやアラカンでの布教活動は18世紀前半に始まり、チン丘陵では19世紀末であるから、北部はそれ以降のことであろう

という予見を述べるに留めたい。その頃にはカトリックと国教会の英領インド政府の間で対立が表面化している。雲南における仏人宣教師の活動と同様に栄落消長を繰り返しながらも息の長い興味深い歴史が展開したことであろう。

⑥第2次世界大戦後の探検：カカボラジ初登頂など

戦争中ミャンマーは英印軍と日本軍の間で、悲惨な戦いの場となった。主な戦場は中部まででプタオが戦場となることはなかったが、大戦の初期には敗走した英印軍が退避し集結した。この時にリーチに代表されるようにミャンマーの北部がナガ丘陵を含めて、チンドウィン川の源流にかけて、多くの分野において調査された。いわゆる"援将ルート"としてレド公路がインド・アッサム側から開通したのはこのあと終戦の年である。

戦後の探検では日本人の活躍が目立っている。まず、吉田敏浩はタイ北部より民族民主戦線の手引きによりシャン州から潜入し、カチン州の主に東側を1985年から1988年まで数回に分けて広く踏査した。中村保は特別に許可を得て1991年2週間ダンタリカシャン山脈の東、独龍江流域からサルウィン川流域を踏査した。時代は下るが、盛田武士は2000年と2007年に独龍江を本格的に遡上し、西部大開発の余波を報告している。

ついで、辺境地域の開発開放政策に従って1995年にカカボラジの登山許可が出た。同年の一橋大の偵察に続き、1996年9月日本人尾崎隆とチベット系ミャンマー人ジャンセンのペアによってカカボラジが初登頂された。キングドン・ウォードが偵察した南面からではなく、北東面の谷に入り長いリッジの稜線に取り付き登頂に成功した。つい最近金澤聖太氏が北東面のベースキャンプ（3500 m）から撮った見事な山容写真が「JAN」第12巻に紹介された。またNHKテレビによりきれいな映像で紹介された。

このほか、1993〜1998年間米国の博物学者ラビノヴィッツらはナムタマイ川の上流域を広く踏査し、カカボラジ地域の国立公園指定に貢献した。さらに高野秀行は2002年2月に成都に入り、4ヶ月をかけて、四川、雲南、ビルマ（著者の表現に従う）、インドの3ヶ国を完踏し終えた。カチン独立軍の手助けで"西南シルクロード"の行方を求めた驚くべきタフな探検行である。吉田も高野も当然のことながら、ミャンマー政府が支配するプタオは通っていない。つい最近ではミャンマーの旅行社によりカカボラジの麓（ベースキャンプで標高約3500m、プタオ〜片道約20日）まで案内するトレッキングができるようになった。雨季前後の限られた期間がよいということである。

　追記：この小論の投稿直後、2011年12月米国のクリントン国務長官がミャンマーを電撃訪問し、テイン・セイン大統領やスー・チーさんと会談した。ミャンマー政府内に長年の中国一辺倒の外交に危機感があるとも伝えられている。アセアン会議議長国の承認といい、今後ミャンマーの国内外情勢の急展開には目が離せない。

　謝辞：　年表の作成に当たっては、中村保氏よりキングドン・ウォード、モース、ブラッケンベリーの文献についてご教示を頂きました。また会員の方から誤りを数点ご指摘頂きました。ともに記して厚くお礼を申し上げます。さらに、今回の旅をご一緒し、お世話になりました福岡の山仲間の皆様にお礼を申し上げます。

　追記：タイソンをリーダーとする登山隊は2013年ガムランラジに初登頂した。ガムランラジはカカボラジの南西約5kmの国境線上にあり、標高は5834mである。しかし彼らはGPS測量のデータをもち帰り、解析の結果は5870mであった。この折カカボラジの標高は5800m以下ではないかという疑問を提起した。

機窓からプタオ盆地の西北を望む。砂地の荒れ川や旧河川の蛇行の跡が見える。盆地は広大な原野でその果ては霞んで見えない。集落は森（自然堤防？）の中に散在している。

今回到達したマリカ川沿いの最北の放牧地（ca. 北緯27度37分）から北を望む。残念ながら目的としたチベットとの国境（約30kmの真北）にある雪山マドエラジ（標高約5000m？旧ソ連邦地図のマドエ（4626m）峰？）は見えませんでした。

プタオ盆地の北へ行く途中で見かけたシャン族の村。切妻造りの高床式で日本の弥生時代を思わせる。このような家に泊めてもらいました。

第2章 ミャンマーからブータンにかけての辺境地域

表1 ミャンマーおよび雲南地域の探検史概要

アヴァ王朝使節団など	東インド会社英領インド総督	1695 〜 1867	東インド会社（途中からインド総督）は1695年から1867年まで8回ほど使節団をビルマ中部のアヴァ王朝などに派遣し、イラワジ川等の地理情報を入手する、フリートウッド(1695)、ベーカー(1755)、サイムス(1795、1802)、ユール(1855) などの記録が残っている
ダンビル	フランス王室の地図制作者	1737	中国在住のジェスイット（イエズス会士）と彼らが教育したチベット僧の地図情報に基づき中国全土の地図を編纂、その中でツァンポ川の存在が欧州に知られる、その下流がアヴァ川（イラワジ川）につながると図示され、後々まで大きな影響を残した
コンバウン（アラウンパヤ）王朝	ビルマ	1824	ビルマの第1次アッサム侵攻、英領ベンガル軍は藩主の要請に応える形で参戦した
クラップロート	ドイツの東洋・中国学者	1825	宣教師や中国の情報でヤルツァンポはイラワジ川につながる地図を発表。自身もコーカサス、シベリアを踏査。林子平の本を訳して紹介する、その影響力はのちまで大きかった
ベンガル政府	英国	1826	ヤンダボ条約締結、敗北したアラウンパヤ朝がマニプールをベンガル政府に割譲する
ウィルコックス	英国測量官	1826	最初の本格的探検家、ディハン川を遡上するもアボール族に阻止される
ウィルコックス、バールトン	英国測量官	1827	パトカイ山脈を東に越え、カムティ国のモンセ（マンチ）とイラワジ川の西支流の岸に5月に到達、河川の幅や流量と北方に雪を抱く連山を見たことから、ヤルツァンポはディハン川につながりイラワジ川ではないという自説を確信する、ウィルコックスは1830年にヤルツァンポがブラマプトラ川につながる地図を発表、二人はビルマ北部プタオ盆地に入った最初の西欧人であろう
フレミス		1829	ヤルツァンポがイラワジ川につながる地図を公表した (Hedin, 1922による)
グリフィス	英国植物学者	1837	カルカッタの植物園長、アッサム、ブータン、アフガニスタン、ビルマなど広く踏査、ビルマでは南部のテナセリムに滞在する、アッサムよりビルマに越えフーコン谷、アヴァ、ラングーンに下る
クリック、ボウリー	フランス人神父	1854	ロヒト川のリマ下流でミシミ族に殺害される、このあとベンガル政府の報復掃討作戦が続く
クーパー	英国政府外交官	1868、1869	1868年は康定からバタン、瀾滄江の維西の南まで到達、有力者に阻止され4週間監禁のあと往路を戻る。1869年はアッサムからチベットを目指すが、リマの南で阻止される。その後ビルマ・バモーの政務官となり活躍が期待されたが、使用人に殺害される
ギル	英国軍人	1876 〜 1877	バモーから雲南に入り怒江、メコン川を越え、長江をバタンまで遡上し、四川省の成都に至る長途の旅、仏宣教師に世話になる、膨大な測量データと地名が残る
アラガ	ビルマ人パンディット	1879 〜 1880	6ヶ月間北ビルマの探索を続ける、バモーを10月に出発し、イラワジ川本流を北緯26度18分位の支流との合流点まで北上、本流が予想に反し小河川であることを発見、しかしツァンポ論争に決着はつかなかった、記録はサンデマンが残した

山・水・人の風景

ウッドソープ、マクレゴー	英国の軍人	1884～1885	アッサムからパトカイ山脈を越え、プタオに入る、その上流のマムキウ川を遡上する
ゴードン	ビルマ公共事業省技師	1885	イラワジ川の流量測定、ハーマンのブラマプトラ川の流量精度とパンディット A-K の測量精度を批判、ヤルツァンポはイラワジ川につながると"古くさい"説を主張し、王室地理学協会で激論。彼自身が北ビルマを探検した訳ではない
ニーダム、モールスワース	サディア副政務官, 警官	1885～1886	ロヒト川を遡上し、西欧人として初めてリマ近傍に到達し、イラワジ川はヤルツァンポの下流ではないと結論、パンディット A-K 報告の正確さを一部証明した
コンバウン（アラウンパヤ）王朝	ビルマ	1886	コンバウン王朝との第3次戦争に英領インドが勝利し、北緯19度以北を併合してビルマ全土が北部辺境を除きその統治下に入る。以後英国と清（中国）が直接国境線をめぐり対立する
ヘルツ	カチン州の副弁務官 英国人	1888	最初は商売でカチン州の北ビルマに入り、1912年調査官、のちにプタオの副弁務官になって滞在する、軍の砦は1914年に建設され1925年まで勤務、のちフォート・ヘルツと命名される
エロルグレイ	英国の茶園経営者	1892～1893	地元の多勢の商人に紛れてアッサムから11月に出発し、翌4月に帰還、カマイ地方（プタオのある平野）に到達、さらに一つ東の支流まで行く
デーヴィス少佐ほか	英国の測量・調査団	1894～1900	1894年の第1回から1900年の第4回まで、ビルマ北東部～雲南西部にかけて広く、測量・調査を行う、鉄道敷設調査が中心であった
オルレアン公アンリ、エミール・ルー	フランスの貴族、軍人	1895～1896	英国人デーヴィス少佐と同時期に仏印の紅河から入り、雲南からメコン河、サルウィン河を西に越えさらに独龍江からカチン高原を横断して、モンセ（プタオ）に入る、ディヒン川よりアッサムに抜ける。軍人も同行した大部隊の探検行である
ヤング	英国の外交官	1905～1906	紅河から大理を経由、三峡を横断し、国境・鉄道・民俗など幅広く観察し、ンマイカ川とマリカ川に挟まれた"三角地帯"を斜断して北上しカムティロン（プタオ）に行く、パトカイ山脈を越え、ディヒン川経由でサディアに出た
ベイリー	英国の情報官	1911	中国四川からインドまで完踏、121日、2744kmの踏査であった、シュデンゴンパに寄ったあと、ザユールからミシミ丘陵を、ロヒト川に沿って下る。チベット人一人を伴った単独行であった
プリチャード	英国の軍人	1911	12月にミッチーナを出発し、イラワジ本流（ンマイカ川）を遡上し、西方に向かいフォートヘルツに越える、さらにパトカイ山脈を西に越え、サディアに至る。ウォーターフィールドと独龍江流域は中国に属すと進言し、マクマホンライン外になる。のちに独龍江で遭難死する
アボール遠征隊	バウワー将軍、ダンダス、トレンチャードなど	1911～1913	アボール族掃討作戦とロヒト川、ディバン川、ディハン川、スバンシリ川にかけ広範な測量と探検、大屈曲点の最終結論は出ず、カムティロンには1914年にかけバーナード隊が入る

ベイリー、モースヘッド	英国情報官、測量尉官	1913	ディバン川よりアッサム脊梁をチベットに越え、ヤルツァンポ峡谷に入る、ヤルツァンポはブラマプトラ川につながることを実証、ヤルツァンポを西に向かい、タワンからブータンへ戻る
バーナード	英国特別政務官	1913～1914	マリカ川とンマイカ川に囲まれた三角地帯から中国軍を掃討し、プタオに領土標識を建てる、北ビルマの民俗や清との国境紛争の記録を残す
マクマホン他	英領インド外務参与	1913～1914	シムラ会議の英国側の主席を務める。その場で、インド・中国の国際境界線等を議論、国境線（後にマクマホンライン）を提唱、交渉に使われた当事の50万分の1編纂地図が残る
ペッターズ	英国測量官	1918	カカルボラジ (5887 m) を含む北部を広く測量し、山名を付ける、現地に入ったのはグルカ人測量隊といわれる
ファーラー	英国のプラントハンター	1919～1920	ファーラーは、マリカ川に沿ってフォートヘルツ（プタオ）に入り、東に折れて国境の山稜を探検、またンマイカ川下流域を探検中に客死、北ビルマ、雲南を広く踏査した、同行した植物学者のコックスが評伝を1926年に出版した
キングドン-ウォード	英国のプラントハンター	1911	ビルマ中部のバモーから雲南に入り、北はパタンに至る。メコン川、サルウィン川流域を踏査。ビルマに入った最初の探検である。成果は The Land of the Blue Poppy(1913) として出版
		1913～1914	ミッチーナから雲南に入る、東南チベットから雲南、西に山越えしてプタオに入った最初の探検
		1919	北ビルマからサルウィン川（イマウブム、ヒッピマウ）を探査する
		1921～1922	東南チベットから雲南、北ビルマのナムタマイ、プタオを巡る、In Farthest Burma(1921), The Mystery Rivers of Tibet(1923) を出版する
		1926	プタオを経て北ビルマのセインク谷（ンマイカ川の源頭の谷）からアッサムのデライ谷へ越える、From China to Hkamti Long (1924) を出版する
		1930～1931	北ビルマ・イラワジ川源流のアドゥン谷に入りカカルボラジを南面から偵察する。チベット国境のナムニラ峠に至る、(クランブルック卿が同行)、イラワジ川とロヒト川の分水界に雪山を見る。Plant Hunting on the Edge of the World(1930) を出版
コールバック、ハンベリー・トレーシー	英国の探検家、情報官	1935.5～1936.12	・イラワジ川源流のデュプラ峠を越え、アッサムにはいる、その後察隅、崗日嘎布拉、チムドゥラ、達興ゴンパ、縮瓦、念青唐古拉山脈から中央チベットのサルウィン源流へ。ナクショビルで軟禁され目的を達せず、察隅に戻る。 ・シュデンゴンパ、米堆、松宗、サルウィン、達興ゴンパ、コールバックと同道。 ・察隅から崗日嘎布曲を遡行し、2つの峠を経て、帕隆蔵布に出て、念青唐古拉山脈に至る。2人は途中別行動。約2ヶ月間軟禁されたためサルウィン川源流には到達できなかったが、行動範囲が広く東チベット探検を集大成した

山・水・人の風景

キングドン-ウォード	英国のプラントハンター	1937	ナムタマイ川上流、再度アドゥン谷に入りカカルボラジの南面を本格的に偵察し、登攀が困難なことを報告、支谷のガムラン谷に入りカカルボラジを眺望。Plant Hunter's Paradise(1937)を出版
		1938～1939	ミッチーナから北東へタウガウに向かい、国境の貢山山脈の峠まで踏査する
コールバック	英国の探検家、情報官	1938	再度サルウィン川の源流を踏査すべく、北ビルマの"三角地帯"（ンマイカ川とマリカ川に挟まれた地域）に入るが、第2次世界大戦勃発のため急遽帰国する
リーチ	英国の社会人類学者	1940～1945	ケンブリッジ大学出の医者であるが、第2次大戦中ビルマ英国軍の軍属となり、数回にわたりミャンマー北部を広く踏査する、1954年に結果を集大成して本にまとめ、高い評価を得る
ファーガソン	英国の軍事作戦本部	1944	アッサムのレドからパトカイ山脈を越え、チンドウィン川源流、フーコン谷を踏査。途中パラシュートにより物資の補給を受ける。レド公路偵察の意味合いが強い
妹尾俊彦	日本軍人	1944？	1942年6月ミッチーナに進駐後、カチン高原に150名の掃蕩隊の一兵卒として北上する。マリカ川途中のサンプラバムに残留、カチン族の王様となる。終戦後1946年に帰国する
キングドン-ウォード	英国のプラントハンター	1950	アッサムからザユールのリマに入る、妻ジーンと同行、ワロンでチベットから逃避行中のパターソンと会う、8月にリマで大地震に遭遇し、その様子を詳細に報告した
		1953	北ビルマ、ミッチーナより三角地帯（ンマイカとマリカ川の間）を踏査。タグラブムよりカカルボラジのパノラマを展望する、ジーンが同行する
		1956	西部・中央ビルマ、Return to the Irrawaddy(1956)を出版、1958年にロンドンで逝去、73歳であった、
ソーミェ大佐ほかビルマ・中国隊	ビルマの軍人中国合同隊	1956	カカボラジを北東面より大規模に偵察するが、3660mで登山は断念する。カカポラジ峰がミャンマー領内にあることを確認。ビルマ政府は1952年より中国と合同で国境画定の調査を実施した。のちにカカルボラジに初登頂した尾崎はこの時の情報が大変有用であったと謝意を表した
川村俊蔵	日本人人類学者	1960	2ヶ月間プタオで調査、モース牧師と会う。AACKのカカポラジ偵察の意味合いがあったらしい
国境画定条約	ビルマ連邦共和国・中華人民共和国	1960	イスラジ峠（正確な位置は不明）とデュプラ（タロック）峠（約4325m）間、約200kmのビルマ北東端の国境線が流域原則（一部独龍江を除く）により確定する。その結果中国はマクマホン条約の一部を実質的に認めた形になる
ビルマ医学研究所	ビルマ連邦共和国	1962	約1ヶ月主にプタオの北東、ナムタマイ川流域から国境にかけて住むタロン族を初めて民俗学的、栄養学的、医学的に総合調査する
モース	米国の宣教師	1965～1972	15年間プタオで宣教していたが、1965年ビルマ政府より国外退去を命ぜられた。そのためリス族と共にアッサムに脱出する行動を起こす。ディヒン川の国境線の南を西に行き、パトカイ山脈の東側中腹まで到達し、6年間定住する。そのまえは家族でサルウィン川流域でも活動した。

ハラ・アウン大佐ほか	ビルマの山岳会	1967	ビルマ（The Burmese Hiking & Mountaineering Association）の登山隊が雪氷技術の研修も兼ね、プタオ西方のルンクル・マディン（3146m）に初登頂する
吉田敏浩	日本人冒険家	1985～1988	タイ北部より民族民主戦線の手引きによりシャン州を経てカチン州に潜入し、ビルマ軍を避けながら州の東部の山間を踏査する。
ラビノウィッツほか	米国の博物学者	1993～1998	野生動物保護団体のメンバーとミャンマー最北端周辺で長途の調査を続ける、カカポラジ地域の国立公園指定に貢献する、ラワン族、タロン族ら原住民とも接触する
ブラッケンベリーほか	米国の冒険家	1993～1994	1回目（2人）はサルウィン川、メコン川を無許可で踏査し、3回官憲に逮捕される。2回目（3人）は両川と独龍江、3回目は一人でデチェンからザユールまで踏査。3回ともミャンマー領には入っていない。
引地 真ほか6名	一橋大学偵察隊	1995	カカボラジの偵察隊。ナムタマイ川西支流のセインク谷（デュプラ峠に至る）に入る。最奥のマディン村まで行き、標高2170mまで試登したが、天候に恵まれず山容を望むことはできなかった
尾崎 隆、ジャンセン	日本人登山家、チベット系ビルマ人	1996	カカボラジ（5881m）の北東面より初登頂する。ソ連の20万の地図にこの峰は国境線よりミャンマー側に5691m峰として明示されている。1995年に一度偵察している。
高野秀行	日本人冒険家	2002	中国の成都から西南シルクロードを求めて、カチン独立機構の援助によりミャンマーに潜入する。2ヶ月でインド国境に到達し、ナガランドに入国。コルカタから帰国する4ヶ月の隠密行。

北ビルマおよび周辺地域主要文献集
（単行本のみ）

英語文献

Symes,M.(1800)Account of an Embassy to the Kingdom of Ava, sent by the Governor-General of India ,in the year 1795. Reprint,1995,New Delhi,Asian Educational Services.504p.

Wilcox, R(1832-33) Memoir of a Survey of Assam, and the Neighbouring Countries, executed In 1825-6-7-8.Asiatick Researches 1823-33. Reprint,1998,Calcutta.R.N.Bhattacharya.169p.

Pemberton,R.B.(1835)The Eastern Frontier of India.Reprint,2005.New Delhi, Mittal Publications. 261+lxxiii p.

Griffith,W. (1847)Journals of Travels in Assam, Bootan,Afghanistan and the Neighbouring Countries. Reprint(2010) 371p.

Butler,J.(1855)Travels and Adventures in the Province of Assam during a Residence of Fourteen Years. London, Smith, Elder and Co., Reprint, 2004,New Delhi, Mushiram Manoharlal Publishers Pvt.Ltd.260p.

Yule,H.(1858)A Narrative of the Mission sent by the Governor-General of India to the Court of Ava in 1855. Reprint,2006, Uckfiekd,Rediscovery Books Ltd.391p.

Cooper, T.T.(1871) Travels of a Pioneer of Commerce: in Pigtail and Petticoats, or an Overland Journey from China towards India. London, John Murray. Reprint, 1967,New York, Arno Press.475p.

Gill,C.W. and E.C.Barber(1883)The River of Golden Sand : A Journey through China and Eastern Tibet to Burmah. London, John Murray, 332p. Reprint by Kessinger Publishing's.

Bigandet,P.A.(1887)An Outline of the History of the Catholic Burmese Mission from the year 1720 to 1857. Reprint(1996), Bangkok, White Orchid Press,146p.

Roux,E.(1897) Searching for Sources of the Irrawaddy. With Prince Henri d' Orleans from Hanoi to Calcutta Overland. Reprint(1999)by Waler E.J.Tips. Bangkok, White Lotus,267p.

d'Orl'eans,H.(1898)From Tonkin to India by the Source of the Irawadi, January 1895 – January 1896..London, Methuen & Co.Ltd.Reprint,1998,Bangkok,White Lotus Press.411p

Davies, H.R.(1909) YUN-NAN The Link between India and the Yangtze. Cambridge University Press.431p.

Kingdon-Ward,F.(1913)The Land of the Blue Poppy .London,Cambridge University Press.283p.

Shakespear,L.W.(1914) History of Upper Assam, Upper Burmah and North-Eastern Frontier..London, Macmillan and Co.,Ltd.,Reprint,2004,Delhi,Spectrum Publications.272p.

Kingdon-Ward,F.(1921)In Farthest Burma. London,Seeley Service & Co..Second edition, 2005.,Bangkok,Orchid Press.180p.

Kingdon-Ward,F. (1923)The Mystery Rivers of Tibet. London, Seeley Service & Co. Limited. 316p.

Kingdon-Ward,F. (1924)The Romance of Plant Hunting. London, Edward Arnold & Co. 275p.

Kingdon-Ward,F.(1924)From China to Hkamti Long. London, Edward Arnold & Co.317p.

Harvey,G.E.(1925)History of Burma, From the Earliest Times to 10 March 1824 The Beginning of the English Conquest. London, Frank Cass and Company Limited.415p.Reprint,1967,ditto.

Cox,E.H.M.(1926)Farrer's Last Journey; Upper Burma 1919-1920.London,Dulau.244p.

Handel-Mazzetti,H.(1927)A Botanical Pioneer in South West China Experiences and Impressions of an Austrian Botanist During the First World War. Viena, Ostereichischer Bundesverlag.192p.Reprint by Alpine Garden Society Publications Ltd.

Hall,D.G.E.(1928)Early English Intercourse with Burma 1587-1743.,Second edition, 1968,London,Frank Cass & Co.Ltd.,357p.

Kingdon-Ward,F.(1930)Plant Hunting on the Edge of the World. London, Victor Gollancz, Second edition.

1985,London,Cadogan Books.383p.

Kingdon-Ward, F. (1934) A Plant Hunter in Tibet. London, Jonathan Cape. 317p.

Kaulback, R. (1934) Tibetan Trek. London, Hodder and Stoughton Limited. 300p.

Kingdon-Ward,F.(1937)Plant Hunter's Paradise. London, Jonathan Cape. New York, Macmillan.347p.

Kaulback, R. (1938) Salween. London, Hodder and Stoughton. 331p.

Hanbury-Tracy, J. (1938) Black River of Tibet. London, Frederick Muller Ltd. 305p.

Reid,R.(1942)History of the Frontier Areas Bordering on Assam From 1883-1941. Shillong, Assam Government Press.

Reprint,1997,Delhi,Spectrum Publications.303p.

Bailey, F. M. (1945) China—Tibet—Assam, A Journey,1911. London, Jonathan Cape. 175p.

Kingdon-Ward,F.(1949)Burma's Icy Mountains. London, Jonathan Cape.287p.

Kingdon-Ward,J.(1952)My Hill So Strong. London, Jonathan Cape.240p.

Kingdon-Ward,F.(1952) Plant Hunter in Manipur. London, Jonathan Cape.254p.

Leach,E.R.(1954)Political Systems of Highland Burma A Study of Kachin Social Structure. Reprint(1970)Athlone Press,324p.

Hertz.H.F.(1954)A Practical Handbook of the Kachin or Chingpaw Language. Rangoon, Supdt.,Govt. Printing and Stationery. 173p.

Kingdon-Ward,F.(1956)Return to the Irrawaddy, London, Andrew Melrose Limited.224p.

Woodman, D.(1962) The Making of Burma. London, The Cresset Press.594p.

George,E.C.S.(1962)Ruby Mines District. Volume A. Rangoon, Superintendent, Governrnent.Printing

and Staty.151+v p.
Lamb,A.(1966)The McMahon Line.vol.1, vol.2.London,Routledge & Kegan Paul. Tronto, University of Tronto Press.656p.
Woodman,D.(1969)Himalayan Frontiers. New York,F.A.Praeger,Inc.,Publishers.423p.
Coats,A.M.(1969)The Quest for Plants A History of the Horticultural Explorers. London, Studio Vista Limited. 400p.
Morse,E.(1974)Exodus to a Hidden Valley. Reader's Digest Press, New York, 224p.
Prasad,S.N.ed.(1975)Catalogue of the Historical Maps of the Survey of India (1700-1900). New Delhi, The National Archives of India.543p.
Morshead,I.(1982)The Life and Murder of Henry Morshead. Cambridge, Oleander Press,207p.
Lamb,A.(1986)British India and Tibet 1766-1910. London and New York, Routledge & Kegan Paul.353p.
Whitehead,J.(1989)Far Frontiers People and Events in North-Eastern India 1857-1947. London, BASCA.204p.
Edney,M.H.(1990)Mapping An Empire The Geographical Construction of British India,1765-1843.University of Chicago Press,458p.
Brackenbury,W.(1997)Yak Butter and Black Tea. Algonquin Books of Chapel Hill, 224p.
Rabinowiz,A.(2001)Beyond the Lost Village. Washington, Island Press.300p.
Marshall,J.G.(2005)Britain and Tibet 1765-1947. London, RoutledgeCurzon.643p.
Baumer,C. and T.Weber.(2005)Eastern Tibet-Bridging Tibet and China. Bangkok, Orchid Press. 244p.
Humphries,R.(2007)Frontier Mosaic Voices of Burma from the lands between. Bangkok, Orchid Press.181p.

日本語文献

妹尾俊彦（1958）カチン族の首かご 人喰人種の王様となった日本兵の記録. 文芸春秋新社 295p.
深田久弥著・望月達夫・諏訪多栄蔵・雁部貞夫・池田常道編 (1973) ヒマラヤの高峰（全3巻）白水社 ,670p.598p.699p. 第3巻 107 カ・カルポ・ラジ
丸山静雄（1984）インパール作戦従軍記―新聞記者の回想. 岩波新書、214p. このほかビルマ戦記の文献は多数
クライトナー著・大林太良監修・小谷裕幸・森田明英訳 (1992 － 1993) 東洋紀行,(全3巻). 平凡社（東洋文庫）,358p.366p.333p.（Kreitner,G.,1881 の和訳本）第3巻 第 22 章 大理府からバモーへ、第 23 章 バモーから故国へ
金子民雄（1993）東ヒマラヤ探検史. 連合出版、271p.
金子民雄 (1994) 東チベットの植物探検家 フランシス・キングドン－ウォード. 小林書店（非売品、250 部限定出版）143p.
吉田敏浩（1995）森の回廊～ビルマ辺境、民族解放区の 1,300 日．ＮＨＫライブラリー、文庫判上下 308+306p.
中村 保 (1996) ヒマラヤの東. 山と渓谷社 ,330p. 第 10 章 ビルマ（ミャンマー）の氷の山、第 11 章 幻の山、カカボラジ
尾崎隆（1997）幻の山カカボラジ.山と渓谷社、229p.
高野秀行（2003）西南シルクロードは密林に消える．講談社、367p.
水野 勉（2005）F. キングドン・ウォード－中央アジア文献逍遥－．自家限定出版（4部）、26p.
中村 保（2005）チベットのアルプス、山と渓谷社、381p. 第7章 幻の中国・インド ランドブリッジ
羽田 正（2007）東インド会社とアジアの海．興亡の世界史 第 15 巻、講談社、390p.
松本徰夫編著・辻 和毅・渡部秀樹著（2007）ヒマラヤの東・崗日嘎布（カンリガルポ）山群 踏査と探検史．櫂歌書房、818p.
アーチャー著・戸田裕之訳（2011）遥かなる未踏峰．新潮文庫、上下巻、371 ＋ 318p.(Paths of Glory. Vol.1,2 の和訳本）

ブータンとタワン・スバンシリ地域の探検史と年表

1. はじめに

ブータンとその東隣りに接する、インドのタワンとスバンシリ地域の探検史の概要を年表にまとめました。まずはじめに、年表を書く際に私が留意した点について少しお話します。ブータンだけでなく、東に隣接するインドも含めたのには理由があります。1つは自然条件であり、2つは近代の探検史の動きです。

2. 国際河川と北部国境

自然条件とは、チベットを源流としブータンを南北に縦貫して、インドに入り3ヶ国の国境を跨いで流れ下る川、いわゆる国際河川が3本あることです。それはブータンの東端を西南流するダンメチュと、すぐ西に隣接した国内河川であるトラシヤンチェの谷（クルンチュ）を隔てて、さらに西隣のクリチュです。この3河川は下流で合流してマナスチュとなり、インドのアッサムに流れ下ります。ダンメチュの源流はニャムジャンチュとタワンチュに分かれ、チベット高原の奥深く、国境から70kmほど北です。クリチュの源流はさらに西に遠く、ブータン中部の北向こうまでさかのぼります。そこはチベットのクーラカンリ（7554m）山群の南面とガンカールプンスム（7564m）から東に続く尾根筋にある無名峰（6800m）の北面に挟まれた谷になります（この谷を小森次郎ほかは2008年に氷河研究のため踏査しました）。途中で合流するもう一つの源流は同山群の北を西に深く回り込みます（こちらの方が流域ははるかに広い）。無名峰のすぐ東にメラカルチュン峠（5450m）があります。ここは古くはパンディットのナムギャルとベイリーやウィリアムソン夫妻が北に越え、1958年に中尾佐助が立った（ムナカ・チュウ峠とある）古道です。ガンカールプンスムはブータンの最高峰であり、現在、世界の未踏峰なかで最高峰だそうです（下記のブータン国の地図では頂上はチベットとの国境線上にあります）。ブータンの聖山（ユラ）で政府は登山許可を出さないということです。ここは両国の国境が画定していない紛争地ですが、クーラカンリ山群（ブータンの主張線）は明らかにブータンヒマラヤの主稜（中国の主張線）から北に派生した尾根筋に位置しています。

3本目の国際河川はアモチュです。ブータンの西の端、シッキムと国境を接するチベットのチュンビ渓谷からブータンの西南端をかすめてインドへ流れ、やはり3ヶ国を通過します。ここはインドとチベットを結ぶ最短の表街道で、近代に整備され多くの人が往き来しました。年表ではとてもまとめきれませんので除いています。

いっぽう、ブータンの東に目を転じると、インド国内河川であるカメン（バレリ）川の流域を隔てて、その東側にスバンシリ川があります。この大河もチベットからインドに流れる国際河川です。スバンシリ川のインド国内流域は密林で覆われた地形が大変厳しいうえに、外界から人を寄せ付けない敵対的な山岳民族が住むため、近年まで踏み入ることもできませんでした。人の往来はチベット側から国境を跨いでたどる巡礼路に限られていたのです。

古来、これらの河川に沿って険しい渓谷をうがち、粗末な桟橋やロープブリッジを設けて、"みち"が開かれたのは自然なことでした。少ないながらも民族が移動し、交易と巡礼の歴史が繰り返されました。近代に入ってインドからチベットに、あるいは逆の経路で、さほど多くはありませんが、探検家がこれらの道を通って両国に挟まれたブータンを往き来しました。これが年表にインドのアッサム西部を含めて書いた2番目の理由です。

現在の行政区界にそってお話すれば、年表はブータンとインドのアルナチャル・プラデシュ州西部を含めた探検史物語の早送り版ということになります。

3. 政治・外交との関係－ボーグル使節

探検の歴史を語るとき、政治・外交上重要な事変との関連に触れない訳にゆかないことがしばしばあります。探検の動機がなんであれ、その背景にその当時の政治や外交上の思惑が絡んでいますし、また、探検の結果は同様に大きな影響を及ぼし、ときに思わぬ余波を残すものです。それを考える覚え書きとして、年表では探検の動機とそのごの展開という両面から、政治や外交上の事変について簡単に触れています。探検はただなにが明らかになったかを知ればよいと言う意見もあるでしょう。政治的な話しはあまり好きではありませんが、両者は密接に関係してすんなりと断ち切れないと考えていますし、その方が探検の歴史について理解が深まると思います。無味乾燥な年表の羅列にならないように、物語らしさを加味したつもりです。

具体的な例をひとつあげましょう。それは英国のチベット探検のさきがけとなったボーグル使節です。この使節は1774年、東インド会社の初代ベンガル総督ヘイスティングスの命により派遣され、翌年帰還しました。名目はシガチェ近郊に住むパンチェンラマ3世（ダライラマ8世幼児の摂政）を表敬訪問することでした。その途次ブータンの西部に入り、パロの藩主に歓待されます。ボーグルは旅行中もその後も実に多くの記録や私信を残し、その成果はのちにマルカムやラムによってまとめられています。壮途に着いたのは弱冠28歳のときで、帰国の6年後34歳の若さでカルカッタで亡くなります。1年余の厳しい長途をやり遂げた好漢が自宅のプールで溺れ死ぬとはちょっと考えられないことでした。あっけない最期です。

この使節の背景は、東インド会社の北進です。具体的にはチベット市場の新しいルート開拓にありました。それは2つの大きな歴史の転回により道が開けます。1つは、それまで細々ながらつながっていたネパール谷・カトマンズ経由の交易路がグルカ族の勢力拡大により閉鎖されたことです。2つは英国がアッサムの小藩を巻き込んだブータンとの紛争後に平和条約を締結した際、ブータンとの仲介役に立ったチベットのパンチェンラマ3世とパイプが通じたことでした。アッサムでの小競り合いを一掃する目的もありました。パンチェンラマ3世には英国の力を利用し清やダライラマの勢力をそぎ落とす思惑があったようです。さらに、英国にはチベットに侵攻した清の乾隆帝とチベットを介して接触し、交易を求める意図もありました。両者の利害がうまくかみ合ったのです。

この使節派遣にはヘイスティングス個人の意向が色濃く反映されています。彼は「知識の蓄積、なかんずく、われわれが征服によって支配を行使する人びととの社会的コミュニケーションによって得られる知識は、国にとって有益である」という信念をもっていました。現地情報収集の重要性を認識していたのです。以後彼は強力な指導力を発揮して、1773〜85年のわずか12年の在任中に4回の使節をチベットとブータンに派遣し積極外交を進めます。アッサム平原の北縁、いわゆるドアール（ブータン南縁のジャングル地帯）をめぐるいさかいは、今日の国境紛争というより、間に挟まれた小さな藩主（クーチビハール）を巻き込んだ攻防から始まりました。平和条約締結後も遅々として進まないブータンの門戸開放や小競り合いに、会社がいら立ちを募らせる事態へエスカレートし、19世紀に入って両国は戦端を開きます。ブータンが17世紀にいちおう統一国家として誕生し、群雄が割拠するなか1世紀半経った揺籃時と、東インド会社の復興期が重なった歴史の偶然と言えるでしょうか。ブータンにとって不運な出会いであったでしょう。インド測量の父と言われるレネル（ベンガル測量局長、1764-77年在任）が積極的に測量活動を続け、

山・水・人の風景

ブータンに踏み込んで軍と接触し負傷するのはひと時代まえのことです。

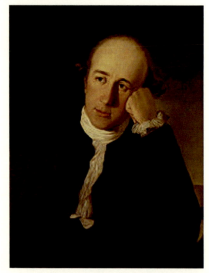

ヘイスティングス（1732-1818）

パンチェンラマに拝謁するボーグル
（ケトゥルによる）

こうして、英国とチベットの出会いはヘイスティングスとパンチェンラマの10年余の蜜月時代で始まったと言えるでしょう。その間ブータン西部は通過回廊であり、中央から東部の探検が始まるのはしばらく経ってからのことです。英国はインドに橋頭堡を構えた地理的に優位な立場でチベットとブータンの探検を主導し、20世紀半ばまでその活動は続いてゆきます。ヘイスティングスの離任後ブータンとの関係は疎遠になりますが、その後の大きな流れは、通商や国交から、チベットやネパールからの戦略的な分断と囲い込み、プラントハンティングと変わってゆくように見えます。

東インド会社は18世紀半ば一時的に陥った財政危機を脱し、マドラス・ボンベイ管区も統括するように管理体制を改革したとき、最初の総督にヘイスティングスを選任したのです。付託した英国の株主もえらいと思いますが、任された彼も時の運を得て職務を全うしたと言えます。まさに時代はこういう人物によって動いてゆくのだなと教えられる場面です。

4. その後のことなど

つぎに、19世紀に入ると"茶"がアジアと欧米の間で、人を動かす大きなキーワードになります。ブータンやアッサムはその渦中にあって、探検も例外ではありません。世界の交易や経済を巻き込んだ興味深い話はたくさんありますが、ここでは年表に記したグリフィスによる茶の調査にとどめておきます。

さらに時代はずっと下って、20世紀の初めシムラ会議で議論され、締結されたインドとチベットの国境線、マクマホンラインについて述べます。別稿に詳述しましたので、仔細は繰り返しません。この政治・外交上の一大事変は、ベイリーとモースヘッドによって集大成されたと言える印蔵国境の探検と測量の成果があったからこそ、始めて実地の情報に則して協議ができたと言えるでしょう。上述しましたように、ブータンからアッサムにかけて東ヒマラヤ山脈の主稜を分断する国際河川がいくつか存在します。これは自然な境界である流域界原則ほど明瞭ではありませんので、国の境を線引きする際大きな論点になります。川筋を通した民族の勢力の移動と綱引きや、それに伴う伝統的な文化圏の広がりが絡み合ってくるからです。

英国の全権大使マクマホンはベイリーとモースヘッドの情報が一刻も早く欲しかったはずです。二人によるツアンポ渓谷の探検が達成間近なのを知って、彼は1913年10月に開始された会議の成功を確信したと思います。彼ら二人が同年11月東ブータンを下ってインド・アッサムに帰還し

た折、列車のランギィヤ駅で二人を待っていたのは、マクマホンからの電報「無事生還を祝す。直ちにシムラに来られたし」であったことは良く知られた話です。二人は会議の舞台裏で缶づめになって成果をまとめたことでしょう。

さらに、このラインと探検の関係について生々しい話があります。ラインの西端、現在インド領にあるタワンの所属をめぐるチベットと英国の攻防です。キングドン・ウォードが1935年6月、アッサム・タワン管区からチベットのスバンシリ川の源流チャユールに密入国したことがきっかけです。これは直ぐに政治問題化しました。チベット政府はシッキムの政務官ウィリアムソンに不満の意を伝え、グールド使節団が1936～37年ラサにおもむいた折にも同様でした（グールドは1935年に客死したウィリアムソンの後任です）。使節団は数回にわたり、マクマホンラインとタワンの地位についてチベットと議論しました。英国は改めてマクマホンラインを確定せざるをえない状況に追い込まれたのです。このあと、英国はタワン地区の管轄体制を強化し、軍隊も配置します。第2次世界大戦後独立して間もないインドが1962年、東部地区（タワンからミャンマー北端まで）での中国との国境紛争を何とかしのぎ、現在もマクマホンライン以南の実効支配を続けている現実をよくよく考えると、キングドン・ウォードの密入国は英国とインドにとって、国益は断固守るという民族意識を喚起させた事変と言えるでしょう。結果として「災い転じて福となって」予期せぬ余波をもたらした探検であったと思います。

5. おわりに

英国生まれの文化人類学者であるエルウィンは著書(1959)で19世紀のアッサム各地に割拠する山岳民族と英国の接触に触れ、探検史をまとめています。ここでは主にこの本によっていますが、よい地形図が手に入らないため探検者の行動を精確に追尾できていません。スバンシリ川流域を国境（マクマホンライン）近くまで踏み入ったのは20世紀なかばのハイメンドルフの時代になってからのようです。地図を手に入れ追ってとりまとめるつもりです。また、ブータンが1971年に国連加盟を果たし、国際社会に門戸を開いてから、多くの国際機関や国から調査団が入国し、いろい

ブータンと周辺地域の概要図

ろな調査が行われたと思われます。これらについては把握していません。

年表では上記の2点を除き、主要な動静は網羅したつもりです。漏れや誤りにお気づきの点がありましたら、お知らせ下さい。

謝辞　：　この小論ではブータン国農業省発行の全国地図（縮尺1：250,000）を参照しました。貴重な図副を提供して頂いた中村　保氏に厚くお礼を申し上げます。

この地図は衛星写真を画像処理した図副と航測図化した図副の2葉です。集落、河川、山（標高）、峠の名称のほか、等高線、道路、分水界、行政界、寺院、砦、飛行場が記入されたほぼ畳一畳判の精巧な地図で、オランダにある国際研究施設が作製したものです。文中の河川名、地名等はこれによっています。

この地図では上で国境紛争地として少し触れましたブータン中部のチベットとの国境線は、北のクーラカンリ山群を含まず南のブータンヒマラヤ山脈の主稜に沿ってさらりと描いてあります。驚きました。2006年の「政府刊行物」ですから、ブータンが一歩も二歩も引いた形で長年の国境問題は決着したと理解してよいのでしょうか。グーグルアース（2013.4）では両国の主張線と思われる2本の線で描いてあります。今のところどちらが正しいのかよく分りません。

この国境線の不一致についてつい最近（2013.9）興味深い話を聞きました。氷河研究で2008年にブータンを訪れた岩田修二氏（元立教大学観光学部教授）の話では、ティンプーの地質鉱山局 (Department of Geology and Mines) の氷河研究者から「ルナナ（プナツァンチュの源頭、筆者注）からクーラカンリまでの国境が変更された。中国との交渉でこうなった。ブータンは小さい国だから大きな国には従うしかない。でもブータンは，分水界の北の土地を失っても，失うものは何もない（人は住んでいない）。今，地図の改訂作業で地図局は大忙しだ」という説明を受けたそうです。周辺弱小国の悲哀がにじみ出ています。その裏に漢族による古来不変の覇権拡張主義と言う「よろい」が、平和主義と言う「衣」の下に見え隠れしています。両国の国交はまだ樹立していませんが、交渉結果の交換公文を見たいものです。岩田修二氏には、この話を引用するにあたってお許しを頂きました。厚くお礼を申し上げます。

追　記　：　2017年7月ブータンの西北部の国境地域（ドクラム）で国境紛争が発生しました。中国の道路工事に対し駐在するインド軍が抗議しましたが、戦闘には至りませんでした。

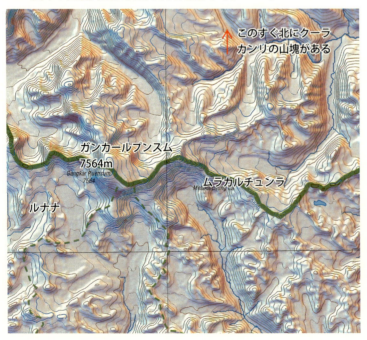

ブータン国農業省発行（2006）の全国地図（1/250,000）の部分縮小図。チベットとの国境をなす、北部中央のガンカールプンスムからムラカルチュンラ（峠）付近。地図のすぐ北にクーラカンリの山塊がある。パンディットのリンジン・ナムギャル、ベイリーやウィリアムソンは峠を北に越え、中尾佐助は峠に立った。

ブータンとアッサム西部・タワン・スバンシリ地域の探検史年表と概要

シャブドゥン・ンガワン・ナムギャル	ブータンの国家としての形成	1616	チベット仏教のドク派の長であるシャブドゥン・ンガワン・ナムギャルは、時のチベット世俗権力者から迫害され、ヒマラヤ山脈の南麓に逃れる。この宗派はもともと現在のブータンの相当な地域に広まっていた。その後この地域はドク派のもとに、統一され、これがブータンの起源とされる。いわばチベットからの政治亡命者によって国が形造られたといえる。しかし藩主の集合体で17世紀末には分派し、内戦が起り、群雄が割拠する。18世紀に入り西南部のクーチビハールは英国東インド会社に保護を求める。これがブータンと英国の接触の始まりであった。
カセラ カブラル	イエズス会神父	1627～1632	二人はインドのカルカッタを1626年8月に発ち、ダッカ、西ベンガルを経て、西欧人として初めて1627年3月ブータンのパロに到着。彼らは友好的に迎えられたが、布教はうまくいかなかった。あと、チベットのシガチェにゆく。一旦インドに戻ったのち、再度別々にシガチェに向かうが、カセラが病死するなど目的を果せず。そのご、一世紀半の長きにわたってブータンについて西欧人の記録はない。
―	英国東インド会社	1768 1772	1601年England East India Company（EIC）設立される。すぐあとカルカッタでも設立。オランダの東インド会社に先立つこと1年であった。近隣諸国との交易を求めて使節の派遣を画策する。ブータンはナムギャルの死後統一が乱れ、藩主が乱立する。ブータンとシッキム・ベンガルの間では国境をめぐって小競り合いが絶えなかった。1772年ブータンが西南端のクーチビハール藩に侵攻し、EICは藩の要請に応じ参戦する。パンチェンラマ3世が仲介に入る。
レネル	ベンガル政庁測量局	1764～1777	レネルはベンガルやアッサムを広く測量してインド三角測量網の基礎を築いた（1764-77在任）。多くの図副を発刊し、インド測量の父と称えられる。おそらくブータンと接触した最初の英国人であろう（1766年）。その途上でベンガルからブータンの国境を10kmほど北に越えるが、地元民の反対に遭遇し引き返した。このとき、レネルは負傷。当時の国境はアッサム平原に張り出していたようだ。英国に帰国後も地図の発刊を続ける。レネルを中心としたクラブが王立地理学協会の創立（1830年）につながった。
ヘスティングス	ベンガル政庁総督	1773～1785	ヘスティングスはベンガル知事から、ボンベイ・マドラスも統括するベンガルの初代総督（1773－85在任）に昇進する。ブータンやチベットとの交易を積極的に推進し使節を派遣する。その背景には、現地の知識や情報の重要性を認め、現地語の習得を奨励した政策があった。上記の侵攻に対しは、アッサムからブータンの国境地域に軍隊を出動させた。作戦中にチベットのタシラマ（パンチェンラマ3世、ダライラマ8世幼時の摂政）より仲介の手紙を受け取る。いっぽうネパールでは1767年以来ヒンズーグルカが勢力を伸ばしネワール国家は陥落、カトマンズ・ネパール谷を通る交易路が閉鎖された。このため、ＥＩＣはチベットに通ずる新たな交易路を探していた。ブータンが1774年4月東インド会社と平和条約を締結し、国土の割譲を条件に保護を求める。このようなチベット市場開拓やブータン情勢とパンチェンラマとの接触が大きな要因となって、ヘスティングスはボーグルの使節派遣を決める。

ボーグル ハミルトン	ベンガル 政庁	1774.5 ～1775	ヘスティングスの命により、ボーグルは使節を率いてチベット・シガチェに居るパンチェンラマ3世に通商交渉のため赴く。途中ブータンの西域内部に初めて入り、両国を旅行した最初の英国人となった。これでクーチビハール、ブクサビハールを経て、パロに至るルートを細かく明らかにした。このときボーグルはわずか28歳であった。ブータンでは歓迎された。チベットに5ヶ月滞在する。全行程は1年余であった。ボーグルはチベットのシガチェまでゆき、歓待され親交を深めるが、通商開始には至らなかった。彼の謙虚な態度が3世の信頼を得たとされる。医者のハミルトンが随行した。ボーグルは細かく記録を残した。報告はのちにマルカム（1879）によりまとめられ、古典的な価値が高い。最近ラム（2002）によりさらに詳しい報告が手記、手紙、公文書をもとにまとめられた。
ハミルトン	ベンガル政庁	1775～ 1776 1777	ハミルトンは医者である。ヘスティングスはブータンのラジャと接触するため定期的に使節を派遣した。ハミルトンはそのなかの一人で、友好と紛争回避のため、2回目、3回目の使節としてブータンのプナカに行った。いっぽう、プランジール・ゴサインと呼ばれるヒンズーの巡礼者を介した文書の交換による友好関係は1786年まで続いた。
ターナー サンダース	ベンガル 政庁	1783～ 1784	ヘスティングスにより派遣された4回目の使節で、ブータンのプナカを経由し、チベット・シガチェのゾンにいる新任のタシ・ラマ4世を表敬訪問した。医師のサンダーズと測量技師ディヴィスが同行するが、デーヴィスはチベットに入れなかった。チベットにほぼ1年滞在するが、ラサには行けなかった。ターナーはヘスティングスのいとこで、このとき33歳であった。1800年に報告書を出版する。ディヴィスの素描が入ったりっぱな大冊の報告書で、当時チベットを知る貴重な本であった。ヘスティングスが1785年インドを去ったあと、ボーグルとパンチェンラマ3世の先立つ死もあり、英国のチベットとブータンとの関係は疎遠になる。1785年英国で「インド法」が成立し、東インド会社の運営は英国政府の監督下におかれる。1792年ネパールのチベット侵攻に対し清が派兵し撃退した。この使節以降、1904年までチベットとの公的な関係は途絶える。
マニング	英国 東インド会社	1811.10 ～1812.6	東インド会社より中国広東に派遣され1807～1810年滞在し、中国語に精通する。強い冒険心を満たすべくカルカッタに戻り、政府の援助もなく民間人として擬装しチベット・ラサに行く。途中ブータン西部を通過。ラサに数か月間滞在中にポタラ宮に入りダライ・ラマ9世に謁見する幸運に恵まれる。西欧人として初めてのことである。帰国後カルッカタで評価されなかったため、再度広東に戻り、英国の使節団の通訳として北京にゆく。日記や記録は死後60年経ってマルカムによって発掘される。ヤングハズバンドは著書で一章を割き、彼の業績を評価している。この頃チベットでは国境の取り締まりが厳しくなり、孤立状態になる。英領インドとの関係は途絶える。
キシェン・ カンタ・ ボース	ベンガル政庁	1815	裁判官のスコットがブータンに派遣したインド人使節。国境紛争を処理するため、ブータンのデブラジャに会う。ことの起こりはブータンのアッサム藩主の内部抗争であり、一方の支援要請に応じベンガル政府が出兵した。

ウィルコックス	ベンガル政庁測量局	1825	ウィルコックスは探検心旺盛で優秀な測量尉官で、アッサム探検の初期に活躍する。バタビア勤務ののちにインド測量局長ジョージ・エベレストのもとに戻ってくる。アッサムからミャンマー北部にかけて多くの成果をあげた。早くにヤルツァポープラマプトラ川説を主張した。彼はラサ周辺から北ビルマの範囲を1インチ=16マイル（約百万分の1）で描いた大判地図を発表。1830年時点の地理を理解するうえで、多くの興味深い材料を提供した。その一つはスバンシリ川である。この地図ではその源流は東ヒマラヤ山脈を分断して、チベット高原にある。聞き取り調査で、川は上流で三つの支流に分かれること、主流は北〜西北の雪山に発すること、ミリ族が交易のため下って来ることなどが判った。源がチベットにさかのぼる根拠は報告に明示されていないが、当時既に彼が正しい理解をしていたことは注目に値する。これは1913年、ベイリーとモースヘッドによって確認された。
ペンバートン	ベンガル政庁政務官	1837〜1838	5回目の使節。頻発するアッサムとブータンの国境紛争を処理するため、使節を率いてブータンにゆく。彼の報告書には河川、道路や地質について簡潔に記されているが、不正確な点があるそうである。4枚の地図を作成した。また、アッサムとブータンの間で毛織物、絹、塩などが交易されていると報告がある。1833年東インド会社の商業活動は停止する。インド総督に格上げ
グリフィス	英国の植物学者	1837.12〜1838.5	グリフィスは気鋭の植物学者である。茶の中国市場が衰退したため、最初はウォルディヒが率いる茶園の開発可能性調査団としてアッサムに入る。ついでペンバートン使節の一員として参加した。カルカッタの植物園長を務めた間、アッサム、ブータン、アフガニスタン、ビルマなど広く踏査した経験を持つ。アッサムよりパトカイ山脈を越え、ビルマのフーコン谷、アヴァ、ラングーンに下る。ブータンではボーグルとターナーがたどった西部をさけ、東部のディワンギリから入り、マナス川を遡り、トラシヤンチェ、トロンサを経てプナカに至る。東部ブータンの最初の探検であろう。警察隊を指揮したブレイクが同行。彼は約72,000分の1の地図9枚を作成した。この時点でブータン西部の地理概要はほぼ明らかになった。彼はいずれの旅も植物の細かい記載を含め克明な日記を残した。1858年英国によるインドの直接統治が始まる。ムガール帝国の滅亡。
ダルトン	ベンガル政庁軍人・中尉	1845.1	アッサムのラキシミプールからカヌーと陸路で、スバンシリ川を遡り、ミリ村に友好親善のため、訪問し、できればさらに上流の探検の可能性を探る。ミリ族の民俗につき多くの資料、スケッチを残したが、ミリ族の文化に対する評価は極めて低い。
ブース	米国のプラントハンター	1849〜1850	米国の植物学者ナットールが派遣したプラントハンター。主にシャクナゲ、ラン、シダを採取する。ブータンで活動したとされるが、今日ではタワン管区のバリパラ地区と考えられている。彼が採取した成果はフレッチャーによれば貧弱だと評価も低い。
イーデンゴッドウィン・オースチン	英領インド政庁	1863〜1864	6回目の使節。これ以降もブータンとアッサム国境の紛争は続いた。イーデンはインド測量局のゴッドウィン・オースチンと共に条約交渉のためにブータンに行く。ダージリンを発ち、チュンビ渓谷経由でプナカに入った。そこで不当な扱いを受けたため、軍に守られてパロ経由で出国した。彼のブータンに対する認識はボーグルやターナーに比べると見劣りがする。不当な処遇に対し英領インドはブータン南縁の国境に侵攻し、両国は交戦状態になる。

英領インド／ブータン国境紛争	英領インド政庁／ブータン	1865	戦争の終結。ブータンがシンチュラ条約を受け入れ、南縁の広大で平坦なジャングル地帯（ベンガルドアールとアッサムドアール）を割譲し、奪った大砲を返還した。シッキム・チュンビ渓谷ではブータンがティスタ川とジャルダカの間の土地をインドに割譲した。英領インド政府はラジャの行動が満足するものであれば、年50,000ルピーをラジャに支払うことに合意した。このあと両国の関係は静穏になる。この戦争でブータンが失ったアッサム平原の領土は大きい。このあとブータンは鎖国政策に転じ、世界の潮流から取り残されることになる。
英領インド／アボール族インナーラインの設定	英領インド政庁／アボール族	1873	東インド会社は、平原地域で茶、サトウキビなど換金作物のプランテーション農業栽培や森林開発を開始した。山岳地域に住む山岳部族は大半が外国人の入域や交易を好まず、敵対する好戦的な部族もいた。ときおり外国人との接触はあったが、ベンガル政府の基本的立場は、管轄区の拡張ではなく慰撫と説得であった。そのため、山岳部族が平原地域を侵略しないという条件で、ベンガル政府は部族に助成金（ポサ）を毎年支払った。しかし小さな紛争が発生したため、英領インド政府は1873年"インナーライン"を設定し、お互いの越境を制限した。同時にインナーラインの北側数マイルの箇所まで緩衝地帯を設け、北の端にアウターラインを引いた。これは今日まで印中の国境紛争の火種のひとつとなっている。
ハーマン	英国測量尉官	1874～1875	ディハン川、ロヒト川、ディバン川、スバンシリ川の流量を測定し、ディハン川が圧倒的に多く、ヤルツァンポはディハン川につながると発表した。チベット語を学習し、解明に努力するが、探検行中の無理がたたり志なかばで帰国し病没した。彼は1880年パンディットのキントゥップをヤルツァンポに丸太を投入するため派遣した。
ナイン・シン	英領インド政庁測量局	1874～1875	測量局がチベットへ送り込んだパンディットの第1号として、ネパール西部からチベットに密入国。チベットを西から東に横断し、ラサを経てツェタンに至る。その後タワンに南下し、アッサムに抜けた。ラサの緯度など東南チベットに関する重要な情報をもたらす、有能なパンディットとして高い評価を受け、事業の基礎を築き、表彰される。引退後は後進の指導にあたる。
ララ	英領インド政庁測量局	1875～1878	パンディット。シッキムから密入国しヤルツァンポをツェタンまで下る。その後南下して、タワンからアッサムに抜けようとするが、官憲に阻まれる。そのため、往路をたどってシッキム経由でインドまで幾多の苦労の末戻る。アッサムまで南下を目指すがかなわなかった。
ウゲン・ギャツォ	英領インド政庁測量局	1883	ボーティア人ラマでパンディット。のちに語学教師となる。1879～1882年はチャンドラ・ダスに同行しシッキム、シガチェ、ツェタン、ラサなど主にチベット中南部を回る。最後の使命は1883年5月ダージリンを発ち、シガチェからヤルツァンポを下り、ヤムドック湖に行く。ルートを南にとり、フォモチャンタン湖からブータン国境まで2日のラカンゾンに着く。ブータンに流れるクリチュの源頭に入ったと思われる。ここで捕えられるが賄賂で逃れ、ラサ経由で12月にダージリンに戻る。この間測量を続けた気力と体力には驚く。一連の業績はインド政府に高く評価され、表彰された。

第2章　ミャンマーからブータンにかけての辺境地域

リンジン・ナムギャル	英領インド政庁測量局	1885.12〜1886.5	ナムギャルはインド人のパディットであった。七回の探検に出かけて、特にカンチェンジュンガ周辺の探検で名をなした。東南チベット関係では、1885年12月から翌年にかけて西ブータンから入り、南部国境域を横断して東ブータンに行く。ディワンギリからブムタンに入り、メラカルチュン峠を越え、クリチュ源流に下った。ここで逮捕されるが、東に逃れ南下して、タワンを経由し5月にインドのオダルグリに出た。五回目には1888年末から1889年にかけてアッサムのサディアからディハン川にキントゥップと一緒に入った探検がある。カンチェンジュンガからチョモラーリ、クーラカンリと続くヒマラヤ山脈の存在を初めて明かにし、ブータンの地誌や情報を広く収集した。
クロウ	茶園の経営者	1890.12	最初にアパタニスを訪れた茶園の経営者。多くの探検行に参加する。
ダン	英国軍人大尉	1893	スバンシリ川・ランガ川の支流、カル川に住む民族を訪ね、多くの村落や女性が鼻孔に木棒を刺す習慣があることを報告する。
マッカビー	英領インド政庁警察官・政務官	1897	アパタニは誤った呼び名で、民族としてアンカス、アパス、アカスであってアンカスが最も普通だと述べている。
ヤングハズバンドホワイトほか	英領インド政庁	1903〜1904	1903年8月以来チベットとの外交通商交渉が進展しないため、同年12月約1150人からなる英国軍は、シッキムとチベット・チュンビ渓谷を境するジェラップラ（4389m）を越え、厳冬のチベット高原に進撃した。ヤングハズバンドは使節団長であったが、裏にはカーゾン総督の強い意志があった。ギャンチェ周辺の激しい戦闘の後、ツァンポーの渡河に苦戦する。8月ラサに入城し、交渉を開始、9月末条約調印ののち、急ぎ帰国した。外交交渉を旗印にしながら、武力を行使した戦闘行動であった。ブータンは事態を静観しどちらにも加担しなかった。
ホワイト	英領インド政庁政務官	1905〜1908	ホワイトは1889年シッキムの政務官なり、1903－04年のヤングハズバンドのラサ遠征に地域の精通者として従軍した。その後ブータンの政務官となり、3回ブータンを東部まで広く旅行する。ブータン・ヒマラヤの峠を越え、南チベットにゆく。一番の壮途は1906年5月に東部ブータンからチベットに入った探検である。ディワンギリ、タシガンからトラシヤンチェ渓谷（クルンチュ）に入り、ひとつ西の谷（コマチュ）を遡上して、クリチュの源流に入った。クーラカンリ山群の北を西に回って、西北方のギャンチェに出て、駐在中のベイリーと会っている。シッキムも含め、彼は西欧人として初めての地域を長途歩いている。従軍中や政務官のときの貴重な写真集を1908年に出版する。
ウグェン・ワンチュック	ブータン	1907	ウグェン・ワンチュックはブータン中部トンサの藩主。英国軍のラサ進攻時、ラサ駐在の外交団に居た。英国の要請を受け、チベットとの仲介に力を尽くす。その後帰国し英国の後押しもあって国内で発言力を増し、初代国王として即位する。これによってブータンでは名目上の活仏の時代は終わり、現在の世襲王国が誕生した。現在はその5代目である。
アカ・プロムナード	英国アボール遠征	1913〜1914	アボール遠征の一環として派遣される。ネヴィル大尉に率いられ、1913年から翌年にかけてアカ族が居住するタワン地区に入った。ネヴィル大尉はタワンに軍を常駐させることを進言したが、実現したのは第二次大戦後である。

95

山・水・人の風景

多田等観	仏教求道僧	1913.7	チベットのラサに潜入したルートは、ブータンを西部から東部に横断し、タワンを経てツェタンを通った。ブータン横断は外国人として世界初。日本人としてブータンとの初めての接触である。
ベイリー モースヘッド	英領インド政庁情報将校、測量尉官	1913.5 −11	有名なヤルツァンポ峡谷の探検のあと、ヤルツァンポをさかのぼり、ツェタンに至る。そのご東ヒマラヤ山脈の北縁を西南に向かい、ツォナゾンを経て、タワンに達する。ブータン東部をマナス川に下って、ディワンギリからベンガルに出国した。シムラ会議に貴重な情報をもたらした。
マクマホン	英領インド政庁外務参与	1913〜1914	シムラ会議の英国側の全権大使を務める。その場で、インド・中国の国際境界線等を協議し、国境線（後のマクマホンライン）を提唱した、交渉のもとになったのは、当時インド測量局で編纂された約50万分の1地図である。ビルマ・中国、インド・中国の東部の流域界には誤りが多い。
クーパー	英国の植物学者	1914, 1915	ブータンの植物採集をして多大の成果を上げた。多くの報告書を書き国内の状況を報告した。
ロナルドセイ	英国の伯爵	1921	国会議員、ベンガル知事や王立地理学協会の会長を歴任する。知事在任中にウゲン・ワンチェックの招きにより、ブータンを訪問する。シッキム、ブータン、チュンビ、アッサムなどを広く歩き、著書も多い。
ベイリー ミード	英領インド政庁情報将校	1922	ブータン中部のブムタンを通って南から北へ。クーラカンリ（7554m）を左手にながめながら、モンラカルチュン峠（5316m・現在は5450m）を越える。チベットのヤムドロック湖の南から、ギャンチェに抜ける。彼の長いチベット高官との人脈によって実現した。測量局のメードが同行し、平板測量、トランジット測量が公に認められ、広範に地図を作成した。クーラカンリ（7554m）とガンカールプンスム（7541m・現在は7564m）が正確に測量された。ベイリーの奥さんも同行した。
モーリス	英国の軍人	1933.3	ダージリンからチュンビ渓谷を経て、峠越えでパロに入る。その後国境付近まで南下し、東にルートを変え、チランゾンまで踏査し、アッサムに抜けた。国境付近偵察の意味合いがつよい。
ラッドロウ シェリフ ウィリアムソン夫妻	英国のプラントハンター シッキム政務官	1933.5 −10	ラッドロウとシェリフが二人でゆく初回の探検行。二人はチュンビ渓谷から西ブータンに入る。6月にウィリアムソン夫妻と合流。東に向かいブムタン着。ラッドロウとシェリフは別行動で東端のトラシヤンチェへ。このとき、有名な「ブータンシボリアゲハ」をシェリフが採取し"Ｂｈｕtanites ludlowii"として報告した。さらに西隣のコマチュに入りサワン着。谷を北上しチベットへ越えクリチュの源流に入る。彼らのルートはホワイトのそれと重なる。ウィリアムソン夫妻はブムタンから分かれ、ベイリーが通った同じ峠でヒマラヤをチベットへ越え、峠からクーラカンリを見る。チベットに下り、ポモツォ、ギャンツェを経て、インドに戻る。ラッドロウとシェリフは植物を多数採集し、のちに植物相はキングドン・ウォードが調査したミシミ丘陵に類似と報告した。ウィリアムソンはシッキムの政務官で、この旅はウィリアムソン夫妻にとって新婚旅行でもあった。のちウィリアムソンはギャンツェで客死する。
ラッドロウ シェリフ	英国のプラントハンター	1934.6 −11	アッサムから東ブータン、更にタワンを経由して南チベット・ツォナゾンに入る。ウィリアムソン夫妻他大勢が同行した。

第2章　ミャンマーからブータンにかけての辺境地域

キングドン・ウォード	英国のプラントハンター	1935.5〜1935.10	アッサム西端のカメン川をさかのぼり、タワンからツォナゾンに至る。チベットに密入国後、コンボ地方を北上し、魯朗に出る。彼はこの密入国後官憲に追尾され、のちに政治問題となる。岡日嘎布山群の西端をかすめ、易貢蔵布を遡上し、念青唐古拉山脈を通ってギャムダに出る。
ディビー	ー	1935	ブータンのジグメワンチュックの招待で、ベンガル州知事のアンダーソンに随行し、チュンビ渓谷パーリを経由してブータンを訪問した。
ラッドロウ　シェリフ　ラムスデン	英国のプラントハンター	1936.3 − 11	東ブータンのトラシゴンからニャムジャンチュを北に遡上し、チベットへ。東のスバンシリ川源流を別行動で広く踏査。ベイリーやキングドン・ウォードと重複するルートも多いが、ヤルツァンポ南支流のリルンチュ源流から東ヒマラヤ山脈を越える。西欧人として初めて東ヒマラヤ山脈を南に越えて、ディハン川の西支川シヨム川の源頭に入る。
シェリフ	英国のプラントハンター	1937.4 − 9	ラッドロウはカシミールの業務のため参加できなかった、シェリフと原地人の行動。中部ブータン、ブムタンの西、マンデチュ流域とその周辺を踏査する。
チャップマン	英国の写真家	1937	1936年7月グールド使節団のカメラマンとして随行しラサにゆき、6ケ月滞在する。貴重なカラー映像を記録した。ほかに多くの記録を残す。復路、1937年5月許可を得てチベット側よりパサンダワラマとチョモラーリ（7314m）に登った。1970年にインド・ブータン合同隊がブータン側より第二登。1996年長野岳協がチベット側より第三登を果たした。
キングドン・ウォード	英国のプラントハンター	1938.4 − 10	キングドン・ウォードは1938年4月から6ケ月間、アッサム西部のバレリ川（カメン川）流域を広く踏破した。バレリ川は東ヒマラヤ山脈の南面に源を発し、東部ブータンとの国境から東西に幅約120kmの流域をもって、アッサム西部を南に流れている。この探検のルートは、彼が1935年にチベットのスバンシリ川流域からヤルツァンポを経て、念青唐古拉山脈を探検した時に通過したアッサムでのルートとほとんど重なっている。しかし今回は東ヒマラヤの主稜は越えず、南面のモンユール地方の支谷を細かく跋渉している。到達した最高はゼラの4145mであった。この地にはブータン系のモンバ族が住み、凶暴な部族はいない。北西の端にあるタワンに本拠を置くチベット寺院の影響が丘陵の南端（アッサム平野との境）までおよんでいることを報告した。
ティルマン	英国の探検家	1939.4	東ヒマラヤ山脈西端のゴリ・チェン（6858m）に挑戦、バレリ川を遡上したが、マラリアの病気で撤退、シェルパの一人は死亡。東ヒマラヤ山脈で初めて登山に挑戦した試みとして評価できる。
フュラー・ハイメンドルフ	オーストリアの民族学者	1944　1955　1962	1944年にアッサム州（のちにNEFA）より山地民族の社会経済調査への政治顧問に指名され、スバンシリ流域の村に長く入る。アパタニ谷も含まれる。のちにアルナチャル・プラデシュ州の調査を続ける。一連の調査は初め日本軍のインド進攻がきっかけとなったものである。
バウワー	英国の女性人類学者	1946〜1948	スバンシリ川の西にある内陸盆地アパタニ谷に入り、アパタニ族の研究を発表した（Bower,1953）。彼女の夫ベッツ中尉は1946年に新設されたスバンシリ地区の政務官であった。

ラッドロウ シェリフ夫妻 ヒックス医師	英国の プラント ハンター	1949.4 − 10	ブータンの西北部から中央部・東北部にかけての山岳域を中心に行動する。東部はブムタンのクリチュからトラシヤンチェ（クロンチュ）まで、3手に分かれて広範に植物採集する。ラッドロウがピンク色のケシの群落に出会う。これは二人で行く6回目の旅で最後の調査となった。
中尾佐助	日本の 植物学者	1958.6 − 11	戦後早い時期の踏査として注目される。ブータン西部から中央部のブムタン川流域まで道路沿いと、ブータン・ヒマラヤの山麓まで広く踏査する。ブータン・ヒマラヤ中央のクーラカンリ（7554 m）の写真を公表する。ほか貴重な記録を残した。
ダライ・ラマ 14世	—	1959.3 − 4	1959年3月中国のチベット侵攻はラサの暴動鎮圧を目的として本格化した。ダライ・ラマ14世は92名の従者と同月末、ツェタン、ツォナゾンを通ってその南で国境を越え、タワン経由でインドに亡命した。
マクマホン・ラインをめぐる印中・国境紛争	インド中国	1962.10 − 11	1959年のチベット大動乱をきっかけに両国の国境をめぐって緊張が高まり、1962年10月両国間の戦闘となった。中共軍がアッサムの西端にあるニャムジャンンチュの谷沿いと、その東のトゥルンラ峠の二方向から進攻し、圧倒的に優勢に戦いを進めた。2週間後にはインド軍の要塞タワンが陥落した。中国の侵攻に対し、インド大統領は非常事態宣言を出して世界に救援を求めた。中共軍は急襲を続け、軍をベイリーが通ったルート（ベイリー・トレイル）で南下させた。ラインから85km南、ブラマプトラ川まで80kmに位置するボンジラにある最も重要な要塞は落ち、中共軍の圧勝に終わった。11月下旬中共軍は突如一方的に停戦を宣言して軍を撤退させ、1959年の実質支配線（マクマホンライン）からそれぞれ20km後退することを提案して鎮静化した。
ガンサー	スイスの 地質学者	1963〜 1977	この間にブータン国内を5回にわたって地質学的な調査を続け、ヒマラヤの地質解明の基礎を築いた。氷河湖の決壊による洪水被害を警告した。2012年102歳で亡くなった。
西岡京治	コロンボプラン農業専門家	1964〜 1992	長期にわたって農業指導にあたる。全国をくまなく踏査。28年間にわたって農業技術指導に当たり、爵位を授与される。1992年現地で死去。国葬が執り行われ、パロに眠る。
ワードジャクソン	英国の 登山家医師	1964 1965	王家や村人の健康診断のかたわら、プナカから北に谷をつめ、クーラカンリとガンカールプンスムの山群を遠望・偵察する。
東京大学	—	1967	原寛教授を隊長とする植物調査。
スティール		1967	家族でブータンに滞在する。
小方全弘	同志社大学	1968	ブータン王妃の取り計らいにより西ブータンを中心に2ケ月ほど滞在。チョモラーリ（7314m）の偵察。西岡氏の友人。
京都大学	—	1969	若者中心の「見る」調査隊から「参加する」調査隊へ。東部のタシガンまで踏査する。南下しアッサムに出国後西に向かい再入国。隊長はAACKの桑原武夫教授（フランス文学）。
ブータン政府	—	1971	ブータンの国際連合への加盟が国連総会で承認される。
ブータン政府	—	1974	ブータン政府は一般の観光客に国内の地域を限って開放した。初の団体観光客が入国する。
神戸大学	—	1986	ブータン・ヒマラヤのクーラカンリ（7554 m）にチベット側から初登頂する（総隊長平井一正）。
同志社大学	—	1988	東ヒマラヤ山脈のカント峰（7055 m）に初登頂した。東ヒマラヤ山脈への早い挑戦として評価される。ニュギ・カンサン（7047 m）も偵察した。
インド隊	—	1991	東ヒマラヤ山脈のゴリ・チェン峰（6858 m）初登頂。インド隊は1995年ニュギ・カンサンに登頂と発表されたが、後に検証のすえ否定された。

カパディア	インド・ヒマラヤンクラブ	2003	4名のインド隊が、タワン地区を約1ヶ月間広く車とトレッキングによって踏査した。タワンの北、マクマホンラインのすぐ南にあるブムラに到達した。そのご1913年のベイリートレイルを通り、ゴリ・チェンに接近した。カパディアは長年ヒマラヤン・ジャーナルの編集にも携わった登山家でＪＡＣの名誉会員でもある。タワンは観光地になっているが、周辺を含めた貴重な報告である。
カパディア	インド・ヒマラヤンクラブ	2005	スバンシリ川の西支川にある内陸盆地アパタニ谷から、スバンシリ川の上流をチベットとの国境まで1ヶ月間踏査した。国境の南側はタクパシリをめぐる昔の巡礼路である。国境の北には聖山タクパシリ（5735 m）がそびえている。南西のマクマホンラインにあるタクパシリ（6656m）と混同しやすいので、注意を要する。辺境の民族や自然を報告した貴重な記録である。
原田基弘ほか5名	日本蝶類学会	2011	特別の許可を得てブータン東北端、タシガン上流のトラシヤンチェ渓谷（クルンチュ）に入る。そこでシェリフが1933年と1934年に採取し報告した「ブータンシボリアゲハ」を地元の目撃情報に基づき、78年ぶりに採取した。さらに、食草、交尾、幼虫など生態もテレビに記録する。のちに同蝶はブータンの国蝶に指定された。調査隊が帰国時ブータンに寄贈した5体のうち2体は2011年11月国王夫妻が東日本大震災の見舞いに来日した折、日本側に寄贈された。国王の国会議事堂での演説は高く評価された。

山・水・人の風景

ブータンシボリアゲハ。ラッドロウとシェリフがブータン北東端のトラシヤンシ渓谷で1933年に採集。大英博物館所蔵。NHKテレビより。日本蝶類学会のチームは2011年同地点で5頭採取し、78年ぶりに棲息が確認された。2011年11月ブータンのワンチュック国王来日の際、うち2頭が日本に寄贈された。現在はブータンの国蝶である。

オス 上面　　　下面

Rediscovery of Ludlow's Bhutan Glory, *Bhutanitis ludlowi* Gabriel (Lepidoptera: Papilionidae):

2011年8月日本蝶類学会のチームが採集したブータンシボリアゲハ。渡辺康之氏（日本蝶類学会）提供。
Butterflies No.60［2012］4〜15.

第3章
探検史の断章

ベイリー ,F.M.
(1882－1967)

モースヘッド ,H.T.
(1882－1931)

ダヴィッド‐ネール ,A.
(1868－1969)

キングドン‐ウォード ,F.
(1885－1958)

青いケシ

コールバック ,J.H.
(1909－1996)

ハンベリー・トレイシー ,J.
(1910－1971)

シェリフ ,G.
(1898－1967)

ラッドロウ ,F.
(1885－1972)

山・水・人の風景

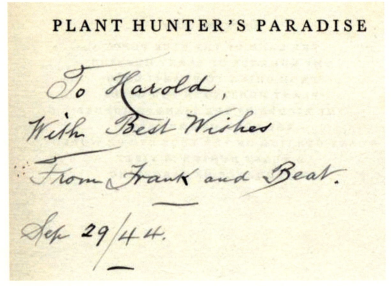

キングドン・ウォードの著書「Plant Hunter's Paradise」(1937) にある友人への献呈のサイン。ビーン（？）はだれなのか不明。

コールバックの著書「Salween」(1938) にある彼のサイン。友人に本を送らなかった詫びを述べ、改めて献呈の辞を記している。この本はカナダの古書店から手に入れた。彼は幼少期をカナダで過ごしたので、その時の友人にあてたメッセージかもしれない。古書探索には時にこう言う余禄もある。

灯台下暗し
―文献探しに思う―

1. はじめに

　日本山岳会福岡支部は、東南チベットにあるカンリガルポ山群の踏査を継続して精力的に行っており、2004年秋で4回目を迎えた。私は2003年、2004年と2回参加する機会を得た（2005年にも参加した）。還暦を過ぎたばかりの私は調査隊のなかで下から数えて若い方に入るが、諸先輩方の意気軒昂さには事前の打ち合わせや現地でご一緒するたびに圧倒される。未知を求めて日頃から研鑽し、実際に行動に移すのだからその心意気は並ではなく頭が下がる。さらにいつも付きもののお酒には皆さんの強さに恐れをなしながら後塵を拝している。

　カンリガルポ山群は世界的にも残された数少ない未探検地であるため、踏査の結果は最終的に1冊の報告書として出版する計画である。市販本として店頭に並べ世に広く読まれるようにしたい。私は個人的には英文の概要も組み入れ、世界に発信できる内容にしたいと考えている。

　一昨年（2003年）秋の旅から帰って3週間の行動記録を日記の整理程度と思い書き始めた。書き進めるうちに勉強不足を痛感しとりあえず手持ちの資料を調べていたが、次第に是非とも目を通したくなる本や報告が次々と出てきて、そのリストもたまってきた。本として世に出すからにはきちんと文献も整理し理解せねばならないが、古いものが多く手に入りにくい。普通はだいたいこの辺で頓挫するのだが、今回は対象地域の魅力と定年後である程度自由がきく身となっていたから幸い熱意が冷めることはなかった。この山群にはこれまで踏み入った人も少なければ、調べている人も少ない。中村保氏は著書の中でいみじくも東南チベットの"エアポケット"と呼んでその未知の領域を紹介している。ここなら自分でもまとめられるのではないか、それには今しかチャンスがないという切迫した思いが募った。

2. カンリガルポ山群の文献

　さて、前置きはその位にして、そろそろ本論に入る。そうこうするうち、松本徰夫氏の勧めもあり、2004年3月に北九州で開かれた「横断山脈研究会」に出席して大いに刺激を受け、その場で会員になった。同じ席で雲南をはじめニェンチェン・タングラ山脈地域を広く跋渉し、すでに多くの著書や報告を公表して、世に知られた中村保氏と親しくお話する機会を得た。その直後氏より垂涎の本であったコールバックの「チベッタン・トレック」（1934）、「サルウィン」（1938）とハンベリー・トレイシーの「ブラックリバー・オブ・チベット」（1940）の稀コウ本3冊を借用させていただいた。さらにインド測量局の編集になる「パンディットA－Kの踏査報告」をまとめた希少な内部資料とアルパイン・ジャーナルに載ったM. ウォード（1998）の報告のコピーを寄贈いただいた。松本徰夫氏の長年に亘る中村氏とのご交誼の恩恵に浴した訳で、両氏に厚くお礼を申し上げねばならない。

　これらによってカンリガルポ山群地域に対する理解がはるかに進んだだけでなく、巻末のスケッチ地図や貴重な写真を見て、実際に自分が足を踏み入れた場所も数々あり、益々身近な人物や地域として感じられるようになった。それが引き金となって2004年6月から同山群と周辺地域の地理的な探検に関する既存の文献収集に本格的に着手した。

　カンリガルポ山群を含む地域の記録は1900年前後から公表され始め、探検的に価値あるものは1940年前に一旦姿を消す。第2次世界大戦とその後の中国とチベットの大変動のためである。その後は最近の1995年から現在まで、

日本、ニュージーランドの雑誌などに公表されるまで大きな空白がある。

定期刊行の雑誌で関連する報告が一番多いものはなんと言っても英国のジオグラフィカル・ジャーナル（以下 G.J とする）である。次いでアメリカのナショナル・ジオグラフィック・マガジン（以下 N.G.M とする）、そしてヒマラヤン・ジャーナル（以下 H.J とする）、アルパイン・ジャーナル（以下 A.J とする）であろう。

3. カンリガルポ山群探検小話
3.1 パンディット

当地の探検を最初に行ったのはパンディットのキントゥップ（K-.P）と A-K ことキシェン・シンだが、前者はヤルンツァンポ川の大屈曲点を、後者はカンリガルポ山群の東をかすめた。両者とも口述記録を当時のインド測量局が内部資料として残し、後に王立地理学協会（Royal Geographical Society、G.J の発行元）の紀要集として公表された。キシェン・シンの内部資料は完成した 1884 年に元インド測量局長の J.T. ウォーカー大将によって R.G.S の総会で発表され、1 年後の 1885 年の紀要集に印刷出版された。公表には同協会内でいろいろ物議をかもしたが、内容は細字で 27 ページにも及び、隠密であるべきパンディットの活動を微細に記している。パンディットの活動はまだ続いていたのだから、一将が功を急いで、現場を危機に陥れた愚行の極みと言える。

3.2 ベイリー

ついで、西欧人としてこの地を最初に探検したのは 1911 年 3 月に中国を発ち、同年 8 月にアッサムに抜けた F.M. ベイリーである。その記録は最初 G.J の 1912 年 4 月号にわずか 14 ページで掲載された。次いで 1913 年 3 月から 8 月に行われたかの有名なヤルンツァンポ川の大屈曲点の探検報告は翌 1914 年やはり G.J の 2 月号に速報として発表された。なんとわずか 3 ページである。これは、ベイリーがブータンを経由してインドに帰還したとたんマクマホン外相から電文命令を受けていたからである。そこには始まったばかりの「シムラ会議に、同行したモースヘッドと共に至急出頭するように」と記してあった。書く時間もなく速報でいたし方なかったのであろう。当時として機密事項も多くあったであろうと察せられる。

両者とも成果の偉大さに比べてあまりに紙幅が限られているのは、彼が情報将校（スペシャル・エージェント）であったことと関係するのであろう。しかし文献がもっとあってもよいはずだと思って調べた。彼が帰還して 1 年ほど経って G.J の 1914 年 10 月号にヤルンツアンポ川探査に関し 24 ページにわたる本編がようやく公表された。インド測量局の内部資料は 1914 年に出版され、実見した。ベイリーとモースヘッドの共著で 153 ページに及ぶ。のちの著書「No Passport to Tibet」はこれに基づいて書かれている。

その後しばらく空白があり 1924 年と 1925 年に新たに行ったブータンと南チベットの探検報告が、さらに時間が経った 1934 年にイラワジ川の源流に関する考察が、1941 年にはチベットの地名の英語表記に関する論説が G.J 誌上に掲載された。いずれにしても 2 つの大探検に直接関係する報告は上記のもの以外に見当らない。しかし王立地理学協会からゴールド・メダルを授与されたのは早く 1916 年である。彼がカシミールに出張中のことで母親が代わりに受賞したと言う。推薦者はヤングハズバンド卿である。功績は早く認められていた訳だ。しかし 1924 年のイギリスのエベレスト遠征に対しチベット政府との調整に奔走しながら、英国のエベレスト委員会との意見が合わず、晩年ベイリーは協会との関係は疎遠になっていたという。

結局ベイリーが行った 2 つの大探検の報告は第 2 次世界大戦終結後、1911 年の探検が 1945 年に、1913 年のヤルンツァンポ川大屈曲点の探検は 1957 年にやっと立派な著書とし

て公表されて我々の前にある。ベイリーが当時の詳細な日記を残し、85歳まで長寿を全うして記録を書き記してくれたことに大いに感謝しなければならない。1971年に彼の評伝を表したアーサー・スウィンソンはあとがきに書いている。「専門化の進む現代、彼のような人物に再びめぐりあうことはないだろう」と。誠に不世出の偉大な探検家である。

3.3 モースヘッド

ヤルンツァンポ川の大屈曲の探検に同行し、困難な測量を遂行したのはイギリス工兵隊のH.T. モースヘッド大尉である。1882年生まれでベイリーとは同じ年であった。その後1921年の第1次英国エベレスト遠征に加わり、翌年も参加してマロリーと共にエベレストのノース・コル以高斜面の7010mまで足跡を残した。その折凍傷を負って再び山に行くことはなかった。ビルマに派遣中の1931年メェイミョーで何者かに暗殺された。49歳であった。危険を知らないタフガイとしてベイリーから信頼された同行者が測量局の内部資料のほかに文字の記録を残していないのは非常に残念なことだ。プロの測量士だから山や地形については当然細かい観察眼を持っていたはずだと惜しまれる。子息イアンが暗殺事件を検証した手記(1982)を書いているがまだ見ていない（今は既読）。彼はペマコ地区のシンキゴンパ(格当)に到達した最初の西欧人となった。2人目は後述のコールバックである。

3.4 キングドン・ウォード

次にカンリガルポ山群に踏み入ったのはキングドン・ウォードである。1885年生まれだからベイリーとは3歳年下である。彼は稀に見る健筆家で、単行本として世に公表した著書は25冊にのぼる。存命中に出版されたのは「リターン・トゥ・ザ・イラワジ」(1956)が最後である。彼が1910年に出版した処女作「チベットへの途」、有名な1913年の「青いケシの国」から1960年の「植物巡礼」まで生涯で残した25冊の著書のうち、カンリガルポ山群の探検に直接関係するものは「ザ・リドゥル・オブ・ザ・ツァンポゴルジュ」(1926)、「ア・プラントハンター・イン・チベット」(1934)、「アッサム・アドベンチャー」(1941)の3冊である。このなかで翻訳されたのは最初の「ツァンポ峡谷の謎」のみである（その後は2冊ある）。

軍人のベイリーと違い彼はプロのプラントハンターとしてビーズ種苗会社や王立キュー植物園と契約していた。西欧で園芸植物として相応しい種子類を持ち帰って記載し、探検紀行の執筆などが次の探検に向けた資金稼ぎとして必要であったという、やむにやまれぬ事情もあったかと思われる。

そして実に多くの探検報告をG.Jに掲載している。ちなみに数えてみると、1912年に始まって、1955年まで実に21篇にのぼる。2年に1回寄稿したことになる。H.Jには1929年の創刊号以来6編である。あとは園芸学関連の雑誌に多く投稿しているが、筆者の力の及ぶところではないので除外する。

3.5 コールバックとハンベリー・トレイシー

次にカンリガルポ山群に踏み入るのは、最初は1933年キングドン・ウォードに誘われてザユールに入ったR. コールバックである。この時彼はアタカンラ峠までの入域を許可するというザユールの知事との約束を守った。北に向かうキングドン・ウォードと峠で別れ写真撮影で同行したB. キャリングトンと共に南のビルマに向け踵を返している。彼はこの時の記録を「チベッタン・トレック」として早くも翌1934年に出版した。キングドン・ウォードの「ア・プラントハンター・イン・チベット」(1934)と競い合うように。そしてお互いにG.Jに1篇ずつその時の探検報告を投稿している。競い合ってはいるがキングドン・ウォードはコールバックより24歳も年上で、「チベッタン・トレック」に好意的な前書きを寄せている。優秀な若

き弟子のとしてかわいいと思っていたふしも見える。不思議なことに後に述べるハンベリー・トレイシーともども3人はケンブリッジ大学の出身である。

コールバックが本格的にカンリガルポ山群から北側の地域に東西方向に連綿として盤踞するニェンチェン・タングラ山脈を斜断し、サルウィン川の源流を目指すのは、2年後の1935年から翌年末にかけてである。この時はハンベリー・トレイシーと一緒に1年半をかけて広範な動きを伴った探検であった。やはりビルマの北からアッサムに越えザユールから入国した。途中カンリガルポ山群の北と南の様子を探るべくシュデンゴンパから行路を二手に分けた。北をハンベリー・トレイシーが、南をコールバックが踏査した。ほぼ1ヶ月半後にポミの東のダシンゴンパで再会する。この時ポミの古都シュワ近くで、コールバックがキングドン・ウォードとすれ違った話はあまり知られていない。1935年始めロンドンで冗談交じりに、「8月にシュワで会おう」と2人は約束していたが、コールバックが予定より半月ほど遅れたため果たせなかったのだ。その後コールバックとハンベリー・トレイシーの2人はポミの下流で北からパーロンツァンポ川に合流するポデツァンポ川を遡上し、ニェンチェン・タングラ山脈を北西に斜断して、最終的にはサルウィン川の源流に近いナクショ・ビル（北緯31度30分、東経93度50分、標高4023m、現在の比如）に到達する。その後サルウィン川に沿って下り、ザユールのリマから1936年12月アッサムに出国した。

この18ヶ月余におよぶ彼らの探検は最終的には目的とするサルウィン川の源流には達しなかった。しかし広い範囲に及ぶ探検によってキントゥップ、キシェン・シン、ベイリーそしてキングドン・ウォードと続いたカンリガルポ山群と周辺の情報は集大成され地理的・地政的な概要は明らかにされた。

コールバックはその結果をGJの1938年2月号に投稿し速報した。その詳細な報告はそれぞれコールバックは1938年に「サルウィン」として、ハンベリー・トレイシーは「ブラック・リバー・オブ・チベット」として同じ年に出版した。両者ともに300ページを越える大冊の力作である。現在でもこの地域に関する報告は他に類を見ず、価値を失っていない。コールバックは1938年6月から翌年10月までサルウィンの源流を探るべく再度北ビルマに入るが、世界大戦勃発のため果たせなかった。この時の記録は見ていない。

3.6 ダビット＝ネール

時代は前後するが、非常に異色な探検としてフランス人女性チベット学者、A.ダビット＝ネールの隠密行を逃すことはできない。1923年10月から翌5月のことである。雲南からサルウィン川を遡り、ポミ地方を経てラサまで養子のチベット僧と2人で到達している。その記録は1927年に「パリジェンヌのラサ旅行」として出版され読み物として非常に面白く欧米で評判になった。彼女は来日経験もあり河口慧海と懇意だったというが、日本でも翻訳され知られるようになったのはようやく最近のことである。

4. 文献探索―灯台下暗し

長くなったが以上は前置きでここからが小論の本題である。第3節までの文章を書くにあたって数多くの著書や報告を参照したことは論を待たない。逆に言えばきちんと文献を集めて、参照し理解していなければ正確な文章は書けない。昨年（2004年）6月から始めた文献の収集はすんなりといったわけではなく、いろんな苦労があった。下に述べるA)は別としてB)～D)のような手立てがあるとはあとからある人から聞いた話であるが、参考になる部分があるかもしれないと思い筆を執った次第である。

A) 関係する文献を日頃から収集しておられる偉い方々を尋ね、閲覧をお願いする。

これは既に書いたように松本徑夫氏や、中村保氏にお願いをし、貴重な著書、資料、コピーを見せていただいた自らの体験に基づいた感想である。そのためにはそういう方々と日頃からお付き合いを丁重におこない、お話を拝聴し、いかに情報を集めておくかにかかっている。とても一朝一夕にできることではない。お酒をご一緒することも大事なことかもしれない。

B) 大学の図書館に依頼する。

カンリガルポに関して報告文献数が一番多いのはG.Jであった。成果はこれらをいかにうまく収集できるかにかかっていた。G.Jを所有すると思われるA大学に知人を通じて調べてもらったところ、ある年以降のものは少し欠号はあるかもしれないが、だいたい揃っているとのことであった。これは昔たまたま学内に探検を志向する先生方の正式な研究会が発足し、その予算で購入していたとのことであった。N.G.M.もある年代以降の新しい号はあるだろうとのことであった。しかし大学人以外の門外漢には敷居が高そうである。

C) 大学図書館の相互利用システムを利用する。

現在では所属する大学図書館にない雑誌や単行本（までも！）は検索システムにより、最寄り（？）の大学間で所在を確かめ、貸し借りができる非常に便利な相互補完システムが構築されているとのことである。通常の費用ぐらいで希望する雑誌のコピーを郵送してくれるし、ものによっては単行本（！）までも期間を限って貸し出してくれるとのことである。

D) システムを利用した大学の状況はいったいどうなのか？

上記のシステムを利用したことのある人の話によれば、まず雑誌ではG.JやN.G.M.の古いバックナンバーについては、東京のB大学や、京都のC大学に揃っているとのことである。王立地理学協会の設立間もない19世紀末からという話だから驚くほかない[注1]。よほど古くから関心を持った先生方がいらして、大学に雑誌の価値を理解する学風が伝統としてあったのであろうか。こういう大学が探検的にもすぐれた業績を挙げていることと文献が揃っていることとは決して無縁ではあるまい。

稀コウ本についても探せばあるもので、実際に手にしてびっくりしたとはその人の話である。D大学の図書印の横にE文庫と記したものがあったというから、篤志家の寄贈による独立した図書コーナーとして登録してあるものであろう。こういう稀少本を蔵書され寄贈されたE氏も立派だし、引き取って保管した大学図書館もえらい。こんな本は大切にしなければとわが手に抱きながら感嘆したその人の言葉は、面識はないけれどもE氏に対する深い感謝の念にあふれていた。

まさかあるまいと思った雑誌がまさかの大学にあったという話も聞いた。H.JやAJは日本山岳会など特殊な目的を持った団体だけに揃っていると思っていたとその人は言っていた。大学関係でお願いしてみたところ第2次大戦以前のもの2篇のうち1篇が九州のF大学から、もう1篇も九州のG大学からコピーされて手に入れることができたとの事である。きっとヒマラヤに関心が深い先生がいらしたのであろう。どこでなにが起こるか分からない世の中だが、努力はするものだよと教えているようではないか。

5. 以上のことから学ぶ教訓

・文献や本の山を跋渉して、勉強したいと思う人は日頃からその類の書籍を所持なさっていらっしゃると思われる専門家や偉い先生方と仲良くしておくこと。盆正月のご挨拶は当たり前にきちんと行い、ご高説を伺い、時にはお酒もご相伴にあずかること。

・大学の先生方とも仲良くして、時には無理を聞いてもらう間柄になっておくこと。大学の図書館は国民の税金で賄っているはずなのに敷居が高いのは、利用する側がわるいのか、情報公開がうまくいっていないのか。独立行政法人

になった今、サービスは市民図書館のようにもっと良くなると期待したい。維持費プラス実費相当ぐらい費用は徴収してもよいから、"すぐやる課"をまねた精神改造でやってもらって市民に利用されやすい"営業努力"は是非ともお願いしたいものだ。

・図書館の相互利用システムを最大限に利用すれば、大概の本や定期刊行雑誌の報告や論文は手にはいるのではないだろうか。どの大学にどの本や雑誌が何年何月号から何年何月号まで揃っているといった検索システムを整理し作成するとよい。探検に必要な雑誌や本はそう多くはないのだからできそうな気がする。

・これは個人的な経験だが、福岡市の図書館にもチベット関係の本が揃っている。今は手軽に検索できるから大きな網から絞り込んでゆけばかなり専門的な本の書名を検索でき、必要であればカードを作って登録すれば借用できる。もちろん市民に限られている。

6. インターネットの利用

話をG.Jに限った場合、王立地理学協会ほどの組織は当然のことながらインターネット上でウェブ・サイトを開いている。その雑誌GJの編集や出版を現在 代行している会社 Blackwell Publishing もウェブ・サイトを開いている。G.Jを4年前位の巻に遡ってバックナンバーを購入するシステムがあるのは私でも分かるのだが、創刊された1831年から最新号まで、希望者が指定するバックナンバーのページをコピーして郵送するか、またはネット上で会員登録したうえで、料金を払えばそのPDFをメールで送ってくれる電子ブックサービスのようなシステムがあるのかどうかまでは調べきれていない。どなたかインターネットに強い奇特な会員で調べて頂ける方はいらっしゃいませんでしょうか。将来の探検のために、大いに役に立つと思うのですが。

その後メールで直接王立地理学協会に疑問の点も含め問い合わせたところ、図書係りの秘書から丁寧な返事を頂いた。そこにはコールバックとハンベリー・トレイシーの略歴と、「G.Jになかで欲しい記事があればコピーを送ります」と記してあった。しかしコールバックの後半生はまだようとして判然としない。不思議さを秘めた興味が尽きない人物のようだ。伝統ある協会の方とメールでお話ができるとはなんと光栄なことかと思ったのは私の独りよがりではあるが、今後の展開を楽しみにしている。またこの間キングドン・ウォードのお孫さんオリバー・トゥーレイ氏ともメールでお話ができた。大いに活用すべしというところであろうか。

この文章では詳しい文献名は省略し、固有名詞の一部は伏せた。ご了解いただきたい。

注1) Royal Geographical Society（王立地理学協会）は1830年に創設された。ベンガル測量局長（1764～77年在任）を勤めたジェイムズ・レネルが英国に帰国後始めた私的なクラブから発展した。

キングドン・ウォード追想

1. キングドン・ウォードとカ・カルポ・ラジ

キングドン・ウォードの名を初めて聞いたのは、学生時代松本徰夫氏からである。私は、その頃探検部に属し何かの集まりの折であったと思う。ビルマに関心があったから、その地に多くの足跡を残したという探検家に興味をそそられて、もっと知りたいと思いは募った。しかし、当時手に入る文献は限られて、全く雲をつかむような話であった。大学の図書館にあったGeographical Journal のコピーが唯一の手がかりであった。なかでも、特に興味があった北ビルマの山に関する数編を集めたし、幸い1975年に翻訳されたばかりの『青いケシの国』（原本は『The Land of the Blue Poppy』,1913）を読んだ。

同じ頃、同氏から聞いた「ビルマ最高峰のカ・カルポ・ラジを垣間見た西洋人はキングドン・ウォードしかいない」という謎めいた話も未踏峰に憧れる若者を魅了する一言であった。そのような山に近づいた探検家への羨望と共に、彼が近寄りがたい雲の上の"探検の神様"のようにみえたことを思い出す。

その山はビルマとチベットの国境にあった。そのくだりはその当時集めたHimalayan Journal のなかにある。彼が書いた「Ka Karpo Razi : Burma's Highest Peak」（1939）と題する記事に、「I was just in time to get a close-up view of it(Ka Karpo Razi), the first ever seen by a European. The whole southern face was exposed,・・・」と著者の興奮が伝わってくるような口調で綴られている。

その登山は1937年6月にラングーンを発ち、その年の秋に行われた。イラワジ川の東源流であるナムタマイ川の源頭アドゥン谷の西支川ガムラン川を詰めた。カ・カルポ・ラジの南面から接近したが、険しい岩壁に阻まれ登高を断念した。その結果はG.J（1939）にも速報され、12年後に出版された『Burma's Icy Mountains』（1949）に詳しくまとめられた。本には雲間に立ちはだかる黒い南壁の写真があるが、残念ながら山頂は見えない。そのときは、登頂の可能性のある登路は氷河が厚い北面にあるだろうと判断して彼は帰還した。そのほぼ60年後の1996年9月、尾崎隆とナンマー・ジャンセンは、まさしくこの北面のルートから初登頂を果たした。しかし、彼らの報告書『幻の山　カカボラジ』（1997）には、最高峰の勇姿を真正面からとらえた鮮明な写真はない。「幻の山」は簡単に姿を見せてくれそうにない。2011年、ついにその勇姿は金澤聖太氏によって撮影され、公表された（JAN, 2012）（65ページの写真）。

時代は遡るが、1938年6月にコールバックは、サルウィン川源流の探検に再度挑戦するため北ビルマに入った。1935年から翌年にかけてハンベリー・トレイシーと二人で挑んだ探査は途中のナクショビルで引き返していた。このときは、ミートキーナの上流で、イラワジ川の東支川マイカ川と西支川マリカ川に挟まれた「The Triangle」地域を中心として1939年10月まで滞在した。この間英国博物館のため植物と動物の採集を続け、新種も発見している。しかし第二次世界大戦が勃発し兵役に就くため急遽帰国し源流探査の目的は果たせなかった。このとき、彼はカ・カルポ・ラジを遠望した可能性はある。距離にして150〜200kmである。深田久弥の『ヒマラヤの高峰』の編者が「コールバックも見たのではないか」とわざわざ注を付けたのは、このことを指している。

しかし、コールバックが歩き回った「The Triangle」のさらに北に入った英国人は、それ以前にも多い。19世紀の初めアッサムを越えてカムティロン（プタオ地方）に初めて入った

ウィルコックスやバールトンを始め、サンデマンやグレイがいる。プタオからカ・カルポ・ラジまで、直線距離で100km余でさらに近い。20世紀に入ってヤングは雲南から入域し「The Triangle」を斜断してプタオ経由でアッサムに抜けた。さらに20世紀初頭に、アボール遠征の支隊としてビルマ北部の奥に入ったバーナードは広範な測量を行ない、英国の覇権の範囲を確固たるものとした。「西欧人として初めて見たという」上に述べたキングドン・ウォードの話が、果たして真実かどうか判らない。彼はカ・カルポ・ラジを最高峰としてその名を世に知らしめた人であるというのが、実情に近いのではないだろうか。

というのは、この山がインド測量局のペッターズの隊によって測量され、地図に19,315フィート（5887m）の最高峰として記載されたのは、1925年（No.91,H-SE）だからである。このとき、ペッターズは実際に測量しておらず、部下が行なったらしい。私はこの地図を35年前、ビルマのラングーン大学の地質学教室で見たことがある。

2. 最後のビルマ探検

キングドン・ウォードは戦後の1953年になって再びビルマに向かう（図1）。ビルマは1948年に英連邦から独立したばかりで、まだ行動の自由は許されたのだろう。そしてそのまとめとして『Return to the Irrawaddy』を1956年に上梓した。この本は、彼の存命中最後の著作となった。ここではその内容に触れる余裕はないし、この時は北の国境近くの山まで接近した訳ではない。

ただ触れておきたいのは、この本にある一葉の写真である（図2）。そこには、2度目の妻ジーンの傍らに立って微笑んでいる彼の横顔がある。自分の顔写真を入れた本は他に見当たらないうえに、このようにくつろいだ表情を捉えた写真は非常に珍しい。彼は、何か小さなスライド写真をジーンに示しながら微笑んでいる。その表情から、しかめっ面で厳格な雰囲気の漂う肖像写真を見慣れた者にはとても想像できない穏やかで満ち足りた心境が伺える。そして、写真の下の説明がまたふるっている。「一つの遠征は終わった。次の未開の地へ冒険を考えているところ」とある。原文は「One Expedition over, another is born. Jean and Frank Kingdon-Ward plan their next adventure into the wilds・・・」である。

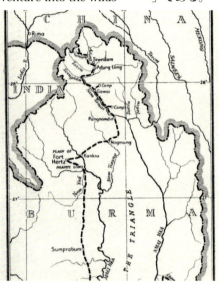

図1 北ビルマ概略図
（Burma's Icy Mountains,1949 より）

図2 キングドン・ウォード夫妻
（Return to the Irrawaddy,1956 より）

彼がこういう発言を実際に残したかどうかは不明だが、この話は、深田久弥が「岳人」に連載した『ヒマラヤの高峰　81　カ・カルポ・

ラジ』（211号、1965年）に紹介しており、その当時から知っていた。原著の文字と写真を見たのはこの本が手に入った2004年のことである。長年の失せ物をやっと探し当てたようで、「ここにあったのか！」と興奮をおぼえた。

ここで彼がいう「未開の地」が、カ・カルポ・ラジという訳ではない。編集者のコメントとしても、探検に明け暮れた彼の生涯を端的に表現した秀逸なキャプションといえるだろう。ついでながら現在ジーンは80歳代の前半で健在だと言う。

これはまったく個人的な印象であるが、彼はプラント・ハンターとして珍しい植物を採取するために崖を這いつくばってでも山を登る。しかし、カ・カルポ・ラジほど純粋に山岳登攀に執念を燃やし、実際に登山行動もした山は唯一ではないだろうか。その山はもちろん未踏峰であった。彼は、探検報告のほとんどをいち早くG. J.に寄稿している。しかし、カ・カルポ・ラジの報告は試登の翌々年 Himalayan Journal に載せており、山岳登攀としていち早く報告する意欲を示したのではないかと思われる。彼は1928年2月に、インドのデリーで創設されたThe Himalayan Club の創設メンバー127名の一人でもあった。

彼が探検を本格的に始めたのは1911年のビルマであるし、北ビルマからチベットあるいは雲南に向かうルートは一番頻繁に通っている。何度もこの山群を眺望したに違いない。『Return to the Irrawaddy』にまとめられた探検行の折、1953年4月に彼は68歳の誕生日をビルマで迎えた。そのとき、イラワジ川源流にある3353 mを越えるタグラム・ブムに立ち、カ・カルポ・ラジ連峰のパノラマを展望している。ビルマ、特にカ・カルポ・ラジに対する思い入れは他の山とは違って格段に強かったのではないかと感じられる。

私が1972年2月にビルマに行ったのは、この山の登山の可能性を探るためであった。残念ながら肝心の相手に会えずそのきっかけさえもつかめなかった。一橋大学OBの中村保氏は、その数年後登山許可を得て隊を編成するばかりになっていたという。しかし、学内のバックアップ態勢が整わず実現しなかった。それを直接お聞きしたのはつい最近のことである。尾崎隊に先を越された無念さが言葉にこもっていた。

3. いくつかの探検記録の断片

世に喧伝された中央アジアやシルクロードと違い、東チベットから、アッサム、北ビルマそして雲南に至る辺境地域に関心を持つ人が多いとは思えない。もし興味を示す人がいたとして、「キングドン・ウォードの名前を知らなければ、勉強不足」と言われても仕方ないだろう。この山深く険しい地域の探検史をひもとく時、必ず彼の名前を目にするはずである。

彼は1910年代から50年代にかけてこのような地域を数多く探検し、地理的な、民族学的なそして彼の専門とする植物学に関する膨大な記録を残した。それは主として Geographical Journal の紙面を飾り、その発行元である王立地理学協会よりゴールド・メダルを受賞する栄誉に輝いた。また各国の園芸関係の学会から名誉ある賞を数多く授与された。

さらに彼は生涯に各地の探検記録や評論をまとめて数多くの本を著した。『青いケシの国』の解説には、24冊の本を出版したと書いてあるが、これは間違いで1910年に上海で処女作『On the Road to Tibet』を出版しているから、正確には25冊である。この最初に出版された著書はつい最近復刻版が出た。存命中に出版されたのは『Return to the Irrawaddy』(1956)が最後であるが、没後2年経って『Pilgrimage for Plants』(1960)が出版された。多くの原稿は生存中にとりまとめられていたようだが、最終的にはジーンの手で編集されたようだ。個人的な話題や心情に触れることが極端に少ない彼の著書のなかで、これほど自分の心情を吐露した本も珍しい。この本の序章に英国博物館のステアーンがキングドン・ウォードの経歴につい

て手際よくまとめている。その巻末には著作集と論文のリストがある。そのリストから上記の最初の出版本はなぜか抜けている。これだけの数の本を世に出していながら、日本語に翻訳されたのは長らくわずかに『青いケシの国』(1975) の 1 冊だけであった。

彼の本は確かに植物の種名や専門的な記述が多く、読み出すには少々気後れがし、淡々とした文章は読み続けるには辛抱が要る。地図でひとつひとつ地名を確認するのもかなり面倒だし、残念ながら判り易い地図を添付する気遣いに欠けた本が多い。結局は退屈して中断してしまうことが多い。おそらく著書の多くが他国語に翻訳されているとはとても思えない範疇の書物である。しかし現在でも彼の本は需要があるらしく、リプリント版も出ており、原本ともなると世界の古書市場では非常な高値で販売されている。

最近続けて彼の 2 冊の著作が日本語に翻訳された。『ツァンポー峡谷の謎』(2000) と最後の著書『植物巡礼』(1999) である。前者は私自身たまたまカンリガルポ山群に行く機会を得て、にわかに地域が身近になり本を手に取る機会が増えたことと、文章を書く必要に迫られて一気に読み終えた。

それは、2004 年 3 月末ホーチミン行きの飛行機便を待つ成田空港の待合室であった。3 時間ほどの間に巻末の地図を繰り返し見ながらルートを確認し、気付いた個所には赤線を引きつつ真面目に読んだ。ようやく乗り込んだ全日空の夜行便は空席が目立ち、窓際の 2 席を独り占めしてゆったりとワインを傾けながら読みふける至福の時間を過ごした。これだけ長い時間集中して読書に耽ったのは久しぶりのことだった。読み終えた頃には南十字星が少し頭を左に傾けて左方の窓のやや前方に輝いていた。

キングドン・ウォードは遠い過去の人とばかり思っていたが、彼が亡くなったのは戦後もしばらく経った 1958 年 4 月 8 日で、73 歳のときである。植物学者の中尾佐助は『雲南周辺の植物探検概史、探検と冒険、第 2 巻』(朝日新聞社、1972) と『花と木の文化史』(岩波書店、1986) の中で、彼がまとめた『マナスル踏査隊の報告書、英語版』(1955) に対し、「中学時代から憧れていたキングドン・ウォードがブックレビューを書いてくれたことが非常に嬉しかった」と書いている。偉大で遥かな大先達であることに間違いはないが、生身の人間として短いながら同時代を生きたことに改めて気がつき更に親近感を覚えて、私もまた嬉しくなった。

4. プラント・ハンター

キングドン・ウォードはいわゆる植物学者ではなく、欧米ではプラント・ハンターと呼ばれている。この日本ではなじみの無い"職業"を塚谷裕一はキングドン・ウォードの『Pilgrimage for Plants』の翻訳本『植物巡礼』のあとがきのなかで、次のように紹介している。

「簡単に言えば、自生の植物が乏しい英国において発生した職業で、異国の地に赴き、観賞価値の高く、しかも英国で育ちそうな植物を、生きた状態で集めてくるのがその任務である」

さらに続けて、「彼らは世界の園芸をリードした英国園芸界に対してだけでなく、基礎となる植物学に対しても貢献が著しく、その意味で世界的に人々は彼らの恩恵を被っていると言うことができる」

また、欧米のウェブサイトには、Botanical Garden など各地の植物園、Rhododendron Society など特定の植物に関する学会などプラント・ハンターに関する記事を掲載したものが数多くある。そのものずばりに Planthunter.com があり、かなり広範な内容を含んでいる。

それらを参考にするとプラント・ハンターはスコットランド出身者が多いことが分かる。そのなかで有名な人は、ロバート・フォーチュン (1812 − 1880)、ジョージ・フォレスト (1873 − 1932)、ユアン・コックス (1893 − 1977)、

ジョージ・シェリフ (1898 − 1967) などである。さらに範囲を英国人に広げると、ジョゼフ・フッカー（1817 − 1911）、アーネスト・ウィルソン (1876 − 1930)、レジナルド・ファーラー (1880 − 1920)、フランク・キングドン・ウォード (1885 − 1958)、フランク・ラッドロウ（1885 − 1972）、ロナルド・クーパー（1890 − 1967）と著名な人たちの名前をほとんど網羅してしまう。米国出身者で有名な人はオーストリア生まれのジョゼフ・ロック（1884 − 1962）である。そして彼らは19世紀後半から20世紀半ばまで、四川、雲南から東南チベットへ、さらにビルマにかけて広範な動きを見せた数少ない探検家たちの名前とほとんど重複する。

19世紀後半から20世紀初頭にかけて、日本もまた彼らにとって格好のフィールドであった。ツツジやサクラソウ、シャクナゲなど、多くの植物が移植され欧米で珍重された。多くの品種改良もなされた。

ロバート・フォーチュンは明治維新前の1860年暮に日本に来て、長崎、横浜、東京に立ち寄り、菊や竹を英国に紹介した。ついでながら、世界自然遺産に指定され、九州の人になじみ深い屋久島の"ウィルソン株"は上記のウィルソンに由来する。彼は1914年初めて日本に来た時、東京の幡ヶ谷で美しいツツジに目を留める。1918年に再度訪日し、その里が九州の久留米であることを聞き出して、はるばると足を伸ばした。そしてキリシマツツジを改良して育てた園芸職人の明石某に会い、特に美しい50株のツツジを持ち帰った。このとき屋久島に立ち寄ったと思われる。彼の大冊『China Mother of Gardens』(1929) には、葉や新芽が野菜になる植物として Amaranthus paniculatus, Ya-ku という、ヒユ属の一種があがっている。末尾の Ya-ku は屋久島に由来すると思われるが、専門家の意見はいかがであろうか。

5. 今後のことなど

2007年4月、私は『ヒマラヤの東　カンリガルポ山群　踏査と探検史』を松本徰夫、渡部秀樹両氏と共著で上梓した。このなかで、私は主として第二部の探検史を担当し、そのⅤ章ではケンブリッジ大学関係者の探検について述べた。その筆頭がキングドン・ウォードである。

不思議なことに、東南チベットを探検した探検家にはケンブリッジ大学関係者が多い。年齢の順でいうと、すでに述べたキングドン・ウォード、ラッドロウに始まり、コールバック（1909 − 1986）、ハンベリー・トレイシー（1910 − 1971）と続く。キングドン・ウォードの1924年のツァンポー峡谷探検に同行したコウダー卿も同大学の学生であった。1935年ギャンツェで客死したウィリアムソンもそうである。そのため、本のなかで1章を設けたのであるが、英国の両雄の一つ、オックスフォード大学がなぜ登場しないのか、これまた興味ある話題である。

今回書き終えた時、私は学生時代から長い間気にかかりながら放置していた大きな宿題をやっとやり終えたような安堵感をおぼえた。その昔「もっと知りたい」と思っていた彼の探検や人となりを少し理解できたような気がする。

この本には探検家がたどったルート図を付けた（17、18ページ）。キングドン・ウォードの足跡は、カンリガルポ山群周辺を含む東南チベットからビルマ、雲南にかけて1枚の地図上で幾重にもおよんで煩雑である。改めてその広範な行動に感嘆した。

インターネットで彼の事績を調べた際に、孫のオリバー・トゥーレイ氏から私信を頂いたことは思いもかけないことで大変嬉しかった。日夜灯火のもとで偉大な探検家と「会話」を交わす時間を過ごせたことはまことに幸運であった。執筆中あれこれと著作や論文を検索し辞書片手に、事績をたどるのは楽しくて仕方がなかった。来年は彼の没後50年になるが、ますます身近な人に思えてきた。

私は、カンリガルポ山群関係の文献を 2004 年から本格的に収集し始めた。いつの間にか、彼の 25 冊の著書のうち、評論集を除く探検行に直接関係する 16 冊は先輩方のお陰もあって、すべて手元に揃った。また彼が G.J. に寄稿した記事も、友人の協力を得てすべて集まった。ジーンが著した貴重な 1 冊も手に入った。多少出費はかさんだが仕方あるまい。これからは、それらを題材に彼の足跡を追いながら、私は次の「楽しみ」を求めてまた「歩き」始めたいと思っている。

カンリガルポ山群・探検史余話
― ラッドロウとシェリフ ―

1. 二人の東南チベット探検

　世界の屋根と呼ばれる広大なチベット高原のなかで、その東南部は長い歴史時代を通してひときわ辺境であった。東は深い渓谷と険しい山稜が重なる三峡地方を境に四川省や雲南省と接し、南はミャンマーからインドに連なる密林の山々が国境をなしている。

　この辺境地域を前世紀の1930年代から40年代の終盤にかけてほぼ20年の間、探検を続けた二人の探検家がいる。二人の名はフランク・ラッドロウとジョージ・シェリフという。ともに英国の出身で学業を終えるとすぐに英領インドに勤務し、公務でチベットからシッキムやブータンにかけて入域する機会が多かった。引き続きその後半生は探検に身を転じて天分を発揮した。

　ラッドロウは1885年生まれで、シェリフは13歳年下の1898年生まれであった。二人は1928年にカシュガルで知り合い、それ以来1949年のブータンの探検を最後として、行動を共にすること6回におよんだ（表1）。個性派の多い探検家のなかでこういう極めて親密な関係が長く続いた例も珍しい。しかも探検行には、シェリフ夫人が2度同行している。

　初期の探検にはシッキムの駐在政務官であったウィリアムソン夫妻も行動を共にした。ウィリアムソンはダライラマ13世と、中国軍を後ろ盾としてラサに帰還する機会を伺っていたパンチェンラマの権力闘争の調停に苦心した。ダライラマ13世が没した1933年は彼の在任中のことである。そして彼自身は1935年暮にギャンツェで不慮の病死という不幸にみまわれた。このニュースは1936年初めナクショビルで軟禁中だった、コールバックとハンベリー・トレイシーにもいち早く伝わった。彼らはサルウィン川の源流を目指して探査の途上であった。

　6回におよぶ二人の隊には、他にインド駐在武官が随行したり、ブータンやシッキムの植物のコレクターを連れて行ったりと大人数の隊を編成することが多く、それだけ探検や採集の行動範囲が広い。ブータンから入域し地域をダブらせながら東北方面のチベット・コンボ地方からポ地方に範囲を広げていった。また、シェリフが心臓病を患っていたため、後期の探検にはインド駐在の医官が同行している。峠越えは人夫の世話になることもあった。

　探検とは別に、彼ら二人は第2次世界大戦中英国政府の代表としてラサに駐在した。この間二人と日本のあいだに間接的に奇妙な政治的関係があった。ビルマのいわゆる"援蒋ルート"が日本軍によって遮断されたため、米国の調査団がラサ入りし、アッサムからロヒト川に通ずる代替ルートが検討された時チベット政府と交渉にあたっただろう。また、アッサムと中国間の輸送任務にあった米軍機が悪天候のためツェタン近郊に不時着した折、5名の米軍兵士を救出し、無事本国に帰還させた。前者はチベット政府が頑として受け入れなかったためビルマ国内を通る別ルートに変わった。

　シェリフは1950年インドより帰国後、夫人と故郷のスコットランドにヒマラヤを思い起こさせるような植物園をつくり、持ち返った植物を育て、1967年69歳で亡くなった。ラッドロウは探検から帰還後英国博物館に職を得て、採集品の整理を続け1972年87歳の長寿を全うした。

　ラッドロウは晩年に書いている。「我々は時に英国博物館より資金援助を受け、隊員もそれなりに貢いだが、シェリフの財政的な援助が無ければ、我々の努力も限られ、採集はもっとささやかなものであっただろう」と。

　シェリフは資産家であったのだろう。余生を

過ごした植物園の造園もそうであるし、英国博物館の植物、特にケシの大御所タイラーが急病で1938年の探検に参加するのを取り止めようとしたとき、インドからロンドンまで長時間の国際電話をかけて説得し、途中から参加させたのは、シェリフであった。さらに、採集したあと温度や湿気の管理に手間がかかる貴重な植物の種子や苗を、インドから英国まで航空機を使って輸送したのは彼らが最初である。

（この表は下記の著書「ヒマラヤの東　岡日嘎布山群（カン　リガルポ）　踏査と探検史」より引用し、一部修正した）

表1　ラッドロウとシェリフたちの探検年表

年　月	探検者	行　程	特記事項
1924 – 1926	ラッドロウ	ギャンツェ	植物採集、学校の校長
1932.8 – 10	ウィリアムソン、ラッドロウ	クマオンのリプレクラから入国、マナサロワール、ラカスタル、カイラース巡礼、ガルトック、ツァパラン、テーリ・ガルワールを経て、インドのデーラ・ダンに戻る	公務としてチベットの許可を得て、西チベットから入国、ラッドロウは鳥類採集
1933.5 – 10	ウィリアムソン夫妻 ラッドロウ、シェリフ	ラッドロウとシェリフはチュンビ渓谷から西ブータンに入る。6月に新婚の夫妻と合流。東に向かいブムタン着。2人は東のトラシヤンシへ、コマチュのサワン着。北にヒマラヤを越え、ポモツォ、ギャンツェを経て、インドに戻る。植物採集。植物相はキングドン・ウォードが調査したミシミ丘陵に類似と報告	ウィリアムソンはシッキムの政務官、ブムタンから分かれチベットとの境の峠からクーラ・カンリを見る、1935年ギャンツェで客死
1934.6 – 11	ラッドロウ、シェリフ	アッサムから東ブータン、更に南チベット・ツォナに入る	ウィリアムソン夫妻他大勢同行
1936.3 – 11	ラッドロウ、シェリフ、ラムスデン	東ブータンのトラシゴンからニャムジャンチュを北に遡上し、チベットへ。東のスバンシリ川源流を別行動で広く踏査。ベイリーやキングドン・ウォードと重複するルートも多いが、ヤルツァンポ南支流のリルンチュ源流から東ヒマラヤ山脈を越える	西欧人として初めて東ヒマラヤ山脈を南に越えて、ディハン川の西支川シヨム川の源頭に入る
1938.2 – 11	ラッドロウ、シェリフ、タイラー	ツェタンからヤルツァンポのギャラまで。隊を2つに分け、ラッドロウは八松錯、東久に行く。世界大戦真近で中断。	タイラーは英国博物館の植物の責任者、途中から合流
1942 – 1945	ラッドロウ、シェリフ	ラッドロウは1942.4 – 1943.4 の間ラサの英国代表部に勤務。後任はシェリフが1945.4まで夫人と勤務	1943.11 米軍機がツェタンに墜落、乗員をシェリフが世話をする
1946 – 1947	ラッドロウ、シェリフ夫妻、エリオット医務官	ガントクから東南チベットのギャンツェへ。ヤルツァンポを下り、ギャラのあとポ地方の縮瓦、ペマコチェンを探検。念青唐古拉山脈に入る、ギャンツェからインドに戻る広範な動き	シェリフ夫妻はヤルツァンポ峡谷のゴムポネに行く、途中病気でインドに早く戻る
1949.4 – 10	ラッドロウ、シェリフ夫妻、ヒックス医師	ブータンの西北部、中央部、東部と3手に分かれて広範に植物採集、ラッドロウがピンク色のケシの群落に出会う	二人の最後の調査となった

2. ラッドロウとシェリフの顔写真

ここまでの話は、実は本題を理解してもらうための「まえおき」であり、彼らの探検の復習である。これから本題に入る。

このたび（2007）上梓した 松本徑夫編著・辻 和毅・渡部秀樹共著「ヒマラヤの東　崗日嘎布山群　踏査と探検史」という本のなかで、私は主に第二部の探検史編を執筆した。ラッドウとシェリフはその第Ⅴ章第3項に登場する。

そこでは「まえおき」に述べたことを含めて、私は二人の探検の行跡を細かにたどった。その内容は主にフレッチャーの「A Quest of Flowers」に拠っている。二人は自らの記録をいくつかの雑誌に公表したのみであった。この本は1972年にラッドロウが没した後まもなくして、エジンバラの植物学者フレッチャーがまとめた大著である。二人の日記や手紙等のいろいろな資料をもとに、行程のほかにかなり植物学的に専門的な内容を含んでいる。シェリフ夫人のBettyがラサの勤務時代を思い起こした章も間奏曲風に挿入してある。

初版は1975年に出版され、翌1976年にPhoto-litho reprint版が異なる出版社より出た（以下2版とする）。私が所蔵し参考にしたのは後者である。この本は内容も387ページと膨大だし、地域も広い。手書きの地図が付いているが、スケールも概略で、北の方角もまちまちとまことに読者泣かせである。山稜や河川も不揃いで非常に見にくい。今でこそ私は頭のなかに地図を思い浮かべて彼らの足跡を鮮明に追うことができるが、当初はブータンからヤルツァンポの大屈曲点付近まで7枚に分かれた地図がどう隣接し、重複するのかパズルを解くように行跡をたどるには随分苦労した。そして、二人の話を書き始めたページには下に示したように二人の顔写真を載せ、その下に2版に従って名前を表示した。あとに続く括弧内の追加説明はもちろんない。

ところが出版直後、薬師義美氏よりラッドロウとシェリフの写真が逆ではないかとの指摘を松本氏を通して受けた。その理由は、氏が所蔵する「初版」の顔写真と名前に合わないとのことである。これには困惑した。

しかし私にはいくばくかの不安はあったのである。執筆中幾つかのWebsiteを調べるなかで、ラッドロウの生年を1895年としたものがあったり、さらに2年ほどまえ、シェリフを紹介したページに下に示した2版のラッドロウの写真が添えてあったのを見て疑問に思い、保存していたからである（http//www.pitlochry.org.uk/garden9 の EXPLORERS、The Scottish Plant Hunters Garden）。しかし最終的には、典拠とした本に則るのが原則であるから、それに従って名前を記し、Websiteの記事は疑問のまま何かの間違いと思うことにした。この点ラッドロウについて顔写真の情報に巡り会わなかったのが、今から思えば不運だった。

シェリフ　　　　　　ラッドロウ
（正しくはラッドロウ）　（正しくはシェリフ）

指摘を受けてもこちらに反論できる確かな資料が手元にある訳ではないから、すぐに、ラッドロウがインドより帰還後勤めていたという英国のRoyal Botanic Garden, Kew（王立キュー植物園）に問い合わせのメールを入れた。私は2版の写真を添付し、「初版と名前が逆になっているが、どちらが正しいのでしょうか」と。すると2日ほど経って、図書係りの人から、上の写真で、「左がラッドロウで、右がシェリフです。シェリフは鼻ひげをたくわえています」と返事があった。鼻ひげが決め手だ。私がまだ見たこともない初版の説明が正しいことになる。メールには続けて、「Kew植物園から写

真の再生版が必要ですか、それともどこか別に取材元がありますか」と親切な添え書きがしてあった。これには「しめた」と興奮を覚えた。

二人が探検中に撮った写真は、Royal Geographical Society（王立地理学協会）が少数枚をWebsiteで公開しており、そのコピーをいくつか持っているが、他の写真を手に入れるチャンネルが無かった。シェリフは写真の名手で白黒とカラーの写真を数多く撮っていた。フレッチャーの本にもそのなかから多くの写真が掲載してある。

そこで、「できれば公開が許される写真がほかにあれば送って欲しい」と折り返し返信した。私は特に二人が1946年から翌年にかけて探検した折、同行したシェリフ夫人に興味があった。彼女はトゥルルン（ペルン）からヤルツァンポの核心部であるゴムポネ（ポーロンツァンポと本流のヤルツァンポの合流点）まで直線距離で約21kmを、夫シェリフと一緒に往復した。そこに到達するには、深い峡谷に懸かるいくつものロープブリッジを渡らねばならない難路の連続である。竹製のロープが多いことなどこの間の本の描写は実に細かい。そのような危険なところを踏査した勇敢な（！）女性とは一体どんな人だろうかと興味深々で想像をたくましくしていたからである。しかも心臓に病歴をもつ夫に付いて行くとは、これも勇敢としか言いようが無い。

この当時外国の女性でここまで到達したのは彼女だけであったし、男性でさえ1924年に本流を下って来たキングドン・ウォードとコーダー卿の二人のみであった。シェリフ自身が3人目である。1913年にトゥルルンを通ったベイリーは大洪水のあとでロープブリッジが切れていたため行くことを断念していた。少し歴史を振り返ってもロープブリッジを渡ったことのある外国の女性は1923年から翌年にかけてポ地方を下ったダヴィッド・ネールのほかに何人もいないだろうと思われる。

しかし、1日おいて届いた返事は「二人の家族の外に出せる写真は残念ながら、2枚の顔写真しか許されていませんので、これ以上お手伝いできません。」との丁重な断りであった。誠に残念なことであった。

3. 文献探しのころあい

いずれにしても人の名前という一番基本的なことを間違ったのであるから、ラッドロウとシェリフの故人にはもとより、関係者さらに読者に深くお詫びを申し上げ、訂正をせねばならない。私はPhoto-litho reprintという印刷がどういうものか知らないが、素人（しろうと）にはreprintで名前が逆になるとは考えにくい。ネガフィルムを使うとすれば裏表に印刷したのであろうか。であれば顔の向きが初版とは逆になるはずだが‥。30年も前の印刷ミスがこ こで表（おもて）に出てくるとは夢にも思わないことであった。珍しいことに違いないが、冥界（めいかい）の彼ら二人が一番迷惑しているであろう。

また、家族以外に写真を公開しない話や、限った写真のみを公（おおや）けにする事例には今まで時折出会ったような気がする。この本の探検史編第Ⅷ章第5項に書いた「マクマホンライン」の名称のもとになったのはSir Henry McMahon（1862-1949）である。彼は1914年当時英領インド政府の外務参与で、シムラ会議の英国代表であった。

この項に彼の顔写真を載せたいと思い、長い間探したが未（いま）だに探し出せない。彼はインドから転勤し、第1次世界大戦中はエジプトのカイロ駐在高等弁務官となって、中東の政治に大きな影響を残した。アラブと英国の統治権や国境策定に関し交換したフセイン―マクマホン協定が歴史に名を残し、パレスチナ問題が紛糾する原因となったと言われている。これだけ有名な人であるから、写真が見当たらないのは何か特別な事情があるのか不思議な気がする。写真の件を含めご存知の方がいらしたら、教えて頂きたい。

4. エピーローグ

いったんは以上で話を終えていたが、二人

第3章 探検史の断章

の写真と名前が逆であることを自分の目で確かめた訳ではないので、なんとなく気持がすっきりしなかった。その答えはまもなく意外なところから現れた。依頼していたある本が届いて、証拠（？）を目の当たりにすることができたのである。やっと心が晴れたその顛末を少し述べて結びとしよう。

それはウィリアムソン未亡人のMargaretが1987年に出版した「Memoirs of a Political Officer's Wife in Tibet, Sikkim and Bhutan」という本である。夫Derrick（1891-1935）の死後半世紀も経って世に出た。なかに多くの写真が載っており、そこにラッドロウとシェリフの姿がある（下の写真参照）。

その一枚は中部ブータンのブムタンで、小屋の前に並んだ7人の人物写真である。説明には、左からDerrick, Gyurme Dorji, Sheriff, Self(Margaret), Raja Dorji, Norbhu and Ludlowとある。シェリフとMargaretの足元には愛犬の姿も見える。ここに写った鼻ひげをはやしたシェリフと右端のラッドロウは、上に述べた訂正後の二人の若き日の姿そのものである。ラッドロウが随分背の高い大柄な人であることも分かる。二人が足にスパッツやゲートルを巻いて探検服姿であるのも、その場の雰囲気を伝えて

なんとも楽しい写真である。新婚旅行中でもあったMargaretの容姿が初々しい。写真が撮られたのは、1933年6月末ごろであるのはまちがいない。彼らはその1ヶ月ほど前に、シッキムのギャルトックで式を挙げている。

難しく言えば、これは今までの証拠固めの筋と異なる、第三の新しい発見ということになろうか。古い文献をあたるのも時には大変なことで運不運がつきものだが、これは満点の成果であろう。また、拙著の表（669p.）のなかで、1932年の探検行をウィリアムソン夫妻としたのはまちがいで、彼はまだ独身中であった。

若い頃からチベットにあこがれながら、新婚早々に不運に見舞われたウィリアムソンの立派な墓はかってギャンツェにあった。本に写真が載っている。彼女が1937年に再度訪れて整備したのである。しかし、1954年町を襲った大洪水によって、1904年のヤングハズバンドのラサ進攻時に戦死した兵士の墓とともに洗い流されたそうである。Margaretは、夫の死を「遠くに行ってしまったけれど、多くの友人に囲まれていることには変わりない」と終章に述べている。さほどに彼の地でのわずか2年半の二人の生活は心に残ったようで、彼女は晩年チベット、シッキムそしてブータン方面の研究を

中部ブータンのブムタンで、小屋の前に並んだ7人の人物写真

奨励するため私財を投じて基金を創設したとのことである。これには頭が下がる。ついでながら彼はケンブリッジ大学卒で、ラッドロウやキングドン・ウォードの6年後輩にあたる。

蛇足(だそく)であるが、シェリフ夫人が探検に参加したのは、第2次世界大戦後であるので、残念ながらMargaretの本には載っていない。もう一つは、Ward,M. がAlpine Journalの102巻(1997年)に載せた論文「Exploration of the Bhutan Himalaya」の添付写真である(下の写真)。2007年11月中旬日本山岳会の図書室で見つけた。説明を見れば、前列に座った若禿げ頭のラッドロウ(左)と鼻ひげのシェリフ(右)は誰にでも判る。二人の左隣にウィリアムソンがいる。この写真は1930年、中国新疆ウィグル自治区のカシュガルで撮影されたとある。二人を引き合わせたのは当地の総領事であったウィリアムソン(写真中列左2人目)からで

あった。シェリフは彼のもとで働いていた。ラッドロウはインド北端のスリナガールに住んでいた。二人は初めて顔を合わせ、以後20年間にわたって東南チベットからブータンに探検行を共にする。この写真はそのきっかけとなった記念すべき出会いの場所でのショットとなった。シェリフコレクションの1枚である。これが公開される日が待たれる。

末尾ながら筆を置くにあたり写真の間違いをご教示頂いた薬師義美氏にお礼を申し上げる。

追記：その後、E.Hoffman ed.(1983) Tibet the Sacred Realm Photographs 1880-1950. An Aperture Book. 159p. にもSheriffの顔写真と略歴の記事を認めた。2枚の写真が立て続けに目の前に現れたのは、ミスプリントを見抜けなかった私に、二人が「もっと勉強しなさい」と教えているのかもしれない。

1930年、中国新疆ウィグル自治区のカシュガルで撮影された写真。前列腰かけているのがラッドロウ(左)とシェリフ(右)。中列左から二人目がウイリアムソン

第4章
東南アジアから南アジアへ
－大都会と水の風景－

東南アジアの国々

山・水・人の風景

東部ジャワ州位置図（高等地図帳最新版 2000〜2001，二宮書店）

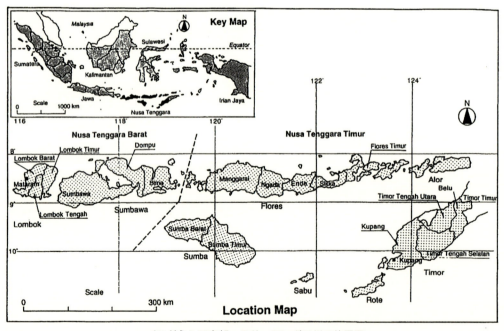

インドネシア東部、ヌサ・テンガラ州の位置図

第 4 章　東南アジアから南アジアへ

ヤシの木影で卒業論文を

1. はじめに

能古会（九大理学部地質学科同窓会）から手紙が来ました。たまたま海外出張中のインドネシアのスラバヤまで転送されて、1985 年 9 月 5 日に手元に届きました。30 周年記念号の原稿を建設土木の立場から書いて欲しいとのこと。能古会の会員が今何名いらっしゃるか知りませんが、大勢の中からなぜ私が指名されたのか意外でした。宝くじなど一度も当たった事がないのに、原稿書きはこれで今年 3 度目になるからです。書面にある 5 名の幹事の方の内 2 名は存じません。私が学校を離れて 12 年ですから、40 周年の頃には面識のある方は一人になり、こうして年々学校との関係が薄れてゆくのだなどと考えていると、与えられた機会に何か書き残すのも意義ある事のように思えてきました。でも私が建設土木代表という訳ではないでしょうし、最近のその方面の話題にも疎いものですから、その枠は外させていただいて、思いつくままにインドネシアの話から始めましょう。

2. インドネシアでの地下水プロジェクト

私は今インドネシア政府公共事業省水資源総局の東部ジャワ地下水開発事業所でコンサルタントとして働いています。IBRD（いわゆる世銀）の融資事業で、1982 ～ 1985 年の 3 年間で 100 本程度の井戸を掘り、6,300ha の灌漑施設の建設と 10,000ha の Feasibility study（可能性調査）をやろうというものです。イタリアとインドネシアのコンサルと JV（共同企業体）を組み総勢 24 名（うち外国勢は半分）が政府側と協力して仕事を進めています。頭は日本です。多い時には技術者の国籍が 5 カ国に亘り、何かと大変ですがうまくやっています。インドネシアは世銀も日本の OECF（海外経済協力基金）も力を入れている国で、無償も入れると大変な数でしょう。その融資と共に多くのコンサルが入っています。

考えてみますと私達は日本の明治初期欧米からやってきた"お雇い外人"みたいなものです。彼等のほとんどは日清・日露戦争までに帰国したと言われていますから、日本は 40 年足らずで一応自立したことになります。また日本が世銀の融資を受けたのは東海道新幹線が最後でした。それ以後は自前のお金でやってきた訳です。インドネシアがコンサルの技術業務に対して払うお金は業種、経験年数によって様々ですが、私の場合それこそ"あとの半年は寝て暮せるようなお金をもらっています。（私個人でなく会社が）。これを政府は長年苦々しく思っていた事でしょう。従来から技術の移転を強く求め、最近では地元コンサルとの JV なしに仕事はできなくなり、ダムプロジェクトでは地元が頭になるものもあります。JV の比率もだんだん地元が半分以上を占めるようになってきています。技術料も頭打ちの状態です。

こうした状況でコンサルは、地元との協調、コストの低減、技術の移転等で対処しようとしています．地元との協調は現地コンサルとの JV 法人化までを考えています．タイでは建設業等は外国勢単独では応札できないことになっています。コスト低減はもちろん技術者の質を落すことは許されませんから、外人も含めた借上方式を考えています。コンサルは、特に海外部門の場合派遣人員をやりくりする芸者の置屋みたいなところがありますから、外人芸者を入れたと思えばよいでしょう。日本の人件費では高すぎて競争できない場合でも、同じ費用で経験豊富な外人を借上できる場合があります。技術の移転は私も昔から心がけてやってきたつもりですが、目に見えないからなかなか評価され

にくいのです。日本人は総じてめんどうみの良い方だと思いますが、表現というか見ばえがどうも今ひとつです。欧米のコンサルは内容はそうでもないのに、講習会や指針作り等を通してカッコ良く見せるのは上手です。我々ももっと要領よくする必要があるでしょうし、また言葉の問題もあると思います。コンサル商売も"お雇い外人"然として悠々とやれた時代は過ぎました。多国籍の人間関係の中で、地元を立て、技術水準を維持しながら、慣れない生活の場で仕事をするのは大変です。またコンサル間の競争はだんだん厳しくなるでしょう。6月初めバンコクで開かれた地下水関連の国際学会に出席しました。東南アジア諸国での欧米や豪州のコンサルの活躍は目ざましいものです。IBRD、ADB（アジ銀）、OECF、EC等の融資や無償の援助合戦といった感があります。

　私は日本のコンサルも将来は海外での比率が大きくなると思っています。日本内で限られたパイを分けあっていたのでは生きてゆけないと思います。先日、Engineering News Record に1984年の世界のコンサルの海外売上高の上位200社の順位がでていました。日本ではA社14位、B社23位で、国別では日本は8位（4.8％）でアメリカが1位です。国内売上高を加算すると世界でベストテンに入る日本の会社もあるのですが、これでは淋しい限りです。建設業は国別で日本は9.1％とアメリカ（38.1％）に次いで2位ですが、イタリア、韓国に追われています。会社では20位にC社がやっと入る程度です。

　各分野の先端技術を開発し、技術総合力を養って物や技術を売って生きてゆかねばならないのは日本の運命ではないでしょうか。貿易黒字が今世界の非難の的になっていますが、この収支を守ってゆかないと死活問題です。もちろん"うまく"治めてやってゆく知恵や方策は必要です。

　日本のコンサルも今多くが海外に目を向け実際に仕事をやっています。欧米のコンサルに伍してやっていくには、JICA（国際協力事業団）やOECFなど、いわば身内の庇護の元の仕事ばかりでなく、そこで付けた力を、IBRD、IDA（第2世銀）やADBが融資するプロジェクトの国際入札でせり勝つぐらいに技術力を高める必要があります。国際コンサルタントへの近道などというものかある訳ではないでしょうが、思考・行動の国際化はこの頃盛んに言われていますように、やはり頭に入れておく必要があります。国際化というのは私にも実はよく判らないところがあるのですが、日本がいろんな外国と好むと好まざるとにかかわらずおつき合いをしてゆかねばならない状況の中で、自分（国益）の立場を主張し対等に相手と議論ができ、問題解決に向って積極的な意欲ある人が求められているような気がします。言葉や違った環境の中での生活力はその手段でしょう。これを今私が居る場で考えてみますと、なかなか難しいのです。どうしても"言わなくても判ってくれるだろうと遠慮したり、マアマア主義になって徹底しないのです。よく欧米人はダメモトで色々な要求をしてきますが、これがひと苦労なのです。頭に血が昇って議論ができないのです。私は国際人たる資格はないなと思っていますし、まず必要な"したたかさ"がありません。

　いずれにしても海外でのコンサル業務はより一層国際化した環境の中で仕事をしてゆかねばならないのは確実でしょう。これは他の分野にも当てはまるような気がします。

3. 地質屋の進む道

　さて、最近の新聞は今年の理工系の求職状況が好調なことを伝えています。記事の中である大会社の社長の言葉が印象に残りました。"この先どんな時代になるか見通しが立たないから広い分野から人を多く集めて対応してゆくしかない"と。ハイテク化、情報化、国際化、ソフトサービス化とめまぐるしく動き変化しようとしている世の中で、今地質の卒業生は一体どんな道に進もうとしているのでしょうか、興味あるところです。昔に比べるとやってゆけそうだなと思われる分野が、不安材料を残しながらも、

大きく開けていることは確かなような気がします。生物系の著しい変ぼうを見ると判ります。コンサルや建設土木ばかりでなく広い分野で活躍して欲しいものだと思います。それにしても私は"卒業生は大学の社会に対する先行投資"と考えている者ですから、いつまでも 10 名の卒業生ではこのような時代、先が見通せなくなるような気がするのですがいかがでしょうか。少数教育の良さは認めるのですが、共通試験で一層変化に富んだ血が集まりにくくなっているような気もするのですが。

私は 12 年前コンサルタント会社に入り色々な仕事をやってきましたが、Engineering Geologist としてよりも geohydrologist として仕事をしてきた期間が長くなりました。入社当初からたまたま沖縄の地下水にかかわり、水商売に入りました。学生の頃ずい分箱崎や中洲で"水商売"にお世話なったものですから、今はその恩返しのつもりです。日本での地下水業務は開発型はほぼ終了し、現在は環境問題にかかわる地下水が多く、問題がせち辛くなっています。地下水の大規模開発は海外だけとなりました。コンサルは大体土木屋天下のところですが、地下水プロジェクトですと地質屋が主体でやれるのです。同じ仕事をするのなら思い通りにやった方が気楽です。ダムプロジェクトですとこうはゆきません。地質屋主体の仕事だけか良いと言うのではありませんが、地熱や砂防ですとなんとか中心でやってゆけるでしょう。コンサルの中での地質屋のひとつの生き方だと思います。

4. おわりに

さてこの雑文に結論などありませんが、所定の枚数を超しましたので、そろそろ終りにしましょう。

最近スラバヤ―バリ間の飛行機に乗る機会がありました。F-28 の小さなジェット機で 40 分。東部ジャワの火山の景観を満喫しました。中部ジャワから東部ジャワにかけてまことに規則正しい火山の配列がみられます。直径 50 〜 60km の裾野の広がりをもつ、富士山と同等のコニーデ型の複合火山が、約 60 〜 70km の間隔でほぼ東西方向に 8 個並んでいます。その多くが 3,000m 級（どうしてそれ以上高くならないのでしょう）の成層火山でまことに壮観なものです。ほとんどが活火山です。窓からカルデラや火砕流台地、青々とした火口湖などを眺めながら、研究すればおもしろいだろうなと思ったことでした。これら火山の裾野に地下水盆が広がっていますから、私も少しは山歩きをしました。火山局の未発表図幅もありますが、研究はオランダ時代からそう進んだとは言えないようです。大学の卒論も探しましたが、堆積岩地域に集中しています。なぜだと教授に尋ねると "not instructive" との答です。難しくて卒論では短時間で手に負えないとのことかと理解したのですが、とにかくありません。そこでさきほどの国際化の話に結びつくのですが、学生の交換留学生制度を作って共同研究をやったらどうでしょうか、そのうちヤシの木影でジャワ娘と恋を語りながら卒論を仕上げる快男児が出てこないものかと期待しているのです。

東部ジャワは 150 〜 170 万年前のジャワ原人以来人類との古いつき合いがあり、地下水開発でお判りのように地質と人間の生産活動が深く結びついた所として非常に興味あるフィールドです。

最後に私事で恐縮ですが、10 月に帰国後中国・天津の地下水の仕事に行く予定です。私はもっと中国の西や南の奥地に行きたいのですが、そうもゆきません。地下水もよいのですが、外地に出てばかりで疲れてきました。当分頭と体の充電のため国内に居たいと願っています。この頃地熱の仕事がしたいと思っているのですが、どなたか勉強させてくれませんか。

それからこの 8 月、松本徰夫先生を隊長とする登山隊がチベットの処女峰の初登頂に成功したと新聞が報じていました。能古会としても慶賀すべきことだと思います。

能古会発足 30 周年記念をお祝いし、ますますの発展をお祈りします。

山・水・人の風景

インドネシア
－第二の故郷（1999年）－

1. 東チモール

1999年10月中旬、東チモールの独立法案がインドネシアの国民協議会で可決され、同国内でも独立が公式に承認されました。九州の半分に満たない、面積1.5万km^{2}の人口130万人と言われる小さな国が、国連による暫定統治を経て今後歩む国家建設の道は大変困難なものでしょう（1974年にポルトガルが統治を放棄して以来、長い紛争を経て2002年に正式に独立）。

丁度4年前、私は東チモールと国境を接する西隣のインドネシア領西チモールに行く機会を得ました。ですから、最近のインドネシアに関する報道には目が離せません。1999年9月20日他国に先掛けて多国籍軍の司令官として乗り込んだオーストラリアのコスグローブ将軍が〔a〕を〔ai〕と発音する独特のオーストラリア訛りで話すテレビ報道を見て、その昔西オーストラリアに1年間生活した私は、懐かしさと親近感を覚えました。しかし、1975年ポルトガルから独立した直後に起きたインドネシアによる武力併合を長年承認しておきながら、独立支援へと政策を豹変させたオーストラリア政府の態度と、軍隊派遣に向けてのあまりの手際の良さは、植民地支配の復活か交代かと錯覚しているのではないかと疑いを抱かせるような強引さで、誠に不愉快でした。消え去ったはずの白豪主義の台頭かとも思いました。北オーストラリアのポートダーウィンからわずか500km、アラフラ海を隔てて北にある隣国での争いなので、気になって仕方が無いと言う気持ちは分からない訳でもないのですが、今後インドネシア政府は勿論のこと、東南アジア諸国はオーストラリアがアジアにコミットする時に、今まで表に出さなかった警戒の念を露にする事は間違いの無い事でしょう。

大学に居る頃、京都大学が当時ポルトガル領であった東チモールに学術調査を出した事は知っていましたから、私にはチモールの地名は昔から馴染みがあったのです。

2. 西チモールへの旅

ジャワ島の東には多くの島嶼が東西方向に連なり、小スンダ列島と呼ばれています。その長さは1,200kmに及びます。行政的にはバリ島は別にして、その東のロンボク島から以東はヌサ・テンガラと呼ばれ、東、西2ツの州に分れます。西の州都がロンボク島のマタラム、東のそれが、西チモールの西南の端にあるクパンです。

雨の多いインドネシアも東に行くほど乾季が長くなり、雨量が極端に少なくなります。チモールの平地では灌木帯が広がるサバンナ気候です。人口は東ヌサ・テンガラ州で340万人、西でもほぼ同じ位の数です。

ヌサ・テンガラはインドネシアのREPELITA-VI（第6次国家開発5カ年計画）でも今後の開発の最優先地域として位置づけられ、日本のODA（政府開発援助）の対象地域に入っています。バリ島は観光地として有名ですから、国際線、国内線ともに交通の便は良いのですが、航空路が全てバリのデンパサールをハブ空港とした形になっていますから、ヌサ・テンガラの島々を行き来するには船しかなく大変不便です。ただ、バリ～ロンボク間には高速艇が走っていますから、少しは良くなりました。

デンパサールからクパンまでは約1,000km、ジェット機で2時間足らずです。東へ行くほどに窓から見える島影の緑がだんだん薄くなってゆくのが分かります。代わって赤い大地や白い海岸が見えてきます。赤いのはラテライトやテラ・ロツサ、白いのは石灰岩なのでしょう。海

第4章　東南アジアから南アジアへ

は透き通ったマリンブルーで、白い海岸とのコントラストがほんとにきれいです。全島石灰岩からなるスンバ島を過ぎ、クパンが近くなった頃、眼下には魔女の島として有名（？）なライジュア島（サブ島の西に浮かぶ孤島、"インドネシアの魔女"鍵谷明子著、学生社、1996に詳しい）が見えたはずですが、この時には知る由もありませんでした。

　クパンは石灰岩の丘陵地にあって、港もあり、交通の要衝です。南緯10度の世界です。クパン県の人口は54万人ほどです。ここまで来ると人もメラネシア系の顔立ちが多く目につくようになります。キリスト教会も目にします。

　今回ここを訪れたのは、ヌサ・テンガラ地域での農村給水開発計画調査の一環として、現地を視察し、収集した資料をもとに、インドネシア政府の人間居住総局（チプタ・カルヤ）の人達と打ち合わせ、プロジェクトとして立ち上げる合意を取り付けるためでした。その水源は地下水や湧水で、ダムや溜め池ではありません。水質の良さ、維持管理の手頃さ、投資効果、地質条件などが考慮されました。副団長の私は調査団のとりまとめと、水理地質を担当しました。

　西チモールは北東～南西方向に伸びた細長いチモール島（長さ約470km、幅約80km、面積3.1万km^2）の西半分を占める地域で、人口は約130万人です。島の中央部を島の延長とほぼ平行に標高1,000～2,000mの脊梁山地が走り、古い地質時代の岩石（砂岩、チャート、玄武岩溶岩類、石灰岩、花崗岩等）からなっています。第四紀に噴火し、火山としての地形を残すような火山は、チモール島の北150kmほどを東西に走るフローレス～アロール列島の北側に点々と連なっており、チモールには見られないようです。南西端のクパン県とその離島であるロティ島、及び東チモールと境する北東端のブル県には第三紀末（？）～第四紀の礁性石灰岩が分布し、地下水のポテンシャルは高く、井戸調査も行われています。

　このような所ですから、今まで世界の色んな機関から援助があります。その中で成功しているなと印象に残ったのは、ドイツが無償で援助した太陽熱発電による浅い井戸水の揚水システムでした。2,000万円ほどの1ユニットで400～500人ほどの村人達に10個所ほどの共同水栓を通して給水する方式です。維持費も要らず、長持ちしています。ユニセフの風車や動力を使うものは風車の軸（回転転換部）が故障してうまくいっていません。

3. ジャワは第二の故郷
3.1 マデュン

　インドネシアの地下水開発は、第二次大戦以前はオランダの手で始まり、独立後は当初地質調査だけでしたが、1970年代に入ってからはジャワ島を中心にPU（ペーウー、公共事業省）下のP2AT（地下水開発事務所）によって精力的に進められてきました。そのほとんどが世界銀行やアジア開発銀行の融資を受け、海外のコンサルタントとの共同作業です。また、欧米各国のODAによって無償で行われたプロジェクトも多くあります。この中で多くのインドネシアの技術者が育っています。

　私は1977年2月から9月にかけて東部ジャワ州の西の端、マデュン盆地の地下水開発調査に参加して以来、1982～85年の東部ジャワ州全域の地下水調査と施工に至るまで携わりました。マデュンではイタリアのエレクトロ・コンサルタントとのJVで、多くが初めての体験で、色々勉強しました。特にジェネラル・マネージャーであったテアルディさんには世界銀行の融資によるプロジェクトの進め方、政府との対応や公式文書の書き方、英語での会議と報告書の作成等多くの事を学びました。私の海外での仕事に対する基礎はこの時出来上がったように思います。33歳の時です。ミラノの貴族出身の彼には身のこなし、パーティーの席での話題と言い、私がそれまでにお付き合いした人とは違った高貴な雰囲気が漂っていました。

　このプロジェクトの最終的な目標は、マデュ

ン盆地内に全体で3万haの地下水灌漑をする計画でした。第四紀の標高3,000m級の火山に囲まれた山麓盆地では、誠に良く水が出ました。帯水層は更新世中期の粗粒火山砕屑岩ないしはその二次堆積物です。深さ100mほどの1本の井戸で60～70ℓ/秒の地下水が揚水可能で、それで大体50～60haの水田に灌漑できました。30ℓ/秒の自噴井戸も掘ったことがあります。乾季と雨季の降水量に差が大きく、表流水による灌漑の掛からない所ではその効果は絶大です。

しかし、掘削後に移管される水利組合の運営、機械や水路の維持管理、金利の負担など問題も多くあります。最近は沢山のお金をかけて最大効果を無理に追求するのではなく、雨季の灌漑と地下水をうまく使って、地域性を考慮した小規模開発に変わろうとしています。大きな構造物を作って始めて全体が動くダムプロジェクトと違い、地下水は1本1本の井戸が1プロジェクトですから、地域の人のやる気とお金に合った形で展開してゆけば、経済効果の上がる小さいけれど実のあるプロジェクトになり得るのです。今ではマドゥンのような大型のプロジェクトは無くなりました。

プロジェクト地域の北をブンガワン・ソロが流れ、その河畔の村トリニールにはデュボアが1891～95年にかけて発見したジャワ原人の発掘記念碑が建っています。化石が含まれる地層は上記の帯水層と同時代です。私は、1987年に中国天津の地下水調査の折り、北京原人の発掘地点（周口店）も訪れましたので、何故かしら原人とは縁（猿？）があるようです。次はオルドバイ渓谷かなどと夢想しています。

3.2 東部ジャワ（スラバヤ）

続く1982～85年の東部ジャワ全域の調査でもよくあちこち歩き回りました。本拠地はスラバヤでした。やはり同じイタリアのエルク・コンサルタントとのJVでしたが、今度はこちらが主役で随分責任も重くなりました。ジャワやスマトラを舞台に、シェリビジャヤ、シャイレンドラからマジャパイト王国、マタラム王国と興亡を繰り返したインドネシアの歴史や遺跡も大変興味深いのですが、素晴らしいのはまず自然です。50～60kmの距離を置いて、3,000m級の成層活火山が東西方向に5つ、6つと並ぶ様はまさに壮観です。火砕流を今でも出している細身の成層火山スメル山（ジャワ島の最高峰、標高3,676m）、カルデラ式火山のブロモ山、身が吸い込まれそうなルビー色の火口湖を持ち、硫黄の採掘を今もやっているカワイジェン山、山全体が国立自然公園となっているパルラン山などがあります（インドネシアの山については"インドネシアの山登り"若松林治著、のんぷる舎、1997に詳しい）。

ジャワ島東端の町バニュワンギの北にあるクタパン港からはバリ島西端のギリマヌクまで頻繁にフェリーが出ています。その距離わずか5km程ですが、潮の流れがとても速い海峡で、国際航路となっていません。

それらの火山山麓で沢山の井戸を掘り、地質調査をし、井戸を見て回りました。表流水による灌漑の恩恵を受ける事の無い山麓地域に30ℓ/秒も自噴する井戸を掘ったために、部落の神様に奉りあげられたり、昼夜通しの揚水試験中に村長のかわいい娘さんから弁当の差し入れがあったり、温泉を掘り当てたり（本来の目的からは失敗作）、田舎の宿でごきぶりの大群に襲われたり、いろいろ面白いこともありました。なかでもスカルノ大統領の故郷に近いクデリにある私立工科大学の卒業式に招待され、記念講演でプロジェクトの話を地元の若い人達にすることが出来たのは、地元への情報の公開と技術移転と言う点で我ながら良いことをしたものと思っています。

4. チモールからロンボクへ

話が何時の間にかチモールから離れてしまいました。私はクパンを離れた後、デンパサール経由でロンボク島のマタラムに行きました。

西ヌサ・テンガラ州の情報を収集するためです。この時スラバヤで一緒に仕事をしたロハデイがこの地のP2ATの所長として色々と協力してくれたのは大変嬉しいことでした。この島は3つの県に分かれ、245万人程の人が住んでいます。東西60km、南北80kmのほぼ五角形をした島で、北側にリンジャニ火山（標高3,726m）が聳え立っています。その北～北東にかけての山麓では、地下水のポテンシャルが高く、なんと100ℓ/秒の揚水が可能な井戸があります。海岸から数kmの所で、地下水位も標高数mですから溶岩トンネルの中の地下水を揚げているようなものです。南部には山麓がなだらかに広がり、多くの湧水が水道水源として利用されています。

もし、時間とお金に余裕がおありでしたら、バリ島よりロンボク島まで足を伸ばされることをお勧めします。ホテル、海岸共にバリ島に劣らずよく整備され、何より静かです。ゴルフも楽しめます。ただ、バリ島に漂うヒンズー教独特の文化の香りはありません。

ロンボク島の西、バリ島との海峡は、動植物の分布上の大きな境界線（ウオーレス線）が通るところです。第四紀末の最終氷期バリ島までは陸化して、西の大陸と陸続きになっていたためでしょうか。水深があるため、インド洋とスンダ海をつなぐ大型船の航路となっています。

5. ジャカルタ

ジャカルタに戻った後、チプタ・カルヤの関係者と協議しました。プロジェクトの技術的な内容や給水地域の選定の考え方に基本的な相違は無かったのですが、彼らは東チモールを今回のプロジェクトに組み込むことに強くこだわり、なかなか話が合意に至りませんでした。時間切れで結論は日本に帰ってからと言うことで妥協する事になりました。当時から民族紛争地域として治安やプロジェクトの運営に不安があるところを含めることに、私達は同意する訳にはゆきませんでした。

その時から丁度4年の月日が流れ、この間プロジェクトが具体的に動くことはありませんでした。懸案だった東チモールが独立を認められてインドネシアの手を離れた今、彼らが何故東チモールに執拗に拘ったのか、当時でもその複雑な思いは薄々感じてはいたのですが、これから彼等がどうするのか、私はこのヌサ・テンガラにおける農村給水プロジェクトの今後の行方を大きな関心を持って見つめています（21世紀になってようやく実施に向け動き出した）。

6. インドネシアの子供

名前はスリアニ、私のかわいい子供です。早いもので今年18歳になる女の子です。スラウェシュ島南部にある州都ウジュンパンダン近くのスワンと言う田舎町に住んでいます。もう学業も終え、今は家事の手伝いをやっています。月々の仕送りを続けてきました。しかし、まだ会ったことがありません。なのにもうすぐ、私の手を離れることになります。この里子プランでは応援は18歳までなのだそうです。私のインドネシアへの思いは、フォスターペアレントとして、今も続いています。

東部ジャワ州パスルアン県の火山山麓で掘削した自噴井戸（30ℓ/秒）。1983年。村の長老から神様扱いされた。

いったい今ミャンマーで何が起こっているのだろう

1. はじめに－バンコクからダッカへ－

2006年3月12日の日曜日、私はタイで1週間の仕事を終えた後、バングラデシュのダッカに向かう飛行機のなかにいた。バングラデシュの地下水状況を調べるためである。午後1時10分発のタイ航空TG322便は時刻どおり、バンコクの北郊外にあるドンムアン空港を飛び立った。久しぶりにミャンマーを上空から眺める機会に恵まれた幸運に感謝した。同じようにバンコク経由でミャンマー上空をネパールのカトマンズまで飛んだのは、日本工営に勤めていた頃の1982年、あれから24年ぶりのことである。

チェックインの時、足元の広い右の窓側の席を頼んでおいたら、彼女は希望通り、エアバスA-300のエコノミークラスの一番前の右側の席を選んでくれていた。二人席の隣は気心知れたM氏である。リュックサックからカメラを取り出し、ミャンマーとの再会の準備は整った。

2. チャオプラヤ川の治水対策

ドンムアン空港を離陸した直後、窓の下にはきれいに区画整理され広々とした緑濃い田園地帯が広がり、ところどころに赤がわらの瀟洒な住宅団地が見える。最近バンコク東北部の開発は盛んらしい。チャオプラヤ川の左(東)岸を中心とするバンコクは1980年代から始まった急速な都市開発とモータリゼーション（高速道路の建設）によって、都市型の洪水が発生し大きな社会的な負荷となった。これに対し、JICA（日本の国際協力機構）は1985年に周辺地域を含めた土地利用の洪水対策ゾーニングを提案した。これは、トンネルによる地下放水路や遊水地、都心部でのポンプ排水といったハードな対策だけでなく、土地の開発規制（グリーンベルトの設置）や保水機能保全区域の設定（キングダイク）といったソフト対策を考慮した総合治水計画であった。これは戦後度重なる洪水に見舞われた苦い歴史の反省から生まれた東京首都圏での治水計画を下敷きとしている。現在タイ政府によって実施中で大きな効果をあげている。この9月に東部に開港したスバーナブミ新空港はグリーンベルトの規制を外して建設された。円形鋼管の組み合わさったドーム形式の明るい空港である。ドンムアン旧空港跡地は機能を残しながら再開発されるということである。

地下水の面から考えれば、この総合治水対策は、チャオプラヤ川の上流域に広がる水田地帯（20万ha以上は優にあろうか）とともに、表流水の地下浸透を促して地下水位が回復すると期待される。それは、下流域で発生している地盤沈下や塩水浸入の地下水障害に対して、自然の土地利用と水環境をうまく利用した無理のない長続きする地下水の人工涵養の効果があると思われる。

また、今年（2006年）は10月初めに襲った台風によって未曾有の豪雨となり、上流のダムは初めて満杯となったという。ダムが今でも放流を続けるため、アユタヤなど中流域は洪水になっている。10月なかば訪れた時には、運河沿いのレストランは、フローティング・レストランになりつつあった。

3. ミャンマー上空で感じたこと

さて、仕事の話になってしまった。機体は大きく旋回して西北に進路をとった。しばらく緑豊かな田園が続いたあと、緩やかな山地に移る。ところどころ赤茶けた山肌は見えるもののまだ緑の山並みである。ミャンマーとの国境をなすテナセリムの南北に連なる山稜である（図1）。細かい位置関係は判らないが、しばらく緩やかな山並みが眼下に拡がる。この日は乾期の

第4章　東南アジアから南アジアへ

3月で、天気はよかったのだが、この頃から空全体にかすみがかかってきて、景色は鮮明さを欠いてきた。よい写真は期待できそうにない。この天気と関係ないことだろうが、山の景色は黄褐色がかってきた。そろそろ国境を越える頃か。機内では軽食が配られ、皆は食事を始めたが、こちらは外の景色にくぎ付けである。

ないから、これは間違いなく判別できる。

図2　焼畑の煙は飛行機の高度まで昇っている。左下に黒色の貯水池が見える。

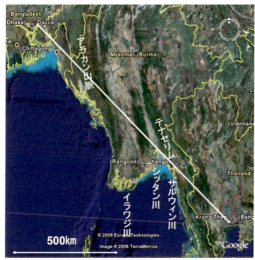

図1　バンコクからダッカまで
（グーグルアースより）

南北に走るテナセリム山脈の西側の山稜はなだらかで、緑が少ない。ところどころ煙が立ち上っているのは焼畑をやっているのであろう（図2）。そのうち大きなダム貯水池が4つほど南北に並んでいるのが見えた。褐色の大地に巨大なアメーバーが樹枝状に手足を広げたような貯水池がある。空想の宇宙映画を見ているようで不気味である。青黒い貯水池の末端は見事に南北に一直線に並んでいる。みんな同じようなフィルタイプのダムである。

帰ってグーグルアースの衛星写真で見ると、上記のダム群はイラワジ川の左岸（東側）に連なっていることが判った（図3）。ということは、私はミャンマーの一番東側にあるサルウィン川を見過ごしていたことになる。この大河は最下流だというのに、広い沖積平野も作らず峡谷を一直線に流下するから判りにくいのは無理もない。ただイラワジ川は、その西には大きな川は

図3　イラワジ川とその左岸（東側）支流にあるダム群（黒い部分）（グーグルアースより）

時代はずっとさかのぼるが、英国の探検家のコールバックとハンベリー・トレイシーがサルウィン川の源流を求めて、チベット高原に入ったのは1935年から1936年にかけての厳冬であった。私は3年前の2003年11月東チベットに行った折、そのサルウィン川の中流域の小さな支流の源流に初めて立った。そこは森林限界を抜けた広々とした草原のただなかの緩やかな峠（標高4468m）にすぎなかったが、澄んだ沢水が砂礫の間を流れていた。サルウィン川

131

との初めての出会いに胸が高鳴った。色とりどりの旗（タルチョ）が強い南風に千切れんばかりに旗めいていた。そのサルウィン川の最下流を写真に収めるのが、今回の大きな目的であったのに、見落としたのはうかつであった。その世界の大河も飛行機からあっという間に背後に過ぎた。ずっと茶色の世界が広がるだけである。

11月から4月まで続く乾季の末期の3月に貯水池が満々と水をたたえているのは、ダムがその機能を十分果たしている証拠で大変素晴らしいことに違いない。しかし、不思議なのはその下流に緑が乏しいのである。ダムの直下の水路の両側に緑の畑がわずかに見える。おそらく貯水池からの灌漑によって潤ったと思われるが、下流に広がる土地は黄褐色で乾いたままである。乾期に稲作をする余裕はないだろう。しかし畑でもない。どのダムでも同じである。

これは一体なにを物語るのであろうか。機上から勝手な想像は続く。何か畑作の作付けをしたばかりで見えないだけなのか、水の管理がうまく機能せず生育していないのか、農民が水代金の支払いができないなど生活に困窮しているか。はたまた上水専用のダムなのか。いろんなありったけの選択肢が思い浮かんでは消える。貯水容量は見当がつかないが、億m^{3}の単位でしょう。

いずれにしても乾期の今に、貯水池に満々と水があふれていながら、下流の受益地に作物が生長している証しである緑が見えないというのは尋常ではない。それもいくつも並ぶダム全てにおいて同じ様相である。

「おかしい、おかしい」と心の中でつぶやきながら、シャッターを押しているうち、飛行機は山脈の西の端にかかった。しばらくして茶色の大きな川が北の狭い谷あいから流れ来たり、平野にあふれて大きく曲流しているのが目に入った。サルウィン川だろうか。機内誌の地図と見合わせるが、大雑把でよく判らない。上に書いたようにこの川はシッタン川の間違いであった。両岸の沖積平地になんと緑の乏しいことか。

わずかに川の両岸の縁や中洲にしか緑は見えない。今の季節東南アジアのこの地域は乾期のただなかである。4月に暑さのピークを迎える所が多い。ところどころ泥水が氾濫しているように見える。集落は多くないようだが、よく判別できない。人気(ひとけ)が感じられない沈黙の世界なのだ。どこも川の脇のわずかな土地にしか作物が植わっていない。タイで数多く見た広々とした水田や、幾何学模様で直線状に走る運河や灌漑水路がない。原始的な手酌桶灌漑の世界なのであろうか。

次はイラワジ川だと思っているうちに、それらしき大河が眼下に広がった。さすがに広々とした茶褐色の泥流が、悠然と複雑な弧を描きながら曲流している。両岸には相変わらず茶色の沖積平野が続いている。先ほどから不思議な思いは続いている。タイではあんなに緑が多かったのに、テナセリム山脈を西に越えると、なぜ緑が極端に少なくなるのだろう。乾期の末期で、雨が少ないのは判るとしても、タイとミャンマーでそれほどの差がでるであろうか。降水量の差を調べてみよう。バンコクと、メイミョウ、チンドウィンとヤンゴンを比べれば判るだろう。年間の総雨量しか分からないが、バンコク1545mm、ヤンゴン2426mmでミャンマー側の方が多いようである。この時期のモンスーンはインド洋に発するのだから、テナセリム脊梁の西側で降水量が多いのも肯ける話である。雨量の話ではなさそうだ。

ミャンマーを縦断する大動脈であるイラワジ川はさすがに大きい。泥流が溢れておろち（大蛇）のように曲流している。しかし両岸の平野に緑は少ない。一体なぜだろう。飛行機は早い。そのうち飛行機の窓下にはアラカン山脈の山肌が近くに見え始めた。森林が生い茂るジャングルというには程遠い。草地か、せいぜい2次林か3次林かの灌木類がまばらに生える程度の山地である。無計画な伐採が進んだ無残な結果であろう。谷はさほど深くはない。ところどころ四角形の開墾した赤土の土地が見える。何

かを栽培しているようだ。山腹崩壊が始まって、赤土砂流失のきざしが沢筋に見られる。もうバングラデシュとの国境も近いだろう。南北系の走向を見せる堆積岩が見え、ケスタ地形を作っている。集落と水と緑がまた急に多くなったのがよくわかる。ほっとする風景である。

4. ダッカからの帰路

ちょうど2時間の飛行でダッカ空港に着陸した。初めての土地である。アジアで最貧国といわれる国の喧騒と地下水のヒ素汚染や、その長年の飲用を原因とするガン患者の発生という深刻な問題に直面した時の印象は衝撃的であった。今までの人生のなかでも心に深く沈積する現実だが、これはまた別の機会にしよう。

わずか4日の慌しい滞在を終え、ダッカからの帰路はタイ航空A-300の最後尾の左側窓席が取れた。同じように景色を眺めながら、往路と同じことを考えていた。隣のおしゃべりなインド人青年が声をかけてくるので、相手をするのに邪魔をされ、景色が途切れてしまう。

この原稿を投稿した直後、バングラデシュのユヌス氏にノーベル平和賞が贈られることが報じられた（10月14日）。長い間無担保で貧困層に資金を融資し、自助努力を促したグラミン銀行の事業が認められたという。主たる産業である農業の灌漑事業ばかりでなく、地下水のヒ素汚染対策である代替水源の建設にも融資している。バングラデシュ国民とともに受賞をお祝いしたい。

5. ミャンマーへの思い

なぜミャンマーの大地は緑が極端に少なく茶色なのか。茶色の大地が問いかけるものはなにか。一体今国内では何が起こっているのか。両隣の国となぜこうも違いがあるのか。

それなりに考えた私の結論は、ミャンマーは今民政がうまく機能していないのではないかという、誰もが思いつく感想であった。その原因は長い軍事独裁政権に国民が病弊して、活気が失われているのではないか。1962年ネ・ウィン将軍が最初の軍事政権を掌握して以来半世紀近い。政権は適正な社会投資を行なわず、社会的な基盤の維持管理さえできず、まして新しい政策や整備が進まないため、国が発展していない。この国の産業の根幹であるはずの農業基盤が崩壊しているのではないかという疑問である。GDP比で56％、人口比で70％を農業が占める国である。

私は34年も昔の1972年2月、初めてビルマを訪れた。その頃はまだ国の呼称はビルマであり、首府はラングーンであった。その時は外国に門戸を開いて間もない頃で、ラングーン、パガン、マンダレーとお仕着せの観光コースを一週間かけて回った。遥か北のかなたのチベットとの国境にそびえる山に行くことなど望むべくもなかった。この外国人に門戸を閉じた国の状況は今も基本的には何も変わっていない。このときはインド人追放騒動のあとで、商店街は戸を閉じ閑散としていた。年月は流れて2004年11月、私は北のチベット側からミャンマー国境まで約50kmの地点まで近づくことができた。昔はとても考えられないことであった。

その35年前の旅行の間は、乾期の真最中で暑くて埃っぽい国という印象は強烈に残っているが、緑溢れる国という思い出もまた強いものがある。ちょうど2月12日のユニオンデイ（連邦記念日）の祝日に遭遇し、祭りの出し物で盛装した北部のカチン族の娘さんを見て、胸が熱くなった思い出がある。ラングーンでいろいろと世話をしてくれたのは、当時ビルマ外務省の役人であったであったウ・オン・チャン・タ氏であった。知り合った当時は在日ビルマ大使館の2等書記官であったが、もう亡くなっているだろう。ラングーン大学や市内を案内してくれた息子さんは元気だろうか。久しぶりに空から垣間見たミャンマーの発展を祈らずにはいられない。どなたか最近のミャンマーを知る方がいらっしゃれば、是非お話をお聞きしたいものだ。新聞報道では、軍事政権の動向やアウン・

山・水・人の風景

サン・スーチーさんの軟禁、北部カチン族やシャン族の解放闘争の話ばかりで、ミャンマー国民の生活や経済のことはいっこうに伝わってこない。

　アメリカのCIAの統計によれば、ミャンマーの一人当たりのGDPはUS$1700(2005推計)である。ちなみに世界の最貧国の1つとされるバングラデシュはUS$2100(2005推計)であり、ミャンマーより少し高い。ミャンマーの人口はバングラデシュの約1/3の4700万人であるから、国の活力の差はもっと開いていることになる。私は、このバングラデシュよりも低い数字を見たとき愕然とした。私が上空から眺めて想像したようなミャンマーの窮状が、改めて本当のことのように思えてきた。この数字は本当だろうか。

　今年(2006年)7月にダッカを再訪した時は、雨期のただなかで、飛行機は雲の上を飛んで下は何も見えなかった。来年3月に、私はまたバングラデシュに行く予定である。そのとき飛行機の窓の眼下に、どのような景色が展開しているか、今から楽しみにしている。はたして心和む緑豊かな風景を見ることができるのかどうか複雑な心境である。

モンスーンアジアの大都会みたまま
－その1　ハノイ－

　筆者は2003年秋から2009年春まで、足掛け7年間モンスーンアジアの水資源に関する共同研究に従事しました。これは日本学術振興機構（JST）の特定研究で、テーマは「モンスーンアジアの人口急増地域の水資源の問題点を明らかにし、政策面から改善策を提言する」というなかなか斬新で意欲的なプロジェクトでした。ITや生命科学など先端技術に関する研究が多い中で、政策提言というソフトの研究もめずらしいことです。また産官学の専門家によって進められたこともきわめてユニークです。結果は今後の日本の海外援助政策に生かされるとのことでした。筆者は地下水担当として参画し、その結果を「アジアの地下水」（櫂歌書房）と題して2009年末著書にまとめました。このなかで、日本の関東平野、熊本平野、ベトナムのバックボ平野（紅河デルタ）とナムボ平野（ホーチミンとメコンデルタ）、タイのチャオプラヤ平野、ガンジス平野の7地域を取り上げました。いずれも人口稠密な大都市を抱えた平野です。ここでは、この研究の間に垣間みたモンスーンアジアの大都会の自然と近況を思い出すままに、日本に近いところから寸描してみましょう。水に関するお話が多くなるのはしかたありません。お許しください。

1.　ハノイ、ベトナム

　いわずと知れたベトナム社会主義共和国の首都です。最近福岡から直行便が週2日飛ぶようになり、所要時間は4時間15分ほどです。日本と2時間遅れの時差がありますから、朝福岡を発つと昼過ぎにはハノイの北西30kmほどの郊外にあるノイバイ空港に着きます。意外と近いものです。首都ですが人口は270万人余で、600万人を越える南部の産業都市ホーチミン市にはかないません。アジアの大河のひとつ紅河（ソンコイ、母なる河）下流の右岸に開けた街です。紅河は中国の雲南省に源を発する国際河川で、最下流に位置するハノイは古来舟運や水資源、川砂、漁業など多くの恩恵に浴してきましたが、一方では洪水との戦いに明け暮れた歴史でもありました。

2.　紅河（ソンコイ、母なる河）と洪水

　洪水対策で歴史上有名なものは、ハノイのすぐ上流左岸にある洪水排水路（現在はドゥン川となって、東のハイフォン川に合流）で、14世紀末に時のチャン朝が開削しました。それと戦前のフランス領時代に建設された、ソンタイ（ハノイの上流約30kmの右岸にある）の洪水調節門でしょうか。後者は最近直上流に新たに導水路と水門が建設されたため、現在は使われていません。さらに紅河は長年にわたって河床に土砂が堆積したため、極端な天井川になっています。当然のことながら洪水が頻繁に発生し、その防御のため高盛土の大堤防が営々として両岸に築かれました。2008年11月にも洪水があり、冠水した街の写真が新聞紙上に載ったのは記憶に新しいところです。

　ハノイでは河川堤防に関連する大きな都市問題として、河川敷内に建設された住宅があります。堤防工事を優先したため、河川敷内に取り残された住宅と、その後に不法に建てられた住宅が林立するさまは異様で危なっかしい風景です。現在ではその住民の人口は17万人にのぼるそうです。当然政府は立ち退きを要求し、代替地も考えているようですが、うまくことは運ばないようです。日本でもそんなに遠い昔ではない時代に経験した河川改修に伴う厄介な付帯事業でしょう。

3. 住宅事情

ベトナムは社会主義国ですから、土地は国有です。国民は土地を借りて住宅を建てることになります。住宅税はその道路に面した間口の幅に応じて額が決まりますから、間口に比べ奥行きの長い4,5階建ての高層住宅が多くなります。そのさまは将棋の駒を立てて隙間無く並べたようで、非常に不安定に見えます。さらに恐ろしいことに建設中の住宅をみますと、細い鉄筋が四隅の柱と梁に数本入っただけで、あとはレンガやブロックを積み重ねた建屋（たてや）ですから、地震がきたらそれこそ将棋倒しになるのは必至でしょう。高層ですから階段が多いのは当たり前です。ハノイに住む友人が決まっていた日本の大学への留学を断念した理由は、お母さんが階段から落ちてひどい打ち身を患いその治療のためでした。この家に招待され中を拝見したこともあるものですから、高層住宅での生活の苦労を見せられたような気がしました。

高層住宅と親水公園

4. 地形に立地した市街と公園

ハノイはフランス領時代も首府でした。当時の統治の面影は北部の旧市街地に色濃く残っています。うっそうとした木々の中にドーム状の天蓋をもつ豪壮な白亜の館が並び、官庁やホテルとして使用されています。ベトナム国民の聖地とも言うべきホーチミン廟はそのような街の中に、広大な芝地に囲まれて建っています。私が訪ねた折には多くの人が長蛇の列をなしていて廟に入るのをあきらめました。

ハノイ市の地形の大きな特徴として、沼や池が多いことがあげられます。これは紅河の地形発達史と関係することです。紅河はハノイ市街を右岸の懐（ふところ）に抱（いだ）くように南東流から南流に大きく曲流します。すでにお話しましたように紅河は頻繁に洪水が発生する暴れ河でしたから、昔の両岸周辺は洪水氾濫原であり、微高地である自然堤防と、低地である後背湿地や三日月湖が形成されたに違いありません。それらの低地が都市開発によって整備され親水公園として残ったのでしょう。朝霧の多いハノイ市で、朝日が柳並木に囲まれた池面（いけも）にうっすらとたゆとうさまは一幅の絵のようです。漣（さざなみ）に揺れる夕陽の美しさもまた格別です。

5. 人口

都市部への人口の集中はアジアのどこの大都市にもみられる現象ですが、ベトナムのハノイやホーチミンではことのほか激しいようです。ベトナム国全体でも人口の増加率は高く、今は9550万人（2001）ですが、近いうちにフィリピンを抜いてアセアンでは2位になるだろうと予想されています。2017年の推計では9616万人です。私のもう1人の友人が昨年31歳で結婚し、今年双子をもうけました。冗談に「なるほどベトナムの出生率が高い理由がわかったよ」とお祝いの言葉に添えたことでした。

6. 都市計画

ハノイ市はいま都市整備の真最中です。環状線の一環をなす巨大な橋（長さ3km）が、2本ハノイ市から紅河を跨（また）いで、北の対岸に位置するギアラムまで建設中です。日本の資金が入っています。現在、市街は北と東がすぐ紅河で土地の余裕がないため、旧市街を取り巻くように南と西に伸びています。都市開発は、川向こうの北部を取り込む形になっており、そこと南部との分断を避けるため、環状線を2本めぐらせることが基本構想のようです。ベトナムの人の話によりますと、ハノイを含むバックボ

平野（いわゆる紅河デルタ）は今後工業団地が計画されている北東部のナムディン県方面に開発が進むだろうということです。

7. 水源

ではこれから発展するハノイ市の水源はどこから来ているのでしょうか。驚くべきことに都市用水は100％地下水で賄っているのです。270万人という大きな人口を全量地下水に頼っている都市は世界でもめずらしいと思います。その量は約90万m³/日で、大部分が家庭用です。工業用水の統計は正確ではありませんので、地下水の取水量は実際はもっと多いと思われます。しかし水収支の試算によりますと、地下水は100万m³/日が開発の限度と考えられています。今後は河川からの導水が計画されており、その一部はすでに完成しています。それはハノイ市の西約60kmの山間にあるホアビンダムからの導水です。

この地下水も紅河の恩恵を受けているといえるでしょう。それは地下水を含む堆積層である帯水層は第四紀という新しい時代の堆積物で河川水の地下浸透によって涵養されていると考えられるからです。取水井戸は紅河の右岸（ハノイ側）の堤防の法尻に沿って掘削してあります。深さは約70mで、1本当り3300m³/日という能力の高い井戸です。全般に水質も良いため浄水のコストも安く、水道は極めて安価な料金で2つの水道公社より供給されています。

しかし、ハノイの地下水には1つ大きな問題点があります。それは浅い地下水に人間の健康に関する基準値（WHOと同じ0.01mg/ℓ）を超える砒素が検出されたことです。主として市の南部の20～30m以浅の井戸から最高0.3mg/ℓの砒素が見つかりました。まだ長年の飲用による中毒症状を示す患者は見つかっていないとのことですが、これから追跡調査を続けてゆくことが必要でしょう。

ハノイ市で最大の浄水場。水源は地下水（100,000m³/日）

8. 街の風景

次に、街の様子について少し述べましょう。市内のどこの道路もバイクであふれています。交通事故が多いので最近ヘルメットの着用が義務付けされました。そんな道路を横断歩道でも横断するのは勇気がいります。なにしろ信号があっても歩行者優先ではありませんから、合図して止まってもらえるなどと思ったら大間違いです。次から次にバイクや車が走り抜け、間隙を縫うのが難しく、中央線（これもはっきりしないことがある）で立ち往生することがあります。思い切り良くスッと走り抜けるのがコツのようですが、慣れないと死ぬ思いをします。バイクの集団がジグザグと糸を縫うように走るさまはなかなか壮観で迫力があります。みんな必死で生きているという熱気が伝わってきます。2,3人乗りは当たり前で、子連れの家族とおぼしき5人乗りもめずらしくありません。ベトナムの民族衣装である色鮮やかなアオザイをひるがえせて若い女性がハンドルを握って走り行くさまは、その颯爽たる姿にみとれてしまいます。これが田舎に行きますと自転車に変わりますが、女学生が純白のアオザイをなびかせてのんびりとペダルをこいで過ぎ行く風景は、周辺の水田や椰子の樹と相まってまことにベトナムの旅情そのものの感があります。街の話に戻りますと、交通信号は一応守られているようで

山・水・人の風景

すが、青でも今一度右・左を確認することは絶対に必要です。どこからバイクが飛び出してくるか分かりません。

バイクの多さは街の騒音の激しさでもあります。幹線道路に面したホテルの部屋を取るとき、道路側は避け、できるだけ高い階の部屋を選んだ方がよろしいかと思います。さらに、ハノイは霧の都会であるとともに、最近は大気汚染の街でもあるようです。ハノイに滞在中に、透明感のある澄み切った空に出会ったような記憶があまりないのです。

アオザイの学生

バイクの行列

オートバイクの女性

食べ物の話を少ししましょう。私はお酒も飲みますし、あまり食べ物の好き嫌いはありません。ですから冷えたビールと適当な肴（さかな）があれば幸せな人間です。ハノイでは地質鉱山大学の先生方と懇意になり、何度か食事に招待されました。そのときは必ず海鮮鍋物のレストランでした。えび、かに、魚、ベトナムの野菜を鶏（とり）のスープで煮立てた香辛料のきいた料理でした。最後はフーという米の麺（ビーフン）を入れてお終（しま）いです。先生の一人は持参のインスタントラーメンを放り込んでいました。このフーが一番ポピュラーで、安上がりの食事です。専門店がしのぎを削っているということで、日本のラーメン店の類（たぐい）でしょうか。

9. 官僚主義

今回の仕事を進めるうえで関係資料の収集と関係機関（大学や官庁）の専門家との会話は大変重要でした。とくに政策や将来の見通しなどは公（おおやけ）にされないことが多く、政策決定に近い筋の人から直接情報を仕入れることが大切でした。この点で、ベトナムはきわめて官僚主義的な閉ざされた国柄でしょう。資料収集に関しては何事も公文の依頼書なしでは話が進まず、らちが明きません。また、ある高官以上は面談も通訳を通さないとできないようです。学会では英語でお互いにしゃべったことがある間柄でも公式の場ではそうなります。その点大学は自由

な雰囲気があり、情報の交換もいったん信頼関係ができると、スムーズに運びます。この落差は重要な意味をもっていると思います。個人の問題ではなく、組織として世界の情勢に明るいかどうかの差が出てくるのではないでしょうか。中国でも同じような体験をしましたが、ベトナムのほうがもっと堅苦しいような気がします。こちらも一方的に資料を要求している訳ではなく、日本の情報提供を交換条件に互恵の気持ちでお話しをするように心がけてきましたが、なかなか頑なな官庁が見受けられたのは残念なことでした。また、現地での話で「あとからメールで資料を送る」という約束をしても、あとから送ってきたためしがありません。とくに役人のメールは管理されているのかもしれません。表面からでは分からないことですが、社会主義国はこんなものでしょうか。

山・水・人の風景

モンスーンアジアの大都会みたまま－その２－
ベトナム第一の商業都市ホーチミンとメコンデルタ

　筆者は2003年秋から2009年春まで、足掛け7年間モンスーンアジアの水資源に関するJST（日本科学技術振興機構）の共同研究に従事しました。今回はハノイからほぼ南に隔たること1160km、広大なナムボ平野（いわゆるメコンデルタ）の東の端に位置するベトナム第1の商業都市ホーチミンと世界でも有数の広さをもつメコンデルタについて触れてみましょう（図1）。この文が日本の大切な隣人でアジアの友邦であるベトナムの自然と国民の理解を深めるのに少しでもお役に立てば幸いです。

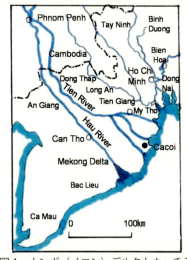

図1　ナンボ（メコン）デルタとホーチミン

1. ホーチミン（サイゴン）

　私と同じ60歳代以上の方は、1961年から1975年まで続いたベトナム戦争はよくご存知でしょう。米軍の大規模な介入による戦闘や枯葉作戦、北爆など泥沼の戦いが続き最終的に北ベトナムの勝利のうちに戦争は終わりました。南ベトナム政府の首都のサイゴン（西貢）が陥落したのは1975年4月です。そのサイゴンが今のホーチミンです。市の名称が北ベトナムを率いた偉大な指導者ホーチミン国家主席に因んで替わったことは皆さんご存じでしょう。し

かし今でもサイゴンの名はよく耳にしました。この特別市の人口は公式には612万人（2004）ですが、周辺の農村地域から市街地への人口の流入が絶えず今では800万人になると言われています。

　ベトナムの人口は9550万人(2001)ですからその約8％がこの産業都市に集中しています。国の人口増加率は1.08％で、東南アジアでは中位ですが、近い将来人口は1億人余のフィリピンを抜いてアセアンで第2位になるだろうといわれています。

　ホーチミン県内（2090km^2）でも市街地に過密な人口を抱える市では都市用水や住宅、衛生、下水道、廃棄物処理、交通問題など人が日常の生活をする上で根幹的な社会環境問題が顕在化しています。それに対し世界各国から援助合戦があり、社会インフラが改善しつつある部分もあるようですがとても追いつかない状態です。最近日本とドイツの援助で地下鉄の工事も始まったそうですが、狭い路地が入り組んだ市街地の渋滞は依然として解消していません。ベトナムの首都ハノイ首都圏が270万人余(州としては620万人)でさえ、満足できる状況ではありませんから、問題の深刻さはそれ以上です。

　将来への大きな発展性と活力を有しながら、今まさに混沌とした建設ラッシュの途上にあるホーチミンとはいったいどんなところでしょうか。

　福岡からホーチミンまで直行便が週2日飛ぶようになり、所要時間は7時間ほどです。日本と2時間遅れの時差がありますから、朝福岡を発つと昼過ぎに街の北西8kmほどの郊外にあるタンソニェット空港（日本の援助でできました）に着きます。意外と近いものです。バンコクやシンガポール便の発着が多く、ベトナムのハブ空港一端を担っています。

　ホーチミンはハノイと同様河川の下流デル

タに開けた低平な街です。標高は5〜7mです。町の東部をサイゴン川がカンボジアとの国境から東南流し、東から流れてくる本流のドンナイ川と合流します。市街地は吐合(はきあい)の少し上流のサイゴン川の右岸にあります。下流では海岸までの約50km間マングローブを主とする複合デルタが展開します。最下流の河口にあるリゾート地がカンギオです。瀟洒なコテッジ風のホテルがあります。

マングローブ林を切り開いたクリークは曲がりくねって、遊覧のモーターボートは疾走と慢走を繰り返します。もつれた縄の目のように泥水に根を奔放に伸ばしたマングローブの生命力に圧倒され、ところどころで下船してジャングル気分を満喫しながら散策するのは良いのですが、餌付けされたワニの格闘に度肝を抜かれ、餌を狙った猿に襲撃されたりと、まことに野性味溢れるツアーです（図2）。なかでも印象的だったのはベトナム戦争時のいわゆる"ベトコン"（図3）の秘密基地でした。マングローブ林を適度に伐採して空からの攻撃から身を隠し、よくもこんな湿潤で害虫獣に満ちた過酷な環境のなかで、極度に緊張を強いられた生活ができたものです（図3）。いまでも密林の陰から敵が襲ってくるような緊迫感が漂っています。現在は枯葉作戦で疎な湿原になったマングローブ林に植林して回復する事業が進められており、ユネスコは70万haの自然マングローブを世界の生態系保護林に指定しました。

しかしいっぽうでマングローブ林を皆伐し、数haの池に地下水を汲み上げて縞海老の養殖を盛ん行っています。現金収入の近道だそうです。多くの餌を与え短期に収穫する水産業ですから当然水質の汚染を招きます。湿地を埋め立てて観光道路も建設中ですが、動植物の移動路を切断するため生態系を撹乱し自然保護に逆行すると心配されています。

図2　カンギオのマングローブの林

図3　マングローブ林のなかにある"南ベトナム民族解放戦線"（ベトコン）の秘密基地の跡

ホーチミンはなんといってもベトナムを担う産業都市です。GDPは国家の約20％を占め、貿易額は国の40％にのぼり、工業生産高は国の約30％に達します。ベトナムの主要な輸出産業は米、水産物、鉱産資源です。次いで繊維（染料を使う）、縫製と続きます。家内工業規模がまだ多いため、郊外の15の団地に移す計画が進行中です。

ではホーチミンの水はどうように確保されているのでしょうか。その事情について述べましょう。つい最近までホーチミンは水源を地下水に頼ってきました（図4）。しかし無計画で過剰な揚水は著しい地下水位の低下と塩水浸入を招き、地盤沈下も発生しました。主要な帯水層である更新統の地下水位は、10年間で18mも低下しました。

そのため、市は水源を地下水から河川水に転

換しました。サイゴン川とドンナイ川の上流にある2つの発電用ダムの水を転用したのです（図5）。

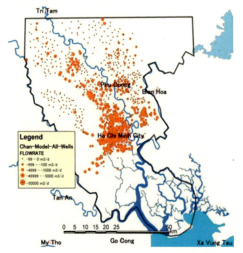

図4　井戸が集中するホーチミン市街地と郊外の井戸分布（Takizawa,S.2006）

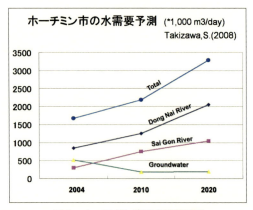

図5　ホーチミン市の水需要予測

しかし水源転換の遅れという行政ミスに加え、ダムの水質が酸性土壌によって劣化し、浄水場施設の能力不足、海水の遡上という四重苦が重なり、水不足は危機的な状態にあります。これとは別に政令により地下水の揚水規制のため工業用水に課金しましたが、水道料金に比べてあまりに安いため効果をあげていません。いずれタイのように値上げするでしょうが、どうもやることなすことが後手に回って迅速に運ばないようです。

ここでホーチミンの水事情をよく理解するために東京都水道局の給水と比べてみましょう。給水人口は三多摩地区を除き1,225万人、給水能力は686万m^3/日です。これに17.5万m^3/日の工業用水を含むと703.5万m^3/日です。ホーチミン市（人口を612万人とする）の水需要予測は、全用途の水で220万m^3/日(2010)ですから、2010年時点で、単純に人口比にしても40％ほど給水能力が不足していることが良く分かるでしょう。しかし生活レベルよって水の使い方（原単位）は大きく変わりますから、実際にこの差ほどに水不足が逼迫しているようには思えません。

つぎの注目点は、州政府の政令による地下水規制に係る課金の問題です。市は工業用水利用者に揚水量に応じ、1円/m^3程度の課金を始めました。しかし水道料金の1/30ですから、これでは抑制効果が上がるはずもありません。今後負担は重くなると思われますが、早期の実効が望まれます。次回お話する予定のタイでは地下水の揚水量に応じ値上げを繰り返して抑制効果を上げました。

地下水位の低下は地盤沈下を招き、洪水が頻繁に低地のデルタを襲うから二重に怖いのです。この課金は優れた経済的抑制策ですが日本では法律上実施できませんでした。結局日本では地盤沈下などの負の遺産の復興や対策には膨大な税金が使われました。

次に街の様子はどうでしょうか。ホーチミンもまたハノイと同様にフランス統治時代の雰囲気を色濃く残した街です。緑の巨木が繁るロータリーや広い芝の庭に建つ白亜の政庁ドーム、サイゴン川を行き交う遊覧船、河畔の公園、低層のビルが連なった商店街やカフェなどでしょうか。市街地は道が狭く入り組んで一方通行が多く混雑は大変なものです（図6）。

旧市街地はサンゴン川の右岸ありますが、将来は大架橋によって左岸と結び、環状道路によって対岸の市域の発展と、工業団地を郊外に分散（主に西部と北部）させる都市計画が発展

の目玉のようです。工業団地の分散は地下水揚水地域の集中を避け分散することも意図しています。

図6　ホーチミン・サイゴン川の上流を望む

日本企業の進出も目覚ましく、ホンダ、キャノン，縫製品などです。最近の中国では賃金が上昇し、何かと自己主張が強い国民性、労働争議の多いリスクを避けるそうです。私は個人的には、社会的・人的資源の融通性はベトナムの方がはるかに優れていると思います。ただし前回も書きましたようにコチコチの官僚国家ですから、その点は留意が必要です。ドイモイ（刷新）政策のもと、7％の経済成長率をとげる南の国はさらに発展するでしょう。日本として近い将来中国との政治バランスのうえからも大事にすべき友邦国です。

2. メコンデルタ

ホーチミンの西に広がるナムボ平野（メコンデルタ）は国際河川である大河メコン川の下流端を占める世界でも有数の沖積平野です。メコンデルタはカンボジアとの国境の北約80kmあるプノンペン（標高約12-13m）から始まります。ここでメコン川は2つの支川、東北側のティエン川と西南側のハウ川に分かれ、扇形デルタの翼を広げます。2つの支川はデルタの中央をほぼ並行して東南方に蛇行することなく流下しています。通常ティエン川が本流と考えられています。

このデルタは、全般に西北から東南に傾斜し、その方向に約280km、直交する海岸線の方向に約270kmの広さがあり、面積は約62,520km²で、うち、約63％の39,565km²がベトナム領です。ベトナム領で日本の九州の1.1倍、関東平野の6.6倍強の広さがあり、12の行政県に分かれています。

デルタの地形は大きく見ると、自然堤防、後背湿地、氾濫原などからなる河成の上部デルタと、砂丘列、海岸平野、沼沢地、マングローブ湿地など、主に沿岸流や海進・海退などの海成過程で形成された下部の低平デルタに分かれます。したがって洪水のときは被害も広く長く及び、1996年には北部3県が3m以上冠水しました（図7）。

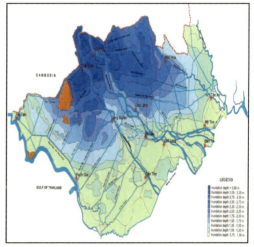
図7　メコンデルタの洪水の冠水深度（1996）

デルタ西北部のカンボジアとの国境には標高300〜500mの山地（古生代の石灰岩や火山岩）が連なります。低平なデルタのなかで、地形に際立った変化を与えるのはこの山地のみです。この地質は南に広がる平野の下に潜伏して地下水をささえる難透水性基盤岩をなしています。メコンデルタはこのように非常に平坦な低平地で、本流の河口から190km遡った、カンボジアとの国境に近いアンギアン県の北のティエン川でも標高は5mほどしかありません。従って地球温暖化にともなう海水面の上昇問題には非常に敏感です。

メコンデルタの人口は約1810万人で、農

業（米、野菜、水産養殖、畜産）が主な産業です。メコンデルタの年降水量は地域によって異なり、大きな傾向として、西から東に向かって少なくなります。西部で2400mm、中央部で1400mm、東部で1200mmです。季節は5月〜11月の雨季と、12月〜4月の乾季に分かれ、降水量の90%が雨季に集中します。乾季には川の水位が低下し、汚染物が沈殿して水質が悪化するため、メコン川のそばでも地下水が主な飲用水となっています。さらに海水がデルタの奥深くまで遡上します。

このように水に溢れたデルタですが、皮肉なことに安全な飲用水を確保できる人口の割合は1994年の実績で33%、2000年の計画で55%でした。全国平均を下回っています。細かい話は省きますが、河川水の水質が廃棄物や泥水で汚染すること、良質の地下水を得ることが難しいことが原因です。地下水は複雑な塩水化と自然起源のヒ素による汚染が安全な水供給の障害です（図8）。

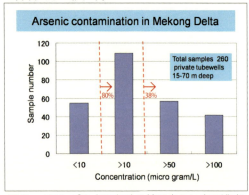

図8 メコンデルタにおける地下水のヒ素の濃度と個数（Compiled from Nguyen.,V,L.et.al.2006）

ベトナムでの地下水ヒ素汚染はハノイで初めて報告されました。そのご地域が広がっています。数年前からメコンデルタでも基準を越すヒ素を含む地下水が報告されました。ベトナムのヒ素の飲用水質基準はWHO基準と同じ10μg/ℓです。

ベトナムの研究者のグェンさんたちは、メコンデルタで個人所有の260個の飲用井戸を野外分析器と実験室で調べた結果を報告しました。この報告によれば、地下水のヒ素汚染は地域と井戸の深度に深く関係し、かなり顕著な特徴があります。以下のまとめは2001年から調査を始めた中間報告です（図8）。

まず、その濃度は1〜1450μg/ℓの範囲にあり、その約80%は基準値を越えています。うち42%が10〜50μg/ℓ未満、22%は50μg/ℓ以上で、16%は100μg/ℓ以上です。高濃度の地下水は、深度15〜70mの井戸に認められています。その分布は上部メコンデルタのティエン川とハウ川の沿線に広がっています。70〜80%の井戸が、500μg/ℓを越える非常に高い濃度の地域は、カンボジアと国境を接するドンタップ、アンギアン両県に認められます。低い濃度の地域は200〜300mの深井戸に認められます。

このような特徴的な分布は地質に関係します。地質時代で一番新しい第四紀末の最終氷期に世界的に海水準が120mほど下がった時がありました。その当時、地表面には浸食によって旧河川（下刻谷）ができました。その後、地球の温暖化に伴って海水準が上昇し、谷は堆積物によって埋没しました。バングラデシュもメコンデルタのヒ素も同じ地質時代に似たような化学環境のもとで、上流から鉄などに付着したヒ素が流下して主に下刻谷の泥質や有機質な地層に集積したと考えられています。これが地質に由来する最大の素因です。

ベトナムでも永年の汚染水の飲用によると思われる患者が見つかっています。今後注意深く見守ってゆく必要があります。バングラデシュからインド・西ベンガル州にかけてのヒ素汚染は被災者が数千万人と桁違いに多く、その悲惨な状況は後に是非ともお話したいと思います。

カントーはメコンデルタのちょうど真ん中にある一番大きな町で、人口は120万人ほどです。私が参加した共同研究の大学もここにありました。ホーチミンとの中間にあるミトーの町が中国の明の滅亡とともに南に逃れた亡命者

が作った街であるのに対し、カントーは西のモン・クメール族によって造られたといわれています。過去の民族興亡の歴史を物語ってメコンデルタには、キン、モン・クメール、ベトナム、中国人など多様な民族が生活しているのです。

メコデルタは豊かな水で稲田を潤すと共に、水運の幹線でもあります。大きな貨物船やフェリーが頻繁に航行しています（図9）。メコン川本流のティエン川には、ヴィンロンにオーストラリアの援助でミトーアン橋（斜張橋）が2000年に完成しています。今回カントーのハウ川に2010年4月に日本の援助によって大架橋が完成し、デルタの交通事情は格段に良くなりました（図10）。ハノイから延々と通じる国道1Aは、メコンデルタの西南端のカマウまで陸路でつながったことになります。カントーには空港もあります。水辺に沿った賑やかな町でとくに水上マーケットや夜のクルーズは有名です。

図9　メコン川を航行する貨物船（カントーから上流を望む）

図10　2010年4月に完成したメコン架橋（カントー橋）フェリー（上流）から撮った完成間近の写真です

カントー橋は東南アジアでは最長の斜張橋で全長2750m、河川部1000mです。ちょうど私が会議で現地に滞在していた2009年12月、ホテルの前の大通りで日本の援助に感謝するパレードが行われ、子供から大人まで満面の笑顔で日の丸の旗を振ってくれました。日本人は私一人でしたが、何かしら誇らしい気持ちになりました（次頁の写真）。

今回は世界でも大きな国際河川であるメコン川（源流はチベットにあり、ラオス、タイ、カンボジア、ベトナムの諸国を流域とする川）の最下流に広がる有数のデルタのお話をしましたせいか、"水"に関わる話が多くなりました。いっぽう文中で少し触れましたように古くは安南や扶南と呼ばれ多彩な歴史を反映してそこで生活する人も多様で、文化も多様です。また機会があればご紹介しましょう。

おしまいに、水運の水のゆき着くところ、"海"のお話がしたくなりました。日本とベトナムの古くからの交流は陶磁片の遺跡や、ベトナムに残る日本人町にみることができます。タイのアユタヤ朝に仕えた山田長政の話はご存じでしょう。それは16世紀末から17世紀初めの頃に遡ります。

南北に長いベトナムの東海岸の中ほどにある、クイナン（ツーラン、ダナン）とフェイフォです。メコン川をさかのぼったカンボジアのプノンペンとその上流のビニャルーにもあったとする本もあります。アンコールワットを訪れた日本人がいたことは、証明されていますから本当なのでしょう。その一人森本右近太夫は肥後の人でした。

密林を歩行するのは困難だったでしょうから、水路を利用し、メコン川の上げ潮に乗って、カンボジアのトンレサップ湖の上流まで遡り"祇園精舎（と思った）"を拝んだことでしょう。そして誇らしく"自分の名前の落書き"を残して今日まで名を知られることになろうとは

山・水・人の風景

本人も予想だにしなかったことでしょう。しかし日本人が自由に海外に往来できた時代は上記のわずか30年ほどのことでした。以来海外の情報は長崎の出島に限られたのです。長い厳しい鎖国の時代の到来です。

しかしこの鎖国の時代に"世界人"であった二人の豊後の人が居たのです。その国東に生を受けた驚嘆すべき先覚者については、第8章で述べることにします。

ベトナム・メコンデルタの中心都市、カントーにおいて、メコン橋の完成を祝う行進。日本の援助に対して感謝の声をかけられた。

第4章　東南アジアから南アジアへ

モンスーンアジアの大都会みたまま－その3－
東南アジアの中心商業都市バンコクとチャオプラヤ川
-水の都は洪水をなだめてゆっくり流す-

筆者は2003年秋から2009年春まで、足掛け7年間モンスーンアジアの水資源に関するJST（日本科学技術振興機構）の共同研究（CREST）に従事しました。今回は東南アジアのほぼ中心に位置する"微笑の国"タイの首都バンコクと市内を貫通する大河チャオプラヤ川を紹介します（図1）。この小文が日本の隣人であるアジアの友邦であるタイの自然と国民の理解を深めるのにお役に立てば幸いです。

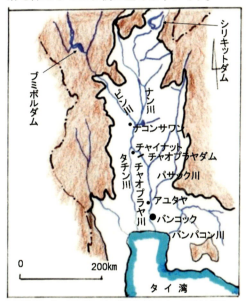

図1　タイ・チャオプラヤ川の中・下流域図

1. バンコク（クルンテップ）の歴史

バンコクの地名が歴史の上で登場するのは意外と新しいことです。バンコクの正式な名称は『クルンテープーマハナコーンボーウォンラタナコーシン…』という百字を越える長いタイ語名があります。バンコク（原義はある樹木の村）は西欧人の呼称です。現在まで代々と継承されたチャクリ王朝によって18世紀末に都として創建されました。王朝は首都名の一部をとってラタナコーシン王朝とも呼ばれています。

その辺の歴史を簡単に述べますと、1767年にビルマ（現在のミャンマー）のコンバウン王朝がタイに侵攻し、14世紀半ばから続いたアユタヤ朝は崩壊します。しかし間をおかず英雄タクシーン（タイ人と中国人の混血）が同年敗残兵を糾合してビルマ軍を撃退します。ビルマが清国の国境域への侵攻に手を割かれ、タイにとって幸運な事変もありました。タイはやがて独立を回復しトンブリ王朝を建てます。この時都をアユタヤからチャオプラヤ川の70km下流右岸（西側）にあるトンブリに移します（図2）。しかし彼は晩年精神錯乱に陥り、将軍チャクリによって放逐されたため、1782年までわずか15年間一代限りの在位でした。

チャクリ王は都をトンブリの対岸に移し、そこが今のバンコク市街地に当たります。自然堤防の微高地に位置します。川を堀としビルマの次の攻撃に備えたとも言えます。東方に位置するカンボジアのアンコールを都としたクメール帝国は盛時の勢いを失い、後顧の憂いは無いと判断したのかもしれません。

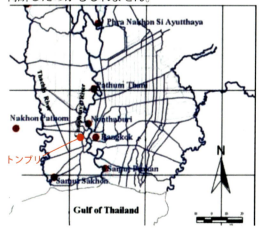

図2　チャオプラヤ川下流域

2. チャオプラヤ川

チャオプラヤ川はタイ語で「高貴な王の

川」という意味だそうです。同川の流域面積は51.3万km²ある国土のうち約30％（15.8万km²）を占めています。タイの北の国境はミャンマーとはシャン高原で、ラオスとはメコン川の支流で接しています。水源はその南側斜面に発し、多くの支流を集めて南流します。やがて流域は西のピン川と東のナン川に収斂（しゅうれん）します。両河川の上流にはタイを代表する巨大なダムが1ヵ所ずつあります。前者はプミポンダム（貯水容量135億m³）であり、後者にはシリキットダム（同105億m³）です。それぞれ現在の国王と王妃の名が付いています（図1）。両者で130万KWの発電能力があります。

ここで少しタイの気候について整理しましょう。モンスーンは毎年同じように雨季と乾季を繰り返し、雨季はときに洪水の被害をもたらし、乾季に干ばつが発生することもありました。バンコクの年間降水量は1545mmで、11月〜4月の乾季と、5月〜10月の雨季に分かれ、降水量の88％が雨季に集中します。降水量はタイ湾の沿岸部では年間2000mmを越しますが、北に向って漸減（ぜんげん）しチャオプラヤ平野の北の町、チャイナット（標高18m）では950mm/年です。時折フィリッピン方面から台風が襲来し大雨をもたらします。

2011年秋に起きたタイの大洪水は皆さんご存じでしょう。その原因は6月から9月にかけ例年になく大量に降った雨でした。その4ヶ月間インドシナ半島のほとんどの地域で平年の1.2〜1.8倍の降水量がありました。さらに災害を大きくした原因の一つとして上記ダムの貯水量の操作が適切だったかどうかが議論となりました。その論点は両者ともに発電を主とするダムで、雨季を迎えて貯水を開始しましたが、例年より早く満水位に達したのです。そのため降り続く大雨を貯水できず放流を9月に始めて、下流に洪水を招いたというものです。洪水や対策は後に詳述します。

ピン川とナン川の両支流はナコンサワンで合流します。河口から直線距離で約250km上流です。ここがチャオプラヤ川の始点とされています。中国風のお寺にそれを示す大きな看板が掲げてあったのが印象的でした（図3）。標高はわずか26mです。この町の少し下流からチャオプラヤ川は山間を抜け、谷間を埋積した平坦な低位段丘のなかを流れます。

図3　チャオプラヤ川の始点を示す看板（ナコンサワン）

ナコンサワンのさらに約55km下流にチャイナットという古い街（まち）があります。ここまで下ると平野の幅は東西の両岸に展開し、流路幅も広く曲流を繰り返します。その流況はチャオプラヤ川がタイ湾に注ぐまで約370km間をその度合いを増しながら変わることがありません。チャイナットは標高約18mですから、この川がいかに緩やかな勾配で流れているかが分かるでしょう。直線距離で1/11,000で、利根川の1/10です。

チャイナットの約7km下流にチャオプラヤダムがあります（図4）。チャオプラヤダムは堤長265.5m、堤高16.5mです。1957年に国連と米国の開拓局の手により完成しました。このダムはチャオプラヤ平野の水管理の根幹をなす重要な取水堰で、ここでチャオプラヤ川の水は両岸に分水されるとともに、本流の流量も調整されます。これはタイ最大の灌漑事業で、受益面積は約91万haに及びます。筑紫平野が5.5万haですから如何に広いかが分かります。このダムの最大流下流量は4500m³/秒で、流域面積の割に少ないと思います。流路の大半が自然河川で人工堤防はわずかです。この点は昔から延々

と堤防を築き、バイパス放水路を開削して洪水を防御してきたハノイと大きく違います。従って洪水は流下能力が小さい狭窄部（約3000 m³/秒）で溢れ出します。2011年の洪水はまさにその通りの箇所で溢れ出しました（図5）。

図4　チャオプラヤダム（下流右岸側から、チャイナット）

3. バンコク首都圏と洪水との戦い

ダムから下流は灌漑整備された水田が豊かに広がり、バンコク市街地の北の郊外まで及んでいます。ナコンサワンから下流域の平野は全体で約2万km²の面積を占め、関東平野の約1.5倍に相当します。人口は平野部で約1250万人を数え、国の人口の18.5％を占めます。さらに、南部7県で国のGDPの約50％に達し、一番重要な産業圏です。その中心がバンコク首都圏であり、人口は約570万人です。ここでやっと源流からバンコクまで川を下って辿り着きました。タイ湾に注ぐ河口までまだ30kmもあるのですが、標高はわずか1～2mしかありません。全長はピン川の源流からたどってゆくと約940kmです。

以上に述べたような季節の変化と低平な地形を背景とする平野に住む人々は、チャオプラヤ川から水資源の恩恵に浴するとともに、洪水との戦いを長い歴史的な宿命として背負ってきました。将来懸念されている海水準の上昇にも脆弱な宿命を負っています。

さて、バンコクに福岡から行くには、直行便が毎日飛んでおり、所要時間は5時間半ほどです。日本と2時間遅れの時差がありますから、昼前に福岡を発つと午後3時頃市街地の東32kmほどの郊外にあるスヴァルナブーン空港に着きます。意外と近いものです。世界各国の主要都市との便が数多く発着し、シンガポールと東南アジアのハブ空港の地位を競っています。街の北にあった旧国際空港のドンムアン空港に代わって2006年秋に開港しました。パイプ材をモザイク状に組み合わせた非常にモダンな屋根造りです。2011年秋の大洪水でドンムアン空港が水没したことを思えば、不幸中の幸いだったと思います。現在は高架鉄道で市街のやや北寄りにあるモノレールのパヤタイ駅と30分でつながり、非常に安価で便利になりました。約3000haの空港敷地は沼沢を含む低平地を埋め立てて造られ、周辺地域とは独立した排水システムになっています。これは首都圏の洪水対策と関係していますが、詳しい話は後述します。

バンコク周辺では1980年代に入って高速道路の整備と共に都市化の波が訪れ、特に中心街から東北～東部に市街地が急速に広がりました。それと共にチャオプラヤ川の東岸（西岸より標高が最大1m低い）に氾濫する都市型の洪水が激しくなり、都市機能の低下と経済的な損失をこうむりました。近年では1983,1993,1995,1996年、そして2011年など頻繁に洪水がありました。今まで住民はただひたすら洪水が引く潮時を待つのみでした。

4. 総合治水対策と土地利用

それでは、洪水をうまく制御できる方策がないのでしょうか。チャオプラヤ平野では具体的な施策として現在、総合治水対策が進行しています。1995年にチャオプラヤ川流域の洪水被害軽減のために、タイ政府は日本政府に治水対策のマスタープランの作成を要請しました。そして2018年を目標年度とした総合治水プランが決定されました。

プランはチャオプラヤ川の上流域とバンコク

首都圏に対し、洪水防御と内水面排水を主な内容として立てられました。このプランの最大の特徴は、小規模な堤防の建設や排水機の設置、地下トンネル貯留といったハードな施設とともに、現在の自然の遊水機能を生かし、首都圏の土地利用をゾーニングして開発を規制し「洪水をゆっくり貯めてゆっくり流して排水する」ソフト対策からなる総合治水対策です。2008年9月現在10本のトンネルのうち5本が完成しました。外環の堤防の盛土も進んでいます。バンコクの東北郊外では幸いにこの治水事業計画時に、市街化があまり進んでいませんでした。この点、無秩序にかつ急速に都市化（スプロール化）して遊水池や涵養域を失った東京近郊とは違います。タイでは日本の歴史の教訓が生きていたのでしょう。今後の土地開発を計画的に進める方針が実行されていることは評価できますが、今回の洪水で問題が露呈しました。

その基本は首都圏を外環堤防（盛土2〜3m）で囲み、内側は保水機能を保全した開発地域とし、外側はグリーンベルトとして遊水池とすることです（図5）。

バンコクはもともと自然堤防の微高地を開削と盛土で造成した街で、川の東岸が都心で王宮と官庁や商業街があります。堤防の内側は法律により都市開発を規制し、開発する場合でも一定面積の調整池を設ける流出抑制対策を義務付けました。堤防はKing's Dyke（高さ3mほどの盛土堤）と呼ばれて、天端は外環高速道として利用され、大半はすでに供用されています。洪水は東側の堤防の外周を南に流れ、干潮時にポンプ排水される仕組みです。

このプロジェクトは水資源や環境問題に関心の深い現国王のお言葉によりMonkey Cheek Projectと名づけられました。猿は食料をほおに溜め込む習性があることにヒントを得られたそうです。プロジェクト地域の一部に国王から寄進された土地が含まれるとのことです。首都圏東北部における堤防の配置と現況の土地利用や行政区境の関係は、堤防と県の行政界（パトゥムタニ県と首都圏）がほぼ並行しており、バンコク首都圏を守る計画であるのは明らかです。

土地利用から見ても北のパトゥムタニ県の中央を通る国道1号線より東側は広大な水田地帯であり、間に幅数kmの森林帯を挟んで、南に市街地が広がっています。その森林帯に堤防は位置しています。この治水対策が現況の土地利用をうまく利用して、バンコク市街地を守るために計画の根幹となる堤防の線形が決められたことが明らかに読み取れます。

以上はチャオプラヤ川東岸の計画です。西岸ではチャオプラヤ川と平野の西側を南流する支川のタチン川に挟まれる西バンコク首都圏（約710km²）は、既に14ブロックに分割して堤防で囲まれた「輪中群化」しており洪水対策は先行しています。東岸の郊外に比べ宅地や果樹園の開発が進んでいたためです。西岸はミャンマー国境から東流するメクローン川が吐き出した広大な扇状地堆積物の扇端に当たり、東岸に比べて土地の標高は弱冠高くなっています。

上に述べた総合治水対策は、いわばバンコク

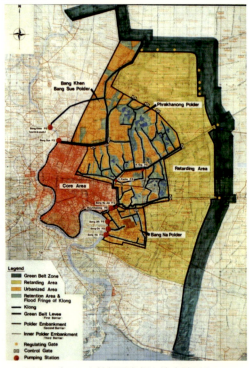

図5　バンコク首都圏東部の治水計画と土地利用区分

首都圏を巨大な「輪中化」する大構想と考えられます。

極端な言い方をすれば、「洪水はバンコクの上流で氾濫させてしまい、バンコク首都圏を救って周辺地域を見捨てた」大胆な計画ということができます。土地の私有権が余りにも強い日本ではここまで割り切った大規模な事業を真似(まね)できるとはとても思えません。

最終的に洪水は堤外を迂回(うかい)し遊水池経由で南のタイ湾に向かいます。下流の末端（海岸線や東側のバンパコン川沿い）に排水ポンプ場が設置してあり、干潮時に内水面の洪水を排水します。その結果年を追う毎に冠水域は減少していました。

この壮大な総合治水計画は溢(あふ)れる洪水は「水の流れに和して逆らわず、揺やかに低きに導く」ように造られています。ここには緩やかに流れる「高貴なる王の川」と共に生きた"水の都"バンコクの人々の悠揚として迫らぬ生活心情を感じさせます。

以上述べましたようにタイでは治水施策が実施中ですが、遅れ気味です。しかし地盤沈下対策は早くも1977年に地下水法を制定し、取水規制区域の設定と地下水料金の課金を実施しました。現在では地下水位は回復し沈下も治まりました。日本はタイ政府と行政の果敢な実行力を学ぶべきだと思います。

5. 2011年秋の大洪水と今後の課題

それにもかかわらずと言うべきでしょうか、2011年秋に未曾有の大洪水が発生しました。私は大きな関心を持って経緯を紙面で追いました。最大の焦点はキングダイクが洪水を防御し、市街区域を守れるかどうかでした。結果は浸水する時間は稼いだが、堤外での洪水の停滞など内外格差が露呈したのです。

タイ北部で大雨が降り続き、主にナン川沿いの平地が洪水被災したことは、8月に報じられました。9月末にはアユタヤ北部の工業団地が冠水し、日系企業も多かったため、紙面に大きく出ました（図6）。タイの洪水で日本市場のデジカメが品薄になるとは驚きでした。同様な事態は日本が輸入する食糧もまた然り、他所(よそ)ごとでは済まないグローバルな時代なのです。リスク分散のため、世界の事情を注視する必要性がここにあります。世界遺産に指定された仏教遺跡が濁水に没した映像に心を痛めた人は多かったでしょう（図8）。その報道は11月半ばまで続きます（図7）。

図6 キングダイク(赤線)と浸水域（青色）注)

図7 2011年11月10日現在の浸水状況　注)

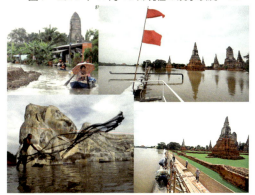

図8 アユタヤ仏教遺跡の水没

もう紙幅の余裕がありませんので、図6と図8を比べて見て下さい。図8は図6の24日後の状況です。この間に浸水域は約40km南下しました。洪水は北側でキングダイクを越流したり工事の未完成区間から浸水し、バンコク首都圏の北部まですっぽり覆っています。スヴァルナブーン空港の周囲はキングダイクの外周にある遊水池に位置するため、特別に盛土し救われました。迂回放水路のグリーベルトの下流に特別の許可で広大な空港を造った訳で、土地利用との整合性がありません。このように多数の被害者と膨大な経済的損失をもたらした今回の大洪水は次のような大きな課題を残しました。総合治水計画の見直し、土地利用規制の遵守、ダムの建設と運用操作の改善、チャオプラヤ川に頼らない新たなバイパス放水路の策定などです。日本の技術協力も問われています。今回は洪水の話に終始しましたことをお詫びします。

6. おわりに

さいごに、日系企業の浸水被害に関連してタイヤ製造で有名な会社であるブリヂストンの創業者石橋正二郎氏のお話をします。つい最近友人がある雑誌に寄稿したもので、彼は長く河川関係の仕事に携わり、現在は同社創立の故地である福岡の久留米に住んでいる。

上記のようにナワナコン工業団地はバンコクの北パトゥムタニ県にあり、チャオプラヤ川から東に約4km離れたところにある。今回の洪水被害によって100社以上の日系企業は浸水やアクセス道路の冠水により操業を停止した。ここは地形的に自然堤防がつくる微高地であったが、本流の川幅が狭く洪水が吐ける流下能力に欠ける難所（ボトルネック）のすぐ上流に位置していた。自然の理として洪水はこの上流でわずかな高さの堤防を越え東側に溢れ出し、団地に流れ込んだ。またここはキングダイクの北（上流）側にあった。ダイクが本流とつながる極めて重要な接点はこの難所を避けて下流に設定されていたと言う方が的を得てるかもしれない。

いっぽうブリヂストンの工場は上記団地の南東約20kmのランシットにある。ここは地形分類では後背湿地に当たり、土地の標高は団地よりいくぶん低いと思われる。しかし、工場は冠水することもなく、周辺の道路の冠水により部品の供給が追い付かず一時休止した程度で操業を続けたということである。

洪水の拡がり、冠水深やその時間は、土地利用の仕方や地盤標高および水田や運河などの遊水・排水機能の違いによって大きく左右される。筆者は2ヶ所とも近くを車で通っているが、ランシットでは周辺に数千haの水田が広がり、灌漑給排水路網、さらに運河が縦横に走るという多様な遊水機能をもっている。その環境は地盤標高が低いという宿命的な負の条件を克服したため、大事に至らなかったのではなかろうか。ナワナコン団地が異なる点はその自然環境がほとんど残らないほど周辺地域は都市化が進んでいることである。キングダイクの上流にあって、遊水・排水機能が失われた地域は洪水にひとたまりもない。

長くなったがここまでは序論である。本題はこの地に工場を選定した時点に戻る。石橋正二郎氏は工場の新設に当たって「その地域の百年間にわたる洪水の歴史を調べろ」と命じたそうである。この命によってタイに限らず世界21ヶ国50の工場で浸水対策はなされているそうである。

この命令はただのひと言とかたづけるには重すぎるのではないか、背景に石橋氏の信念があったと友人は言っています。彼は九州の大河、筑後川の川べりに立地し水害の常襲地であった久留米に生まれ育った石橋氏の人生体験によるものではないかと推測している。その慧眼は今回未曾有のバンコク洪水に対し、他の2つの工場でも生かされ浸水被害は皆無とのことである。

「災害は忘れた頃にやって来る」とは寺田寅彦の著書から読み取られた名言である。東北大

地震の津波災害にも残念ながらこの言葉は繰り返された。ブリヂストンで創業者の精神が忘れられず、情報の少ない異国において大きな被災を免れたことは、海外へ進出する日本の企業のみなさんにもっと知られてよい警鐘ではないだろうか。

注) 図6と図7は
http://hydro.iis.u-tokyo.ac.jp/Mulabo/news/2011/111106ThaiFlood_UT-IIS03_final_sn.pdf
から引用した。

バンコクの北郊外、King's Dyke の上流にある排水機場。チャオプラヤ川の左岸の灌漑水路は当地に集まり、本流に排水される。

モンスーンアジアの大都会みたまま－その4－
軍事政権から民主化への胎動
- 新たな挑戦を始めた親日の国ミャンマー -

　このシリーズも4回目になりました。前回までJST（日本科学技術振興機構）の仕事で訪れた都市に触れました。今回は少し趣きを変えて個人的な旅で印象深かったミャンマーのお話をしましょう。私はミャンマーを二度訪れました。初めは随分むかし、1972年2月で、まだ学生のころでした。二度目は2年まえ2011年4月です。この間39年の月日が経っています。2回の旅はいずれも私にとって強烈な印象を残しました。人々や風土が肌に合うのを感じ、大好きな国のひとつになりました。

1. ミャンマーの最近の動き

　皆さんは最近（2012末～2013年半ば）、新聞にミャンマーに関する報道が多いのにお気づきだったでしょうか。この国では2011年3月に政権が民政に移管され、1962年から半世紀も続いた軍事政権の時代が終わりました。それから今日まで政情は劇的に変化しており、報道はその動きを反映したものでしょう。昔から関心をもってこの国を見続けている私もその推移の目まぐるしさに驚いています。最近の流れを理解するため主な動きを分かり易く下の表にまとめました。

　この表から民政移管以来、2年余の間に大きな変化が続けて起こったことが読み取れるでしょう。往来した要人（表では一部を示した）の動静をみただけでも、ミャンマーが占める地政的位置が国際社会でいかに重要であるかが分かると思います。さらに、ミャンマーが抱える近い将来の主要な課題が次の四点に絞られることは衆目の一致するところでしょう。

1) 民主化
2) 経済発展
3) 少数民族との和解と融和
4) 近隣諸国との外交

　この四点は複雑に絡み合っており解決に向かって簡単に進展するとは思えませんが、この現状と課題をまず念頭に置くことがこの国を理解する鍵です。とくに日本との関係は歴史的にも深く、これからもミャンマーに関するニュースから目が離せません。

2. ヤンゴン

　それでは、ミャンマーはどんな国なのでしょうか。少々退屈なお話になりますが、まず、この国の概況から説明しましょう。国土の面積は676,578km^2（日本の1.8倍）、人口は6200万人（一説には5500万人や4800万人）、GDPは571\$US（2009年）です。この国は多民族国家で、人口の70%をビルマ族で占め、シャン族、カレン族、カチン族、カヤ族、ラカイン族、モン族、チン族と続きます。また、90%が仏教徒です。あと少数のイスラム教徒、キリスト教徒がいます。

　地理的には東南アジアの西端に位置し、熱帯モンスーンから熱帯サバンナ気候帯に属しま

年　月	政情・要人などの動き
2010・11	軍事政権下で最後の総選挙
2011・3	ティンセイン大統領就任、民政移管
2011・6	「政治犯」など服役囚6000人を恩赦釈放
2011	中央政府、少数民族と停戦か停戦交渉に
2011・11	スーチーさん自宅軟禁から解放
2011・12	クリントン国務長官ミャンマー訪問
2012・1	ティンセイン大統領、スーチーさんと会談
2012・4	スーチーさん補欠選挙当選、国会議員に
2012・4	ティンセイン大統領、日本訪問
2012・5	スーチーさんタイ訪問
2012・5	インド首相ミャンマー訪問、借款供与
2012・9	スーチーさん米国訪問、オバマ大統領と会談
2012～2013	仏教徒とイスラム教徒の宗教紛争発生
2013・3	ミャンマー2014年ASEAN会議の議長国に
2013・4	日本、ティワラ経済特区開発に円借款供与
2013・4	スーチーさん日本訪問、安部首相と会談
2013・5	安部首相ミャンマー訪問
2015	次回総選挙の予定

す。島嶼を除けば国土の最南端はほぼ北緯10度でタイと国境を接し、最北端は同28度30分でチベットと接しています。北の脊梁山脈にミャンマーの最高峰カカボラジ（5881m）が聳えています。この国は南北に2100km（札幌-那覇間に相当）も続く大陸国です。

その玄関口はヤンゴンです。ヤンゴンはつい最近（2005年）までミャンマーの首都でした。私たちの世代にはラングーンの呼び名のほうがなじみ深いでしょう。ヤンゴンの地名に落ち着くまでに意外と複雑な歴史的変遷があります。ラングーンという地名を改称したのは1989年のことです。現在の首都はヤンゴンの北約320kmにあるネピドー（王の都の意）です。前後しますが、国名もビルマの方がなじみ深いのではないでしょうか。前政権は全国的に大々的な地名改称を実施し、一変しました。国内でも未だに議論がありますが、本文では1989年で使い分けています。

人口は410万人でこの国随一の大都会です。この地はミャンマー第一の大河、イラワジ（エーヤワディ）川の下流域に広がるデルタ（三角州）の東端の河口近くに位置しています。東隣りの

シッタン川のデルタの西端と接しています。イラワジ川はチベットとの国境の高山帯に源を発し、国土を北から南に真一文字に縦断してアンダマン海に注ぐ、流路長は2170kmの川です。

このデルタはイラワジ川の河口から300kmさかのぼったヘンザダの町のすぐ北から多数の支流を分岐しながら扇を南に向かって広げ始め、東西に200kmの幅をもった世界でも有数のデルタです。面積は300万haで関東平野の2倍の広さです。前回お話したタイのチャオプラヤ平野は200万haで、ベトナムのメコンデルタは400万haでした。

19世紀までデルタは貧弱な土木技術では水利を制御できず、ジャングルとマングローブの湿原のままで、乾期にはヨシ類の草本に覆われた低平な草原でした。マラリヤの巣で人の住めるようなところではなかったのです。英国の占領後半（19世紀）に、米輸出の解禁、開墾の奨励、米価の高騰（インド・セポイの反乱や米国の南北戦争）など世界情勢が有利に展開したこともあって、急速に開発が進みました。

ベトナム・ハノイの紅河のように、洪水制御のため徐々に築堤や運河の開削が進み、水田は240万haに広がり世界の穀倉に発展しました。2008年5月、サイクローンによってイラワジ川デルタの西南部が洪水被害を受け、高潮によって広大な低平地が冠水したことは、記憶に新しいところです。ティンセイン大統領はイラワジ川デルタ西南にあるジョンク村の貧しい農家の出身です。

3. ミャンマーの歴史

退屈なお話が続きますが、この国を理解するうえでその歴史を知ることは大変重要ですから、概要を分かり易く次ページの表にまとめてみました。

東南アジア諸国の歴史がそうであるように、ミャンマーの歴史もまたユーラシア大陸からけわしい山脈を越えて『南進する民族の沸騰と興亡』に彩られています。その結果として『諸民

族の移動エネルギーと玉突き衝突』によって栄枯盛衰が繰り返された歴史と表現できるかもしれません。その大きな動きをミャンマーの歴史を通覧して束ねてみますと、

1）内陸に先住したピュー族
2）南部で繁栄したモン族
3）中部以南に拡大したビルマ族
   （9C～11C半）
4）タイ族の大いなる沸騰（13C～16C）

の4つの民族の移動の波に分けられるようです。もちろんそれぞれの民族が一度に大挙して押し寄せた訳ではなく、弾波のように時代を経て世代を跨ぎながら移動したのでしょう。それは4つの民族が水稲稲作を生産基盤とする定着型の農耕民族だからです。ビルマ族は中国青海省の騎馬民族ではないかという説もあります。

年代		南部ミャンマー	中部ミャンマー	時代区分	
BC	-100			先住のピュー族によるビルマ夜明け	仏教・ヒンズー教文化
AD	0～500				
	600	ピュー王国			
	700				
	800			モン族の仏教文化	
	900	モン王国			
	1000			元の侵攻	ビルマ族の繁栄
	1100		パガン王朝		
	1200				
	1300			群雄割拠南北朝時代	タイ族の沸騰
	1400	ペグー王朝	アヴァ王朝		
	1500				
	1600	タウングー王朝		ビルマ族の再興と外征	
	1700		コンバウン王朝		
	1800				
	1900	英国領時代（1852～1946）		植民地時代	
	2000	ミャンマー連邦共和国（1947～）		多民族国家として独自の歩み	
	2100				

網かけはビルマ旗国家

移動の引き金となったのは、中国漢民族の拡大圧力の回避だったでしょう。なかでも、数世紀にわたって続いたタイ族の南進は、雲南省にあった南詔国が元の侵略によって圧迫され、13世紀に滅亡したためと考えられています。定着していたタイ族が難民化し、『沸騰』と呼ばれるほど大規模に南に避難し、東南アジア全体に大きな影響を及ぼしました。ミャンマーで仏教文化の華を咲かせたビルマ族のパガン王朝が滅亡し、タイではスコタイ王国が勃興し、その余勢によってアンコール・ワットを中心としたクメール王国（カンボジア）が滅亡しました。

ついで、ミャンマーでは14世紀から16世紀なかばまで約250年間、モン族、ビルマ族、タイ族が中部から南部にかけて各地に割拠した戦国時代に入ります。

その後1555年にビルマ族が再興して中南部を統一し、タウングー朝、そしてコンバウン朝と続きます。

近世に入ると、英国・東インド会社（1601年創設）が勢力を伸ばしました。19世紀半ばに中部第一の都市マンダレーを都とするコンバウン王朝は軍門に下り、英国領インドに併合されて植民地となりました。

第2次世界大戦中、ビルマは日本軍の占領下にありました。軍の特務機関はビルマの青年30人を、ビルマ独立義勇軍の指導者として訓練し、前線に送りました。しかし、日本軍はビルマの独立を認めず軍政を敷き、日本軍の敗色も濃くなったため、1945年春ビルマ国民軍は大同団結して反旗を翻し終戦を迎えました。その指導者がアウンサン将軍で、冒頭にお話ししましたスーチーさんのお父さんです。終戦後英国から独立する日を目前にして政敵に暗殺されます。大変不幸な歴史の結末ですが、志士の多くは戦後ビルマの政財界で活躍し、日本の影響は今も深層流のように残っているのです。1962年以来、四半世紀にわたって軍事独裁政権の座にあったネウィンも日本軍に訓練された若者のひとりでした。

終戦後の戦後処理として日本は東南アジアの諸国に援助という名の賠償をします。ビルマではバルーチャン水力発電所が建設され、電力の安定供給に大きく貢献しました。現在も能力が増設され稼動しています。

ここから個人的なお話になりますが、その発電所の調査から設計、施工監理を担当したのが、日本工営社という日本の建設コンサルタント会社です。私が海外での仕事に憧れて入社した会

社で、大学時代から抱いたビルマへの関心は急速に現実味を帯びてきました。

4. 最初のビルマ旅行－1972年2月

この話は1972年大学院時代のことで随分と旧聞に属します。私はビルマに以前から興味がありましたので、品川にあるビルマ大使館を訪ね資料を見せてもらったり、問い合わせをしていました。そのうち、書記官のウ・オンチャンタ氏と仲良くなりました。しかし、当時はビルマの、しかも奥地に入ることなど夢のまた夢でしかなく、関係文献を集めて知識を蓄えていつかは行こうと夢見ていたに過ぎません。ところが、ひょんなことで、大学院在学中の1971～72年にオーストラリアの鉱山会社に就職する機会をえました。日本への帰路にビルマに立ち寄る計画を立て、その当時は母国の外務省に帰っていたチャンタ氏と連絡をとりました。当時ビルマは一定コースの1週間の団体観光に限り、外国人の入国を許可しており、キャンベラのビルマ大使館まで出向いてビザを取得しました。

そしてついに、1972年2月14日タイからラングーンのミンガラドン空港に到着しました。ゴムの樹の林に囲まれた田舎の飛行場と言う感じでしたが、出迎えの人で混雑しており、その中から懐かしいチャンタ氏を見つけた時は、正直ホッとしました。その日は彼の案内で、夜の街で酒を酌み交わしました。翌日はシュエダゴンパゴダなど市内観光をしました（写真1）。

写真1　ヤンゴンのシュエダゴンパゴダにお参りする市民 (2011年)

この日はユニオンデイと言う休日で、多民族国家の統一と融和を図る日となっていました。催し広場は混雑していましたが、多様な民族の出し物の中でも、北方のカチン族の若い娘さんが機を織る姿を見た時には、私が行きたいと熱望し、当時未踏峰であったカカボラジが聳える山国から来た人だと思うだけで、胸が熱くなりました。

翌16日から、北への旅に出たましが、出発の飛行場でしょっぱなから、失敗の連続でした。ビルマの文字は勿論分からないし、アラビア数字は使われていない（！）から案内板の便名は読めません。出発便のアナウンスはあれども英語がよく聞き取れずで、自分の乗る便が判らないまま定刻を過ぎ、待合室の周りから人が減って、とうとう一人になってしまった。不安できょろきょろしていたら、一人の青年が走ってきて「君はミスターツジか」と問う。「イエス」と答えると、聞くが早いか、彼は私の手を引っ張るようにかんかん照りのエプロンを駆け出した。その先にはプロペラがキーンと金属音を出して回転している飛行機があった。それが私の便だった。タラップを息を切らして駆け上り、中に入ると客室から喚声があがり、隣席のおばさんは大層喜んでくれた。フランス人観光団だということだった。そして無事フレンドシップ機は中部の町パガンに向けて飛び立っていった。飛行機には数多く乗りましたが、発車（?）間際の飛行機めがけてエプロンを走ったのはこれが唯一の経験です。まだおおらかな時代ではあったのだなと思わせる場面でもあります。

パガンは、ビルマ中部イラワジ川の中流の東岸にある11世紀から栄えた都市遺跡で、13世紀末に雲南から侵入した元の軍に滅ぼされました。仏教を中心とした文化を華咲かせ、数多くのパゴダや、寺院の遺跡が残っていることで有名で、今は世界文化遺産です。現在は広大な野原に赤レンガの遺跡が散在する田舎町にすぎません（写真2）。

山・水・人の風景

写真2　パガンのパゴダ群と沈みゆく夕陽とイラワジ川（2011年）

写真3　マンダレー王宮（左）の濠とマンダレーヒル（2011年）

唯一の外人向け宿舎であるレストハウスで昼食の後、一人ぶらりと見物に出かけ、途中で馬車を見つけこれ幸いとのんびりと炎天下の旧都を散策しました。しばらくするとニッパ椰子の小屋から賑やかな声が聞えてきた。御者に聞くとニヤとして、酒を飲む手付きをする。そこで椰子ビール（薄いミルク色をした度の弱い酒）を飲みながら話すうちに、近くに日本に留学した人が居るから、紹介しようと言うことになった。家に上がりこんで飲むうちに、賑やかな宴会になってしまった。彼ウ・ティント・アウン氏は、漆器の勉強のため久留米に留学した経験があり、現在は政府の漆器学校の先生をしている青年であった。そうこうするうちに辺りも暗くなり、酔っ払って皆で肩を組みながらレストハウスに帰っていると、向こうからヘッドライトを照らしたトラックがやってくる。荷台には大勢の人が乗っている。何事かと聞くと、私のため捜索隊が出発するところだったと言う。夕食にも帰ってこないし、レストハウスしか宿泊施設はないから、日本人がまた行方不明と大騒ぎになったらしい。大変な迷惑を掛けてしまった。パガンの一夜は若気の至りであったが、楽しい夜は今でも鮮明に覚えています。

翌2月17日はパガンからマンダレーに移動しました。毎日乾季の暑い日が続く。マンダレーはビルマ中部に位置し、ラングーンに次ぐ第2の商業都市で、19世紀以来の旧都です（写真3）。

ロマンチックなことに、マンダレーでは一人の少女と会う約束をしていました。乾燥した西北オーストラリアのキャンプ生活では毎日旨い食事を頂きました。それを料理してくれたチーフコックのジョン・ウイリアムは、マンダレーに住む少女モウリーン・キンソウウインと文通を続けていました。彼の紹介で、今回彼女と会う約束ができていたのです。

その夜家に招待され、家族と夕食を共にしました。当の少女は高校生、上に大学生のお兄さんが2人位居たように記憶します。お父さんは亡くなっていました。皆非常に明るい、クリスチャンのインテリ家族で、英語がよく通じました。翌日は市内を案内すると言う。私も含めみんな自転車で、砂埃の舞う市内を走り回りました。有名なマンダレーヒルが含まれていたことはもちろんです。

5．二度目のミャンマー旅行 − 2011年4月
私の二度目のミャンマー訪問はとんだハプニングで始まりました。空港に着いて入国審査を待って並んでいると、白衣を着た係員が「日本から来たのか」と訊いた。「そうだ」と答えると私たちグループ全員にこちらに来いという。審査場の一角に連れて行かれ始ったのがなんと放射能検査だった。東北大震災の直後だったので納得はしたが、ものものしい雰囲気とうらはらに、おどおどして不安げな白衣の係員のふるまいがなんともちぐはぐで思わず笑いがこぼれてしまいました。

今回の旅では若き日に憧れた北の果ての町、プタオまで行きました。ここに降り立つにはヤンゴン→マンダレー→ミチーナ→プタオとうんざりするほど飛行機を乗り継ぎます。空路は1175kmも離れたヤンゴンとプタオ結んでいます。途中の都会も興味深いのですが、前段で少し紹介しましたので省きます。

プタオの遥か北100kmほどには4000mを越える脊梁山脈がチベットとの国境に連なり、その一隅に最高峰カカボラジ（5881m）が聳えています。初めて訪れた1972年当時は未踏峰でした。1996年日本人によって初登頂されましたが、未探検地域であることに変わりはありません。

私たちはプタオをあとに、さらに北に向かって改造した大型トラックの荷台で振り回されながら、何とか泥道の終点まで行きました。あとは徒歩です。氷雪を戴くチベットとの国境まで30kmほどの僻村まで到達しました。景色が開けて北の山の眺望がきく場所はここまで、あ

とは密林のなかの坂道になり、1つの集落があるだけのようです。今回はあいにくと雨季の始まりが早かったようで、国境の山は薄雲がかかって見えませんでした。しかし長年の夢が叶って充ち足りた思いでした。

途中の村はまさに日本の弥生時代に舞い戻ったようです。木や竹で作った切妻造りで高床式の家屋が並んだ集落です（写真4、6）。そんな一軒に泊めてもらいました。竹板を敷いた隙間だらけの床下では鶏がエサをついばんでいました。翌朝は夏用の寝袋では少し寒いくらいの冷え込みでした。朝露に濡れた草原が遥かかなたまで薄霧のなかに広がっていました。

プタオはミャンマー北縁を占めるカチン州でさらに北の辺境の拠点です。ラワン族やカチン族が独自の文化を育んでいます。自治権を主張し反政府活動を最後まで戦ったカチン族は州の東部を支配していますが、西部にあるプタオはまことにのどかな田舎でした。

6. エピローグ－ミャンマーが抱える課題

おしまいに、冒頭でお話ししましたミャンマーが抱える4つの課題について整理しましょう。ミャンマーでは今、急激な速さで改革開放が進んでいます。軍政が長かっただけに余計に速く感じます。その間欧米は経済封鎖を続け日本も同調しました。この停滞した経済のすき間に入って漁夫の利を得たのが中国でした。東に隣接する中国は道路、港湾、パイプライン、ダムなどインフラ整備で支援を惜しみませんでした。エネルギーの確保とベンガル湾へ進出し、橋頭堡を確保することが目的であったのは明白です。しかも自国の利益優先の手法は露骨でした。たとえばイラワジ川に建設中のダムは陸続きの雲南省に電力を送るためで、ミャンマーには洪水調節や水資源の恩恵しかありませんでした。重要な設計図は渡さず、機器が故障すれば中国に頼まざるを得ない仕組みになっていたそうです。ティンセイン大統領が在任中のダム建

写真4　プタオ盆地の北へ行く途中で見かけたシャン族の村。切妻造りの高床式で日本の弥生時代を思わせる。このような家に泊めてもらいました。

第4章 東南アジアから南アジアへ

設中止を決めたのは正解でした。ミャンマー国内でも環境破壊への危惧から反対の声があがっていました。

改革開放への転換は中国への過度の依存から抜け出し、国際関係のバランス重視への決意の表れと受けとめられています。もっと端的にいえば中国の露骨な南進に不信感をもち反発した結果です。中国はこのあとに予定していた温首相のミャンマー訪問を取りやめました。中国による多くの援助は中断か中止に追い込まれるでしょう。ミャンマーは親日の国ですが、日本との関係もこの線上で冷静に考えることが重要です。

こうした国際社会に開かれたうねりにのって海外から投資も増え、経済が活性化するのはまちがいないでしょう。さらに良い暮らし求めて動き出したミャンマー国民はもう後戻りすることはないでしょう。私が2年前民政移管の直後にミャンマーを訪れたとき、開放感に満ちた明るい街の雰囲気を肌で感じたのも、あながちひいきの引き倒しではないでしょう（写真5）。

写真5　ヤンゴン市内の夜のバザールは多くの人で賑わう。

つぎに民主化の動きです。軍政から民政に移管されたことと民主化は同義ではありません。憲法では国会の1/4は国軍議員という規定があり、国軍が現体制のバックボーンであることになんの変りもありません。あるのは軍が容認する範囲での規律ある民主化なのです。このような体制のもとで、民主化の象徴であり、国民の圧倒的な支持を得ているスーチーさんが、2015年の次の総選挙を当座の政治目標として、これからどう指導力を発揮するのか、世界の人が注目しています（写真7）。

おしまいは民族の和解と融和です。すでに述べましたように、ミャンマーの歴史は、『南進する民族の沸騰と興亡』に彩られています。現在国内では中央の平野に住むビルマ族が圧倒的に優勢です。ほかに、周辺の山岳地に主な民族だけでも11の民族が居住し、それぞれが民族武装組織をもっています。民政移管後和平交渉が進み、2013年5月現在、カチン族を除く民族と停戦で合意しています。カチン族とは同月暫定的に合意しましたが、自治権の解釈次第ではすぐに戦闘に戻る危うさがあります。さらに、やっかいなことに英領インド時代に、英国は民族を分割統治するため、少数のカレン族を警察官に登用したり、中国人やインド人に商売を、イスラム教徒を金融に専従させるため移民させました。民族対立をあおるに等しいずるい統治策でした。今日各地で発生している宗教紛争もこの時種子がまかれていたのです。

ヤンゴンと言う地名には深い意味が込められているようです。それはミャンマー最後の王朝、コンバウン王朝のアラウンパヤー王が1754年にモン族が拠るペグーを陥落させて長い戦争を終結し、国を統一したとき、聖地名のタゴンからヤンゴンと改名したことによっています。ヤンゴンは「戦争の終わり」を意味しているのです。

もう多数を占める民族が少数民族を屈服させるような時代ではありません。少数民族と和解と融和が進み、ミャンマーが自治権をもった緩い連邦制に踏み切り、真に統一した国家として統治され発展することを願わずにはいられません。

（追記）2013年7月14日の報道では、雲南省とチャウピュ（ベンガル湾に面した港）間のパイプラインが完成し、ミャンマーは輸出を

山・水・人の風景

開始した。並行する高速鉄道も建設計画がある。天然ガスをマラッカ海峡を通らず、陸路で確保した戦略的な意味合いは大きい。地元の州に恩恵はなく、不満が高まっている。

難民問題、国軍との対立など課題は多い。

写真6　プタオの北、ナムシェコ村の子供たち。子供たちは歌を歌って歓迎してくれた。ここの村長宅に一晩泊めてもらった。人口1400人の大きな村である

写真7　スーチーさん(右)とクリントン国務長官の会談を報じる新聞記事
（2011年12月、ヤンゴン）

モンスーンアジアの大都会－その5－
－ガンジス平野・ヒ素汚染の地下水に苦悩する人々－

　筆者は2003年秋から2009年春まで、足掛け7年間モンスーンアジアの水資源に関する共同研究に従事しました。ここではこれまで4回にわたって研究の間に垣間（かいま）みたこれらモンスーンアジアの大都会の自然と人々の様子を寸描してきました。日本に近いハノイから始めたシリーズも今回は日本から一番遠いガンジス平野までたどり着きました。

1．はじめに

　昨年（2016年7月）バングラデシュの首都ダッカで無差別銃撃事件があり、日本人を含む20名が犠牲になりました。IS（イスラム国家）に関係したイスラム教徒の犯行と報道されました。心痛む事件ですが同国は日本人にあまりなじみがなく、イスラム教徒の国であることもあまり知られていません。意外だったのは暴徒が豊かで高い教育を受けた若者であったことでした。私は事件の背景に同国が長年国家として正常に機能していないため、貧困からなかなか抜け出せず国民に閉塞感がうっせきしており、その隙を狙った犯行だと思っています。この点は後ほどまたお話します。

2．東南アジアから南アジアへ

　皆さんはベンガル湾をご存知でしょうか。インド亜大陸の東海岸とインドシナ半島に囲まれ、南はインド洋につながる広大な海洋です。
　この湾を取り囲む周辺諸国にはBIMSTEC (Bay of Bengal Initiative for Multi- Sectoral Technical and Economic Cooperation)という国際的な経済協力の枠組みがあります。この枠組みは1997年にベンガル湾の周辺国で南アジアに属するインド、バングラデシュ、スリランカと、東南アジアのタイの4カ国で発足しました。のちにミャンマー、ネパール、ブータンが加わり、現在の構成国は7カ国になっています。ベンガル湾の東には皆さんになじみ深いアセアン（ASEAN・東南アジア協力機構）の諸国が隣接しています。BIMSTECにはアセアンの加盟と重複する国が2カ国（ミャンマーとタイ）あり、東南アジアと南アジアに二股をかけ国際協力の風通しをよくする役割を果たしています。

　以上のお話は今回の話題が東南アジアを越えてさらに西に移り、南アジアの世界に踏み込んだことを頭に入れて頂くための前置きです。東南アジアと南アジアという区分は広く認められています。それはこの2つのアジアが民族や文化の点で大きく異なり、民族はアジア系からアーリア系に、卓越する文化圏も仏教からヒンズー教とイスラム教に明瞭に区分されるからだと思います。このシリーズでは既に東南アジアに含まれるベトナム、タイそしてミャンマーの大都会を紹介しました。

　今回はベンガル湾を囲む国、バングラデシュとインドの大都会である、ダッカとコルカタを取り上げます。この2つの大都市はベンガル湾に注ぐ大河ガンジス川下流に広がるデルタ平野に位置しています。冒頭から少々退屈な話になりますが、両地域の概要から始めましょう。

3．ガンジス平野の概要

　ガンジス平野はガンジス川とブラマプトラ川というヒマラヤ山脈から流下する2つの大河の最下流に開けた沖積平野です。東西約350km、南北約350kmの広がりをもつ世界有数のデルタで、行政的には東側はバングラデシュに、西側はインドの西ベンガル州に属します（図1）。このように何の変哲も無い茫漠とした平野のなかにくねくねと長大な国境線が延々と引かれ、2つの国に分かれたのは20世紀に起きた大きな政治的事変のためです。

山・水・人の風景

図1　ガンジス平野概要図

実は第二次世界大戦のまえ、英国統治時代まで両国はベンガル州として同じ行政域に属していました。しかし戦後英国から独立するとき宗教の違いで分離したのです。そのとき領土の範囲が古くから続いた藩の版図の単位で線引きされたため、ジグゾーパズルを並べたように曲りくねった国境線で分割されたのです。どちらの国に帰属するかは古くから全土に割拠した藩主(マハラジャ)の意向によったそうです。それが国土の分割にありがちな混乱が比較的少なかった理由かもしれませんが、難民の混乱は長く続きました。

その結果、イスラム教の信者が多いパキスタンとヒンズー教徒が多いインドに分かれ、さらにパキスタンは東と西に分かれました。その後さらに東パキスタンはバングラデシュとして分離独立しました。この間には宗教的な迫害や差別を恐れて、民衆の集団移転や土地の等価交換がお互いに行われたそうです。インドとバングラデシュの国境線が最終的に確定したのはつい最近のことです。

3.1　バングラデシュ

バングラデシュ人民共和国は、ガンジス平野の東側のほぼ70％を占めています。国土面積14.8万km^{2}の12％が内水面(河川)という河川網が発達した低平なデルタのうえに建つ国で、ほぼ中央にある首都ダッカの標高はわずか5mにすぎません。この国土に1.69億人もの人が住み、人口密度は約1140人/km^{2}と世界有数の過密な国です。人口増加率は2.08％と高く、2025年には1.81億人に増加すると推定されています。その89％はイスラム教徒、残り10％はヒンズー教徒です。

主な産業は稲作や繊維・縫製業、ジュート、絨毯、紙製品で、一人当たりのGDPはUS$1200と世界的に最貧国の1つです。国土の70％は平坦で肥沃な平野ですから農業に適しています。しかし、河川流量の制御や排水などインフラ整備が遅れているため、モンスーンやサイクローンによる大量の雨によって、毎年規則的に国土の20％が洪水にみまわれ、多い時には60％まで冠水して、大きな経済的損失をこうむります。降水量はベンガル湾岸部で2500mm、中部で1800mm、北部丘陵で5000mmを超え、11月～3月の乾季と、6月～10月の雨季に明瞭に分かれます。

3.2　西ベンガル州とコルカタ

インドの西ベンガル州は南はベンガル湾に面し、北はヒマラヤ山脈の前縁丘陵に至る南北に細長い州で、バングラデシュ国土の西半分をとり囲むように広がっています。州の中央を16世紀頃まで、ガンジス川の主流であったフグリ川が北から南に曲流しています(図1)。西ベンガル州の人口は約8020万人で、面積は8.9万km^{2}です。人口の28％が州都圏のコルカタに集中しています。

コルカタ(昔のカルカッタ)は、1690年英国の東インド会社がフグリ川の左岸(東岸)の幅2～5km、長さ5kmほどの自然堤防の上に街を築いたのが始まりです。ここは17世紀の東

インド会社時代から、1921年にその行政機能をニューデリーに譲るまで、英領インド時代を通して、植民地統治の中心都市として栄えました。当時は河口から約100km上流に入り込んでいたため戦略上防御に有利であったことと、周りに比べてわずかに標高の高い自然堤防で、洪水を免れたことから街が発展しました。

以来フグリ川の下流にダイアモンド港をかかえ、流通交易港として東インドを代表する都市となって栄えました。また、フグリ川右岸（西岸）はハウラー駅から首都のニューデリーなど内陸に向かう鉄道網の起点として発達し、海と内陸をつなぐ交通の要衝です。人口は州都圏を含め1411万人、中央市街区で450万人が住み、インドで最も人口密度の高い（中央部で2.4万人/km²）都市です。東京23区では1.4万人/km²です。

州別のGDPではインド全国で第3位と高いのですが、一人当たりは中位に留まっています。主要農作物は米が全国の16％を占め第1位のシェアを誇っており、他にジュート、ジャガイモの生産高がベスト3に入っています。

4. ダッカ

私は2006年3月初めてダッカを訪れました。アジアで最貧国といわれるこの国の過密、喧騒と交通渋滞、散乱するごみなど驚きの連続でした。さらに地方で地下水のヒ素汚染や、長年の飲用に因って発生したガン患者という深刻な水問題に直面した時は衝撃的でした。今までの人生で心に重く沈積した現実ですが、これは次号で触れます。

英国の経済誌はダッカを世界でもっとも住みにくい都市にランク付けしました。これはインフラ整備の無さに因ります。まず都市交通は鉄道網が無く、道路は整備されずで、激しい交通渋滞は日常茶飯事です。車体は鉄パイプのバンパーを装備し衝突覚悟で割り込んできます。公共バスは乗客で溢れて傾き、所構わず停車します。狭い隙間をリキシャ（人力車）が縫うように抜けて行きます（写真1）。市内の移動では全く時間が読めません。郊外を走る列車には屋根まで客が乗っています。

写真1　ダッカ市内の交通渋滞。軽自動車のタクシーやリキシャが走る。奥の列車の屋根にも乗客がいる。

次は廃棄物の処理です。ダッカ市街地で690万人が住み、ごみ日排出量は約4000トンです。このうち40％は収集され、残りは不法投棄されていました。悪いことに収集はトラックやコンテナへのオープン方式で24時間排出ですし、最終処分場は野積みで管理されていませんから非常に不衛生です。歩くのをためらう街角が多々あります。

3番目は水道です。現在水道局は12.5百万人に2.1百万m³/日の水道水を供給していますが、7％ほど不足しています。水源の87％は地下水で、残り13％は表流水です。過剰な汲み上げで地下水位が低下しているため、表流水へ転換しつつありますが、表流水の汚染に苦労しています。

以上お話した3つのインフラ施設の整備が遅れた大きな要因は1971年の独立以降急激に進んだ農村から都市への人口の流入にあります。40年間で14.25百万人と7倍に増加しています。

私はこの遅れの根本的な要因は、国家として機能不全に陥っているのではないかという疑問を持っています。政争に明け暮れる最高指導者たち、それと表裏一体の官僚の汚職と利権あさ

山・水・人の風景

写真2 典型的な農村風景。作物は手前から米、ジュート、ココナツ。バングラデシュ西部のジェソール。

り、遅々として進まないお役所仕事など国家を指導するエリート階層に不可欠な倫理（責任感と使命感）が欠如しているように思います。独立して40年を過ぎても一日を2米ドル以下で暮らす貧困層が人口の3割を越えている現状に苛立ちを覚えた若者の心の隙にISが入り込み、今回の銃撃事件を起こしたのではないでしょうか。外国人かどうかは関係なく、豊かに見える人を標的にして政権の転覆を体現しようとしたのでしょう。亡くなった日本人はインフラ整備の技術援助で滞在していたコンサルタントでした。私は過去同じような仕事をしていましたので、他人事とは思えませんでした。

ダッカの街を歩いてみますと、その喧騒、交通マヒと無秩序、不衛生には辟易します。都市機能が正常に作動しておらず、行政が大都市を運営するリタラシー（基本的な能力）を有しているのかどうか疑問です。農村が野合して巨大な農村となって人の渦があちこちでうごめいているようです。残念ながらそれが私のダッカの印象です。

今後バングラデシュが貧困国から抜け出すに

写真3 空から見たガンジスデルタ。河川の曲流や三ケ月湖、自然堤防とその上に立地する農村が見える。

は、インフラ整備とエネルギー確保が喫緊の課題であるとは一般の論評です。2番目のエネルギーは現在電源の7割を自国産の天然ガスに依存していますが、産出量が減って危機感が増幅しています。唯一の希望は縫製業（ほうせい）の発展でしょうか。

一方でバングラデシュは海外から多大の開発援助を受ける「被援助大国」です。世界銀行はじめ多くに国から援助資金を受け取り、国の開発資金予算を上回る年もあります。日本はその

15%近くを占めています。インフラ整備ではダッカの都市高速鉄道、交通料金システムの統合（Rapid Pass 導入）、新国際空港および廃棄物処理など基幹となる重要分野に技術と資金の援助をしています。

　補　遺

　2006年バングラデシュのムハマド・ユヌス氏にノーベル平和賞が贈られた。長い間無担保で貧困層に資金を融資するマイクロクレジットを創設し、自助努力を促したグラミン銀行の事業が認められたのです。同国の主たる産業である農業灌漑や縫製業ばかりでなく、地下水のヒ素汚染対策である代替水源の建設にも融資しています。バングラデシュ国民とともに受賞をお祝いしたいと思います。その後私はユヌス氏に直接お目にかかり名刺を交換する機会がありました。地下水のヒ素汚染を調査（写真4）している旨をお話しすると是非またおいで下さいと言葉をかけて頂きました。

　次の節ではガンジス平野地下水の最大の問題であるヒ素汚染と人の健康について述べ、そこで活躍する日本人を紹介します。

写真4　この浅井戸の地下水はヒ素に汚染されており、飲用には適さない。その印として赤いペンキが塗ってある。簡易検査によって汚染地域の井戸が選別された。代替の安全な水源が徐々に普及しつつあるが、維持管理に問題が多い。ジェソールにて。

山・水・人の風景

モンスーンアジアの大都会　−その6−
ガンジス平野・地下水と人間の安全保障

はじめに

前回に引き続き南アジアに位置するバングラデシュとインド・西ベンガル州のお話をします。この地域はヒマラヤ山脈から流れて来るガンジス川の最下流に広がるデルタ（三角州）の平野です（図1）。ほぼ東西に330km、南北に350kmにおよび、北海道がすっぽりと入ってしまう広さです。

ヒマラヤ山脈は数百万年前から現在まで隆起しており、浸食されて大量の土砂がガンジス川によって下流に運ばれました。受け皿となる河口域では絶え間なく地盤が沈降する地殻変動が続き、流れ込む砂や泥が河口を埋め沖合にデルタが網の目のように広がって伸びてゆきました。

その結果現在平野の地下には厚さ数百mに達する地層が堆積しています（図2）。この地層は未固結で地下水を多量に含むため貴重な水源として利用されています。しかし地下水には自然起源で高濃度のヒ素が溶け、飲用水の水質基準を超えているため、数万という人が健康障害（皮膚ガンなど）を患っています。今回は安全な地下水を求めて日々苦悩する人々の悲惨な現状をお伝えします。

1. 地下水開発とヒ素汚染

皆さんはヒ素をご存じでしょう。過去には密かにカレーに混ぜて人を殺した事件や、時折井戸水に高濃度のヒ素が検出されて報道されますが、これらの多くは人が関わって発生したものです。もともとヒ素は地球上で自然に存在するありふれた元素です。その酸化物の中に毒性の強い亜ヒ酸があり、人体に蓄積して健康を害します。

ガンジス平野では1960年代より地下水が豊富に存在することが見直され、外国の援助で生活用水や農業用水として盛んに開発されまし

図1　ガンジス平野概要図

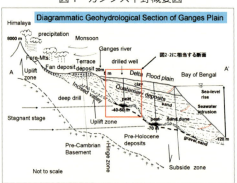

図2-1　模式地質断面図（図1のガンジス平野の南北方向）

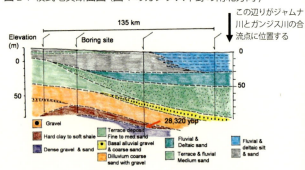

図2-2　ジャムナ川に沿う南北方向の地質断面図（赤い矢印地点から木片を採集し、炭素同位体比で28,320ybpの年代をえた。最終氷期極大の少し前の海面低下時に相当する。左が北）（JICA,Chida.,1975）

168

た。それまで使っていた表流水（河川や沼）は汚染されて感染症（下痢など）に罹病したり、乾季に水量が安定しなかったため急激に普及しました。

その結果個人所有を含めると数百万本の井戸が掘られ、生活が便利になり、衛生が改善され農業生産に貢献して将来に輝かしい「希望の火」を灯しました。バングラデシュでは1971年パキスタンから分離独立後、地下水が安全で手軽な飲用水源として、ユニセフなど国際協力もあって大々的に開発され、現在まで使用されています。特に多くの人口を抱えた農村地域の身近な水源となっています。

しかし、地下水の利用が大規模に始まってほぼ20年たって、地下水に人間の健康に有害な水質基準（50μg/ℓ、WHOや日本は10μg/ℓ）を超えるヒ素が含まれることが判明し、事態は急遽「暗転」したのです。当時の政府の報告書に"最近のヒ素の発見によって、農村地域の人々へ安全な水を供給した過去の成功は、もとに戻ってしまった"という悲痛な叫びが記してあります。ヒ素は土砂に含まれる自然にある鉄鉱物から地下水に溶解し、簡単に処理できる障害ではなかったのです。長年根本的な対策が講じられないまま飲用され、知らないうちにヒ素が体内に蓄積して発症し、皮膚ガンなど病例が報告されました（写真1）。

写真1　バングラデシュ西部ジェソール県で出会ったヒ素中毒の患者。ヒ素に汚染された井戸水を長年飲用し皮膚ガンが発症している。

それはインド・西ベンガル州で1983年のことです。バングラデシュで北西部の数本の井戸水から高濃度のヒ素が発見されたのは1993年のことです。検知された二つの地点は国境を挟んで約260km離れた農村ですが、発見までに10年という時間のずれがあります。この長い時の経過は何を意味するのでしょうか。両者は地表では長い国境で分断され離れていますが、地下では帯水層はつながっている国際帯水層です。

インド・西ベンガル州ではヒ素中毒病症がコルカタの南で最初に発見され、同じ症状の患者が周辺地域でも多いことが徐々に判明していました。バングラデシュでは地下水に高濃度のヒ素が発見された翌1994年に同じ地域で中毒患者が発見されました。

健康障害がヒ素に起因することを突き詰めるまで時間がかかることは理解できますが、それでも人の日常生活に不可欠な地下水に起因する健康リスクについて、お互いに迅速に情報を交換しあったとは残念ながら言えないことを物語っているようです。この間両国間にガンジス川の水紛争（ファラッカ堰、1975年）など政治的な対立があったことは事実ですが、隠蔽したと言われても仕方ありません。

このように生活用水に関わるヒ素汚染が人の命にかかわる緊急課題であったにもかかわらず、隣国で発見されるまで10年の空しい時が流れています。ガンジス平野の国境を挟んで広がる帯水層では、国境を越えて地下水は流動しており、潜在するリスクは同じです。したがって早急に回避し、「安全な水を緊急に確保して被災者を少なくするためにどうすべきか」という情報を共有して、迅速に障害の拡大を防止すべきだったと思います。

当平野では、地下水に依存する農業人口が大半で、しかも急増していること、さらに不幸なことに汚染した地下水無しには生活できない人々が多いことを考えると、当地域は世界で最も深刻な地下水問題、とくに安全な水が保障されないという深刻な宿命を抱えた地域であると

言うことができます。しかもその汚染の規模や健康被害は調査が進むにつれて依然として拡大しています。

2. 地下水のヒ素濃度スクリーニング

現在ようやく両国において汚染井戸のスクリーニング（選別）が終わり、その実態がほぼ判明した段階です。図3は科学的には地下水のヒ素濃度区分を示す分布図ですが、約1800万人の人々が現在も災害の渦中にあって、人の健康と生命を危うくするリスクが極めて高い地域が広いことを示した「Hazard Map」として理解すべき図です。

両国では飲用水のヒ素の健康水質基準は50 $\mu g/\ell$ で、それ以上のヒ素を含む地下水を飲用して健康な生活の危険に晒されている人たちは、現在までに判明しているだけで、バングラデシュで約1300万人です。この推計値は汚染域が広い南部の居住者数に地下水汚染率29％（後述）を掛けて算出しています。また西ベンガル州で約460万人です。この推計値は居住者に汚染率24％を掛けた数字です。さらにバングラデシュでは2008年1月現在38,430人の中毒患者が発見され、西ベンガル州は予察的な数字ですが96,000人です。

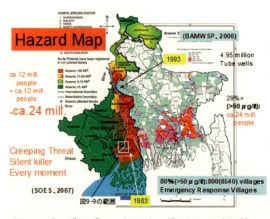

図3 バングラデシュと西ベンガル州のヒ素汚染。赤い部分がヒ素汚染の濃度が高い地域で、ガンジス平野の南部を東西方向に帯状に分布する。西ベンガル州ではフグリ川の左岸（東岸）に分布する。

バングラデシュではDPHE（公共健康工学局）がインドとの国境に近い北西部のナワブガンジで1993年に最初に数本の井戸の地下水からヒ素汚染を報告し、翌年患者も認定されました。その結果は西ベンガル州の結果と共に1995年コルカタにあるジャダブプール大学のセミナーで報告され、大きな反響を呼びました。日本から後述する川原氏が参加しています。その後、DPHEを始めとする政府が動き出し、国際機関や各国のODA、NPOも加わって汚染調査が開始されました。

しかし、1996年の半ばまででさえ、ヒ素の全国的な汚染や被害の規模は明らかにされていませんでした。BGS（英国地質調査所）の調査が始まったのは1998年1月で、翌1999年1月に速報値が公表され、最終報告が出たのは2001年2月です。かなりおおがかりな調査で科学的な結果が公表されました。

そこでは東部のチッタゴン丘陵を除き全国で3534本の井戸が調査されて、3ヶ所のモデル地区が選別され、さらに詳細な分析がなされました。その結論は150m以浅の飲用井戸のうち、27％が水質基準を越えていたのです。

次いでヒ素汚染調査は、BAMWSP（バングラデシュヒ素軽減水供給事業）に引き継がれ全国を統一して系統的に行なわれました。これは政府、地方政府、ODAやNPOが地域を分担して、1998年より2006年まで8年を要した壮大なプロジェクトです。当初は世界銀行により始められましたが、2003年政府に移管され、援助国のODAやNPOに引き継がれました。各団体で郡（upazila）単位に担当を分け、データはDPHEのNAMIC（国立ヒ素軽減情報センター）に集積されデータベース化されました。水供給、保健と農業の3つある調査部門なかで水供給部門は、国の南半分を中心に、約495万本の生活用井戸を主に簡易的な野外分析器によって地下水のヒ素の濃度を測定しました。

最終的に、BAMWSPは全国で469郡あるな

かで269郡を調査し、約800万本あるといわれる井戸の62%(495万本)を個別分析しました。その結果、全体の29%の井戸で、50μg/ℓの基準値を越すことが分かりました。それを郡単位の割合で図化したものが、図3のバングラデシュ側です。右上に細字で示した基準値を超える井戸の割合区分は、上から20%以下、20～40%、40～60%、60～80%、80%以上の5段階で、淡そら色からピンク色、赤紫色、赤色に大きくなっています。ドット（灰色）はデータがない地域を示しています。

この29%という割合はBGSが出した結果の27%とさほど変わりません。これは、BGSの調査対象の母集団がBAMWSPの約1390分の1の少なさであったにもかかわらず、割合がさほど変わらないのは、バングラデシュ全体の汚染の割合を示唆する数字としてかなり重要です。

郡単位で60%以上の井戸が基準値を超す地域を見ますと、非常に特徴的な分布を示しています(図4)。その地域は帯状でバングラデシュの南半分を約100～120kmの幅をもって、西の国境線から西南西－東北東の走向で東の国境まで連なっています。その長さは約240kmです。さらに、その帯は途中2ヶ所でほぼ南北方向に幅20kmほどの低濃度帯（20%以下）で途切れます。ここは最終氷期（19,000年前）に海水準がマイナス120mまで低下した時に浸食された埋没谷筋に当たります。また、興味深いことに、分布の北限は標高3.5～4mの地形等高線に並行します。これは約6000年前頃の最大海進（海岸線が陸側に進入）時の海水準標高とほぼ並行しています。

南限はほぼ標高1.5mの等高線に並行します。これは海岸域の地下にある浅い帯水層には海水が浸入しているため、それ以南に浅い井戸

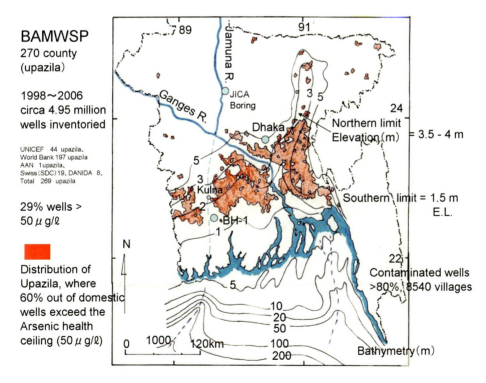

図4　旧埋没谷とヒ素汚染分布図, 海底地形図(meters)　2つの低濃度汚染の回廊(点線)、現地形等高線（1～5m）

が存在しないためです。そこでは300mほどの深い井戸から淡水をくみ上げて利用しています。他の地域は測定密度も低いこともあって、60%を越すような高濃度の郡は、東部のメグナ川上流のシレットおよび、ガンジス川の国境付近に散在しています。

次に高濃度のヒ素が含まれる帯水層の深さは、井戸の深度とヒ素の濃度の分布から推定することが出来ます（図5）。BGSの調査は高濃度のヒ素を含む地下水は、深さ150mまでの井戸に集中し、その濃度も平均$100\mu g/\ell$で、濃いものは$1000\mu g/\ell$を越えることを示しています。

とくに、深度20〜100mの浅い井戸に、$100\mu g/\ell$を越える井戸が集中し、深さ150mを越える井戸には基準値を上回る井戸は少なくなります。これには150mを越すような深い井戸が少ないこと、帯水層に設置したスクリーンの前後の外周が密に閉塞されているかなど井戸の仕上がりの問題はありますが、100m以浅、とくに50m以浅の井戸にヒ素濃度が高いことは明らかです。BAMWSPとBGSの結果は同じで、第四紀後半の新しい地質時代の浅い帯水層が集中して汚染されていることは明白です。

3. 地下水の浄化対策と管理・運営

バングラデシュ政府は2004年のNational Policy（国家政策）に則り、ヒ素を浄化する小規模な浄化槽を建設することを対策の基本方針と決定しました。その方針に従い各地で建設が始まり、海外からの援助機関も数多く参加しています。

現在、地下水の汚染度の高い地域から徐々に汚染水源の浄化や代替水源の設置など、安全な飲用水へ転換する対策が実行されています（写真2）。バングラデシュ政府は、最近の報告で農村地域では59%、都市地域では71%の給水施設は整備されたと述べていますが、限られた予算や施設の維持管理を続けてゆく地元の事情（財政不足や貧弱な運営組織）を考慮しますと、今後早急に改善すべき点は多く、安全な水を持続的に確保するまでまだ途は遠いと思われます。海外の短期の援助では間に合わず、地元の自営意欲に適応した方策が必要です。

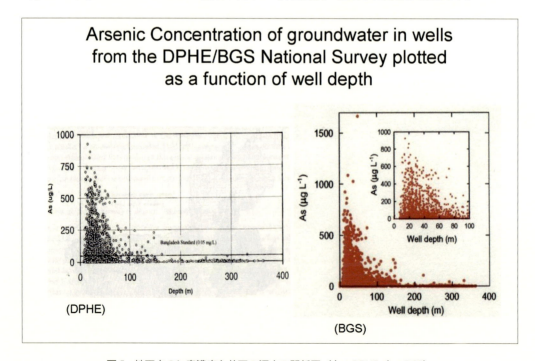

図5　地下水のヒ素濃度と井戸の深さの関係図（左：DPHE, 右：BGS）

いっぽうで、浄化槽を運営してゆくなかで、数多くの問題点が浮上しました。第一は浄化槽を 200〜400 人程度の住民を一つの単位として建設（大部分が補助金による）することと、年に数回必要なろ材（砂礫・砂）の洗浄を費用は地元で負担して継続し、機能を維持することなど、主にハード面です。次に住民が自立した運営組織を構築したうえで、役割を分担して参画することと、品質を管理（ヒ素が除去されて基準値以下に保たれているかどうかのモニタリング）するというソフト面です。

また、時に代替水源を得ることが難しいことがあります。例えば有望な帯水層が有るか無いかだけでなく、水源をため池とした場合に養魚を生業とする村人と競合する、浄化槽を建設する予定の土地所有者の意向と合わないなど地域社会の問題に遭遇します。

さらに品質管理を含めて、代替水源を持続的に維持管理してゆくために、指導する地方自治体（数村を束ねたユニオン）の管理能力向上が必要です。そこでは上意下達ではなくローカルガバナンス（地方自治体が住民の意向と参画を受け組織を運営・統治すること）の原則が確立されることが重要です。ヒ素汚染による健康被害を防ぐためには地道に浄化槽を設置し、維持管理能力を継続的に向上することは必須です。

写真2　バングラデシュ西部のジェソール県でのヒ素除去水源。タンクの上部から地下水を流し入れ砂礫と砂によってろかする。濃度が低減した安全な水は下の蛇口から出てくる。砂礫の洗浄など維持管理に手間がかかる。

4. 川原一之氏を中心とするアジア砒素ネットワーク

この点 JICA（国際協力機構）は建設と維持管理を持続的に運営し、中毒患者を救済することを目的として援助・共助を今日まで続け、その大きな貢献は高い評価を受けています。実際に動いたのは川原一之氏を中心とするアジア砒素ネットワーク（AAN）という NGO です。筆者は会員の一人です。AAN は宮崎県北部の土呂久鉱山跡のヒ素汚染に始まります。当時朝日新聞の記者であった川原氏はその実態調査から公害裁判の結審（1990 年）まで精力的に取材し、問題を提起して多くの本を世に問われました。前述した 1995 年のコルカタでのセミナーに出席され、氏の関心は世界のヒ素問題に発展して行きます。その最初で今日まで継続している事業がバングラデシュでの活動です。AAN は今後維持管理組織の構築と、潜在的なヒ素中毒患者はまだ存在すると思われるため、さらに発見と治療に努めるという目標を掲げています。

5. 農業とヒ素の食物連鎖

さらに、別の大きな環境問題としてヒ素の食物連鎖があります。長年にわたって乾季に地下水で灌漑した結果、土壌や稲などの作物にヒ素の濃集が発見されました。今後稲の茎や葉を飼料とする家畜におよぶと懸念されています。食物連鎖によるヒ素の蓄積・濃集は将来どう波及するのか現在の段階では不明なため、追跡調査が必要です。

バングラデシュでは、1960 年初めから地下水灌漑が始まり、1971 年のパキスタンから分離独立後、地下水による生活用水の開発が続き 1980 年代に急速に伸びました。最初は政府が深井戸を奨励し融資もしましたが、世界銀行が 1980 年代後半に大規模開発から自立政策へ転換したため、安価な浅井戸による小規模灌漑に移りました。他に低揚程ポンプ（渦巻きポンプ？）も導入されました。1997 年現在、地下

水灌漑面積は380万ha(国土の26％)で、その60％を浅井戸が占めています。

MLGRDC(地方・農村開発・共同組合省)は、2004年に灌漑用の深井戸にもヒ素汚染が見られ、農業や家畜など食物連鎖に影響を及ぼしていると認めており、地下水揚水を抑制する傾向にあります。また、稲作は水を多用するため、小麦やジャガイモへの転作を指導していますが、国際市場の価格とも関係し奏功するかどうかは微妙です。

6. 地下水と人間の安全保障

筆者は2008年1月から2010年3月まで行われた表記のプロジェクト"Groundwater and Human Security-Case Study(略称GWAHS-CS)"に参加する機会をえました。このワークショップ形式の共同研究はドイツのボンにある国連大学(UNU)のIEHS(環境・人間の安全保障研究所)が主催し、ユネスコ(UNESCO)のInternational Hydrological Program(国際水文プログラム)と国連のINWEH(水・環境・健康の国際ネットワーク)が協賛しました。

プロジェクトの概要は次の通りです。水資源は地球上で生物が生存してゆくうえで欠かせません。近年水量の枯渇や水質の汚染のために、安全な水が脅威にさらされています。この研究はこうした現状認識と将来に対する危機意識から生まれました。将来の懸念材料はいうまでもなく地球の温暖化や人口増加および貧困などです。

水資源のなかで地下水は乾燥地域も含め世界中でひろく利用されています。いっぽうで賦存地域は偏在しています。この研究は地下水が当面している脅威を抽出し、その緩和と適応に向けた管理や運用の方策を4つの地域をケースにして、具体的に立案することが目的です。その地域は、エジプトとイランから1ヶ所ずつ、ベトナムから2ヶ所が選ばれました。乾燥地域と熱帯湿潤地域から2ヶ所ずつバランスをとったように思われます。筆者は特別参加のかたちでバングラデシュを含むガンジス平野のヒ素汚染を提起しました。いずれの地域も水資源のなかで地下水が主たる供給源となっており、現在水量や水質に問題が生じているため対策に苦慮しています。仕事が進むにつれ研究が目指す『人間の安全保障』という壮大な命題に対し、果して相応しい地域が選択されたのかどうか個人的には疑問に思う点もありました。汚染地域には約3000万人が住み、毎日地下水を飲用し、安定した代替水源はありません。この悲惨な現実こそ国連大学が『地下水と人間の安全保障』の緊急課題として取り組むべきではないかと、筆者は機会あるごとに訴えてきました。ワークショップの成果は2017年300ページの電子版として出版されました。

－シリーズを終えるにあたって－

今回で6回にわたって連載した「モンスーンアジアの大都会」シリーズも終わりです。第1回のベトナム・ハノイが2011年ですから7年の月日が経ち、その間に紹介した都市は大きく変貌しています。ハノイでは紅河を跨ぐ斜張の長大橋が2基完成し、市街地の環状道とリンクして大きく発展しつつあります。ホーチミンでは地下鉄の建設が始まりました。メコンデルタではメコン川に長大橋が架かり、国道1号線はベトナムを南北に縦断してハノイまでつながりました。これらの都市発展の基幹となるインフラ整備はいずれも日本政府の資金や技術援助に拠るものです。まことに誇らしいことではありませんか。

バンコクでは2011年秋に発生した未曽有の大洪水について述べました。その後日本の援助で作成されていた総合治水対策が根本的に見直され、自然地形を生かし遊水池機能をさらに土地利用と調和させて制御することが対策の柱となりました。洪水は低い土地に遊ばせ市街地を守ることに徹したのです。私はそこに緩やかに

流れる「高貴なる王の川（チャオプラヤ川）」と共に生きた"水の都"バンコクの人々の悠揚として迫らぬ生活心情を感じます。

　ミャンマーのヤンゴンについて書いたのは、2013年半ばでちょうど軍政から民政に移行した激動の時代でした。それ以降総選挙の結果を受け、スーチーさんが主導して新政府が動き出し、経済が目覚ましく発展していることはしばしば報道され皆さんご存知の通りです。バングラデシュではつい最近大型の円借款案件が締結され、空港や都市交通などインフラ整備が加速されつつあります。いずれの国も「中所得国のワナ」を乗り越えるため、構造改革をさらに進めようと努力しています。

　このシリーズが皆さんのアジアへの関心を呼び起こし、理解を深めることにお役に立てば幸いです。21世紀はアジアが世界を牽引する時代です。九州はその活力を取り込むためアジアと結びつきをもっと深める必要があります。その過程で人とものの流れが広い分野で広がり、地域の特性が活気づいて一段と際立つはずです。九州の地域間でも競争によってその差が開くのはまちがいないでしょう。豊ノ国大分は大友宗麟の南蛮貿易に賭けた「進取・開明の気性」（大分市文化財課資料）に思いを馳せ、「人材雲の如く此の地に起こり、青雲の志を持つもの一世を覆うの気概に燃え、世界をリードする者出ずる」（JR大分駅前の大友宗麟銅像銘文）時代の到来です。皆様のご活躍をお祈りします。

大友宗麟像（JR大分駅前広場）

第5章
大海の孤島に渡る

尖閣列島の北小島より魚釣島の南東面を見る。右傾斜の地質構造（層理面／併入面）に調和したケスタ地形が見える（1970.12）。

尖閣列島と私

1. はじめに

与那国島と石垣島を結ぶ149トンの定期貨客船第3白洋丸は雨の降る石垣港を離れた。1970年12月5日、夜の11時のことである。沖に出るに従って大きく揺れだした。船内での挨拶回りや雑談が一段落し、いよいよ尖閣列島へも大詰の一歩を踏み出したぞという興奮もさめた後、狭い船室に入り、皆が数少ない毛布を引っ張りあって寝ていた時、私は揺れ動く船に身を任せて、大きな喜びに陶酔していた。睡気や船酔いなどあろう筈もなく、たゞ「ここまでやった。やっと来ることができた。」と湧きあがる充足感を味わいながら、天井を見つめて一人ほくそえんでいた。

2. 尖閣列島への道

細々ながらも永らく夢みていた尖閣列島への歩みを私は語ろう。

尖閣列島の名を知ったのは松本徰夫隊長を通じてであろう。いつ、どこでそれを聞いたかさだかでない。いつものことだからどこかの飲み屋で酔って、いい気分になっていた時のことかも知れない。氏は昭和38年（1963）6月に九州大学が派遣した八重山群島学術調査隊長として、西表島・鳩間島を調査された。その折、遠く東支那海上に浮ぶ尖閣列島の調査の重要さと探検的な価値とを見い出されていたという。氏は魚釣島を離れる前夜、寄せ書きに、

「尖閣にかけて星霜夢八歳　師走の波に夢まどり見ぬ」

と詠んだ。尖閣列島の一角に上陸したのが昭和45年12月——あしかけ8年ののち魚釣島のサンゴ礁に打ち寄せる荒波を聞きながらシュラーフザックの中でまどろんだ夢はさぞかし満ち足りたものであっただろう。たゞ思いもよらぬ激しい北西風にしばしば倒壊したテントの中でぬくぬくと夢をまどろむような時間があったかどうか、同じ屋根（?）の下に寝た者として大いに疑問なのではあるが・・・。

九州大学探検部の創設が昭和39年3月で、4月に行われた一連の探検講座の中で、八重山群島学術調査隊長松本徰夫氏という講演のビラをみた。八重山群島がどこだか知らないままに、学術調査隊が九大にもあるのかと妙に感心したのを覚えている。私には、当時海外探検や学術調査というものは京都や東京の大学の専売特許のように思われた。その時には「日本人による探検史」とかいうスケールの大きな話でタクラマカンだのサマルカンドなど遠い異国の地名が快く心に響いた。八重山群島との出合いはこの時で、尖閣の名を聞いたのは少しあとだったように記憶するが、とにかくなにかの折私に脳裏に東支那海に浮ぶ絶海の孤島の島影が宿ったのである。

幸い、私の属した地質学教室の図書館には文献が揃っていた。卒業論文で鹿児島の火山地質をやった関係から、琉球列島の地質の文献を集めているうちに、「尖閣列島探検記事」というはなはだ魅力的な論文を見つけた。明治33年（1900）5月に行われた調査の報告で地学雑誌に掲載されている。那覇―尖閣列島間往復18日を要している。同じ巻に「沖縄県下無人島探検談」、「黄尾島」（探検沿革、地理及地質、気象、植物）があり、次年の巻に「黄尾島」（動物、結尾）が載っている。これらの論文は隊員の宮島幹之助（生物学専攻の理学士・京都大学大学院）と黒岩恒（沖縄県師範学校教諭のち同県立農学校長）によって書かれた。

黄色に変色した紙と、にじんだような活字は明治時代の香りそのままに、時代がかった文章や地図は大げさに言えば古文書的で、大いに「や

次の調査は昭和14年（1939）5月〜6月にかけての正木任（石垣島測候所）らの渡島を待たねばならない。戦後は昭和25年（1950）、同27年、同28年の3回に及ぶ琉球大学の高良鉄夫らによる調査がある。

このほかに諸資料の編さんの形で公表されたものとして、恒藤規隆（1910）の「南日本の富源」のうち第6章「沖縄県下の無人島」や時代を下って、海上保安庁（1962）の台湾・南西諸島水路誌　書誌第209号がある。

以上が今回の調査行以前に目を入れることができた主な文献であるが、地質学方面からの情報は1900年の宮島・黒岩らの調査以来皆無であった（詳細は本報「尖閣列島に関する資料目録」を参照）。

尖閣列島が私をここまで引きつけてきた要因を振り返ると、絶海の無人島という魅力もさることながら、島の石を見たい、新しい情報を得たいという学問的願望だったように思う。

3. 尖閣列島の地質的背景

ここで少し地質学的な問題を簡単にさぐってみよう。尖閣列島は石垣島と台湾北端よりほゞ等しい距離（約150km）の東支那海にあり、中国大陸と沖縄島のほゞ中間に位置する（両者への距離は約400km）。古くより琉球と中国の福州の航路の目標とされた。地理的には九州南端より弧状に連なる琉球列島で囲まれた東支那海南部にあたり、海底地形から見ると同列島とは、列島と平行に走る水深2000mの海盆をはさんで、東支那海の大陸棚の南縁に点在している。

このような地理的・地形的な位置から黄尾礁に報告された玄武岩類を琉球火山帯の南部延長とみる意見と（台湾の北の海上にも火山島が点在する）、魚釣島を含めた地質と構造的位置から中部九州西端の離島部の地質区（済州島も含めて考えられるであろう）に比較する可能性とが考えられるが、火山噴出物の性質や噴出時代が不明なため結論は出ない。

また、魚釣島に分布する岩石についても黄尾礁とは岩質・地質時代は全く異なっており、同様に2つの考え方があり未解決のままである。

これらの問題が解決されると琉球列島の構造もかなりすっきりすると思われる。だから火山屋のはしくれとして黄尾礁にあるという玄武岩は是非見たかったし、宮島の文献により種々予想した問題点も解決したかった。時間が経つ程に孤島の石はダイアモンドの重みをもって私に迫ってきた。魚釣島の北東のかなた水平線に浮ぶ小さな三角形の島影は青く妙に美しかった。末広がりのなだらかな稜線は火山島特有の美しさだった。ああ、ソレナノニ上陸できないとは、東支那の海はなんと無情なことか。その距離わずか24kmである。

それよりも前に私たちには米国の第5空軍より上陸の許可が出ていなかった。黄尾礁は射爆場として戦後永久危険地区に指定されていた（1年ほど前、機会あって同島の石を見ることができた。大きな輝石の斑晶を含む安山岩であった）。

4. 最近の動き

早くに尖閣列島調査のおもしろさと重要さを認識しながらも、いざ事をどうはこべば島に渡れるのかといった行動となると雲をつかむような話ばかりで一向に具体化しなかった。時折思い出したように資料・情報集めをやっていた。琉球列島の地質構造区分を提案した小西健二氏に会ったり、海上保安庁の知人に渡島の可能性を打診したり、水路誌を読んだりもした。が結局は渡島の船をどうするか、その金は？で行きづまり何の進展もない、船のチャーターがだめなら自分達で行けと福岡ヨット協会に緒方顧問を通じて話を出したが、色良い返事もなく、百道の浜で小さなスナイプを浮べて遊ぶばかりといった日もあった。

1969年の中頃から尖閣列島の名がしばしば紙面をにぎわすようになった（詳しくは本報第

Ⅲ部「尖閣列島に関する報道記事切り抜き」を参照)。

国連エカフェの要請で東海大の新野弘氏を中心として、尖閣列島近海で洋上からの物理探査が行われ大陸棚に石油資源の存在の可能性が大きくクローズアップされた。これと相前後して同列島の所属をめぐって日本と中華民国の間にやりとりがあり、後に中華人民共和国も加わって今もって解決しない問題の発端となった。いちはやく領有を宣言した中華民国は尖閣列島近海の石油資源の探査権をアメリカのガルフ石油に譲渡した。また中華民国（政府（？））は魚釣島に上陸し国旗を掲げ、岩にペンキで国名を書いたりなど気勢をあげた。石垣市役所が尖閣列島の島々に日本の領有を主張する石碑と警告板を建てた。また沖縄放送や朝日新聞などの報道関係者が同列島を巡り、中華民国漁民の漁の模様や南小島での遭難船解体作業などを伝えるなどこの間の事情はめまぐるしい（この時渡島した朝日新聞の松村成泰氏にはのちに会う）。

この動きより少し早く、私たちはようやく尖閣列島へ具体的な大きな一歩を踏み出した。5月初め九州大学探検部は八重山群島の調査を計画し、その一部に尖閣列島を加えた。準備も回を重ね、4名の参加者も決ったものの、やはり船のチャーターは難しく、経験者の高良鉄夫氏に問い合せるが具体的な動きのきっかけがなかなかつかめない。一方では石垣市長に手紙を出し、何らかの突破口を見つけようとするが、いずれも隔靴掻痒の感は免れずいらだちとあきらめが交錯する。

この頃はまた大学管理法案で大学内が揺れ動いた。成立阻止にストライキを決めた学部もあり、反対の熱気も暑さの到来とともにふくれ上った。多くの学部の部員で構成された隊には準備の会ごとに、いろんな動きが入り、計画は煮つまってゆくどころか何か浮き足だったものになった。6月末出発予定日を直前にして、計画の続行か中止かの話合いがもたれ、そこで結局隊の解散が決定した。のち個人資格で島に渡った者も何人かいた。この間の事情は部誌「九大探検」3号に詳しい。その渦中で皆色々な事を考えていた。南の島を夢みる行動と所属する学部の動きのジレンマから抜けきれずに、問題を結局単なるクラブでの活動ではないかと割り切って学内の動きに同調すべきだと答を出した人が多かった。そして一体学生に何の調査ができるのかといった、いつものおきまりの袋小路に自ら墓穴を掘ってしまった。

今想い出してもこの夏の記憶が妙に乏しい。何の活動もしていないからだろう。船のチャーターの難しさを身にしみて感じて、尖閣列島への道はまた遠のいた。ただこの時整理した尖閣列島の諸資料はそのまま今回の調査に役立つことになる。

1969年尖閣列島近海の海底石油資源調査から領土問題が浮び上って以来、時折新聞や雑誌に尖閣列島の名前が出るようになったが、夏の計画の挫折以後、資料として取っておく程度で具体的に計画を推進したことはない。

年が明けて1970年半ばになると、前年にも増して領土問題がマスコミを賑わし始めた。その存在をほとんどすべての人が知りもしなかった孤島は世界の注目を集めるようになった。人知れずにこっそりと行こうなどと考えていた人間には「こりゃまずいことになったとひとり思うばかりで世のスポットライトを浴びてステージに浮び出ることなどちゅうちょされた。

柳田国男が「むしろ物の始めの形に近く、世の終りの姿とはどうしても思われぬ」と尽きぬ興味をこめて画いた南西諸島——それら沖の小島の端にある尖閣列島はまた私の心のなかで遠き島にもどってゆくように思われた。ただサンゴ礁に打ち寄せる黒潮の波音だけがはっきりと聞こえるような気がした。海鳥の鳴声が聞こえるような気がした。

山・水・人の風景

尖閣列島調査隊の成立

　1970年なかば以来たびたび尖閣列島の名が世を賑わすようになって、この無人島へ渡島を試みる機会は、その問題が大きくなるに比例して遠去かってゆくように思えた。そうした情勢のなかで、調査隊の派遣を考えた場合、より困難になった面は確かにあるが、一方ではかえってやりやすくなった面もあるのではないかと考えが180度転換するのには、多少時間を要した。そしてその考えを尖閣列島に関心を持つ人に話してみた。しかし、これとて別に確かな裏付けがある訳ではなく、探検的な一種の勘として思ったにすぎない。だから会話はいつも「そうかもしれないな。」と不確かな結論に落ち着き、具体的な行動を起すまでには至らなかった。

　一般的に人間はどっちつかずの世界に永く居ることに耐えられないものらしい。このように、依然として五里霧中で実現に向かつて具体的な判断ができないジレンマが続くものだから、そこから抜け出したくなり、実際に尖閣列島に行った人に会ってみることにした。

　朝日新聞の松村成泰記者は、前年5月琉球政府の巡視船に随行して尖閣列島の一角に上陸した経験があった。漁船のチャーター、島の上陸や水、黄尾礁などについて質問し、いくつかの貴重な返事を得た。貨客船（10トン？）を500ドル（3日間）でチャーターし、サバニは人夫賃とも1回60ドルであつたこと、沖縄放送（OHK）石垣通信局員が石垣島―西表島間の定期船会社に船を手配したことなどを知った。その後早速詳細を知るためOHK石垣通信局に問合せの手紙を書いた（結局、返事はなかった）。その直後、朝日新聞の坂東愛彦記者（当時九州大学担当）より尖閣列島調査の問い合わせの電話を受け、前年度計画したこと、今年度冬の目標のひとつにあげ、機会を伺っていると答えた。前年、琉球大学高良鉄夫教授より、冬期に尖閣列島近海にカツオやカジキ漁に出る船が多いとの話があり、チャーターに冬期が有利と判断していたし、また学生にとって冬の休みの間が適当であると考えられた。

　この9月なかばの動きが、前年夏の挫折以来眠り続けてきた探検部を揺り動かすことになる。前年度尖閣列島の計画を推進した関係から、初期の段階をとりあえず辻が担当することにし、早速松尾氏と具体的な内容について検討を始めた。

　調査内容、日程および費用等については前年度の計画に大きな変更はないが、隊員は1年経過した時点で事情が大きく変っており、最初から組み直す必要があった。人選の基本的な考え方として、(1)調査内容はかなり具体的に把握できている。(2)無人島での生活である。(3)機動性を発揮するうえで多人数の隊は望ましくない。(4)個人的な都合や嗜好がある。を念頭におき、目的を最大限に遂行でき、種々の障害の少ない隊作りを行なった。

　松本隊長はこの尖閣列島の話の発端と地質学的な問題点および数多くの隊での生活体験から考えて最適任看であった。松尾副隊長は植物学方面での貴重なスタッフで、やはり多くの協同生活の経験を通して出る意見は、若い隊員をとりまとめてゆくうえで得がたいものであった。また私個人の希望として是非入ってもらわねばならない人であった（理由は省略する）。鳥井隊員は前年度の計画で装備・記録を担当したメンバーであった。その貴重な体験は今回の装備計画を進めるのに十分役立った。長崎大学探検部の顧問であった松本隊長の参加によって、同探検部と合同隊とすることが良策と判断し、松本隊長を通じて長崎大学探検部に申し入れを行ない、隊員の選考を依頼した。すぐに同探検部より古川、山口、川下3隊員参加の連絡があり、

九大側に欠けていた動物学的の調査が加わった（後、山口隊員は参加不可能となり、代って中山隊員が加わった）。

こうした選考のなかで、希望しながら参加できなかった人も居ただろうし、また、わたくし個人の意見が入りすぎたのを不満に思う人も居るかも知れない。詳しくは反省会資料を見ていただくとして、これは計画初期段階の両大学探検部に対する連絡口（九大は鳥井隊員、長大は松本隊長）がそのままのちまで形をとどめたこと、また計画の進行とともに諸般の事情から計画を公やけにできなかったことが、後援団体である両大学探検部との連絡が不十分であった原因と考えられる。

ここに反省すべき点はあるが、何しろ仕事を進行するうえで、それが急ぐものであればある程、そのような断層が生じやすいものだし、計画の実現を第一に考えるならば、やむをえない措置であったと思われる。それを非とするならば私は引きさがらねばならないが、ここにただ「仲間だから許して」と言うのは私の甘えだろうか。

日程は12月25日福岡発、翌年1月10日福岡着を全スケジュールとし、尖閣列島滞在は12月29日から1月5日の8日間とした。これはのち、後援の朝日新聞社の要請により、ほぼ1ケ月繰り上げられた。

以上が今回の尖閣列島計画の初期の経過だが、1969年夏尖閣列島への上陸を語り、準備を進めながら今回同行できなかった早川悟、入江俊章両氏が居たことを述べておきたい。私達が尖閣列島から帰って、身体を休めている頃、両氏は吹雪のサロベツ原野をソリを引いて歩いていた。懐かしき仲間である。

尖閣列島の波高し

1. はじめに

尖閣列島に行ったのは1970（昭和45）年11月29日から12月17日です。このうち魚釣島に滞在したのは12月6日から15日まで10日間でした。沖縄が本土に返還されたのは1972年5月ですから、復帰前のことです。調査隊の行動を網羅した全体の報告書は出ていますし、学術報告もそれぞれの分野で出版されています。今回改めて稿を起こすにはあまりに遠い昔のお話で、記憶もあやふやです。従って計画を立案し島に上陸するまでのいきさつを正確にお伝えするために、主として公表された報告書から私の文章を抜粋し、適宜切り貼りし編集してお話することにします。この試みが功を奏するかどうか分かりませんが、当時の雰囲気をできるだけお伝えしようと思います。ここで使う報告書は

「東支那海の谷間―尖閣列島 九州大学・長崎大学合同 尖閣列島学術調査報告 (1973) 106p. ＋写真・地図・資料」です。

これは部数が非常に限られた私家版ですので、ご覧になった方は少ないと思います。その意味ではこの文章は初出に近い稿になるかもしれません。報告書の文章は私の若いころの書き下ろしですから、粗雑で硬く読みづらいことは承知のうえで、当時の雰囲気を残すため、原文のまま引用し、【・・】で示します。写真は報告書より複写しました。

2. 混沌としたジレンマの時

報告書の冒頭に書いた「調査隊の成立」のなかで、私はその一節を次のように始めている。

【1970年なかば以来たびたび尖閣列島の名が世を賑わすようになって、この無人島へ渡島を試みる機会は、その問題が大きくなるに比例して遠去かって行くように思えた。そうした情勢のなかで、調査隊の派遣を考えた場合、より困難になった面は確かにあるが、一方ではかえってやりやすくなった面もあるのではないかと考えが展開するのには、多少時間を要した。そしてその考えを尖閣列島に関心を持つ人に話してみた。しかし、これとて別に確かな裏付けがある訳ではなく、探検的な一種の勘として思ったにすぎない。だから会話はいつも「そうかもしれないな。」と不確かな結論に落ち着き、具体的な行動を起こすまでには至らなかった。一般的に人間はどっちつかずの世界に永く居ることに耐えられないものらしい。このように、依然として五里霧中で実現に向かって具体的に判断ができないジレンマが続くものだから、そこから抜け出したくなり、実際に尖閣列島に行った人に会ってみることにした。】

この時のことは今もよく覚えている。博多駅前の朝日新聞社福岡総局に一人で会いに行った。誰の紹介も無く飛び入りであったと思う。あとで思い返せば、物事を進めてゆくうえで何事にもこのような「あの時こそが突破口 (Breakthrough) であった」と思い当たる瞬間は存在するものである。ここから尖閣列島の話は急展開して進展してゆくことになる。だから、教訓として学ぶべきは「熟慮して飛ぶべしでもあり、熟慮しなくとも飛ぶべし、である。飛ぶことに意義がある」であろうか。日時は不確かだが、1970年の夏ごろ、出発の4ケ月まえのことである。話はつぎのように続く。

3. 急展開する話

【朝日新聞社の松村成泰記者は、前年5月琉

球政府の巡視船に随行して尖閣列島の一角に上
陸した経験があった。漁船のチャーター、島
の上陸や水、黄尾礁などについて質問し、いく
つかの貴重な返事を得た。貨客船（10トン？）
を500ドル（3日間）でチャーターし、サバ
ニは人夫賃とも1回60ドルであったこと、沖
縄放送（OHK）石垣通信局員が石垣島－西表
島間の定期船会社に船を手配したことなどを
知った。その後早速詳細を知るためOHK石垣
通信局に問い合わせの手紙を書いた（結局、返
事はなかった）。その直後朝日新聞社の坂東愛
彦記者（当時九州大学担当）より尖閣列島の問
い合わせの電話を受け、前年度計画したこと、
今年度冬の目標のひとつにあげ、機会を伺って
いると答えた（後略）。】

　ここの展開が調査隊派遣の成否を決めた鍵で
あったように思う。松村記者から坂東記者に話
が行き、私に問い合わせがあったこと、そして
こちらには計画があり、何よりも熱意があった
ことをちゃんと返答できたことである。準備の
進み具合がどうであれ、形が全くないものは表
示できないし、ものの言いようがない、何より
も人に信用されない。坂東記者の目に留まった
こともまことに尭運ぎょううんであった。その
後の話により、朝日新聞社の後援が正式に決
まったのは10月下旬であった。話は実に速かっ
た。
　坂東氏は慶応ボーイの若手の敏腕記者で当時
大学で騒いでいた「大学管理法案」をめぐる大
学紛争の記事を書いて注目されていた。結局氏
は報道記者として調査団に同道し、私たちと同
じ屋根の下で同じ釜の飯を食うことになる。そ
の後東京本社に戻り、朝日新聞社の役員を長く
務めた。話は具体化に向けて加速してゆくが、
その経緯の要点は次のとおりである。10月8
日以降出発までの行動は、渉外係であった松尾
副隊長による「報告書」の記録に詳しいので譲
ります。

4．調査計画と隊の編成
【この9月なかばの動きが、前年夏の挫折以
来眠り続けてきた探検部を揺り動かすことにな
る。前年度尖閣列島の計画を推進した関係か
ら、初期の段階をとりあえず辻が担当すること
にし、早速松尾氏と具体的な内容について検討
を始めた。調査内容、日程および費用について
は前年度の計画に大きな変更はないが、隊員は
1年経過した時点で大きく変わっており、最初
から組み直す必要があった。人選の基本的な考
え方として、(1) 調査内容はかなり具体的に把
握できている。(2) 無人島での生活である。(3)
機動性を発揮するうえで多人数の隊は望ましく
ない。(4) 個人的な都合や嗜好がある。を念頭
におき、目的を最大限に遂行でき、種々の障害
の少ない隊作りを行った。】

　隊の編成は目的を遂行するうえで一番重要な
鍵である。なかでも隊長と副隊長の役割は絶大
である。今回の尖閣列島調査では、その点目的
は自然史（地質、植物、動物、昆虫）に限られ
ていたし、周りの関係者も限られていた。それ
だけ主要なメンバーの話は早く決着した。

5．松本徰夫隊長と松尾英輔副隊長
【松本隊長はこの尖閣列島の話の発端と地質
学的な問題点および数多くの隊での生活体験か
ら考えて最適任者であった。松尾副隊長は植物
学方面の貴重なスタッフで、やはり多くの協同
生活の経験を通して出る意見は、若い隊員をと
りまとめてゆくうえで得がたいものがあった。
(中略)
　長崎大学探検部の顧問であった松本隊長の参
加によって、同探検部との合同隊とすることが
良策と判断し、松本隊長を通じて長崎大学探検
部に申し入れを行い、隊員の選考を依頼した。
すぐに同探検部より3隊員参加の連絡があり、
九大側に欠けていた動物学的調査が加わった。
(後略)】
　こうした人選の過程で出身母体のなかに不満

や憶測が渦巻いてくるのはよくあることである。ただ、当時急ぐ必要があったこと、報道機関がスポンサーについたことから計画の進行とともに諸般の事情から計画を公にできなかったことなどが重なり、後援母体である両大学の探検部と意思の疎通が疎かになったことは否めない。一面では避けがたいことであろう。また、隊の動きや情報が後援者（スポンサー）にどこまで制限されるのか、反対にどこまで売り渡したことになるのか、この点素人集団であった当時の私たちに難しい問題を投げかけた。細かい契約はなにもありませんでした。

6. 日程
【日程は12月25日福岡発、翌年1月10日福岡着を全スケジュールとし、尖閣列島滞在は12月29日から1月8日の8日間とした。これはのち後援の朝日新聞社の要請により、ほぼ1ケ月繰り上げられた。】

7. 尖閣列島魚釣島上陸
「報告書」の手記のなかで、私は尖閣列島上陸前夜の気持ちを次のように記している。

【150トンの与那国島-石垣島間の定期貨客船・第3白洋丸は雨の降る石垣港を離れた。沖に出るに従って大きく揺れ出した。船内での挨拶回りや雑談が一段落し、いよいよ尖閣列島へも大詰めの一歩を踏み出したぞという興奮もさめた後、狭い船室に入り、皆が数少ない毛布を引っ張り合って寝ていた時、私は揺れ動く船に身を任せて、大きな喜びに陶酔していた。眠気や船酔いなどあろう筈もなく、たゞ「ここまでやった。やっと来れた。」と湧きあがる充足感を味わいながら、天井を見つめて一人ほくそえんでいた。】

翌朝、魚釣島の沖合で白洋丸からサバニに乗り換えて島に上陸した。実際に、冬の尖閣列島で生活して、冬の東支那海の海がどんなに厳しいものかを実感した。突風が吹きすさぶ絶海の孤島によくぞ10日間も居たものだと思う。ましてや、荒波にもまれる巡視船のなかで「国土を守る」ため緊張の毎日を過ごす海上保安庁の人たちは大変な思いをしてあることでしょう。

追補　尖閣列島の領有権
尖閣列島を取り巻く昨今の情勢は、皆さんすでにご承知の通り、毎日何らかの形で新聞記事になるほど報道されています。それは省略します。ここでは、尖閣列島の領有権に関し、私の立場を簡単にお話しします。このような政治的なお話をするのは、私の本意ではありません。しかし、私は尖閣列島を取り巻く現在から近未来の状況に思いを馳せると、日本国の安全保障という喫緊の問題に触れない訳にはいかないと考えています。島で生活をしただけに、余計その思いが強いのです。国会図書館資料「調査と情報」565号により簡単に述べます。

日本国政府の尖閣列島の領有権に対する基本的な立場は国際法にのっとって処理することです。領土の帰属に関する国際法は次の3点に集約され、そこではそれぞれの事実が認定されれば領域主権を行使でき帰属が決定すると定めています。

①先占の理論：領有の意思標示がなされたか
②判例における権原維持の重視：領域主権の継続的かつ平穏な行使がなされたか
③決定的期日：紛争が発生した、あるいは領域権原が確立した時点以前の事実や国家行為のみに証拠能力が認められる。

このなかで日本政府が尖閣列島に対する領有権の根拠としているのは、①の先占である。先占とは国家がいずれの国家領域にも属していない地域を、領有意思をもって実効的に占有することをいう。それは1885（明治18）年以降、古賀辰四郎氏が同列島に渡航し、水産業等に従事したことに始まる。10年後の1895（明治28）年明治政府は閣議決定により、同列島に標杭が建立された。これ以降日本の実効支配が

今日まで続いている。

したがって中国が明の時代の地図に明記してあることを先占の根拠として領有を主張する権原はないことになります。これは南支那海の南沙諸島も全く同じです。漢民族の軍事力を誇示した執拗な拡張主義は歴史が教えるところです。近代に限って言えば中国は1962年マクマホンラインを南侵しインドへ攻め入りました。奥深く攻めてさっと引き、優位な立場に立ったうえで、「さあ、どうだ」といわんばかりに当事者間の会議を提案しました。これは中国外交の巧妙な常套手段です。最近では東支那海の海底油田開発をめぐる日本との摩擦や、ことに激しくなった南支那海諸島でのベトナムやフィリッピンとの領有権紛争で同じ手法が認められます。

日本の国有化以来にわかに顕在化した尖閣列島の問題はこのような歴史的な事実からみると、ゆきつく先は明らかなような気がします。それだけに主権ははっきりと主張し、国土は自分たちで守るという確固たる覚悟と行動が日本人に求められていると思います。そして、私たちには前世代から引き継いだ貴重な国土や社会資産を次の世代に遺す責務があると考えます。

北小島より魚釣島の南東面を見る。地質分布に相応し北傾斜のケスタ地形が認められる。

魚釣島の南面の岩壁と海蝕崖が続く海岸線。岩壁の上半は砂岩、下半は層理面に沿って迸入した玢岩からなる。

石垣で囲まれた鰹節工場の跡地にキャンプを設営した。毎日風が吹き荒れたが、つかの間の陽射し。

山・水・人の風景

時化の時には固定のハーケンが抜けたため、サバニを陸揚げし固定するのに苦労した。

魚釣島の主峰・奈良原岳（362ｍ）の山頂で手製の日章旗を掲げる筆者

琉球政府が建立した無断入域の警告板

北小島で確認された抱卵するクロアシアホウドリ

韓国・済州島の漢拏山(ハンナサン)登山（1966年4月）
―蒸し返される日韓問題と私のトラウマ―

1. はじめに
―日本と韓国の新しい時代の登山

1966年4月、私は韓国の済州島にある漢拏山に登りました。九州大学探検部と横浜国立大学の合同学術調査団の一員として参加した時です。50年以上も昔の話ですが、ちょうどこの時は前年の6月に日韓基本条約が締結され、両国の関係が大きな転換期を迎えた時でした。私たちの登山は、戦後ようやく両国の外交関係が正式に成立してから10ヶ月後のことです。友好ムードが醸し出されるなか、新時代に相応しい派遣として当時話題になりました。学生隊が海外に出ることも九大では初の快挙で、ずいぶんと紙面に報道されました。

調査団の成立や現地の行動から書き起こしますと、結構な分量ですので割愛します。ここでは登山中に偶然遭遇した「ある事件」についてお話をします。その事件は慰安婦問題のように度々前言を反故にして、執拗に蒸し返す韓国の統治や社会を動かす理念について愚考をめぐらす時、いつも脳裏にうごめいて私の思考を呪縛していると思うからです。こういう心理的外傷をトラウマというのでしょう。日韓基本条約の締結当時互に合意したにも関わらず現在も何かと両国の関係は「一触即発」状態ですが、そのたびにこの条約の「解釈の相違」が俎上に載せられます。食い違いの萌芽は当初からが潜んでいたのです。初めに事件に直面するまでのいきさつを理解して頂くために、その舞台である漢拏山と登山について簡単にお話しします。

2. 漢拏山

漢拏山は韓国で一番高い山で標高1950mの火山です。雄大な山体は悠然と済州島の中央に聳え立ち、山容は伏せた盾のように緩やかに伸び伸びと裾野を引き、天空との境は寄生するお椀状の噴石丘の高まりによってわずかながら変曲を見せています。海洋の孤島に特有の強風が時節を問わず吹き荒れ、冬季には屹立した独立峰にかなりの積雪をもたらして、韓国登山界のメッカとして一年中賑わっています。積雪期登山では戦前の1935年12月末関西学生山岳連盟隊(のちのマナスル初登頂者今西壽雄氏参加)が初登頂しています[*1]。同冬の翌1月1日に泉靖一氏の京城大学隊も登頂しました（1名

観音寺小屋の前で事件の翌朝に撮った写真。鄭先生（右から二人目）と金さん（白いベレー帽）、その右は九大女性隊員（現在沖縄在住）、左端は東国大山岳部員、筆者（左から二人目）とその右は九大隊員、右端は隊長。荷造りを終えて前に並べた大きなキスリングザックからこれから先の山径の苦労が想像できる。出発直前の撮影で、後方は漢拏山。

山・水・人の風景

遭難(*2)。

登山は北海岸の済州(チェジュ)から山頂に至り、南の西帰浦(ソギッポ)に下山するルートが一般的で、途中2泊は必要です。北面には下から観音寺(標高600m)、竜神閣(同900m)の宿営地があり、南に南星台(ナムスンデー)(同800m)のキャンプ場があります。頂上火口湖の白鹿譚(ペンノクタン)の脇で野営すると火山の風情を存分に楽しめますが、今は国立公園に指定され火口稜線も含め環境保全のため立ち入り禁止です。

私たちは1966年4月12日4名の隊員で観音寺に入りました。30名ほどが宿泊できる塩州荘小屋は灌木林を切り開いた牧草地の端(はし)に建っています。快晴の気持ちの良い日でした。私の立場は学生のリーダーであり、隊長は登山技術に優れた年長の社会人でした。このとき韓国の東国大学校の山岳部員も一緒で、当時は招聘状がないと調査隊など団体行動のビザはとれなかったため、同校にその労を執って頂き、登山案内のお世話をお願いしていました。小屋には孫聖権ご夫婦が常住しており、日本語が達者で大変助かりました。「ある事件」の顛末は次の通りです。

3. 山小屋で遭遇した「ある事件」

夕食も終わって東国大学校の先発隊数名と歓談や歌に花が咲いている時、一団の登山者が小屋に到着しました。ソウル大学数学科の教授と学生さん(6、7名?)でした。「やあやあ」と言うことで車座になって和やかに交歓が始まったのです。お酒も入りましたし、歌も出ました。私は九大学生の年長ということで大柄(おおがら)な教授の横に座って、孫さんの通訳で教授と話をしていました。しばらくするうちに、教授の表情が険しくなり、突然孫さんに向かって、苛立たしげに「お前の日本語はおかしい」と日本語で孫さんを大声で罵倒したのです。教授が日本語を話すことがその時初めて分かりました。それからは一方的に日本語で自分の経歴について語り始めました。仙台の旧制第二高等学校を卒業し

たのち、東北帝国大学の数学科に入学したが、その途中で終戦を迎えて、帰国したということでした。話はさらに勢いを増し、氏は学生時代いわゆる「特高」(特別高等警察)に監視され、捕まって取り調べを受けたことを声高にしゃべり出し、日本による植民地時代に受けた屈辱をはき出すように日本国を罵倒し糾弾しました。私が生まれる前の話ですが、政治・社会運動などを取り締まる警察組織であった特高がやった尋問や拷問などおぞましい話を私は知っていました。氏の顔はさらに紅潮して、自分で激高する自分を抑えきれないほど興奮しているように見えました。

そして突然韓国語で「・・・・・・」と叫んだのです。私は瞬時にかけた眼鏡を取り、正座し顔を氏に向け目を見据えました。氏が拳(こぶし)を振り上げたのはその後だったと記憶しています。座が一瞬凍ったように感じました。後から孫さんは、氏は私に向かって「おまえを殴るから、眼鏡を取れ」と命令したと教えてくれました。この時韓国語が分からない自分がどうしてとっさに相手の意に沿う行動を取ったのか全く分かりません。それはその場の雰囲気でとしか言いようがありません。後で思い返せば「殴るなら殴れ」と意外と冷静で覚悟を決めていたようです。しかし、氏は挙(あ)げた拳(こぶし)を振り下(お)ろすことなく、崩れるようにうなだれてしまいました。ここで数学科の学生さんが先生に駆け寄り、体を抱えるように別室に移動したようにおぼろげながら覚えています。あとで同席した九大の隊員に最近聞いた話では、「パスポートを見せろ」とも要求したそうです。これは学生さんが反対して収まったそうです。私は記憶にありません。

この夜、座が散って寝入ったのは夜も更けていたと思います。翌4月13日朝、私たちが起きた時にはソウル大学チームはすでに出立したあとで部屋はもぬけの殻でした。登山した私たちはその後彼らに会うことはありませんでしたから、下山したと思います。私たちは朝8時45分に小屋を出発しています。昨晩の寝不足

や疲れは無かったのか、今思えば感心しますが、若さが勝っていたのでしょうか。東国大学校の指導教授である鄭先生と女性隊員の金さん、山岳部の5名の後発隊も小屋に到着し、揃って龍神閣に向かって足を進めました。遅れて早朝に登ってきた隊長の鄭先生はソウル大学隊と観音寺の下で会い、両者で「事件」について話があったようにも聞きました。鄭先生も当惑されたことでしょう。しかし、登山中に鄭先生や山岳部員からこの件に触れる話はなかったように思いますが、確かではありません。

話はそれますが、韓国社会における教授の権力の大きさと言いますか、尊大さを見る思いがしました。例えば、山小屋の孫さんに対する人を見下した傲慢な態度や悪口、教授が一方的にまくし立てている間、学生さんは沈黙し、制止すような動きは伺えなかったことです。天下のソウル大学の教授だからということでしょうか。

13日の朝から開始した登山は順調に高度を上げ、雨降りしきる竜神閣に一泊ののち山頂に到達しました。孫さんは濃い霧のなかのルートを心配して、わざわざ登って来てくれました。山頂火口湖の野営はたき火を囲んで素晴らしい夜でした。南斜面の南星台を経由し、山おろしの突風にあおられながら4月16日無事南海岸の西帰浦に下山しました。この間東国大学校の山岳部員とは交歓を重ね、楽しい思い出が沢山あります。そのとき習った韓国の歌は今でもよく覚えています。

1968年7月、私は再度漢拏山に登りました。この時も「事件」に遭遇しました。韓国の大学と提携していたにもかかわらず、済州道教育委員会の面々が風雨の夜、竜神閣のキャンプまで登って来て、即刻岩石や昆虫の採集を中止し、下山するようにと勧告したのです。韓国に勃興しつつあったナショナリズムがプライドに火を着け、昆虫や地質の科学研究で日本人に先を越されることが許せなかったのでしょう。

4. 私のトラウマ

以上、私が漢拏山で遭遇した「ある事件」の顛末を簡潔にお話ししました。結果として暴力沙汰にならず、ましてや国際問題にもならず、ただ私の記憶として鮮明に残ったのは幸運だったかもしれません。この韓国との初めての邂逅はまことに強烈な印象として焼き付き、以来ずっと「事件」と鬱屈した思いは日韓問題が表面化するたびに蘇ります。「日本人として過去の歴史は背負わねばならないのか」という命題がいつも念頭に去来します。もし、あの時私が「自分がしたことではない。関係ない」と反論していたら、場はどうなっていたでしょうか。恐らく険悪な雰囲気になって収拾がつかなくなっていたでしょう。けれどその場でそのように冷静に状況を判断して思い留まったはずもなく、妥協でもなく、卑屈でもなく、気持ちは従容として、体はとっさの行動に出た、いや出てしまったというのが本意であったように思います。結末として私は重い歴史を背負ったことになります。

後になって考えると、相手の怒りに圧倒されてその場で謝罪も反駁もする勇気はありませんでしたが、深層心理として「怨」が私にあったと思います。「こころのごとし、相手の気持ちになって考える」です。どなたもお持ちの気持ちだと思います。そこには想像力や共感がないと出来ません。とにかく静かに耳を傾けて話を聴くことです。しかし、これは反論や反駁をしたいという欲求との兼ね合いがなかなか難しいのです。配慮が過ぎると、相手が攻勢に出た時にすぐに引いてひるんでしまいます。そして己の立ち位置をバランスよく判断する余裕がなくなり、内にストレスがたまってしまいます。世の中には押すことしか知らない、自己主張の強いゴリ押し人も大勢いますから、相手とする人や事柄には見極めが大切でしょう。

「事件」の時同席し九大の学生隊員であった友人（福岡出身）と最近再会する機会があり、事件の思いで話になりました。彼女は長く沖縄に住んでいる人類学者です。沖縄の人にとって

人類学はわが身の血のルーツを学問の対象としてあれこれ触れると言う、いわば他人の奥座敷に踏み込むような無礼を忌避する微妙な感情があるのかもしれません。発掘調査で地元の人と話し込んだ時、「ウチナンチュ」と「ヤマトンチュ」の間で和やかに挨拶から始まった会話がだんだんと日本と沖縄問題の核心に入って来ると、「琉球処分」や「戦後の基地問題」に至り、「ヤマトンチュ」から受けた差別や戦争の犠牲、基地の過剰負担を指弾され、座が緊迫して言葉に詰まることがしばしばあったそうです。そんな時彼女はじっと相手の話に聞き入って、いつも「あの済州島の時の辻さんが先生」と言い聞かせて対応していたと話してくれました。

5. おわりに－国家の外交と個人のお付き合いは自ずと違う

当初はここで文章を終えるつもりでしたが、「一方的に聴くだけでは対話にならない。同様の場面に遭遇した時どう問答するのか」という学習の結果が疑問のままでは中途半端ですから、少し追記します。しかし話が登山から逸れ、この山岳会誌に相応しい内容とは思えませんし、私に良い知恵も浮かびませんので深入りは控えます。

世界を見渡して近隣国間では長い歴史のあいだ、特に近代に数多くの紛争や摩擦が生じました。このような国家間の外交では原則や主義主張ははっきりと述べなければ、すぐに国家の安全や国際的な立場を危うくします。尖閣列島や北方四島然りです。必要な時機と場では冷徹に断固として持論を言明すべきです。討論の場ではあくまでも国益が優先し、自他を峻別して「恕」が入る隙間は寸分もありません。相手国も同様であれば必然的に論争になり、険悪な関係にもなります。そのような例は日常茶飯事です。そんな世界で外交官は両者のメンツが立ち、ウィン／ウィンの妥協点を議論するのが仕事でしょう。それは国家として責任を果たし、国際的信頼を得るものでなければなりません。

いっぽう、個人が国家を背負ってしまうと恐らく対話は同じ過程を辿るでしょう。格別の利害関係が無いのでしたら、肩の荷を下ろして仲良く会話する方が気楽です。信頼できる人間関係ができていれば、突き詰めた本音の話はより建設的な議論に深化し、雨降って地固まるかもしれません。その下地がなければ険悪になるのは目に見えていますし、見知らぬ行きずりの人との対話では互いに憎悪と誤解が増幅するのが落ちで初めから付き合いたくありません。排他的かもしれませんが、効率的にお付き合いしないと私に残された時間は少ないと感じる歳になりました。君子危うきに近寄らずです。

(*1)、(*2) 盛岡英治郎・泉 靖一（1936）冬の済州漢拏山－関西学生山岳連盟隊報告.178-191ｐｐ.京城隊報告.191-200ｐｐ.山岳.第31、第１号.

蟻頂尾根にて

漢拏山山頂の火口湖(白鹿潭)。
ここでのキャンプファイヤーの夜は楽しかった

白頭山を訪ねて 3000 里

1. はじめに

地図を開くと福岡市をほぼ北緯33.5度の線が通るのがわかる。その線をそのまま西へたどって行くと、佐賀県を経て長崎の島々を点々として海に入る。東シナ海をさらに西へ西へと行くとひとつの島につき当る。その距離約350km。もういつしか国境を越えている。このさつま芋のような島—済州島は香川県ほどの面積をもつ韓国最大の島で全島火山岩類より構成されている。

私が二度もこの島を訪れることができたのは、長崎大学の松本徰夫先生の御蔭にほかならない。同島の山のおもしろさ、火山岩類研究の重要さを教えていただいた。また外国に出ることをひねもす考えている仲間から私がいまだに足を洗えず、泥沼にあえいでいるものも、もとはと言えば先生の御蔭である。

この拙い文章を松本先生に捧げて、感謝の気持を表したいと思います。

この文は、1968年7月の二度目の渡島の際の記録から拾ったものである。

2. 国土縦走三千里登山

韓国本土の南170kmの海上に浮ぶ一大火山島済州島の周囲に点在するいくつかの島の中に馬羅島という周囲4kmに満たない小さな島がある。済州島の西南端からさらに西南に下ること10km、燈台と数十戸の家を数えるのみの東シナ海の孤島である。

この小さな韓国最南端の島から「国土縦走三千里登山」の運動が始まったのは、7月10日、私達が済州島に着く一日前のことだった。上陸早々「もう少しあなた方の到着が遅れたら、調査隊との同行を断念してこの運動に参加するつもりでした。」といかにも大事が重なって困ったという顔でこの計画を語ってくれたのは山の案内を依頼しておいた孫聖権氏だった。

この運動は山岳団体の全国組織である大韓山岳連盟主催で行われ、朝鮮半島を南から北に各地の連盟加入の山岳団体がリレー式で山々を縦走し、北朝鮮の北端の名山で、中国東北部との国境に位置する白頭山（2,744m）の頂に立とうという計画である。リレーのバトンの代りを馬羅島の土がするという。原口九万（1931）によると同島は済州島火山岩類の中では新期の噴出物の非顕晶質玄武岩（Olivine Basalt）よりなる。だからこそこの小さな島で採集された土も大体想像できようというもの。また白頭山域は広大な溶岩台地群やカルデラ湖が存在する火山としてあまりにも有名である。

渡辺武男（1933）、浅野五郎（1947）によると成層火山をなす山体の山頂周辺はアルカリ粗面岩よりなるという。スタートもゴールもかたやアスピーテ型の、かたやカルデラ型の一大火山しかも富田先生の環日本海アルカリ岩石区の一員をなすことは言うまでもあるまい。火山屋のはしくれとしてなんとなく嬉しいではないか。また両火山は直線距離で970km、それを三ケ年で踏破しようというのだから増々嬉しくなる。とかく山屋、とか探検屋と称するやからには誇大妄想狂、感動過多症の気のあるものが多い。何々山塊縦走〜〜いいな、今度いこうか〜〜何々砂漠横断〜〜けっこうですな〜〜、何々半島縦断〜〜いっちょうやるか〜〜何々大陸横断〜〜ますますけっこう〜〜などと言っているうちに、いつの間にか気宇想大となり、地球は巨人アトラスの如く彼の手のうちにあるかの様相を呈してくる。探検に興味を持ち活動もし、そのはしくれと自認する人間にその朝鮮半島縦走という響き、距離や年月の遠大さは全く単純に心をときまかせる。なんでこう横断とか縦走とか踏破とか言葉は私にウインクするのだ

ろう。横断と聞いて横断歩道しか浮かばない人間は幸せである。

　計画のはしばしを捕えてひとり嬉しがっているのも失礼な話である。南北朝鮮統一の悲願をこめて参加する一人一人に敬意を表すことを先にすべきであった。私を含めて日本人は国土が分割され、互いに敵視し合う逆境を知らない。ただ私には民族最大の不幸であることが判るのみである。

　うわべだけの言葉より、この話を聞いた時すなおに感動が湧きあがり胸の熱くなったことで私の気持ちを伝えよう。山を通じて自然を愛する事を学びながら、民族の悲願をこめて多くの人達の友情と連帯の登山が行われる。その折の点火式が10日に馬羅島で開かれたと言えようか。一応三ケ年計画で、一年目の1968年は7月10日から31日まで。馬羅島をスタートし済州島を南から北に縦断し、さらに船で半島に渡り慶尚北道と忠清北道の境に在る秋風嶺が次年度への中継地になっている。

3. 済州島

　初年度のやまはなんといっても済州島である。済州島のほぼ中央に聳える漢拏山は長い裾野を引いたアスピーテ型の山容の美しさといい、韓国最高を誇る1,950mの高度といい名山の誉に恥じない。済州島火山の活動史（原口九万、中村新太郎よる）は鮮新世に遡るという。それ以来火口を島内の至る所に開きおびただしい溶岩を噴出し、大量の噴石を伴って今日の姿を形成した。有史時代の活動は1008年で終る。これは韓国に於て記録に残る唯一の活動であるとか。特に噴石丘に至っては300個を越え、その自然のたわむれとも思える噴石丘の群は移る陽に陰影を変化させ、その美しさは済州島の景観の圧観と言えよう。また海岸から山頂に向って植物・動物の垂直分布がはっきりと見られる点は、屋久島に共通する。

　溶岩トンネルもまた島の数多い火山地形で見逃すことができない。全長7,700mに及ぶものもあり、その規模、数は富士山域のそれではない。

　済州島は昔からよく三多の島と言われる。石が多く、風が多い（強くよく吹く）、女が多く、だそうだが、火山島だから確かに石は多い。家の囲り、田畑の周りこれすべて石垣。その石垣をたどっていくと切れ目なく200kmの島一周ができるやも知れぬと思われるほど、それは碁盤の目のように、時には網目の如くに延々と連なる。しかもセメントも使わずに背たけ程に積み重ねた所もあり、その強風にも耐えるバランスは驚異でさえある。

　次に風が強くよく吹き荒れるのは東シナ海上の島であることから想像がつくし、晴雨にかかわらず、何度か地面にたたきつけられるような風に会った。ごもっともですとしか言いようがない。

　三番目の「女」だが人口比からすると24,000人ほど確かに女性が多い。だが総人口34万人からしてそれほど多いとも思えない。昔から出稼ぎの多かった島の事情を反映しているものらしい。ただ量的に見ただけのことなのか質にまで及んで言い伝えられているのかその辺の事情に私は疎い。

4. おわりに

　さて縦走の歩みはいかに進んだであろうか。今年の歩みを語らねば韓国の友に失礼だ。半島南部で一冬を越した馬羅島の土は今年の夏太白山脈を通ってソウル東方の景勝地雪岳山に至って、さらに金剛山・・・・・云々といろんな山の名を挙げて説明する孫氏の口調は淡々としながらも何かしら胸を打つ。金剛山と言えば一名をMt.Diamondと言い，優白色の花崗岩の岩壁と森林が美しい調和を見せ、特に秋の紅葉の時節渓谷美は人目を圧するということは人づてに聞いている。そして38度線以北にあることも。

「北朝鮮の山岳会との提携はあるのですか？」孫さんの顔が曇る。明るいニュースに一人悦に入り、"せめて山を通じての交流だけは・・・・"

こんな安っぽいロマンチズムは、今日の厳しい情勢にはひとたまりもない。後援者に内務部や国防部が名を連ねていたのでは何をかいわんやであろう。そもそも協力などと考える事が無理なのだろうか。韓国に渡る前よく人に注意され、後輩にも言ったものだった。

"朝鮮とは言っていけない。"全て"韓国"ということ。韓国人、韓国語、韓国料理などと。政治的な発言はいっさいしないこと。南北問題はタブーであったはずだ。いろんな思いが交錯する。

いつの日に白頭山の頂に立てるのか参加する誰にも判らないであろう。けどそれでよいではないか、実現云々をせんさくすまい。韓国の人達の大きな夢なのだ。対立の厳しい情勢下に生まれた統一の願いを支援しよう。運動の根強さを心に刻もう。馬羅島の土がいつの日か白頭山の頂に風に舞いながら落ちて旅路を終えることを心から祈ろう。それはまた火山から生まれ出たものが火山に帰ることになるのだから……

済州島の漢拏山（ハンナサン）と北朝鮮と中国国境の白頭山の位置図。

白水 隆先生の思い出

1. 白水先生の略歴

白水先生は1917（大正6）年9月、福岡市でお生まれになり、2004（平成16）年4月お亡くなりになりました。86歳でした。旧制福岡中学、旧制福岡高校を経て、九州帝国大学農学部を1942（昭和17）年に卒業されました。1963（同38）年九州大学教養部教授に就任され、1981年に退官されるまでお務めになりました。専攻は「チョウ類の自然史」で、この間日本鱗翅学会会長、日本昆虫学会会長などの要職を務められました。

長年わたる日本と東アジアの蝶類の研究により西日本文化賞を授与されました。日本の蝶類学の草分け的存在で、研究はもちろん、普及と教育に大きく貢献されました。台湾産の蝶類研究が学位論文で、その研究を集大成された図鑑は今も貴重な文献です。先生が、ウィキペディアで日本語ではなく、中国語で紹介されているのは、間違いなく台湾の研究者によるもので、業績が今なお高く評価されている証しでしょう。日本産の鱗翅類の図鑑も多く出版され、今なお版を重ねているとのことです。

葬儀の席で大英博物館から贈られた長文の弔電が紹介されましたが、先生の業績が世界的に認められていることを物語るものでしょう。今その後の趨勢を振り返れば、先生が目指しておられた「蝶類の自然史と地理的変異」学の基本にある観点は自然環境問題そのものであり、現在グローバルな喫緊の課題である「生物の多様性の保全」の先駆けであったとの思いに至ります。その国際条約の第一条には「地球上の多様な生物をその生息環境とともに保全すること」とあります。

2. 探検部部長

白水先生は1966（昭和41）年5月に、初代部長であった理学部の森下正明先生が前年の11月に京都大学に栄転された後を受けて、第二代部長に就任されました注）。在任は1971年（あるいは1972年？）まで、約5（6？）年間です。第三代は文学部の岡崎 敬先生でした。私は探検部が創設された1964（昭和39）年の5月に入部して、1967（同42）年までの理学部と、1973（昭和48）年に同大学院を出るまで、人よりは倍近く探検部に関係していましたから、ほとんど白水先生が部長をなさっていた時代と重なります。この間私は1971年から1年間オーストラリアに居ましたから、空白はあります。

> 注）1966年3月8日～同年5月23日まで永井昌文先生（医学部）が期限付きで部長に就任されています。ちょうど第一次済州島調査隊の派遣時に当たり大きなお力添えを頂きました。記してお礼を申し上げます。永井先生については同調査隊に参加した土肥直美さんが追悼文を寄稿しています。

この時代を今思い起こせばほんとうに「昼も夜もお世話になりまして、有難うございました」とお礼の言葉しか思い浮かびません。探検部の日常の活動はもちろんのこと、現地の遠征まで、さらに夜のお酒までよくぞお付き合いいただきました。挙句の果ては結婚式の仲人までもお願いしてしまい、その厚かましさに、今でも穴があったら入りたいほどの恥ずかしさを覚えます。

話は少し逸れますが、探検部の部長を始め、顧問の先生方は偉かったと思い入ります。一般論として、未熟であるのに高慢ちきで、失礼で恥知らずなうえに、学割根性丸出しの幼稚な学生を相手によくお話を聞いて頂いたと思います。無礼の数々を我慢しておられたのでしょう

か、それとも学生の将来の限りない（？）可能性を信じて聞き流し、黙認していらしたのでしょうか。いずれにしてもまことに寛容な先生方であったのは確かです。

いっぽうで、今の私が若い人の夢に真摯に耳を傾けているか、前向きに話をしているか、きちんと目を見て接しているか、などと反省してみると、その程度の低さに忸怩（じくじ）たるものがあります。やはり、昔の先生方は偉かったと改めて頭がさがる思いです。

済州島・夜間昆虫採集中の白水先生

そのような大人（たいじん）のお一人である白水先生は、日常の活動のほかに2度探検部の大きな遠征に率先して隊長として参加していらっしゃいます。最初は1968（昭和43）年の第二次韓国済州島調査であり、2度目は1970（同45）年の長崎大学と合同の奄美群島調査隊です。この遠征について細かい話は別に報告があるでしょ

うから省略します。また、特筆すべきは、白水先生はこの時期、山岳部の部長も務めてあり、同部との関係を構築するのにお力添えを頂いたことです。この事前準備のお蔭で、韓国の東国大学校山岳部が第一次韓国済州島遠征（1966年4月）の見返りとして、1967年1月冬季の北アルプス登山に来日した折、案内を山岳部に指導してもらうことが出来たのです。残念ながら当時の探検部には冬の北アルプスをこなす力量のある部員はいませんでした。この辺の深謀と人脈は白水先生ならではのことと今思い起こしています。

こうして探検部の活動史をひもといてみると、白水先生の部長在任期間には2度の韓国遠征、長崎大学と合同した奄美群島調査と尖閣列島調査を実現させて、探検部の基礎が固まった時代ということができるでしょう。もちろん前任の森下部長による創設期からのお力添えを引き継いで初めてできたことです。

3．白水先生の人となり

先生は生粋の博多人とお聞きしています。お人柄には博多の祭りとして有名な祇園山笠を舁（か）く舁（い）き手のような、男気ときっぷの良さを感じます。粋（いき）も加わるでしょう。いつもにこやかに笑顔を絶やさず人の話に耳を傾けていらっしゃるお姿を思い出します。奥様も博多の「ごりょんさん」の雰囲気をお持ちでした。思い出深いお話を2題しましょう。

1つは韓国済州島に行った時のことです。調

韓国・済州島第二次調査隊の報告から（1968年7月5日～31日）

済州島調査隊の仲間たち

さあ出発だ。荷揚げの始まり

種子田定勝副隊長（左）と筆者

査も佳境に入って、漢拏山（1950m）の山頂火口外壁下の登山基地である竜鎮閣にキャンプしていた夜中、地元教育委員会の人たちが激しい雨のなかを登ってきました。そして、突然「明日からの登山を中止し、即刻下山せよ」と勧告したのです。慶北大学校と提携した調査であったにもかかわらず、唐突で一方的な申し出でありました。しかし、白水先生は「よろしい。下りましょう」という決断をされました。「成果を先取りされ、持ち逃げされる」という開発途上国の心情をとっさに読み取ったうえでの、先生の判断であったのでしょう。他国（ネパール？）でのご経験がおありのようでもありました。前日までの調査で昆虫類の採集に多くの成果が上がっており、今後山頂まで高度を上げるにつれて、さらに成果が見込まれていただけに、難しい選択であったかもしれません。翌日は好天となって私たちは汗をかきながら山を下って行きました。

2つ目はお酒にまつわる話です。今でも先生が春吉や中州のいわゆる「四畳半座敷」の酒席で正調博多節をお謡いになったお姿が目に浮かびます。学生の身分ではとても敷居が高く、一見の客はお断りのような「お店」で馴染みの女将と楽しげに対話なさるご様子が淡い明りの下の夢のように浮かびます。まことに気持ちの良いお酒をたしなまれる先生でした。何度ご相伴したことでしょうか、こうして私は「四畳半座敷」の酒席の何たるかを教えて（？）もらいました。当時の先生のお歳をとっくに過ぎて少しは大人になった（？）私は、今、先生が女将と話をなさるお姿は、大学教授というより商家の旦那衆の風格が漂い、酒の達人、さらに言えば男の色気さえ醸し出される風情であったように思い起します。懐かしさで、「もう一席いかがですか」とお誘いしたくなります。

この得難い経験は社会に出てから思いもかけずに役に立ちました。かしこまった接待の席でも人前で恥をかくこともなく、お酒を楽しむ度胸と余裕、そして会話のコツや間を育んでくれていたように思います。本当になんとぜいたくな時間であったことでしょうか。

お酒の後はお家が近いこともあって、必ずお送りしました。いつも奥様は玄関まで出てこられて挨拶なさっていました。早くにお亡くなりになりましたので、先生も気を落とされたことでしょう。退官された後、ご自宅は西区野方に移りました。年賀状で毎年お誘いを頂きそのうちと思いながら、お訪ねする機会を失したままでした。ご無礼をお詫びし、改めて先生のご冥福をお祈りいたします。大変お世話になりました。有難うございました。

第6章
地下水と水資源の環境保全

憂いが漂う少女の視線は「安全な水をください」と訴えているようだ。1960年代から農村に盛んに掘削された浅井戸は1980年代に入ってヒ素に汚染されていることが分かり、中毒患者も確認された。現在代替え水源対策が進んでいる。バングラデシュ西部・インドとの国境に隣接するジェソール県にて。

タイ王国・高貴なる大河 チャオプラヤと流域の水資源管理
－日本が学ぶこと－

1. はじめに

小文ではタイ国で最大の流域をもつ大河チャオプラヤ川の水資源管理を紹介する。そこでは流域内で完結したみごとな水循環システムが創り上げられ、上流から下流に段階的な水の再利用が進んでいる。開発された灌漑用水は中流から下流域に広がる 100 万 ha 以上の広大な水田を潤し、地下水の涵養域の役目も果たしている。下流域では河川水や地下水は稠密な人口を抱える低平な平野に都市用水を供給している。そこには地盤沈下と洪水という二重苦の宿命に果敢に挑戦する産業・文化都市バンコクが位置する。タイの水資源政策から実施に至るプロセスを通して我々が学ぶべき点は多い。

2. チャオプラヤ平野

チャオプラヤ平野はユーラシア大陸の東南縁辺に位置し、世界でも水資源に恵まれたモンスーン地域に属する。チャオプラヤ川はミャンマー東部を占めるシャン高原の南縁に源を発する。そこはインドシナ半島の付け根に当り、チベットと四川・雲南両省を境する横断山脈の南端に位置する。上流では一気に山地を南に貫流して、下流に平野が広がっている。流域は 15.8 万 km² の面積をもちタイ国土の約 30％を占める。球磨川流域の 84 倍である。平野は約 2 万 km² の広さがあり、関東平野の約 4 倍に相当する。人口は平野部で約 1250 万人を数え、国の人口の 18.5％を占める。また、南部 7 県で国の GDP の約 50％を占め、重要な産業圏である。

平野は広大で非常に低平な地形からなる。標高は河口から直に約 250km 遡った平野の最北端ナコンサワンで 26m、河口より 30km のバンコクで 2m にすぎない。平野の上流域は氾濫原や後背湿地、沼沢地、三日月湖、自然堤防など河川から吐き出された堆積物で形作られ、下流では潮汐性のデルタや海岸砂丘が沿岸流の影響を受けながら湿潤で軟弱な地盤を形成した。その地形の平均勾配は約 10,000 分の 1 で、関東平野に比べ 10 分の 1 ほど緩い。そして河川は極端に曲流し、河岸は大部分が堤防のない自然河川のままである。この間長い地質時代に運ばれた膨大な土砂は、最下流域で氾濫を繰り返しながら旧河谷を埋め沖積平野を作った。平野の地下には豊富な地下水を賦存する帯水層が 800m 以上累積し、長年多目的に利用された。

モンスーンは毎年同じように雨季と乾季を繰り返し、雨季はときに洪水の被害をもたらし、乾季に干ばつが発生することもあった。バンコクの年間降水量は 1545mm で、11 月～ 4 月の乾季と、5 月～ 10 月の雨季に分かれ、降水量の 88％が雨季に集中する。降水量はタイ湾の沿岸部では年間 2000mm を越すが、北に向って漸減しチャオプラヤ平野の北の町、チャイナット（標高 15m）では 950mm/ 年である。時折フィリピン方面から台風が襲来し大雨をもたらす。2006 年の台風はタイ北部を横断し、上流の山岳地域に豪雨を降らせた。このとき 1964 年に完成して以来、初めてダムの貯水が満水位に達し緊急放流を始めたため下流では洪水被害が発生した。2006 年 10 月筆者はたまたま冠水した街並みを目の当たりにした。

チャオプラヤ川の上流域には 3 つの多目的ダムがある。1964 年に完成したブミボルダムは堤高 154m のアーチダムで貯水容量 135 億 m³ のタイでは最初の大型ダムである。現国王のお名前が付けられている。シリキットダムはブミボルダムの東隣のクイロムダムを挟んで、さらに東の流域にあるフィルダムで堤高 160m、貯水容量 105 億 m³ である。こちらは現女王のお名前である。ダムから放流される河

川流量はきめ細かく管理されている。ダムはEGAT（タイ電力公社）が管理運営しているが、RID(王室灌漑局)、MONRE (天然資源環境省)も運用に強い発言力をもっている。2002年環境政策を統括するMONREが組織されたことで、水資源が縦割りの用途優先でなく総合的に管理される体制が強化され、その意味は大きいと筆者は考えている。

3. チャオプラヤダムによる水資源配分

チャオプラヤ平野の一年間の水資源配分の基本的な方針は、平野北端のチャイナットにあるチャオプラヤダム地点（写真1）において、乾季初めの11月1日時点で年間60億m³（1650万m³/日）のダム貯水量と河川流量が確保されるか否かで、平水年、豊水年、渇水年のいずれかに区分され、用途別の水量が決定されている。取水堰における河川流量は乾季に500m³/秒前後であり、雨季の10月〜11月には最大4500m³/秒を超えている。4500m³/秒はチャオプラヤ川の最大流下能力である。堤防の無い自然河川区間が大半であるため、流域面積の割にはその能力は非常に小さい。

写真1　チャオプラヤダム
手前は舟運のための閘門

チャオプラヤダムの諸元は堤長265.5m、堤高16.5mである。1957年に米国の開拓局の手により完成し、2007年に50周年を迎えた。工事は全川を左岸（北）側に転流して行われ、完成後その直上流に下記の灌漑水路の取水口が設置された。このダムはチャオプラヤ平野の水管理の根幹をなす重要な頭首工で、ここでチャオプラヤ川の水は両岸に分水されるとともに、本流の流量も調整される。これはタイ最大の灌漑事業で、受益面積は約91万haである。年水資源量は平野内の有効降雨量と支流の河川水が加わり100億m³を越す。

東岸は開削された灌漑水路で支流のパサック川に通じる。その合流点の直下流にラーマⅥ世ダムがある（写真2）。このダムは1915年タイで最初に建設された近代的ダムで6門をもつ堤高22.8mの頭首工である。そこでさらにパサックダムからの水と共に調整され下流に灌漑される。最大配水量は1800m³/秒であるから、受益面積は平野下流の東岸をカバーしている。このように河川は上流から下流に段階的に効率よく再利用されている。この灌漑用水は最終的にバンコクの北東郊外にある内水面排水機場に流れる（153ページの写真）。バンコクの都市化の進行と共にこの灌漑水路網が灌漑期の洪水に輪をかけて溢水をもたらしているのは皮肉なことである。後述する外環堤防はほぼここに配置され、洪水が都市圏に浸入するのを防御し堤外に迂回させる線形で走っている。

写真2　ラーマⅥ世ダム

西岸はタチン川、スファン川、ノイ川など自然河川を利用して分水される。これらの幹線水路からさらに細かい水路網に分かれブロック別に隈なく配水されている。途中のマエクロンに水道用水の堰がある。

水資源の使用の優先順位は、「①生活用水、②水運、③河川の塩水遡上を防止する、④灌

漑用水」とする原則がある。例えば平水年の水資源配分は、生活用水14％、水道供給公社16％、水運8％、塩水遡上浸入防止10％、乾季の灌漑用水52％である。最近のニュースによれば2010年の雨季は渇水のようで、人工降雨も実験され、昔ながらに猫の鳴き声によって占う雨乞いの儀式を復活させた地方もあったそうである。

チャオプラヤ平野で地下水が水資源全体に対して占める割合は、1989年から1998年の間で2～8％と変化している。その割合は渇水年には高く、豊水年で低い。これは地下水が水資源の調整弁の役割を果たし、それ自身の保全に役立っている。地下水は平野全域で利用されているが、南部と北部で利用の状況がまったく違う。北部は乾季の水田灌漑用水が大半であり、南部は都市用水が大半を占める。南部では過去過剰な地下水の汲み上げにより地盤沈下が発生したが、現在は沈静化し回復途上にある。

4. チャオプラヤ川の総合治水対策

以上に述べたような季節の変化と地形を背景とする平野に住む人々は、水資源の恩恵に浴するとともに、洪水との戦いを長い歴史的な宿命として背負ってきた。今まで住民はただひたすら洪水が引く潮時を待つのみであった。将来懸念されている海水準の上昇にも脆弱な宿命を負っている。バンコク周辺では1980年代に入って高速道路の整備と共に都市化の波が訪れ、特に中心街から東北～東部に市街地が急速に広がった。それと共にチャオプラヤ川の東岸（西岸より最大1m低い）に氾濫する都市型の洪水が激しくなり、都市機能の低下と経済的な損失をこうむった。近年では1983,1993,1995,1996年など頻繁に洪水があった。

しからば、洪水をうまく制御できる方策がないのであろうか。チャオプラヤ平野では具体的な施策として現在、総合治水対策が進行している（図1）。1995年にチャオプラヤ川流域の洪水被害軽減のために、タイ政府は日本政府に治水対策のマスタープランの作成を要請した。そして2018年を目標年度とした総合治水プランが決定された。プランはチャオプラヤ川の上流域とバンコク首都圏に対し、洪水防御と内水面排水を主な内容として立てられた。2005年にはBMA（バンコク首都圏庁）によって、実施計画がなされた。このプランの最大の特徴は、小規模な堤防の建設や排水機の設置、地下トンネル貯留といったハードな施設とともに、現在の自然の遊水機能を生かし、首都圏の土地利用をゾーニングして開発を規制し「洪水をゆっくり貯めてゆっくり流して排水する」ソフト対策からなる総合治水対策である。2008年9月現在10本のトンネルのうち5本が完成した。外環の堤防の建設も進んでいる。バンコクの東北郊外では幸いにこの治水事業計画時に、市街地化があまり進んでいなかった。この点、無秩序にかつ急速に都市化して遊水池や涵養域を失いスプロール化した東京近郊とはちがう。タイでは日本の歴史の教訓が生きているのであろう。今後の土地開発を計画的に進める方針が実行されていることは十分に評価に値する。

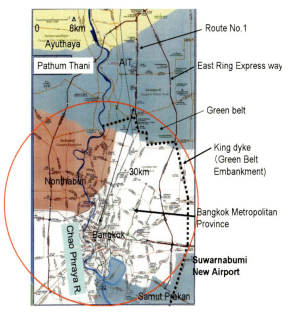

図1　総合治水計画の位置図

その基本は首都圏を盛土の外環堤防で囲み、内側は保水機能を保全した開発地域とし、外側はグリーンベルトとして遊水地とする。盛土は土取場から運んでくる。バンコクはもともと自然堤防の微高地をカット＆バンク（開削と盛土）で造成された街で、川の東岸が都心で王宮と官庁や商業街がある。堤防の内側は法律により都市開発を規制し、開発する場合でも一定面積の調整池を設ける流出抑制対策を義務付けた。堤防は Green Belt Levee − King Dyke と呼ばれ、天端(てんば)は外環高速道として利用され、一部は供用している。洪水は東の堤防の外側を南に流れ、チャオプラヤ川の河口の東に網目状にあるクロン（運河や遊水池）に一時的に貯留し海に排水される仕組みである。筆者はこの対策の一つの柱である遊水地が地下水の人工涵養に有用であることを水理地質的な解析から明らかにし、なかに組み入れるように提案した。

このプロジェクトは水資源や環境問題に関心の深い現国王のお言葉により Monkey Cheek Project と名づけられた。猿は食料をほおに溜め込む習性があることにヒントを得られたそうである。プロジェクト地域の一部に国王から寄進された土地が含まれるとのことである。堤防の配置と東北部の細かい土地利用や行政区域の関係は、堤防と行政界がほぼ並行しており、バンコク首都圏を守る計画であるのは明らかである。土地利用から見ると北のパトゥムタニ県の中央を通る国道1号線より東側は広大な水田地帯であり、間に幅数kmの森林帯を挟んで、南に市街地が広がっている。その森林帯に堤防は位置している。この治水対策が現況の土地利用をうまく利用して、バンコク市街地を守るために計画の根幹となる堤防の線形が決められたことが明らかに読み取れる。以上はチャオプラヤ川東岸の計画である。

西岸ではチャオプラヤ川と平野の西側を南流する支川のタチン川に挟まれる西バンコク首都圏（約710km²）は、既に14ブロックに分割して堤防で囲まれた「輪中群化」しており洪水対策は先行している。東岸の郊外に比べ宅地や果樹園の開発利用が進んでいたためである。

上に述べた総合治水対策は、いわばバンコク首都圏を巨大な「輪中化」とする大構想と考えられる。その結果年を追う毎に冠水域は減少している。極端な言い方をすれば、「洪水はバンコクの上流で氾濫させてしまい、バンコク首都圏を救って周辺地域を見捨てた」大胆な計画ということができる。土地の私有権が余りにも強い日本ではここまで割り切った大規模な事業を真似(まね)できるとはとても思えない。バンコクの東郊外にあってグリーンベルトに位置するスワルナブミ新空港（3000ha）は、域内に独自の排水システムを設置しているため例外区域として開発が認められた。最終的に洪水は堤外を迂回(うかい)して南のタイ湾に向かう。ここで海岸沿いに分布し、潮汐平地の砂質地盤からなるクロンを遊水機能として利用することは、浸透した地下水が淡水レンズを形成し海水浸入防止に効果があるという利点もある。オランダの地下水強化を兼ねた浄水方式と同じである。下流の末端（海岸線や東側のバンパコン川沿い）に排水ポンプ場が設置してあり、干潮時に内水面の洪水を排除する仕組みになっている。

5. おわりに

この壮大な総合治水計画は溢(あふ)れる洪水は「水の流れに和(わ)して逆(さか)らわず、ゆるやかに低きに導く」ように造られている。ここには高貴なる大河と共に生きたタイの人々の悠揚として迫らぬ生活心情を感じさせる。

以上述べたようにタイでは決定された施策が迅速に実施されている。地盤沈下対策は早くも1977年に地下水法を制定し、取水規制区域の設定と地下水料金の課金を実施し段階的に値上げした。その料金が生活用水道料金に近づいた段階で取水抑制の効果が現れた。工業用水は、生活用水同料金に比べ、日本と反対に、割高であるが同様に効果が現われている。現在では地下水位は回復し沈下も治まった。日本はタイ政

府と行政の迅速で果敢な対応を学ぶべきであろう。

最近日本の国土省はダム事業見直しの手順をまとめ、ダム以外の治水対策とコストや環境への影響を比較するよう求めた。具体的には遊水地やダムの嵩上げ、堤防などが検討されるという。しかし最近の民主党政府の目を覆うばかりの機能不全と沈滞ぶりをみると遂行能力は疑わしい。頻繁に変わるリーダーと民主党政権の政策方針、そして遅々として進まない施策の具体化など、いつ正常化するのか分からない体たらくに日本国の将来を憂うるのは筆者だけではあるまい。

この小文では、水循環の重要な要素である地下水について触れる余裕が無かった。地下水利用の歴史的な経緯や総合治水対策の一部は不知火海・球磨川流域圏学会誌（2008）2巻1号に解説しているので、小文の参考となる図と合わせてご覧頂ければ幸いである。なお本文の参考文献は省略した。お許し頂きたい。

松下潤(中央大学研究開発機構教授・前流域圏学会会長)氏の書評
辻 和毅 著「アジアの地下水」

2010年 櫂歌(とうか)書房

1. この本の価値

熟達の地質コンサルタントとして活躍中の本学会理事、辻和毅氏が、昨年12月、積年の研究成果をもとに『アジアの地下水』と題した著作を福岡市の櫂歌書房より上梓された。

本書は、日本を含むアジア五カ国・七地域にわたる地下水問題とその解決策を扱い、「21世紀の世界は水資源を巡る戦争の時代といわれている」に始まり、「アジアの地下水を理解し水環境の保全に向けた国際的な対話の材料としてお役に立てば…」という言葉で結ばれている。その行間にアジアの水問題を見据えた独自のフィールドワークの成果が随所に埋め込まれていて、読み始めるとつい引き込まれてしまう力作である。

本書によれば、これらのアジア諸国における地下水問題は多様である。1980年代以降の経済成長に伴い工業用水や都市用水の地下水依存度が急速に高まったタイ(チャオプラヤ川デルタ)では、バンコク首都圏を中心として激しい地盤沈下を招いたが、1990年代に課金制度を導入し切り抜けつつある。

これに対して、第四紀の最終氷河期の海没谷層に蓄積されたヒ素が井戸水に混入するバングラデシュ(ガンジス川デルタ)では、2,400万人もの中毒患者が存在するものの、安全な水道水を供給するシステムの整備が社会にとってかなりの重荷となっている。本書に添えられた写真の手押しポンプの前にたたずむ少女の眼は憂いを帯び、読む者の胸を痛める。

戦後のアジアの黎明期を振り返れば、国連アジア極東経済委員会(ECAFE)のもとに1950年代の初めに「メコン委員会」という名前の専門組織が設立されたことが記憶に新しい。この時代は、食糧増産の視点から農業水利をいかに確保するかという点に主題がおかれていた。本委員会の重鎮として活躍された安芸皎一先生の著作「川に思う―世界の河川」(古今書院・1973)を読み返せば、流域の経済開発に伴う水問題にはあまり紙幅が割かれていないことに改めて気付かされる。

これに対して、上記の安芸先生の著作から四半世紀後に刊行された高橋裕先生の「地球の水が危ない」(岩波書店・2000)は、最近のアジアの深刻な水問題に関する最新情報を扱っている。辻氏の「アジアの地下水」は、時間軸的にはこれらの二つの本の中間域にある。アジアにおける多様な地下水問題に焦点を当てながら、1970年代以降の急激な経済開発や人口増加に起因するアジアの水問題の展開プロセスを生のデータでもって明瞭に論証してくれているので、非常に興味深く感じる。

本書から理解できることは、井戸を掘るだけで簡単に得られる地下水に依存するアジア社会のシステム面の未熟さの問題である。「各国の為政者は何を見て資金配分しているのか」と憤りたくもなるが、冷静に考えれば、この点こそ、世界の人口のおよそ半分を占め、人口成長率でも経済成長率でも世界平均をはるかに凌駕するアジアの特徴といえるはずである。

生データといえば、アジア諸国で現地調査をすれば誰でもすぐに気付くことだが、日本のように統計資料がそろっている状況は殆ど期待できない。担当部署すらはっきりしないこともしばしばである。本書には、著者が、虫明功臣先生を総括役とする科学技術振興機構戦略的創造研究推進事業「アジア流域水政策シナリオ研究」(CREST・2001-05)に参画するなかで、足で稼いだ貴重な情報が網羅されている。その意味から、本書は文献資料として見てもたいへん優れた存在である。アジアの水問題や地下水問題に関心を持つ方々、その中で日本が果たすべき役

割に関心を持つ方々、さらには将来この分野のコンサルタント等として活躍したい若い人には特に必読の書としてお勧めしたいと思う。

2. アジアの地下水問題への筆者の視点

地球上の水の大部分は海水で、淡水資源はわずか2.5%に過ぎないといわれる。しかも、その70%は氷床や氷河として存在し、簡単には利用できない。残りの30%の大半を占めるのが実は身近な地下水である。

我々人類が水資源を得ようとするとき、井戸を掘ることですぐに利用できる地下水に頼るケースが増えるのは当然の帰結である。水道管を敷設して水道水を人々に給水するインフラシステムは日本では当たり前のようであるが、アジアでは実は大変なことなのである。

翻れば、アジアの多くは高温多湿なモンスーン気候に属し、大河川の下流部の沖積平野の上に大都市が立地する構造である。この地域はもともと地下水は豊富であるが、人口集積が相対的に大きいうえに、近年の経済成長と都市人口の急増、さらには工業化が重なって水を取り巻く経済社会条件が大きく変化してきた。筆者の指摘によれば、これらの諸国では、前述のような過剰な地下水揚水に伴う広域的な地盤沈下やヒ素汚染水の飲用利用のほか、塩水侵入、さらにはし尿や肥料中の硫酸塩類等による水質汚染など様々な地下水問題が生じ、年々拡大している。(表-1参照)

日本でも、明治維新後の殖産興業の風潮の中で、地下水に過剰に依存した産業構造がいまのアジアと類似の問題を生起したことを忘れてはならないと思う。本書によれば、戦後「工業用水法」(1956) と「建築物用地下水の採取の規制に関する法律」(1962) が制定されるまでの1世紀近い間に、首都圏の江東デルタ地域では地盤沈下量が最大4メートルに達し、市街地を堤防で囲み内水をポンプ排除する脆弱な都市となってしまったからである。そのような反省をふまえた工場での回収水利用の進展(いまや工業用水の80%を回収水が占める)、地域ぐるみでの空き田畑利用の地下水涵養事例の出現などは、マイナスをプラスに転換することに成功した日本の優れたノウハウであるといえる。

著者は、アジアの各国において実効的な解決策を求めるためには、このような日本の苦い経験則をふまえつつも、しかし日本のそれが簡単には適用できない状況もよくわきまえたうえで、それぞれの地域固有の条件も加味した現場からの発想が大切である。そうでなければ、地域に根ざした持続性高い解決策には決して繋がらないと主張される。

本書には、このような地道な視点にたち、延べ30名近い専門家や行政官を対象に行われたヒアリング調査の成果が随所に見られる。例えば、タイの場合、従来の課金制度の限界を補う対策として、リチャージングや工場での回収水利用の試みなどが始まっている。バングラデシュの場合、ヒ素汚染被害緩和法にもとついた行政の保健栄養指導や地域単位でのヒ素浄化槽の整備計画が遅まきながら進んでいるとのことである。そのうえで、結論として、①緊急の人命に関わる課題、②短期的な技術政策(5カ年)、③中期的な地域政策戦略(10カ年)、④長期的な国家的な社会システム政策(20カ年)という段階計画が導かれる。このあたりの経験論的な論証には、誰にも有無を言わさない迫力がある。

このように個々の流域のケーススタデイ(ローカルガバナンス)のうえに、人類の共通原理(グローバルガバナンス)の視点を加えて論点を掘り下げようとする辻氏の研究スタイルは、まさしく「求道」そのものである。混沌のアジア世界に立ち向かう筆者の強靭な精神と体力のなせるワザなのだろうか。敬服させられる由縁である。評者としては、誠に勝手ながら「求道には退職という言葉はない」といわせて戴きたいと思う。あわせて、益々のご活躍と後進への継続的なご指導を祈念申し上げる次第である。

(ISBN978-4-434-13850-8・A4版・193ページ・8,400円+税・2010年刊・櫂歌書房)

表-1 国別に見た地下水問題と保全対策

国・流域	地下水問題の所在	保全対策（課題）
◆日本 ［東京首都圏］ 江東デルタ ［熊本地域］ 白川・緑川流域	・工業用水を地下水に依存 ・過剰揚水・広域地盤沈下 （累積沈下量～4m） ・地下水の枯渇	法制度による規制 ・工業用水法（1956） ・建築物用地下水規制法（1962） 節水対策・水源涵養対策 ・工場内における回収水利用の促進 ・漏水防止等節水対策促進 ・空き田畑を活用した水源涵養対策
◆タイ ［バンコク首都圏］ チャオピア川デルタ	・工業用水を地下水に依存 ・過剰揚水・広域地盤沈下 （累積沈下量～1.15m）	法制度による規制 ・地下水法（1977） ・地下水揚水への課金制度（1983） 節水対策・水源涵養対策（課題） ・工場内回収水，リチャージング
◆ベトナム ［ホーチミン首都圏］ メコン川デルタ ［ハノイ市］紅河デルタ	・都市用水を地下水に依存 ・塩水侵入，ヒ素汚染 ・し尿，肥料による汚染	法制度による規制 ・地下水規制（2007） ・地下水揚水への課金制度（1983）
◆バングラデシュ ［西ベンガル州］ ガンジス川デルタ	・都市用水を地下水に依存 ・ヒ素汚染，ヒ素中毒 （潜在的に2400万人）	ヒ素中毒対策 ・ヒ素中毒被害緩和法（2004） ・浄化槽の建設，栄養保健指導

（注）本表は、辻氏の著作をもとに評者が作成した。

古川 博恭（琉球大学名誉教授）氏の書評
辻 和毅 著「アジアの地下水」

2010 年　櫂歌書房

　本書は、著者が日本における国際的な建設コンサルタントのトップとして知られている「日本工営(株)」に在職中に東南アジアを始め多くの国で、地質・地下水関係のコンサルタントとして広く国際的な業務を実施された経験と、会社退職後から国内の第一線の多くの各種専門家と日本学術振興機構(JST)の総合研究(CREST)「人口急増地域の持続的な流減水政策シナリオーモンスーン・アジア地域等における地球規模水循環変動対応戦略一」の一環として地下水部門を担当して、これまでの成果を更に深めた内容で総合的にまとめた大著である。

　地下水問題は、現在も将来も、地球温暖化を始めとしたグローバルな地球環境の変化に対応する重要な水資源問題の1つであることは言うまでもない。しかし、これまでは地下水の水文学・水文地質学・土木工学・農業土木学等の技術面からのアプローチを中心とした取り組みが多かった。それに対して、この本は、単に技術論のみの記述だけでなく、アジア各国の文化・法律・一行政・社会政策等にも深く言及して、これらと合わせた総合的な地下水問題として取りまとめた本であり、このように、これらの観点からまとめた内容は、国際経験の豊富な著者の独壇場であり国内・海外とも含めた独創的なものとなっている。特に、ここに取り上げられた多くの地域の地下水は、第四紀地質学に裏付けされた国際的にも第一級の成果が得られている。このことは、沖縄が日本に復帰した1972年以降筆者と共同で沖縄地域の地下水の開発・保全の調査研究を実施したが、その際作成された「沖縄の島々の水文地質図」が、今も沖縄で最も重要な文献として国内・海外の研究者などに引用・利用されていることも含めて、著者の地下水問題に対する高い評価に繋がっており、今後、地下水問題にとどまらず多くの分野での国際的な研究・業務を実施するうえで貴重な指針を示していると確信する。特に、これからの若い人々に読んでもらいたい本である。

　この本の内容は、「日本の地下水利用と地下水障害」、「日本の地下水法制と地下水管理」、「地下水盆の管理と保全ー熊本地域の地下水保全政策」、「乾季と雨季の水資源を配分し、高度な地下水保全施策を展開する平野ータイ・チャオプラヤ平野」、「地下水に対する依存度が高く地下水汚染が発生したーベトナムのバックボ(紅河)平野」、「低平な平野に人口が集中し、産業経済が発展するナムボ平野ーメコンデルタとホーチミン平野」、「ヒ素汚染による深刻な地下水の安全保障問題と国境をまたいだ帯水層に苦悩するガンジス平野」、「第四紀最新期の海水準変動と気候変動ー水理地質や気候の情報は政策に活用されたか」、「持続的な地下水利用に向けた政策シナリオ」、「環境政策からみたモンスーンアジアの大都市圏における地下水保全策ー結論に代えて」の順に記述され、その多種多様な国内・東南アジア・南アジアの地下水問題が総合的に網羅されている。

　この本は、A4 判でカラーの写真・図表が多数盛り込まれているため、読み易く内容の理解を助ける体裁となっており、ハードカバー、箱入り製本は見栄えがする。このような東京や欧米にも負けない上質の出版物が地元福岡で出版されたこととも併せて喜びたいと思っている。

書評　辻　和毅　著「アジアの地下水」

2010年　櫂歌書房

　先日河川図書館長の古賀邦雄氏に初めてお会いした。帰り間際に本文を書くように勧められ、お引き受けしたものの初対面でもあり戸惑ってしまった。早速ネットで本欄の過去の5編を拝見すると錚々たる方の名著に相応しい専門家の筆になる書評が連載されている。しかし今回のように拙稿を自ら評するのは初めてのようである。また「河川書の探求」というコラムと"地下水"は一見するとなじみが薄いように感じられる。どうしても気後れし気恥ずかしさが先に立つ。浅慮のすえ文の運びはまずこの本の主題である地下水が水資源として重要であることを理解して頂くため序章として地下水の位置づけをし、終節に本書をまとめるに至った意図を簡潔に記してその責を果たすことにした。その際文脈に牽強付会のそしりを受けないよう具合良くほぐすように努めたい。

　今日、地球の水資源を語るとき「21世紀は水を巡る戦争の時代」と予測したセラゲルディンの言葉がよく引用される。そして基本的な数字として地球上の淡水資源が海水を含む全体の水のわずか2.5%で、うち使用できる水は0.8%であり、残り1.7%は氷河等の使えない水であると示した図を見かける。さらに淡水のみでは氷河等が70%弱を占め、河川水が0.4%であるのに比べ地下水が30%と圧倒的に多いことに驚く人が多いであろう。使える水の希少さと地下水の貴重さを視覚に訴えるには分かり易い図であるが実は正確ではない。停滞した水の状態を示した数字にすぎないからである。周知のごとく河川水も地下水も太陽のエネルギーで循環している。世界の河川水量は降雨によって年間に約20回繰り返し流動すると沖氏は試算している。地下水もわずかながら流動している。この循環のお蔭で私たちは生きてゆける。ダムの貯水もあるから利用できる淡水はずっと多いのである。一方、地下水には塩分を含む古い地質時代の化石塩水があり、飲用には使えずその量は正確に把握されていない。この点にも注意がいる。なにごとも問題の所在を考えるとき、基本的な現状を正しく認識することの大切さを教えている。

　次に降雨に由来する水資源のやっかいな点は偏った地域に降ることと、偏った季節に降ることである。セラゲルディンは冷戦後に多発する地域紛争とともにこの点を強調した。極端な例は地球に熱帯雨林気候と砂漠気候が厳然と存在することや毎年規則的にモンスーンが到来することを思い起こせば十分であろう。最近ではそこに変調がおき長い乾季でインドの西北部あるいはオーストラリアでは農作物に大きな被害が出た。地域の偏在と季節間の格差は世界各地でさらに変動が増幅する傾向が見られる。多い地域や季節はさらに多く、その逆もしかりである。日本の気象研の21世紀半ばの気候予測でも同じ傾向が明らかに出ている。当然降雨に涵養される地下水にも変化が現れる。水需給の逼迫化（water stress）に拍車をかける人口の増加はここでは触れないでおく。

　いっぽう、現在淡水資源は用途別ではどのように使われているのであろうか。まず世界の総量3兆5720億m³/年のうち69%が農業用、21%は工業用、10%が生活用である。もちろん地域差がある。この地域差が後述するvirtual water（仮想水）をもたらす素因の一つになっている。人間生活に密接な生活用水のうち25%程度が地下水（人口比）だがこれも地域差が大きい。欧州は75%、米国は51%、アジア・太平洋は32%、中南米は29%前後である。日本は総量835億m³/年のうち66%が農業用、15%が工業用、19%が生活用である。全量の地下水依存率は13%であるが、生活用水では

第 6 章　地下水と水資源の環境保全

25％と高くなる。世界的には大人口の国々の農業用水と大都市の生活用水で地下水依存度が高く、涵養量を超えて取水するため地下水位が低下しているという点を覚えておいてほしい。

さて許された紙幅も尽きました。以上水資源としての地下水を瞥見しました。重要な役割を少しは理解して頂けたでしょうか。石油は産地から遠く離れた人口稠密な都会に運搬しても商売できる経済財となります。セラゲルディンは「20 世紀は石油を巡る戦争の時代であった」との前段のあとに冒頭の警鐘ともとれる指摘をしています。しかし水は単体では経済貿易財として成り立ちません。ですから大半の地域では水需給の逼迫度（water stress）は地域特性や人口密度と極めて関係の深い地域完結の相対的な指標です。

ここに私は地下水が生きる途があると思います。大きな利点として、on the site で清冷な水が手軽に出てくる利便性や安全性、1 本の井戸で 1 つのプロジェクトが完了する安価で素早い投資効果、水利権の問題が比較的少ないなどがあります。地下水を賦存する広大な沖積平野や地下水盆には数百万人以上の人々が住み地下水で生活しています。それだからこそ本書では地域ごとに水理地質から保全政策に至る歴史的な経緯と現在の事情を明らかにし、その障害を早期に発見して対策を施すことが重要であることを強調し、細かく記述しました。

その地域は関東平野、熊本地域、ハノイ（紅河）平野、ホーチミン、メコンデルタ、タイ・チャオプラヤ平野、ガンジス平野です。これらの地域で決して地下水の『コモンズの悲劇』を繰り返し拡大してはなりません。そうさせない共同管理体を目指し、保全施策を立て持続的に利用するため行政を指導体として「ローカルガバナンス」が適切に機能するような提言をしました。そのために日本の歴史的経緯と事例から学ぶことは随分ありました。それは地下水の開発と利用が他のアジア諸国に半世紀も先行し甚大な障害を被災して、復興対策に辛酸を舐めたためです。この貴重な経験と本書の提言は将来私たちがアジアの人と助け合い積極的に会話をする材料となるようにまとめたものです。とくにこれらを話題に政策決定者が建設的なお話しされることをつよく願っています。それが極東に位置する日本が将来平和で安全な生活を保障する外交に生きる道につながると信じていると私は本書の結論として述べて筆を置きました。

以上の仕事は JST（日本科学技術振興機構）の CREST（戦略的創造研究推進機構）の課題の一つである「人口急増地域の持続的な流域水政策シナリオ－モンスーン・アジア地域等における地球規模水循環変動への対応戦略－」（代表者：山梨大学砂田憲吾教授）のチームの一員として 2003 年から 2009 年まで参加して行った。この間私は並行して国連大学-UNECCO が主催した『地下水と人間の安全保障』というワークショップに参画した。ここでは上記の研究の中で取り上げたガンジス平野の自然砒素による汚染地下水問題（現在進行中で世界最悪といわれる）を提起し緊急を要する重点対策地域として是非とも促進するように強調した。近く報告書が発刊される予定である。この会議で感じたことだが、21 世紀に顕在化した水資源の逼迫化と地域紛争の頻発を考えるとき、「地下水と人間の安全保障」やその際議論された「vulnerability（脆弱性）」が今後国連の活動の上で重要なキーワードとなることはまちがいないであろう。なぜなら、人間の安全保障は言わずもがな、vulnerability は人が被る災害の影響や可能性、規模は自然現象面だけでなく、社会的、経済的、そして環境の側面を統合して考えることで、効果的なリスク軽減や災害に強い方策を構築する鍵となる概念だからである。

『アジアの地下水』全 12 章 193 頁、A4 版、箱入り美装丁、口絵付き、図表版オールカラー印刷、定価 8,820 円　は下記でお求めください。送料は版元負担です。
　櫂歌書房　電話 092-511-8111・Fax 092-511-6641
　　e-mail：e@touka.com
　〒811-1365　福岡市南区皿山 4-14-2

書評　守田 優 著　「地下水は語る―見えない資源の危機」

2012年　岩波書店

　ここ数年来"水"に関する図書が内外で相次いで出版されている。21世紀に入り温暖化や人口の増加といった地球規模の難問が顕在化したため、水資源の危機に対し解決策を模索する提案や解説が公刊されていると理解される。最近では表題の本のほかに"Groundwater Management Practices"（Editors：A.N.Findikakis, K.Sato,2011）と"水危機 本当の話"（沖 大幹 著, 新潮選書 2012.6）という専門家向けの注目すべき大冊が公刊された。前者は各国の地下水管理の実態やその基本となる水法の体系について、日本、インド、中国、米国、デンマーク、オーストラリア、EUの専門家が分担してとりまとめたユネスコのプロジェクトである。後者は日本の水文学の第一人者が水問題の基本から解答までを従来の常識にとらわれずに論証した本である。取りつきやすいようで実に中身は濃く、しっかりと読み解くことが求められる良書である。ここでは地下水に関する一般向けの手ごろな本として表題に掲げた本を紹介する。

　まず著者の紹介から始めよう。本の奥付から転記すると「1953年熊本県熊本市に生まれる。東京大学工学部土木工学科卒業。同大学大学院修士課程修了。東京都土木研究所にて地盤沈下、地下水、都市河川の研究に従事。工学博士。現在 - 芝浦工業大学工学部教授。専攻 - 都市水文学、地下水水文学（後略）」である。この経歴から著者が地盤沈下や都市河川の洪水問題を抱えた現場で、長年第一線に立って研究されたことが伺える。

　この本の特徴は著者があとがきに述べているように、地下水を自然史と社会史の両面からとらえることを試みた点にあると言える。その姿勢は内容全体に底流として感じられる。なかでもそれは第一章から第四章にわたって地下水にかかわる主として日本の自然史的な経験と歴史をとりまとめ、最終の第五章で「地下水とどうつきあうか」と自らの問い対して、地下水を今後の社会にどう生かして利用するかを提言して完結した全体の構成によく示されている。

　次に章を追って内容を概説してゆこう。第一章では古典的な地盤沈下の話から始まる。今では常識だが地盤沈下は表層部分の地層の収縮である。このことが日本と米国でほぼ同時期に解明されたとは筆者も初めて知った。東京下町のゼロメートル地区の拡大は公害であるという正しい認識が社会に定着するまで、学問や社会の進歩に長い時間を要した。この間地下水の浦和水脈という水理地質学上の論争など、地下水に初めて触れる人にも分かり易く解説してある。最終的に関連する二つの特別法で地盤沈下は抑えられたが、元に戻ることはないし、沈下は地方に波及した。

　第二章では地下水の過剰な汲み上げによって地下水位が低下し、それを水源とする湧水や池が枯渇した苦い歴史を、東京武蔵野台地の地下水と井の頭池を例に細かに解説してある。次いでその対策を具体化する過程で水収支や水循環という地下水問題解決の本質的なアプローチの考え方が展開される。

　第三章は「地下水と日本人」と題し、今までの類書に無かった内容であろう。20世紀初め井戸の機械掘削が始まる以前の地下水開発と日本人の生活や文化の歴史が語られる。地下水を切り口とする文化人類学的アンソロジーと言えるだろう。題材は井戸、皇都造営、枕草子、新田開発、江戸の上水、京都の食文化、上総掘りなどである。

　第四章は人間活動が環境の重要な構成要素である水環境に与えた影響を論じている。環境基本法が「大気、水、土壌その他の環境の自然的要素が良好な状態に保持されること」と水環境

の保全を規定しているにもかかわらず、過去日本の生産活動は地下水に多大の負の遺産を遺した。それは地下水汚染、地下水揚圧力（地下水位の上昇による浮力）、地下水流動阻害である。

第五章は著者の提言である。地下水の法的な側面（私水か公水か）から始まり、最近の地方自治体の条例や市民運動などを踏まえ、「公共の水」として水循環基本法を制定する諸情勢は熟していると説いた。最後に地下水を持続的に利用するためには、水循環を健全化させ、文化を培った水循環まで思いを馳せること、そのためには地下水位という指標を注視し、地下水の水質のリスク管理すること等が将来の課題であるとした。それらを一元化してマネジメントするためには地下水は「共有資源」という認識のもと、関係者のセルフ・ガバナンスが必要であると結論した。

筆者はこの本は日頃地下水問題になじみの無い読者が、地下水開発の歴史や障害、今後の課題を知るうえで格好の書であると思う。地下水開発の歴史的な変遷に始まり、日本の高度成長期に過剰な汲み上げによって発生した地下水障害（地盤沈下公害や地下水汚染など）、回復に向けた対策など、過去の歴史から学ぶことは多い。取り扱った題材は関東圏が多いが、全国や世界の動きにも配慮してあり、読者には地域に身近な話題を知る良い機会だろう。思いも懸けないところで地下水の恵みを享受していたことを発見し、皆さんがその保全に心されることを期待したい。

（ISBN 978-4004313748・新書版・201頁・760円＋税・2012年6月・岩波書店）
出典：［流域圏学会誌1巻2号 28 2012］の新刊紹介

追記：2014年7月　水循環基本法が施行された。そこには5つの基本理念が明記してある。

1) 水循環の重要性　2) 水の公共性
3) 健全な水循環への敬意
4) 流域の総合的管理
5) 水循環に関する国際協調

著者が高校時代までをすごした郷土熊本の地下水の模様は終章-2（278〜281ページ）に紹介した。このような杜と水の都に育った筆者が東京都に職をえ、上京して井の頭公園の地下水の枯渇をみた時、何を感じたであろうか。その問いに答えたのが本書ではないかと想像する。

書評 谷口 真人 編著 「地下水流動 モンスーンアジアの資源と循環」
2011年 共立出版

今回取り上げる「モンスーンアジアの地下水」という広範なテーマは、発見や発明というほど大げさで魅力溢れるものではない。しかしここ数年の短い間に異なった方面からこのテーマに特定した多くの注目すべき成果が世に噴き出した感じがする。このことは、世の中で似たような発見や発明がまったく偶然に複数の別人によって時をほぼ同じくしてなされたことがたまにあったという歴史上の事実を思い起こさせてくれる。これは俗に言う学問の「はやり」とは違い、関連した分野の研究者が同じような問題意識を長らく醸成し構想していたことが、まったく独自に一気に開花したということであろう。その背景には賢明な研究者が21世紀は全地球的に水資源は不足するという人類共通の大きな危機感と、とくに日本と関係が深いアジアで進行する急速な経済発展に伴う人口増加と都市用水の逼迫化という喫緊の課題を肌で差し迫って感じていたからに相違ない。以上は日本での話であるが、世界の動きとして国連大学が「地下水と人間の安全保障」でアジアを取り上げたこと、ユネスコが水不足の続くインドのオリッサ州で調査を実施していること以外、私は寡聞にして知らない。筆者は前者に参画した。

今回の書評に入る前に、いっせいに花が開いた感がある最近の成果をほぼ年代に沿って整理してみよう。

1) Ohgaki,S.et al.(2006) Sustainable Groundwater Management in Asian Cities. IGES, (CD-R 英文版), 97p.

前半は都市計画、衛生工学、社会政策、経済等の国内と海外の専門家が分担してアジアの6都市をケース・スタディとして取り上げ、その地下水について、現地の研究者と共同してまとめたものである。後半はそれぞれの分野の分析に基づいて地下水管理政策の提言に踏み込んだ点が注目される。

2) Takizawa,S.ed.(2008) Groundwater Management in Asian Cities : Technology and Policy for Sustainability. Csur-Ut.Series,Springer,334p.

この本はCOE (Center of Excellence) Programの「Sustainable urban groundwater management in Asian cities」の成果を取りまとめたもので、16名の衛生工学、都市計画、河川、経済、社会政策、水質、水理地質等の多く分野の専門家によって分担して執筆された優れた内容の本である。執筆者のなかには前書1)と重なる人がいる。アジア現地の専門家も加わっている。アジアのメガ都市地域に共通する水資源問題、地下水利用や地下水管理のレビューがされたあと、それらの問題の処理に役立つと思われる技術、具体的には地下水汚染と地盤沈下さらに地下水の熱利用、土壌の浄化など広範な技術的な分析と提案があり、重点はむしろこちらにある。

3) 辻 和毅(2009) アジアの地下水. 櫂歌書房. 193p.

日本語で書かれたこの種の書籍では最初の本格的で総括的な本であるが、内容はすでに本欄「河川の探求(6)」で紹介されたので省略する。第一版は2009年10月である。

4) (財)地球環境戦略研究機関(IGES)は81名の研究者を擁し、気候変動、自然資源管理、持続的消費と生産をテーマとしている。書籍ではないが、その研究刊行誌EnviroScope(2008)には第7章 地下水と気候変動:もはや隠れた資源ではない、や同誌(2010)第7章 水

の有効利用の促進：経済的手法の適用などアジアの地下水に焦点を当てた研究がある。最近の類似の活動も活発である。

 5) 谷口直人編（2010）アジアの地下環境
  ―残された地球環境問題―学報社．243p.
この本は京都にある全国共同利用施設である総合地球環境学研究所（RIHN）の「都市の地下環境に残る人間活動の影響」プロジェクトの一環として9名の執筆者によって書かれた学際的研究である。この研究所は IGES に比べ規模は小さいがかなり多岐の分野にわたる国内外の研究者から構成されている。地下水資源が地球規模の循環資源であることを種々の先端技術によって捉え、それをもとに評価・予測して最終的に地下水管理政策にどう応用したらよいかが過去の教訓とともに述べられている。

 6) 谷口真人編著 (2011) 地下水流動―モンスーンアジアの資源と循環．共立出版．294p.
今回の書評の対象となった本である。13名の執筆者のうち3名が編者も含め前著と重なっているためと思われるが、基本的な構成は前著に似通っている。しかし同研究所を含む別の2つのプロジェクトの討論や成果との合併編集のかたちとなっているため、全体的にはケース・スタディの色合いが薄れ、技術論が主体となった「アジアの地下水の教科書」に近い内容となっている。地下水流動、水文循環、資源としての持続的利用が全編を流れるキーワードであろう。技術的には高度な内容も含まれるため、前著の5)のあとにこの本を読むほうが理解しやすいように思われる。索引もついて親切な編集になっている。

このようにここ4,5年の間にいっせいに高山植物が開花するように、アジアの地下水について多くの知見が公表された。そのなかで地下水の資源としての重要性が改めて指摘され、一方で過剰な利用に伴う障害が明らかになり、それを緩和しつつ持続的に利用するため地下水管理の施策が提言された。しかしその際重要なことは、施策を順守するのはその土地に生活する国民であり、全般に共通する一般的な策と、地域文化や伝統に則した地域特有の策があることを十分わきまえる洞察力と度量をもって当事国の担当者と接することであろう。互恵の精神と地域性の尊重である。

いっぽう、アジアは広い。まずインドである。12億人の人口を抱え、28州と7つの属州からなる多民族・多宗教の多様な民主国家である。中央政府のモデル法律として「地下水規制法」が1970年に成立し、各州に提示され州は独自の類似法を制定し、施行することが求められた。西ベンガル州など現在一部の州で実施中であるが、依然として農業用水の水位低下、地下水汚染など問題は山積みである。さらにフィリピンやインドネシアなど島嶼にも地下水利用が多い。これから残された大きな課題である。

以上に述べた膨大な成果の総括を述べる力は筆者にはない。筆者は拙著の末尾に書いたように成果を会話の材料として各国の人と、持続的に安全な地下水を利用するため、その施策について議論を深め日本の技術や先行した経験をもとに日本から発信するとともに、友邦から学習する責務をこれからも果たしてゆきたいと思う。

（古賀河川図書館文献研究会　会員）

山・水・人の風景

書評　谷口真人・吉越昭久・金子慎治　編著　「アジアの都市と水環境」

2011年　古今書院

In August 1995 he warned that "if the wars of this century were fought over oil, the wars of the next century will be fought over water -- unless we change our approach to managing this precious and vital resource".

Dr. Ismail Serageldin （Director of Alexandria Library）

　今回、取り上げた書の位置づけを考える一つの事始めとして、最近の水資源に関する一般向けの書籍（いわゆる専門書は除く）の傾向について、筆者が気のついたことを簡単に述べ書評のプロローグとしよう。

　冒頭の一節は1995年当時世界銀行の副総裁であったセラゲルディン博士が記した文章の抜粋である。同じような趣旨を紙面や講演でも述べている。現在はエジプト・アレキサンドリア図書館の館長である。その心髄は「人類が貴重で、生命に不可欠な水資源について管理・運用する（今の；筆者注）やり方を変えないかぎり、21世紀は水をめぐる戦争の世紀になるだろう」にあると思われる。

　以来、水資源の話題が登場するたびに、21世紀には水資源の管理・運用の重要性を認識し、さらに喚起する"まえおき"の言葉として必ずと言っていいほど引用され非常に有名な一節となった。その指摘の正しさを証明するように、以下に述べる最近の出版物の動向や紙面をみると博士の警告が引き金となって、世界の論壇に旋風を巻き起こしているように思われる。

　まず、ここ数年の新聞の出版広告を見ていると、"水"と題名の付く本が実に多いのに気がつく。いわく『水の世紀　貧困と紛争の平和的解決にむけて』、『水の革命』、『水の未来　世界の川が干上がるとき』、『水戦争の世紀』、『日本の水ビジネス』、『水ビジネスの現状と展望　水メジャーの戦略・日本としての課題』、『水ビジネス　110兆円の水市場の攻防』、『世界が水を奪う日・日本が水を奪われる日』、『水の世界地図　刻々と変化する水と世界の問題』、『67億人の"水"争奪から持続可能へ』、『日本の水戦争』、『世界の"水"が支配される－グローバル水企業（ウォーターバロン）の恐るべき実態』、『水の知』等々である（出版年は順不同、なかには翻訳本を含んでいる。英語版は省略した）。

　さらに、これらの本の題目や狙いは一見何の脈絡もなく日ごと月ごとに世に出回っているようにみえるが、ざっと見ただけでも年を経るほどに本の主題とするところが明らかに変化してきているのが分かる。まず、4、5年前までは

　1）地球上の水資源を気候変動や人口の増加と結びつけて、理学的に数字の上で資源量の過不足を算定する。その数字をもとに農業用水、工業用水、都市用水の用途別と地域別に分けて将来の水需給を予想し、その逼迫度に応じて警鐘を発する。最終的には需給の乖離を最小にするための社会・経済状況を考慮して管理・運用の政策の問題点を指摘する。この範疇に入る本は一番真面目で正統的であり、そしてグローバルな観点からの内容が多い。

　2）その後、理学的な数字を基にしながらも、水資源を介する地域間の戦略や生命に必須な経済的動体として水資源を地政学的に取り扱うようになった。そして国家間の政治・経済や、将来の成長戦略を支配する重要資源として明確に認識するよう警鐘を発する論調が目立ってくる。その主張はつい最近のレアメタルや素材資源の世界的な争奪と絡んで増長された感がある。

　3）次いで新しい水資源確保のための手段として、この頃はとみに"水"を経済戦略財とし

第 6 章　地下水と水資源の環境保全

て活用する方策が論じられている。日本の場合には優位に立つ膜技術で上水だけでなく下水の世界にも活路を見出し、攻めの戦略を鼓舞する内容が多いように見受ける。いわゆる"水ビジネス"論である。世界の上水の民営化政策に乗って進出するフランスの水道給水・運用会社の経営の進出を警戒する論調も多い。日本の水道運営のノウハウを海外へ売込むよう勧める本まで現れた。

　4）これにあえて付け加えるならば、外国資本による大規模な水源林の土地の買い占めやリゾート開発など、日本の水資源の確保や環境に対して危機的な問題を真摯に取材し、政府や自治体に警鐘を鳴らしている本もでている。九州の九重高原で現にホテルの買収が問題となっている。

　さて、"まえおき"が長くなったが、今回取り上げた『アジアの都市と水環境』は、上の分類に従えば 1）に入るだろう。一般向けというよりは専門書である。この書は、河川書の探求（23）谷口真人編著『地下水流動－モンスーンアジアの資源と循環』（共立出版・2011）を紹介した、総合地球環境学研究所の「都市の地下環境に残る人間活動の影響」プロジェクトの成果の一部として、公表されたものである。この『アジアの都市と水環境』は、アジアの 7 都市を 32 名の著者と 3 名の編者（うち 11 名は海外の研究機関所属）で分担して著述し、その都市は、東京、大阪、ソウル、台北、バンコク、ジャカルタ、マニラである。

　確かに 1）に含まれるような、グローバルな話として、水資源の過不足や地域偏差を大局的に論じることは重要であるが、一方に住む人にあまり切実感はないだろう。地域の問題を考える時には、やはりその土地に相応した形に問題をダウンスケーリングして語ることが重要となる。その意味でしっかりとした水資源の"地域誌"が必要となる。河川書の探求（23）に紹介した『地下水流動』は、技術論もあるが、

いずれもアジアの大都市の地下水に焦点を当て、適切な尺度で問題点や政策を各々の視点で解析し、解説した良書であった。それらがここ 4、5 年間の間に日本で相次いで出版された。今回の本も基本的には同じ構成の本といえるだろう。各都市の歴史的発展経過と河川ではソウルの清渓川の復元と水環境問題が取り上げてあるのが際立った特徴であろう。

　第 1 章の概説に続いて、第 2 章から第 8 章まで都市の地理的特徴と発展過程、都市の社会・経済的基盤、都市の水環境とその問題について、それぞれの地域の課題に詳しい専門家が、単独であるいは現地の専門家と共同で執筆している。各都市ともできる限り同じ章構成にしてあるが、通常資料の有無や現地調査の粗密等によって同じ基準とすることはなかなか難しい。しかしそのスタイルは異なる分野の専門家によって学際的になるよう努力された結果、アジアの 7 都市の水環境地域誌とも言うべき内容になっている。しかし編者が意図した辞書的役割を十分に果たすためには細かい項目を網羅した索引が必要と思われ、惜しい気がする。

　次に、筆者は水理地質を専門とし、上記の都市と 2 つの都市が重複するが、アジアの 7 都市について本書と同じような主旨も含めて地下水を中心に据えた水環境を昨年（2009）『アジアの地下水』として上梓した（河川書の探求（6））。その経験から一言お話ししたい。

　今回の本に取り上げた 7 都市では、その差こそあれ重要な都市用水として地下水を利用し、その過度の揚水により障害が発生している。水質にも影響を及ぼしている。その規制や適正な揚水量を決める政策の拠りどころは、水理地質を明らかにすることが基本で始まりとなる。地下水を含む水理地質（帯水層）構造を知ることは水環境の一環として欠かすことができない要素である。第 2 章の 1 部を除きその点の記述があまり配慮されていないのは残念である。私は水理地質を知ることは地形とともに知らな

い土地の地下水を理解する第1歩で必須の条件だと考えている。

　終わりに、本プロジェクトの研究成果は海外に向けて発信することをめざしているとのことである。そのため学会や学会誌で発表されており、まことにすばらしいお話しであると思う。しかも、この本は35名の専門家で分担して執筆され、そのほぼ30％の専門家が海外の研究機関に属しておられる。是非ともこの本を早く英文で出版されるように切望している。

　追記：総合地球環境学研究所は一般向けに叢書（昭和堂刊）を出している。研究や成果を学問的にわかりやすく紹介した小判（B5判、200頁ほど）の本で、水関係では『水と人の未来可能性—しのびよる水危機』(2009)と『シルクロードの水と緑はどこへ消えたか？』(2006)があり興味深い。

　　　（古賀河川図書館文献研究会　会員）

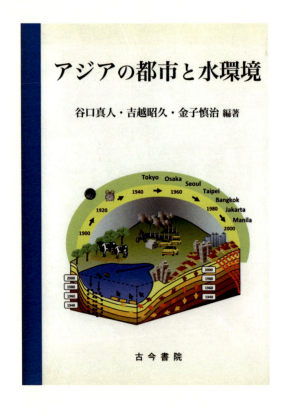

書評　古川博恭・黒田登美雄　著　英文「The Underground Dam」

2011年　海鳥社

このたび『The Underground Dam』（英文）が海鳥社より上梓された。著者は能古会会員の古川博恭氏と黒田登美雄氏である。まずは今回の出版に対し、心からお祝いを申し上げたい。地下水を学ぶ者には久しく待ち望まれた発刊であり、筆者は「ついに世に出た」という感慨を覚える。英文で768ページにおよぶ大冊であり、その内容は地下ダムに関するあらゆる技術分野を網羅している。今年（2011年）秋の出版に先駆け9月水戸で行われた地質学会の会場で展覧したところ、中国の最大手書店から早速販売代理店の申し入れがあったとのことである。この著書が世界中の地下水関係者や水資源政策に携わる為政者に高く評価され、世界に類例の無い地下ダムのバイブルとして末長く利用されることは間違いないであろう。いっぽうで、日本の地域性を生かし、独自の技術を世界へ発信する本として、日本の地下水学界のみならず、関連技術分野へ多大の貢献をもたらすと期待される。

つづいて著者のご経歴を紹介したい。古川氏は九州大学卒業後農林省に入省され、熊本農地事務局を皮切りに、東海農政局、中国四国農政局に勤務された。この間一貫してダム、地下水など地質に関わる分野の技官として活躍され、その成果は各地の第四紀の地質や地下水報告として公表された。その多くが農政の事業実施に関わるものであり、学術研究に携わった研究者とはおのずと基本的なスタンスが異なっている。その後沖縄が米国より返還された直後、沖縄総合事務局に転勤された。この転機はそれ以降氏の技術の指向が地下ダムに集約され、今回の成果として集大成されるきっかけになったように思われる。地下ダムは面積が小さく水不足の離島が多いことと、琉球石灰岩が存在するという琉球列島特有の地理的・地質的な背景を抜きには語れないからである。私は当時日本工営㈱という建設コンサルタントに在籍中で、古川氏には沖縄各地の水理地質や地下ダムの調査で随分ご指導いただいた。

その後氏は琉球大学に転じられ、腰を据えて本格的に沖縄に限らず全国各地の地下ダムの調査から、試験施工、実施施工に至る技術開発の第一線に立ち指導や教育に邁進された。その成果はこの本の独特の構成に示されている。それは事例研究に46％の紙面を割いてあることで、学問を机上のものではなく常に社会貢献する実学の観点から考えておられた氏の実践哲学に裏打ちされていると筆者は感じている。大学を定年退職された後も地下ダム研究のご指導ととりまとめにあたられ、現在に至っている。

黒田氏は古川氏の琉球大学時代のお弟子さんにあたる。高知大学を卒業後、九州大学大学院に進まれ、卒業後日本基礎技術㈱に入社された。

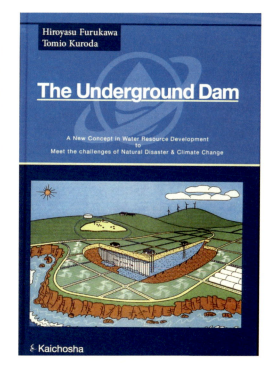

そこではグラウチングの数値管理システムの構築やダム設計に従事された。その後琉球大学に転じ、コンピューターを用いた情報処理やシミュレーション技法を駆使され、花粉分析を用いた環境情報の研究や第四紀地質の解析と地下水評価・保全など幅広い分野の研究を続けておられる。現在は農学部の教授を務められ、農地の環境保全など地域特有の課題から、古環境を通して気候変動を分析するなど現在世界が当面する大きな問題まで精力的に取り組んでおられる。情報処理やデータ解析に関する幅広い専門知識はこの本の図表や文献・索引の作成など随所に披露されている。

つぎにこの本の構成は次の通りである。序言では、冒頭で21世紀に世界的な水資源危機が表面化していること、その危機に対応する手法として、表流水の無い乾燥地域や島嶼で地下ダムが水資源の有効な開発手段であることが述べてある。次いで本書は地下ダムがもつ潜在的な可能性について世界で最初に詳しく解説した書であることが高らかに謳ってある。その自負は沖縄・宮古島で長年にわたって進められた数多くの国営灌漑事業の実績に由来していると思われる。

ついで第1章の序論では地球の温暖化と世界の水資源の逼迫状況がIPCCの報告に基づいて概説され、つづいて日本の水資源の現況が述べてある。第2章は地下ダムの特徴が地表のダムと比較して明記され、日本のおける地下ダムの開発の歴史と2008年現在の既存の地下ダムが一覧表に列記してある。全国で既に17ヶ所建設されていることは多くの読者にとって驚きかもしれない。2020年までにさらに4ヶ所の地下ダムが完成する予定である。

地下ダムに適する地形と地質に関する第3章は著者の第四紀地質の知識が存分に披露された章と言えるだろう。記述は世界の気候帯区分に沿った地下ダム適地の地形や地質の整理に始まり、日本各地の第四紀地質の詳しい記載に及んでいる。その章末は日本の地下ダムの主要な帯水層である琉球石灰岩の分布や層序が説明してある。

第4章は地下ダム計画に最も重要なパラメーターとなる帯水層の水理常数を、琉球石灰岩の岩相別に算定する手法が詳述されている。ここは地質をしっかりと踏まえて調査を進めることの重要さを教えてくれる。海水に囲まれた離島では塩水と淡水の境界の把握は一番肝要な調査項目である。電気伝導度検層のよってその境界を求める手法は手間はかかるが、結果は分かり易い。筆者もインドネシア東部ジャワの海岸に分布する石灰岩地域で用い興味ある結果を得た。この本に示された多良間島の地下ダムは淡水レンズを止水壁によって四方を囲み塩水浸入を防止する、地下ダムとして究極の事例であろう。この章は地下ダムの水収支を主としてタンクモデルによって解析する手法の記述で結んである。

第5章からいよいよ地下ダムの設計に筆は進んでくる。地下ダムの止水法として代表的な、グラウチングと止水壁および矢板工法が比較された。数々の施工実績から掘削中に発生する土とスラリーを循環してon-siteで置換する工法が優位であることが分かった。とくに深度が100mにおよぶ場合に際立って施工性が良くなる。各地の施工実験の結果が丁寧にまとめられており、今後地下ダムを計画する関係者には有用で他では得難い情報であろう。また、石灰岩にはつきものの洞穴の探査や対処法の記述が詳しいのも、多くの現場を経験されて始めて書けることであろう。ひつづき、取水計画について述べてある。

第6章から実際の施工法が125ページにわたって詳述してあり、この本の佳境に入った感がある。内容を個々に述べる紙幅はないので、要点のみを記したい。止水壁の施工手順、施工法、掘削機械、止水壁の品質とその管理、排水と余水吐け、取水法とその評価および配置、洞穴の対策、塩水浸入の実態と対策などが、各地の事例解析を示しながら詳しく説明してある。

第7章は地下ダムの管理・運営が、止水壁の事故と取水量の管理を例に、水位観測によってできることが示されている。

第8章では、地下ダムが地震、津波などの災害、そして原子力発電所の事故に対し、その緩和策として潜在的な可能性があることが記してある。この章は、2011年3月の東日本大震災の惨禍を目の当たりにし、地下ダムがどう役にたつのかを真剣に討議された結果、急遽執筆されたとのことである。福井県沿岸や三陸地方などリアス式海岸には沖積平野が偏狭な谷間に分布するため地下ダムの適地が数多くある。常神ダムなど完成したダムもある。地下ダムは、安価で、手近な水質の良い水源として非常の際にも有効であると著者は述べている。

第9章は事例研究で、皆福ダム、砂川ダム、福里ダムの3例が詳述してある。いずれも沖縄・宮古島に完成した地下ダムで、後二者は日本で最大級の貯水容量を有している。皆福ダムは琉球石灰岩に最初に試験施工されたダムで、貴重なデータの数々を提供してきた。内容には第8章までの記述と重複する個所は見受けられるが、各ダムはほぼ項目別に事業の進捗に伴う経年的な記述となっており、これから事業を計画する者にとって、工程を考えるうえで具体的であり、大変参考になると思われる。

以上ご紹介したように体系化された構成と内容、そして先駆的な業績が蓄積されていることに改めて驚嘆するし、ここまでとりまとめられたお二人のご努力に敬意を表したい。これほどのページの英文版を出版するには大変なご苦労があったことと思われるが、文章は分かり易く読みやすい。添付された図表はカラー判も挿入され鮮明で分かり易い。装丁はハードカバーで上質の本に仕上がっている。索引も完備され地下ダムに関する事典として使い易さにも工夫してある。ここに九州の地で中央に負けない立派な本が出版されたことを著者とともに喜びたい。

最後に、筆者の勝手なお願いであるが、地下水の法的な側面に触れた一章を設けて欲しかったと思う。著者の一人、古川氏は行政官としてこの方面は熟知され、宮古島はその点日本では特異な環境にあったから、事業を進めるにあたってこの点のご苦労もおありだったと推察する。とくに海外の専門家には関心があったと思われる。

　追記　：古川博恭氏は2015年10月17日79歳をもって御逝去されました。長い間病気療養中でありました。ご冥福をお祈りいたします。

第7章
邂逅のひとこま　－人生の妙－

マダガスカルと天草を結ぶ糸
－バルチック艦隊の消息を打電した日本人がいた－

1．はじめに
　今年（2005年）は日露戦争が終結して100周年を迎えた。日本の連合艦隊が日本海沖の海戦でバルチック艦隊に勝利して同じ月日が流れたことになる。この小文は日本人としてバルチック艦隊に誰よりも早く遭遇し、いち早く消息を日本に打電した知られざる日本人にまつわる物語である。

2．バルチック艦隊
　「坂の上の雲」は司馬遼太郎の代表作のひとつである。このドキュメンタリータッチの大作は明治初め世がようやく静穏に戻った頃から始まる。主人公である秋山兄弟の幼い日々から書き起こし同38（1905）年に終結した日露戦争まで、激動の時代背景を縦糸とし、正岡子規や秋山兄弟を代表とする青春群像と人間模様を横糸として物語は構成されている。サンケイ新聞に連載され昭和47年に完結した。バルチック艦隊はこの作品の後半に登場する。艦隊がヨーロッパから極東まで進攻した時間的経過を追うと以下の通りである。
　明治37（1904）年10月半ばバルト海に面する母港リバウ港を出航した艦隊は途中いくつかの港で石炭を補給しながら大西洋を南下し、アフリカの喜望峰を回航したのち、同年12月にマダガスカル島に達した。さらにその東岸に沿って北上し、北端のアンブレ岬を西に回り込み、翌年（1905年）1月初めようやくマダガスカル島北西端の小さな漁村ノシベ沖に投錨した。
　石炭の補給と乗組員の休養のため、当地に2ヶ月間滞留した。すぐ近くにあるフランスが造った軍港ジェゴスアレスへの入港を拒否されたため、余儀なく寒村の沖合いで長い停泊を強いられた。同書ではこの間猛暑の中で兵員の戦意が消耗してゆく様が描かれている。その後インド洋を北上し、マラッカ海峡を抜け、シンガポール沖を航行したのち、インドシナのカムラン湾沖に停泊した。ここで後続の艦隊と合流し5月14日この最後の停泊地を出航し、同月下旬に日本近海に姿を現した。迎え撃つ連合艦隊にとってバルチック艦隊がどの航路で北上してくるかは最も緊要な情報であった。同書に書かれたその時の様子を要約すると次の通りである。
　日本人として最初に艦隊が進攻してくる姿を見た人がいた。沖縄の粟国島に住む奥浜牛という雑貨商を営む青年で、明治38年（1905年）5月下旬数人の仲間と那覇から宮古島に小さな帆船で向っていた。航海中の26日朝艦隊に遭遇し艦船に取り囲まれた。しかし臨検を受けることもなく見逃されたが、事の重大さを察知した奥浜は宮古島に急行し島司に事の次第を報告した。だが島には通信施設がなかったため、島司は石垣島に急使を派遣し、発見の報は石垣島八重山海底電信所から県庁と大本営にその旨発信された。これは哨戒艦信濃丸から発信された有名な「敵艦隊見ゆ」が打電された5月27日早朝より遅れたとされている。そして日露両艦隊は同日午後に対馬の東方沖で遭遇し海戦は始まった。

3．天草とマダガスカル
3.1　赤崎傳三郎
　上に述べた世によく知られた話の中で「日本人として最初に」という点は少し修正が必要であると思われる。それは粟国島の奥浜青年より6ヶ月も以前に艦隊を目撃し、その様子をいちはやく日本に打電した日本人がいたからである。その名を赤崎傳三郎という。これから述べる話はこの100年間ほとんど知られることなく今日を迎えているが、その功績はもっと世に喧伝されてよいのではないかと思われる。
　彼は明治4（1871）年熊本県の西に浮かぶ

山・水・人の風景

天草下島の天草町高浜に生まれた。赤崎家は江戸時代に3代に亘って天草町の大江近辺8ヶ村を支配した大庄屋であった。18世紀に庄屋を辞めたのち高浜村に居を移し、赤崎窯を開いた。傳三郎も窯を生業としていた。当地には天草陶石の名で知られた上質な磁器の材料となる石英斑岩を産するから、目の付け所としてもっともな事かと思われる。しかし不景気のため借金がかさみ、彼はその返済のため出稼ぎを決意し長崎に働きに出た。ホテルのコックなどをして働いたが、返済もままならないため海外で稼ぐことにした。

明治35(1902)年海外に雄飛し、上海、サイゴン、シンガポール、ボンベイを経て、明治37(1904)年マダガスカル島西北部のジェゴスアレスに至った。バルチック艦隊が寄港を希望しながら拒否された軍港である。この時にはサイゴンで罹った病気治療の折世話をしてくれた同郷のチカ子と結婚をしていた。コックの経験を生かして酒場を始めた。これが成功を収め稼業も順調に伸びていった。そのような折、同年暮バルチック艦隊に遭遇したのであった。店にも多くのロシア兵が遊びに来た。ことの重大さを感知した彼は身の危険を顧みずボンベイの日本大使館に事の次第を綴り電報を打った。当時マダガスカルはロシアと同盟関係にあるフランス領であり、官憲の取調べを受けた。「天草海外発展史」にはさほど詮索されることもなく直ぐに解放されたとあるが、のちに家族にはかなり厳しく取り調べられ身の危険を感じることもあったと話していたとのことである。この打電は日本海軍で受電されており、日露戦後海軍から感謝状が贈られている。しかしその感謝状は今残っていないとはご家族のお話である。

その後赤崎は商売の幅を広げ、ホテルや映画館を経営して成功を収め、土地の名士になった。昭和4(1929)年58歳の時故郷に錦を飾って戻った。帰国後は私財を小学校の新築や日本赤十字への寄付など慈善事業に投じたほか、下田温泉に望洋閣を建てた。故郷の高浜には和洋折衷の豪邸を建て静かで穏やかな余生を送った。昭和21(1946)年青春から壮年にかけて波乱万丈の人生を生きた傳三郎は75歳の生涯を閉じた。

3.2 白磯旅館

傳三郎が建てたその豪勢な和洋折衷の館と日本庭園は現在、高浜町に白磯旅館として小さな路地の奥まったところにひっそりとその美しいたたずまいを見せている。

現在旅館を経営しているのは傳三郎のご息女赤崎フジエ氏と孫にあたる巧一氏である。和風の母屋は堂々たる切母屋造りの瓦屋根を天蓋とした2階建である。玄関の右手に隣接した洋館はモルタル塗りの重厚なベランダを有するモダンな2階建ての建物である。クリーム色の外壁は庭の前面に茂る緑と調和し、母屋とは対照的に明るい南欧の雰囲気をかもし出している。洋館は現在傳三郎の資料館として写真や雑誌などが展示され宿泊客に公開されている。

私は平成6,7(1994～95)年頃当地を訪ねることが多かった。天草町大江に計画された小規模生活ダムの地質調査や海岸沿いの鍋倉地区で発生した地すべり災害調査の仕事であった。下島西部には結晶片岩が分布し、風化による地層の劣化と断層や地すべりによる構造的な破壊の見分け方がなかなか微妙で苦労した。崖錐層だけでなく深い岩盤すべりもあったように記憶する。

その折白磯旅館に宿泊した。ある晩はたまたま一人だったが、高い天井に立派な彫刻の欄間が付いた広い座敷が幾間もあり、広く長い廊下が続く屋敷内に一人で寝るのが怖かったことを思い出す。資料館を拝見し、マダガスカルとバルチック艦隊、そして天草を結ぶ意外なつながりに驚嘆した。経営したホテルや映画館を写したセピア色の写真や雑誌に混じって、なんと大勢のロシア兵(?)と思われる水兵がレストランで食事をしている写真も展示してある。倭寇の時代から競って海外に雄飛した天草の人たちを生み育んだお国柄を思い起こし、その後長く記憶に残った。

第 7 章　邂逅のひとこま

天草市高浜に建つ赤崎邸。現在白磯旅館として利用されている。2014 年国の登録有形文化財に指定された。右の洋館に赤崎傳三郎関連の遺品が展示してある。

洋館の展示室

3.3　再び司馬遼太郎

司馬遼太郎はこの高浜を昭和 55 年 2 月に歩いている。この時は大村空港に降り立った後、島原を経て、原城のキリスタンの戦いに思いを馳せ、口之津から船で富岡に渡った。彼はその時の紀行と思索を「週刊朝日」に連載し、「街道を行く（第 17 巻）島原半島・天草の諸道」としてまとめた。

彼は明治 40 年（1907 年）8 月、新詩社の与謝野鉄幹、北原白秋、木下杢太郎、平野万里、吉井勇たちが足跡を印した道を辿ってみたかったように思われる、この 5 名の紀行はのちに「五足の靴」の作品として新聞に連載された。軽妙な文章と詩で綴られた日記体の紀行文である。高浜では道に迷い捜査中の警官に怪しまれ詰問されたり、大江天主堂のパアテル神父に会えた喜びを記している。その道は下島北端の富岡から南下し、高浜を通って大江天主堂を経て、崎津に至る下島の西海岸に沿って続いている。細い一本の道ながら海の大きさを実感する広濶な景色のただなかの街道である。

これからは私の夢想である。「坂の上の雲」ではバルチック艦隊のマダガスカルでの寄港と兵員の生活についてかなりの紙幅を割いているが、それを目撃し打電した日本人がいたことについては一言も触れていない。上記の旅路の折司馬遼太郎が白磯旅館に泊まっていれば、赤崎傳三郎の話は早く世に知られていたかもしれない。私には司馬遼太郎にとって白磯旅館が最もふさわしい一晩の憩いの場であり、出会いであったように思えるのである。当地を歩いたのは「坂の上の雲」を執筆した 7 年後のことであるから、これはあくまでも単なる夢想なのである。

しかし、冒頭に要約したように彼一流のきめ

細かい考証から考えると、知っていれば間違いなく「坂の上の雲」の中で赤崎傳三郎に触れたはずである。後に知りえたとしてもどこかで書くか話すかしていたはずである。傳三郎やご家族が長く胸に秘めていたであろう口惜しさに似た思いを忖度すると、誠に残念な気がしてならないのである。

私は後述するようにこの件に関し、ご家族に何度か問い合わせをした。赤崎フジエ氏から頂いた平成10（1998）年10月の返信には、「亡き父傳三郎も草場の蔭よりさぞ喜んでいる事と存じます」と記してある。

白磯旅館に宿泊して4年ほど経って全く偶然なことに赤崎傳三郎の足跡と経歴をある人に紹介する機会が訪れた。場所はモーリシャス、マダガスカル島から東に隔たること900kmのインド洋上にある孤島である。

4. モーリシャス

4.1 モーリシャス──サンゴ礁に囲まれた虹の国

私は1998年5月モーリシャスを訪れ、日本の援助による地すべり工事に関し報告書の作成と竣工式に出席するため2週間ほど滞在した。この島の面積は1865km²（香川県ほど）で、120万人の人が住んでいる。南緯20度に位置し、サンゴ礁に囲まれた常夏の地である。

新第三紀以降の火山岩（玄武岩、安山岩）の噴出による溶岩台地が全島に拡がり、水平か緩やかに傾斜するビュートやメサ地形が際立った地貌をなしている。180km南南西にあるレユニオン島には標高2632mの活火山があるが、本島では更新世後期末に火山活動は終息し活火山はない。最高標高は海抜828mにすぎない。溶岩の境界が等高線と並行する山地もあり、谷筋では懸崖をなした溶岩の枚数だけ滝が懸かる面白い景観も見える。切り立った谷が多く外観は良好なダムサイトのようであるが、溶岩トンネルが思わぬところに発達し、止水に問題がある箇所が多い。

本島は大航海時代の16世紀の初めポルトガルによって西欧に紹介され、以後オランダ、フランス、イギリスと宗主国は変わったが、1968年に英連邦の一員として独立した。

5月～10月の乾季と11月～4月にかけての雨季に分れる。乾季でもスコールが多いため、大きな弧を描く虹がよく架かり虹の国と言われる。国旗は4色の鮮やかな横縞の虹模様である。ヨーロッパから避寒の観光客が多く、航空機の直行便も一番多い。南西のル・モンと北のグラン・ベイの海岸がリゾート地として有名である。日本からは航空機でシンガポールに寄港したのち7時間で到着する。南アフリカ便の給油中継地となっている。香港寄航のモーリシャス航空便のほかANAとシンガポール航空の共同運航便が飛んでいる。

溶岩台地はサトウキビ畑として大規模に開墾され、一面緑の絨毯で覆われたようである。地下水を利用したウォーターガンによる大規模灌漑が行われている。サトウキビはフランスが公定価格で買い取っているということである。なぜか大航海時代を思わせるような大型帆船の模型の製作が盛んでみやげ物として人気がある。我が家にもトラファルガー沖海戦で活躍したネルソン提督の旗艦ビクトリー号が鎮座している。

4.2 ポートルイス地すべり

ポートルイスはモーリシャスの西海岸にある首都である。官庁が集中する市街地からほど近い南部に溶岩台地が海岸に迫った所がある。1987年にその麓の人家や道路、学校に亀裂が入るなど地すべりが原因と思われる被害が発生した。市街から南部の郊外に抜ける幹線道路に影響が及ぶ恐れがあったため緊急に対策が求められ日本政府に援助要請があった。

1989年から始まったJICAでの調査の結果、斜面上部のある市の水道貯水タンクからの長年にわたる漏水と、サイクローンの豪雨が誘因となって、山腹斜面の崖錐堆積物が滑ったことが判明した。応急対策で頭部排土を実施した。引

き続き OECF（現在の JBIC）の円借款案件として採択され、防止対策工事が行われた。工種は集水・排水立坑、集水・排水ボーリングおよび抑止杭であった。調査開始より 9 年が経った 1998 年 5 月に竣工式を迎えた。

調査開始から竣工まで 9 年に亘り一貫してことに当ったのは日本工営（株）の谷古宇光治氏であった。しかし氏は完成から 1 年も経たない 1999 年 3 月病がもとで急逝した。50 台前半の若すぎる他界だけに、私にとって同僚の喪失は痛恨の極みであった。ご家族は故人の遺志に従ってモーリシャスの海で散骨に伏すため再度足を運ばれた。かの地では氏の長年に亘る功績を称えて追悼ミサを営み、メディアがその模様を報道した。

随分と前置きが長くなった。ここから本題に戻る。

竣工式には、地元の関係大臣はもとより、日本のマダガスカル共和国駐在大使であるW大使ご夫妻が首都のアンタナナリボから空路お越しの上出席された。モーリシャス大使と兼任であった。夜の祝賀パーティーで席が隣になり少々緊張したが、話しているうちに大使からマダガスカルに縁がある日本人のことを調べておられる旨の話をお伺いした。太平洋戦争中進攻した日本海軍の特殊潜航艇の話はこの時お聞きした。

その折赤崎傳三郎の話をしたのである。共通の話題が見つかってホッとした思い出がある。当時は赤崎傳三郎の名前を始め、細かいことはもう忘れていたから、記憶を辿って断片を話したに過ぎない。大使は大変興味を示されため、後日現地に問い合わせをして資料を送りましょうということでお別れをした。

5. 後日談

帰国してすぐ天草町役場に電話で用件を告げると、すぐに「それは白磯旅館のことでしょう」と観光係りの若者（?）の反応は早かった。 すぐに教えられた住所に事の次第を記し、赤崎傳三郎に関する資料をお願いする手紙を書いた。しばくして赤崎フジエ様と巧一氏の連名で返事を頂いた。邸宅や遺品の写真と共に「天草海外発達史」に掲載された傳三郎の略歴のコピーが同封されていた。

大使宛に DHL 便にて資料を発送したのは帰国して 2 週間経った 6 月初めであった。同じ文面を赤崎氏にも送った。しかし大使からの返事を待っていたがなかなか来ない。便の到着を追尾すると確かに届いていると言う。9 月頃まで待ったが来ないので、赤崎氏には色よい書面も書けずその旨のみをお伝えした。その返事には「有難い御書面を頂きましてより早や四ヶ月を迎えようとしております。（中略）お泊り頂きました当時のことをよく覚えて頂きましたことに深く感謝申しあげます」と記してあった。

その後話しの進展は残念ながら無い。受信確認の返事一つ来なかった。大使がその後送った資料をなにかの文面に紹介されたかどうか知る由もないが、後味が悪い不愉快な結末となった。赤崎氏にはぬか喜びをさせてしまった。話題といい、話を伝えた場所といい絶好の舞台が整っていただけに残念でならない。W大使はその後南米に異動され、昨年亡くなられたということである。

その昔ホンジュラスやコスタリカでは日本大使に公邸に招かれたことがある。大使は開発計画や政治情勢を熱っぽく語っておられた。そんな立派な方も居らしたというのに残念なことだ。その折頂いた食事では白磁の食器に金色の菊の紋章が入っていた。食事中も日の丸を背負って大変だと思ったのをふと思い出した。

最後にW大使から聞いたマダガスカルでの特殊潜航艇について触れたい。その詳細はインターネット資料では次のように書いてある。太平洋戦争が始まって半年ほど経った昭和 17 年 5 月、2 隻の特殊潜航艇はマダガスカル島北部の軍港ジェゴスアレスに進攻した。1 隻は艦艇を攻撃したあと、島に上陸し収容地点に向ったが敵兵と遭遇し乗員 2 名は戦闘で死亡した。氏名も判明し、現地には慰霊碑が建っている。

ほぼ同じ頃3隻の特殊潜航艇がオーストラリアシドニー湾にも進攻し、うち1隻は湾内奥に入って艦艇を攻撃したが、哨戒艇の爆撃に遭い沈没した。その後引き上げられキャンベラの戦争記念館前庭に展示されている。私は1972年この潜航艇を見たことがある。戦利品の展示には違いないが、当時豪海軍は「軍事の勇気は国境を越えて認められるべきである」と敵軍兵士を称えたというから頭が下がる。

話は逸れるがオーストラリアでは博物館にしても大学にしても鉱物や地質標本の展示が実にオープンで見せ方がうまいと感心することが多かった。何よりの教育・啓蒙の場だと思うが、日本の大学の現状は程遠いように思う。

おわりに

赤崎傳三郎の事績は今も天草の屋敷にひっそりと残されている。私は奇縁でその人となりを知ることになった。邸宅と遺品を護るご家族ともお話しをする機会があった。天草町では「五足の靴」は近年の観光ブームや町おこしの気運に乗って、遊歩道の道標が整備され歌碑が建ったり、新築のホテルの名前になるなど喧伝されている。

日露戦争が終結して100周年の今年、誰よりも早くバルチック艦隊の動静を目撃し遥かマダガスカルから打電した日本人、赤崎傳三郎の勇気もまたもっと世に知られて良いのではないだろうか。

赤崎邸は2014年度国の登録有形文化財に指定された。本文を公表するに当たっては赤崎家のお許しを頂いた。文中では赤崎傳三郎氏の敬称を略した。お許しいただきたい。

参考・引用文献は下記の通りである。またモーリシャスやW大使の消息については谷古宇泰子氏にご教示いただいた。共に記して感謝する。

- オーストラリアのシドニー湾に進攻した特殊潜航艇の隊長は熊本県山鹿市出身の松尾大尉であった。その顕彰碑が同県の菊池神社にある。能古会員の松本德夫氏が昭和49年南極越冬隊に海上自衛艦「ふじ」に乗船して出発する折、同氏の父故松本唯一氏が顕彰碑建立に協賛された縁で、松尾家より赤飯が届けられたということである。同じ"海軍"のよしみであろうか。
- 赤崎傳三郎の略歴については北野典夫著「天草海外発展史」を参照した。
- 渡 正亮・丸 晴弘 (2000) モーリシャスで行われた地すべり対策．ＳＡＢＯ、vol.64. Jan.,3 － 9p.
- 特殊潜航艇のホームページ資料、マダガスカル：http://www.tantely.org/akieda/
- オーストラリアの特殊潜航艇：http://www.sevenseas-inc.co.jp/column/main.html

オーストラリア・キャンベラの戦争博物館の前庭に展示されている松尾大尉騎乗の特殊潜航艇

地図から消える町　ウィットヌーム　西オーストラリア

ー鉄鉱石とアスベスト禍に翻弄された 100 年ー

1. はじめに

今年（2007 年）6 月 27 日付けの朝日新聞の夕刊に、オーストラリア発のニュースとして「表題」の小さな記事が載った（図 1）。それは示したように片隅の小さな紙面だから気付かずに見過ごした方が多いかもしれない。「地図から消えてゆく町」の話はさほど珍しくないが、この町は消えゆく理由が現在日本で社会的な環境問題となっている「アスベスト・石綿禍」であったため、記者の興味を引いたのであろう。私は紙面を開いたとたん、目に入り記事に見入ってしまった。なぜなら、その町はむかし私が住んでいた町だったからである。正確にお話しするとこの町とその周辺に仕事で一年間住んでいたからである。

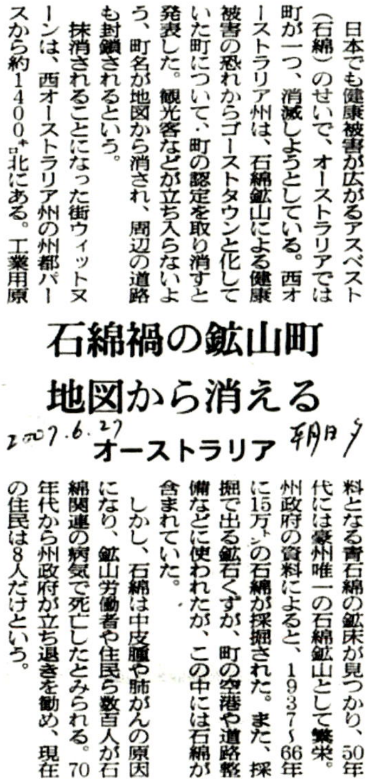

石綿禍の鉱山町
地図から消える
オーストラリア

日本でも健康被害が広がるアスベスト（石綿）のせいで、オーストラリアでは町が一つ、消滅しようとしている。西オーストラリア州は、石綿鉱山による健康被害の恐れからゴーストタウンと化していた町について、町の認定を取り消すと発表した。観光客などが立ち入らないよう、町名が地図から消され、周辺の道路も封鎖されるという。

抹消されることになった街ウィットヌーンは、西オーストラリア州の州都パースから約1400㌔北にある。工業用原料となる青石綿の鉱床が見つかり、50年代には豪州唯一の石綿鉱山として繁栄。州政府の資料によると、1937～66年に15万㌧の石綿が採掘された。また、採掘で出る鉱石くずが、町の空港や道路整備などに使われたが、この中には石綿が含まれていた。

しかし、石綿は中皮腫や肺がんの原因になり、鉱山労働者や住民ら数百人が石綿関連の病気で死亡したとみられる。70年代から州政府が立ち退きを勧め、現在の住民は8人だけという。

2007.6.27 朝日 夕

図 1　朝日新聞の記事

2. ウィットヌーム
ー北西オーストラリアのいなか町

もう 50 年近くむかしの話だが、1971 年 1 月から翌 72 年の 1 月まで、私はこの地で 1 年間鉄鉱床の探査や評価の仕事に従事した。就職した会社は最初 Mt. Bruce Mining といったが、のちに Hamersley Exploration に変わった。いずれにしても当時 BHP（Brocken Hill Proprietary）とともにオーストラリアの二大財閥の 1 つであった CRA(ConTinc Rio Tinto of Australia) 傘下の Hamersley Iron の子会社であった。当時丸紅飯田㈱（現在の丸紅㈱）に勤務しておられた M 先輩にご紹介を頂き、大学の地質学教室の了承を得て大学院を 1 年間休学して働くことになった。

西オーストラリア州の州都パースから北北東に 1100㎞、MMA 社の定期便に乗ること 2 時間半ほどで、今回話題となった町「ウィットヌーム（Wittenoom）」の飛行場に降り立った（図 2）。南緯はパースの 32 度から同 22 度、北に

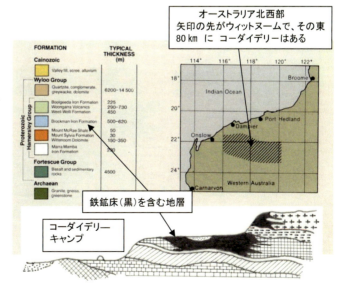

図 2　ウィットヌームとキャンプの位置図・模式地質断面図

10度移動する。双発のプロペラ機フレンドシップは翼が胴体の上にあり、大きな楕円形の窓からよく地上が見えた。パースから北上する航空路の南半分に相当する地域はArchaean（始生代）の片麻岩や花崗岩類がつくる乾燥したなだらかな楯状地が続き、時折白い塩湖（？）の上を飛ぶ。

北にゆくと対照的にProterozoic（原生代）の堆積岩類や変成岩類を主とするグランドキャニオン風の起伏に富む山地になる。真一文字に北上する航路は東西方向に続く幾筋かの山脈を横断する。その一番北にあって主要な山脈がハマスレー山脈である。この山脈は西北オーストラリアの山脈の代表格で、西北西から東南東の走向軸をもつ大規模な向斜構造をなしている。延長は約450km、幅約100kmの広がりをもち、最高点は標高1251mである。雄大な大地は卓状の山稜と深く刻まれた峡谷がまことに荒々しい。天頂から射す陽光に強烈に照り映える赤褐色の山肌と谷筋に連なるユーカリの緑の木々は、みごとな対照を織りなして変幻自在にまだら模様や網状の風景をなして果てしなく展開している（写真1、2、3）。

写真1　ハマスレー地域の典型的な風景。遠景はフォーテスキュー山脈

写真2　ウィットヌームの町を北側の上空から望む。右はウィットヌーム渓谷（ゴルジュ）と伏流河川。遠方はハマスレー山脈。手前はフォーテスキュー川に沿って広がる氾濫原平野

問題の町ウィットヌーム（標高460m）はハマスレー山脈の北側を境して西流するフォーテスキュー川に沿って広がる氾濫原平野の南に端にある（図2、写真2）。ステップ草原のただなかに小さな家が点在する田舎町であるが、ようやく人里にたどり着いてホッとした。だが、今晩から1年間の長きに滞在する最終地はここではない。さらに約80km東南東にあるキャンプ（Koodaideri）まで行かねばならない。目的地のコーダイデリーキャンプは、先ほど飛行機で越えたハマスレー山脈の北側の山裾にあって、平野よりわずかに高い台地に位置する（写真3）。

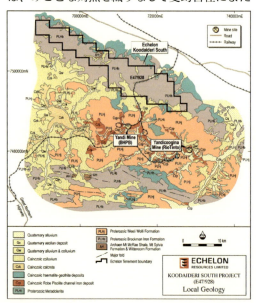

図3　コーダイデリー鉱床の鉱区（キャンプはほぼ中央にあった）とその南のヤンディグーギガ鉱床。前者は未開発だが、後者は稼行中。鎖線は搬出鉄道路で、インド洋に面するポートヘドランドまでつながっている。

第7章　邂逅のひとこま

写真3　コーダイデリーキャンプの遠景。後背地はハマスレー山脈の台地。

迎えのランドローバーは、私物の他にいろんな資材を荷台に積み込むと、赤い砂塵を猛烈にまきあげて疾走した。運転手のロイはアメリカの映画俳優スティーブ・マックィーンの雰囲気を持っていた。かっこよくカウボーイハットを被り、夕陽を背に受けながら、車は荒野の一本道をアップダウンを繰り返す。がっしりとハンドルを握る横顔の男ぶりは、西部の荒野で荒馬を駆る活劇映画の1シーンを見ているようであった。とんでもないところに来てしまったなという複雑な思いもちらつき、助手席の手すりに捕まっていた。

さて、問題のウィットヌームの歴史を調べ直してみると、ウィットヌームの地名はハンコックが同僚の名前から付けたらしい。両者の前歴は分からないが、近くのMulga Downs(約20kmと70km離れた所に2ヶ所ある)の移住者だったようだ。ウィットヌームゴルジュ（町の南から吐き合う谷,Gorge）のアスベストはシンプソンによって1930年に公式に報告され、その年代後半からハンコックらによって開発され始めた。1943年に町の建設が始まり、1950年から60年代前半が採掘の最盛期であったらしい。最大時は家族を含め20,000人の人が住んでいたが、アスベスト禍で亡くなる人も現れた。1966年に操業を停止し鉱山は廃坑となったが、この間当地はずっとオーストラリアでは唯一の石綿鉱山であった（写真4）。坑道を掘った本格的なコロニアル鉱山のほかに、露天掘りの鉱山も多かった。その後廃坑や周辺地域にはズリやアスベストの繊維が大量に放置された。現在もアスベストの繊維は、たまに起こる洪水で下流に流れ砂塵と一緒に空中を舞っていることであろう。

写真4　アスベストを産したウィットヌーム渓谷のコロニアル鉱山。廃坑となって多量のズリはそのまま残っている。

その間、鉱山主のハンコックの勧めによって、1962年にMt.Tom Priceで鉄の大鉱床が発見され、大々的な鉄鉱石のブームに先駆けをつけた。そしてまたウィットヌームに人が集まるようになった。元の地主の一人ハンコックはパースに豪邸を建てていた（私はわざわざ見に行った）。

まさに、私が当地に赴いたのはこのような時期であった。住んでいた当時この町に、アスベスト禍があるなどとは知るはずもなく、ただ異国で働く情熱に燃えて山野を歩き回っていた。私が居た1970年代からすでに政府は土地の買収を含め住民に退去を求めていたという。政府は昨年6月にウィットヌームに電力供給を停止し、道路も閉鎖したという。

当時の町での生活の一端を思い出してみよう。一週間に一度の休みには、ときどきランドローバーに乗り、男ばかりのキャンプを抜け出しウィットヌームに出かけた。そこには、みんなのお目当てのドイツ移民のかわいい女の子がいた。その飲み屋と雑貨・食品屋、小さなホテル、集会所、郵便局、小学校、ガソリンスタンドなどがあった。人口は当時の統計では200人である。

山・水・人の風景

印象に残る町の人たち。私のいい加減な運転に自動車免許証をすぐに出してくれた交番の署長と私のアレルギー性の草まけを診てくれた年老いた医者、それに昼間からいつも飲んだくれてあばら家に寝転がっていたアボリジニーズたち、数軒の家、あとは照りつける太陽と赤い砂ほこりが巻き上がる広いジャリ道。その向うには一面に広がるスピニフェックス（Spinifex、乾燥した瓦礫地にもはえる、細い葉を放射状に出して丸い形になるオーストラリア特有のイネ科の植物）のトゲの草原と、ところどころに目立つ巨大な白い肌のユーカリの木々（ガムトリー）など。そして広く青く高い空があった。どこも強烈な陽射しと暑さだった（写真3）。

鉄鉱石の「宝の山」に沸く好景気と、もの好きな人たちがやってくる西北部の"Bush Tour"（ハマースレー山脈の渓谷を探索する冒険旅行）でようやくもっているような、ただそれだけの町であった。以上がウィットヌームにまつわる話である。

3. 鉄鉱床に沸くハマスレー地域

当時、ハマスレー地方ではMt.Tom Price（RioTinto財閥系）とMt.Newman(BHP財閥系)の2つの大きな露天掘りの鉱山が稼動しており、選鉱場から盛んに鉱石を長蛇の貨物列車に満載して、200kmほど北の港（ポートヘドランドとダンピア）まで運び世界各地に輸出していた(写真5)。コーダイデリーは次の鉱山の候補地の1つとして、試掘や化学分析をして最終評価の段階にあった。さらに次の地点の探査を目的とした前進基地としても機能していた。そのためときどきヘリコプターや軽飛行機に乗って周辺を飛びまわり調査キャンプを移動した。その1つがブロックマンであり、もうひとつがウィットヌーム町に南から吐き合う峡谷にあったウィットヌームゴルジュキャンプであった。ここは私が滞在した最後のキャンプであった。

写真5　赤褐色の台地を疾走する鉄鉱石運搬列車。

後日談として一つ。当時当地で私が採集した岩石試料は、かなりもち帰り当時の地質学教室に寄贈した。確か今でも教室の廊下に一部が展示してあると思う（現在は博物館に移設）。機会があれば是非ご覧いただきたい。問題のアスベストは図2の左側の地質凡例にあるBrockman層群（層厚約630m）に含まれるものである。鉄鉱石を含むBIF（banded iron formation、縞状鉄鉱床）が一番多いのはDales Gorge Memberで層厚は150mほどである。その模式的な地質断面を図2の下に入れた。アスベストを産出する層準は、Brockman層群とその下位のMarra Mamba層群に数多くあるが、前者の方が多い。後者はマンガンを多く含んでいる。

主な標本は、数mm単位で鉄鉱物とチャートが縞模様をつくる縞状鉄鉱石や、最大10cmほどの長さの繊維状（5cm前後が多い）の鉱物が集合したBlue Asbestos(Crocidolite)と、その繊維が珪化作用によって硬くなり金色に輝く虎目石（Tiger's Eye）など見事な標本である（写真6、7）。詳細は私には分かりませんので先生方や専門書に譲ります。

第 7 章　邂逅のひとこま

写真 6　青い繊維状の鉱物（クロシドライト）が層理面とほぼ直交する方向に伸びている。長さは 5cm 前後が多い。

写真 7　青い繊維状の鉱物（クロシドライト）と金色の虎目石が混在している。層理にほぼ直交する方向に伸びる。長さは 5cm 以下。黒色部は縞状鉄鉱床（鉄鉱物とチャートの細かい頻互層）。

　最近のハマスレー会社の資料によれば、現在、CRA 傘下で稼動する鉱山は Tom Price からその後南の Paraburdoo へ、さらに Channar へ、そして西の Mt.Brockman へと新しく採掘を始めている。Mt.Brockman ではテント生活をしながら調査をやった。向斜構造をなす基盤岩盆地を埋めた堆積層に粒状の Pisolitic iron ore が濃集した珍しいところだった。ここでは果てしないステップ草原のただなかでテント生活をした。地平線から日が昇ると同時に、強烈な朝日がテントの隙間から顔面を射て目が覚め、夕食は満天の星空の下で焚火を囲んで摂るという野性味あふれる生活だった（写真 8）。そして BHP 傘下では 1998 年にコーダイデリーの南 25km ほどのところにある Yandicoogina で採掘を開始した（以上の地点は図 2、3 に示してある）。

　現在は好況な世界経済にあと押しされてさらに発展していることであろう。コーダイデリー鉱床は規模も大きく鉄の品位は高いけれどもむらがあり、リンが多少多い難点があった。そのためかどうかは分からないが、この鉱床は昔のままのようである。Google の衛星写真でも手をつけていないことは判別される。

　47 年経った今でもこの西オーストラリアでの 1 年間の生活は、強烈な風土と共に懐かしく鮮やかに思い出す。楽しい若き日の充実した時間であった。プレカンブリアン系の地質調査はもちろんのこと、教室では学ぶことができない、英語を母国語とする外国人との付き合い、ビジネス英語や英文の報告書やメモの書き方など多くのことを学んだ。社会に出て役に立つことが随分多かった。この新聞記事をみて町が消えてゆく寂しさを改めて感じたが、それと同時に胸にチクリと痛みがくるのは、ひょっとして私の肺に刺さったままのアスベストの針の後遺症なのかもしれない。

写真 8　ブロックマン地域でのキャンプテント。バーベキュウやキャンプファイアーなど野性味あふれる生活を楽しんだ。

4. キャンプ生活のことなど

　キャンプ生活と言ってもテントではない。普段の生活は、4 部屋続きのトレラー式で、エアコン付の個室（3 畳ほど）に住み（写真 9）、昼間は 40 度を越す炎天下のフィールドをホンダの 50cc バイクに乗って踏査していた（写真 10）。このとき、初めてプレカンブリアン紀の原生代の石を見た。地形図はないから 1 イン

山・水・人の風景

チ＝1マイル（約6.3万分の1）の一対の空中写真を裸眼で立体視しながら記録した。植生が乏しく、平地が多いから大きな独立樹やアリ塚、ガリーなどによって位置の判定はさほど難しくない。

ボーリングが昼夜兼行で続いていたため、夜番は1週間交代で回ってきた。単調なボーリング作業の合間にサンプルをチェックするのと、工程の記録だけであとは睡魔との戦いであった。南十字星やマゼラン星雲が美しかった。

毎日顔を会わせる仕事上のメンバーはオーストラリアのメルボルン大学卒の地質屋ジョン・ボールドウィンがキャンプ長で、その下にニュージーランドのラルフ・ボーンがいた。彼とは1991年に家族で西オーストラリア旅行をした際にパースで再会し、自宅に招待された。ともう一人のニュージーランド出身のジョン・エヴァンス、アイルランドのパトリック・クリント、スコットランドのヒュー・オードネル、ウェールズのケント、みんな20代から30代で元気のいい世界の地質屋を寄せ集めた出稼ぎ部隊といったところであった。彼らが当時激しかった北アイルランド紛争で議論していたのを思い出す。夜はビールを飲んで、時折星空の下で映画を見ていた。字幕がないからよく話の展開が分からないままではあった。

参考文献

：Trendall,A.F. and J.G.Blockley(1970)The Iron Formations of the Precambrian Hamersley Group, Western Australia. Geological Survey of Western Australia Bulletin 119. 366pp.

：Hamersley Iron Website(2007)http://www.hamersleyiron.com/about_hist.asp

写真9 コーダイデリーキャンプの個室の前で。生涯で一番太った時で、67～68kgはあった。一番肉やデザートを食べた時かもしれない。食事が何よりの楽しみだった。

写真10 ブロックマン地域では、ホンダカブ50ccで荒野を走り回った。後ろの荷台に木箱が固定してあり、サンドウィッチ、水筒、調査用具を入れていた。時にバイクが故障して動きが取れず困ったこともある。

第7章 邂逅のひとこま

君、お椀だって指先の小さな力でスーッと動くんだよ
－勘米良亀齢先生の小さな実験の思い出－

1. はじめに

冒頭からいきなり堅い話で恐縮ですが、「日本列島の地質構造の細部を付加体概念を使って最初に説明しようと試みたのは、九州大学の勘米良亀齢である。」という一節の引用から話しを始めよう。これは昨年（2008年）に出版された『プレートテクトニクスの拒絶と受容』戦後日本の地球科学史（泊次郎著・東京大学出版会）の一節（204頁）である。そしてその論拠は1975年に発表された勘米良亀齢氏と坂井卓氏の共著「四万十川層群の形成場は現在の海底ではどのような所に対応するか」（GDP連絡誌Ⅱ-1(1), 構造地質, No.3）に由来していることと、その概要が十数行にわたって紹介してある。

しかしこの論文では「付加体」の用語は出てこないそうである。この用語は、翌年やはり勘米良氏が『科学』（46巻, 岩波書店, 1976）に掲載した論文で、ハミルトンらの論文にある"accretionary prism"の訳語として初めてあてたと同書（2008）に述べてある。今はすっかり定着した「付加体」が世に出てから、十二分に長すぎる時間が経った平成11年（1999年）、日本列島の地質構造に関する一連の先駆的な研究が評価され、勘米良先生に日本地質学会賞が授与された。このことは皆さんよくご存じであろう。

2. 石灰岩地域でのダム

さて、堅苦しい前置きが長くなった。私には「付加体」（この用語がワード2007で瞬時に漢字変換されるのには改めて驚いた。それほど世にゆき渡っているのだろうか）を語る資格などひとかけらもない。

今回のお話の主題は、上に述べたような日本の地質学史に残る1975年から1976年という時代の転換期のただなかで、私が最先端の学説をその主人公のひとりでいらした勘米良先生から直接、しかもひとりじめして拝聴する機会があったというまことに得がたい、幸運な体験の思い出話である。遠い昔のわずか半日のできごとであるが、勘米良先生の深い学識と優しいお人柄を物語るひとコマとして今も鮮明に私の記憶のなかに残っている。

昭和48年（1973年）、私が大学院にしばらく居そうろうしたあと、学校を卒業して日本工営（株）というコンサルタント会社に就職して、確か2年目（1974年）の頃だと記憶する。上司からある仕事を担当するように、仰せつかった。それは、当時建設省の外郭団体であった（財）「国土開発技術研究センター」から受注した「石灰岩地帯におけるダムの地質調査法」のマニュアルを作成するという業務であった。話はそれるが同センターが現在どうなっているのか気になって調べると、財団法人として健在であった。

発注先のセンターの担当者は広島大学出身で地質屋のK氏であった。なかなか注文の多い、大変な仕事で、しかも結果を審査するため建設省関係者や大学と実業界のおえら方が名を連ねた委員会が設けられ、適時その下部組織である幹事会が開かれた。その中に能古会の会員である土田耕造氏（故人）、岡本隆一氏の名がある。仕事はもちろん新入社員の私がひとりでできるような内容ではなかった。ダムの基盤となる地質から始まって、その調査法や空洞の探査、水質、対策工などにわたって、基本的な話をまとめ、さらに事例研究にいたるまで、気の遠くなるような広い分野を含んでいた。かなり学術的な内容も多いが、ダム全般の実務経験が無いととうていまとめきれない仕事であった。このなかで私は地質を担当することになった。学校時

代に探検部に所属し、福岡近傍の石灰岩の鍾乳洞にもぐっていたから、この体験は思わぬところで役に立つことになった。

さて、担当して荷の重さに当惑しながらも最初に思ったことは、「外国では石灰岩地域にたくさんダムを造っているではないか、外国でできて日本でなぜとくに問題になるのだろうか」という誠に素朴な疑問であった。そして「石灰岩といえば鍾乳洞だから、ダムの基礎岩盤としての強度より、漏水や止水対策が問題となる。空洞や亀裂のでき方、止水の仕方に違いがあるのだろうか」ということであった。「それでは外国の石灰岩と日本のそれと何か違いがあるのか、ないのか調べてみよう」。ここが仕事の出発点となった。それには、石灰岩の専門家に話を聞くのが一番話が早い。ここで勘米良先生が登場するのである。

3. 個人授業

早速お時間を頂いて、ある日の午後研究室にお邪魔した。話の趣旨は電話でお伝えしてあったから、すぐに「石灰岩総論」の講義を拝聴することになった。先生は最初に「書くのは時間がないので、全部話しをします。ですからノートを取って下さい」とおっしゃった。こうして1対1の個人授業は始まり、夕刻まで続いた。石灰岩の分類、世界の分布、日本の石灰岩・・・と講義は、佳境に入ってゆく。とその時細かい状況は忘れたが、話の途中で先生は机上の湯呑みを手にとって、白紙に絵を描かれた。それは味噌汁のお椀がちゃぶ台に置いてあるなんの変哲もない絵であった。そして目の前の机の厚いガラス敷きをコンコンとたたいて、熱い味噌汁の一部がお椀のまわりにこぼれ落ち広がったとき、お椀の縁に触れるとお椀がどんな動きをするかを私に尋ねられた。私が考え込んでいると、しばらくして先生の口からこぼれた言葉が「表題」として掲げた言葉である。「君、お椀だって指先の小さな力でスーッと動くんだよ」。

そしてガラスとお椀の底の接触面（地層面や断層面）が1度でも傾斜していれば、味噌汁（水）でお椀の底が飽和状態のときには、重い味噌汁の入ったお椀（堆積物）もちょっとした力で滑るように動く（プレートの沈み込み帯で大規模なマスとしてスラストし付加体になる）可能性があることを丁寧に説明された。味噌汁は熱いから地温も作用に加担している意味が込められていたのかもしれないが、その辺はつまびらかではない。まさに、冒頭の論文のアイディアはすでにこの頃には先生の頭の中に芽生えていたことを物語っている。その当時、ことの重要性が私に理解できていたとは思わない。その時の風景を、冷静にその後の地質学界の動静と比べながら思い起こしてみると、日本列島の地質構造論の転換期に、その提唱者の正面に私ひとりが坐して説明を受けていたことにほかならない。なんとも贅沢な有難い時間を過ごしていたことかと改めて実感する。そしてお亡くなりになられた今、一再ならず頭が下がる思いを更にかみしめ、先生の慈顔を思い起こし懐かしさがこみ上げてくる。

半日もお時間を割いて頂いて、一言も聞き逃すまいと必死の思いでとったノートは、学校の講義用のOHPをコピーして頂いた図表とともに、のちに報告書をまとめる際のバイブルとなった。その内容が幹事や委員の高い評価を得たことは言うまでもない。報告書は、このあと会社のそれぞれの専門家の手によって物理探査、水質、主に止水対策の事例研究等のまとめを加え、昭和54年（1979年）同上センターより最終報告書が発刊された。のちに、他のコンサルタント仲間からも高い評価を頂いた。思い出深い仕事の一つである。今もそのノートは私の手元にある。

ここに、ありきたりの言葉になってしまいますが、またとない「個人授業」を給わりました勘米良亀齢先生に改めて厚くお礼を申し上げますと共に、心よりご冥福をお祈りいたします。

最後に、うえに書いたお話の時代からずっと時が下って、平成10年（1998）能古会の東

第 7 章 邂逅のひとこま

京総会が学士会館で開催された折、まだお元気だった勘米良先生の特別講演があった。演題は失念したが、地向斜から付加体に大きく転換する地球観の総括的なお話だったと思う。その折先生は「今まで君たちにはウソばかり教えてきて、食を食んできた」という意味の後悔の念（？）らしき発言を、苦笑いしながらなさったのを非常に印象深く覚えている。心なしか寂しそうな表情でいらしたようにも思えた。私は地向斜造山論しか習わなかった世代だが、30有余年前より地向斜造山論からプレートテクトニクスに孤軍奮闘されて日本列島構造の研究を先導なさった勘米良先生が、今日の付加体隆盛の地質学界の状況をどうご覧になっていらっしゃるのか。お話しをお伺いしたいものである。この拙い体験談を勘米良亀齢先生への追悼の言葉といたします。

　　合掌

勘米良亀齢先生は2009年4月6日ご逝去されました。享年85歳でした。

勘米良亀齢先生（在任 1946 − 1987）
九州大学理学部地質学教室
創立60周年記念誌（1999）より転載

図書紹介「九州大学探検部　50年の軌跡」　九州大学探検会

2015年12月　ISBN 978-4-9908752-0-6　Ａ４判　246p.＋カラーグラビア10p.

　このたび九州大学探検会より表題の本が出版されました。私は同部の創部時代から関係していましたから、50年の節目にこのような立派な記念誌が出版されたことは大きな喜びです。

　1964（昭和39）年3月に探検部が創設され、半世紀もの月日が流れました。時の移ろいの早さに嘆息しながらも、創部当時を思い出して感慨ひとしおです。大学のサークル活動はまったく見ず知らずの個人個人が年々リレーでつながっているのでしょうが、探検部が卒業生を含めて組織化され、探検会（1988年創設）として発展しよくぞここまで続いたものだと感心します。現役時代は海、山、洞窟と活動の場に違いはあっても、"探検的に"を共有意識として絆が結ばれた集まりであったように思います。

　卒業後も集う原動力はおそらく同窓生が皆ひとしく"探検"という摩訶不思議な言葉が発するマジックに集団感染した仲間意識のせいでしょう。これには、私も同病相哀れむ一人ですから、当らずといえども遠からずの診断を下すことができます。在学中は罹病したと、しかと気づかなくても、社会人となって人生の大きな岐路に立った時、学生時代に感染した病が長い潜伏期間を経て顕症化し、ものの考え方や行動に、さらに重症のひとには生き方そのものに大きな影響を与えていたと思います。その時改めて探検と向き合って再考し、探検に後押しされて、なにか大きな前向きの生き方を見出した自分に気が付いたのではないでしょうか。そんな探検病にかかって人生を送ってきた仲間がたくさんいることをこの記念誌は教えています。

　一般に人生は模索の繰り返しです。さすれば生き方や人生そのものが探検に他ならないと得心したのではないでしょうか。その証拠に多くの会員が「今日の自分は探検部の生活が無ければ存在しないだろう」と述べています。なかなか含蓄のある発言で、人生には年を経て経験を踏まないと分からない機微がありそうです。

　では、多くの皆さんから寄せられた文章から浮かび上がる、探検的人生とはどういう考え方でどう生きてゆくことなのでしょうか。門外漢には「探検」がそんなに含蓄あることなのかと反問されそうですが、思いつくままに具現するイメージを最大公約数的キーワードとして拾い上げてみますと、「創造的、機能的、フィールドワーク、臨機応変、目標設定、システム思考、組織、リーダー思考，リスク管理、コスト意識」などなかなか意味深長です。自家撞着気味の用語もありますが、その真髄は「フィールドで汗をかいてはじめて達成できる自己革新」でしょうか。

　そういう意味で探検部は単なる文化サークルに留まらず、人生修業の予備道場であったのかもしれません。そんな伝統が九大探検部にあるとすれば、大変うれしいことです。これからも若人が探検部に集い、行動し、議論し、世界の広い分野に雄飛し、日本の存在を確と示すリーダーとして探検的に活躍することを祈っています。

　　　　　　　　　　（九州大学探検会副会長）

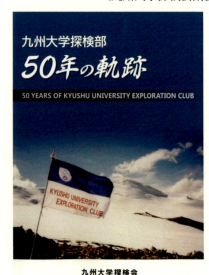

九大探検部50周年記念誌の表紙

第8章
郷土の情景

第8章 郷土の情景

水からみえる土地の風景
－大分県臼杵－

1. はじめに －臼杵とわたしのかかわり

　臼杵の郷土誌「木漏れ陽」の編集子桑原英治さんはわたしと大学の同窓である。先日、久方ぶりに臼杵であう機会があって彼の案内でふぐをつまみながら、楽しい杯を飲み交わした。私は福岡にながく住んでいるが、思い返してみると臼杵とは時間が途切れながらも浅からぬ縁が続いている。

　地質屋はまず「臼杵－八代構造線」という日本の地質にとって重要なことを習う。地質学は机上の学問だけでなく、実地でその何たるかを観察することが大変重要である。そのため先生に引率され実習で臼杵の海岸を歩いた。随分昔の話だがこれが最初のご縁である。つぎは卒業して勤めた会社の先輩が臼杵の出身であった。奥さんも同じ高校の同級生で、家が近かったこともあって家族ぐるみのお付き合いをさせてもらった。その三は．その会社時代、臼杵の街に近いお寺の裏山が大雨で崩壊し、その復旧工事の調査で市内を随分うろついた。その四は、家内を連れて旅行し臼杵に一泊した。その折、お城跡や二王座の歴史の道、野上弥生子旧宅、竜原寺三重塔、石仏を見て回った。石畳の坂や昔懐かしい街並みの雰囲気に誘われて心地よい散策に足を伸ばし、疲れたころには夕暮れに包まれていた。夜ともなれば肝を食するふぐ料理にはまってしまった。このとき子供の頃から聞きなれた「フンドーキン醤油」の工場が臼杵にあるのを初めて知った。長々とした白壁や色褪せたレンガ建屋が並んで臼杵川の中州を占有しているのは、なんとも奇妙だが一幅の絵になる風景であった。真っ赤な分銅のトレードマークがほどよく収まっていた。

　臼杵は彼の司馬遼太郎が訪れて、彼一流の歴史観を披露しながら何か薀蓄をたれていてもおかしくない魅力ある町だなと思って、「街道をゆく」シリーズの「豊後、日田のみち」を繰ったが、このとき彼は国東の空港に第一歩を印し臼杵は外れて、大分から日田に抜けている。また古い話だが、野田宇太郎は「九州文学散歩」（1948）なかで、国木田独歩が青春時代を過した佐伯に触れていながら、臼杵を素通りして別府に北上し筆をすすめている。臼杵は二人の文学者の心を捉えるには古い歴史を秘めた美しい土地で、せめて一節は設けて欲しかったと私は期待したのだが、なにか腑に落ちない残念な思いがした。ただ、司馬は、家康の貿易顧問となったウィリアム・アダムス（三浦按針）について、第11巻「肥前の諸街道」のなかで、臼杵に漂着してから平戸で亡くなるまでの彼の数奇な運命におよんで紙幅を割いて書き記している。

2. 身近な水道の「数字」からいろんなことが見えるてくる

　わたしは本誌に初めて投稿する。そのため、ここまで長々とわたしの臼杵に対する思い出の一端を、自己紹介を兼ねて述べたつもりである。これからそろそろ本論に入る。彼から本誌に何か書かないかと誘いを受けた時、「いいよ」とその場で気軽に引き受けはしたものの、実際のところ臼杵と何を接点に筆を進めてよいものか思案した。

　しかし話の大筋を思いつくまでさほど時間を要しなかった。「餅屋は餅屋」だ、私が長い間やってきた「水商売」をキーワードにすれば、なにか見えてくるだろう。難しく言えば「水道を通してみた都市の比較研究」ならできるだろう。「水道法」は総則で「地方公共団体は、地域の自然的社会的諸条件に応じて水道事業を経営する」と定めており、各自治体の特徴が現れるはずである。すぐに彼に市役所から資料を集めてもらった。それにそれまで私が集めていた

資料を加えて作成したのが、表1である。比較の対象は、福岡市と熊本市とし、臼杵市のほかに、隣接する津久見市と佐伯市を加えることにした。前二市は県庁所在地で後の三市は地方都市だから、事業の規模によって生ずる違いはもちろんあるが、それはここではあまり問題にしない。後の三市は大分県南部に隣接した都市だから臼杵市に限るよりは比較するうえで特徴が見え易いだろう。水道の水源や水質、給水原価、水道料金、一人当りの給水量などその土地の利用や地質、地形、産業など土地柄を反映する特徴は拾い出せるかもしれない。結論として表題に掲げた「水からみえる土地の風景」をスケッチできれば、私の目的は達せられる。

3.「水源」は大切だ

水道の水源には大きく分けて、表流水と地下水がある。湧水や伏流水は後者に含むものとする。まず、おおもととなる水源について考えてみよう。熊本市は地下水が100％であり、福岡市は表流水が100％で好対照をなしている。そして前者は創設以来渇水に見舞われたときも節水を全く経験した事が無いまことに幸せな都市であり、後者は全国的に有名になった二度

表1　5市の水道事業の概要

都市	給水人口（千人）	平均給水量（万m³/日）	水源	割合（％）	項　目	単　位	2005 H17	2004 H16	2003 H15	2002 H14	2001 H13
熊本市	654	230（万m³/日）	ダム・表流水		生活用水	ℓ/人・日	244	245	246	254	257
			湧水		有収率	%	89.5	89.5	89.1	89.6	88.3
		352（1/日/人）	浅井戸・伏流水		給水原価	円/m³	148	149	149	149	157
			深井戸	100	供給単価	円/m³	170	170	170	171	171
福岡市	1,388	406（万m³/日）	ダム・表流水	100	生活用水	ℓ/人・日	204	204	202	203	205
			湧水		有収率	%	94.9	95.7	95.5	96.6	96.0
		293（1/日/人）	浅井戸・伏流水		給水原価	円/m³	222	224	226	230	226
			深井戸		供給単価	円/m³	231	233	235	237	239
臼杵市	41.1	1.56（万m³/日）	ダム・表流水	16.4	生活用水	ℓ/人・日	397				
			湧水		有収率	%	86.0	85.5	85.3	85.1	84.9
		397（1/日/人）	浅井戸・伏流水	72.6	給水原価	円/m³	144	109	123	120	
			深井戸	11.0	供給単価	円/m³	135	124	126	126	
津久見市	20.5	0.72（万m³/日）	ダム・表流水	0.8	生活用水	ℓ/人・日	420				
			湧水		有収率	%	82.0				
		420（1/日/人）	浅井戸・伏流水	17.5	給水原価	円/m³					
			深井戸	81.7	供給単価	円/m³					
佐伯市	77.4	2.44（万m³/日）	ダム・表流水		生活用水	ℓ/人・日	524				
			湧水		有収率	%	78.0				
		524（1/日/人）	浅井戸・伏流水		給水原価	円/m³					
			深井戸	100	供給単価	円/m³					

の大渇水記録を持つ"大変な"都市としても対照的な都市である。さらに、熊本は100％自前の水源施設であるが、福岡は全施設能力の22％を筑後川という流域外からの導水に依存する都市である。この非常に対照的な面をもつ両市は、それだけでも比較の研究対象として興味深いのだが、ここでは深入りしない。しかし、本文では以上の視点も頭に入れながら大分県の三市と比べてみよう（表1）。

水源は大分の三市はともに圧倒的に地下水依存型である。津久見と佐伯はほぼ100％、臼杵も84％である。市内に大きな川がない臼杵や津久見で地下水の比重が大きいことは納得し易いが、佐伯は番匠川という直轄の一級河川の流域が市の大半を占める。その番匠川の上流には5つの多目的ダムがあるので、佐伯が全部地下水とはまことに意外であった。水道用水の許可水利権はゼロである。このような例は全国で109ある一級河川では珍しいのではなかろうか。水利権が設定された $2.45m^3/$ 秒の水量は農業用水と工業用水で二分している。工業用水が思いのほか多いので調べてみると、良好な港湾を利用した造船、セメント、パルプ等の200ほどの事業所があり、その製品出荷額は850億円を超えている。なるほど、これだと多くの水を必要とするのも納得がゆく。水田・畑は流域内で約1900haである。

では地下水を含む帯水層は何であろうか。先ず、以下の推論は資料や地図によるもので、現地調査を踏まえていないことをお断りしておきたい。井戸の諸元と位置が判らないが、普通浅井戸と深井戸は深さ30m辺りを境に区分する。臼杵は浅井戸が大半である。21,718m^3/日（日最大）を8本の井戸で取水しているから、1本当り約2700m^3/日であり、良好な井戸である。うち2本は膜処理を施しているから、浅井戸に時折発生する細菌等の混入があるのであろう。臼杵には臼杵川と末広川および熊崎川に沿って豊かな田園地帯をなす沖積平野広がっている。その地下には第四紀末の海退時（現海水

準より約120m海水準が下がった）に浸食され、その後の縄文海進（最大＋5m上がった）によって埋没された旧河川谷に沿って砂礫や砂が分布しているはずである。その下位には阿蘇溶結凝灰岩がある。これらの地層が帯水層となっていると思われる。その傍証として井戸は現在の河川堤近くに掘ってある（図1,2,3）。今まで渇水時に困ったことはないとのことであるから、井戸は河口から2～3km上流だが海水遡上による水質汚染はなかったかと思われる。一方深井戸は3本あり、1,100m^3/日/本の取水がなされている。臼杵に広く分布する阿蘇溶結凝灰岩の裂か水かもしれない。冒頭に述べたように昔から醤油工場や酒屋が地下水を使用して名の知られた製品を産しているのだから、いずれにしても地下水には恵まれた環境だと思われる。

図1　臼杵市水道水源池位置図（黒丸印、北が井村水源池、南が野田水源池、桑原英治氏作成）

図2　野田水源池（桑原英治氏撮影）

山・水・人の風景

図3　井村水源池と末広川
（上の白い建物が配水池、桑原英治氏撮影）

津久見市は三市のなかで一番面積がせまく、二市に挟まれて今にも海に押し出されそうで、可哀想なくらいである。その狭い80km²の土地から日平均7,200m³/日の地下水が湧出し2万余の人が暮らしている。これはすべて「石灰岩」のお蔭と言ったら言い過ぎであろうか。その石灰岩の埋蔵量がどれほどあって、いつまで稼行できるのか知らないが、原石も地下水も己の身を削って産出していることに変わりは無い。日最大12,600m³/日を6本の深井戸と、1本の浅井戸で賄っているから、1本当りほぼ1,800m³/日である。石灰岩は洞穴を作る特殊な岩石であって市の大半に分布する。そこに雨水が浸透して地下深くに地下水が流れていると思われる。他の種類の岩石では狭い集水面積でこれだけの量の地下水はとても期待できない。このほか石灰岩採掘やセメント工業に使う工業用水はどのように確保しているのであろうか。残念ながら手元に資料がない。佐伯から導水されているのかもしれない。

佐伯は番匠川とその支川に沿って広がる沖積平野に、11本の深井戸（日最大3200m³/日/本と良好）がある。浄水施設がないので塩素滅菌のみで十分な良好な水質なのであろう。まことに恵まれた土地と言えよう。

4．給水単価、有収率、水道料金など

一般に地下水を水源とする水道施設は、開発費、材料費、維持費が安く水質も良いため、供給単価、給水原価ともに、表流水に比べて安くなる。表1をみても福岡市と熊本市や臼杵市と比べるとよく判る。供給単価は給水収益を年間有収水量（水道料金として還元される水量）で割った割合であり、給水原価は給水するためかかる総費用から（特別損失や関連収入）を差し引いた費用を年間有収水量で割った数字である。したがって前者が少し高い値になる。いわば水道を供給するためにかかる単位水量当りの元値に相当し、水道料金算定の基本となる。有収率は供給水量のなかで、水道料金として収益となった水量の割合である。給水途中での漏水や盗水、公共用水は収益とならない。水道管には常に水圧がかかっているため老朽化による漏水は無視できず、自治体は水道管路の監視や更新に力を入れている。

有収率は福岡が際立って高い。日頃の監視や更新、IT化した集中管理システムが効を奏している。佐伯は全国平均を下回った低い割合で、今後無駄を省く努力と投資が必要であろう（臼杵、津久見とも平成18年の数字）。熊本は地下水資源の保全の一環として、90％台を目指している。この割合の低さは次に述べる一人当たりの給水量の多さと裏腹の関係にある面もある。

生活用水の1日一人当たりの給水量は、福岡・熊本の都会に少なく、臼杵・津久見・佐伯の地方に多い傾向が明瞭である（平成18年の数字）。特に佐伯はずば抜けて多い。両都市間で現在では生活様式が大きく違うとは思えず、水に恵まれているから使うのではなく、個々人が資源を有効に使う節水を心がける「もったいない」精神が大切である。その点福岡が全国平均（313ℓ/日/人,2003年）に比べて非常に低いのは、大渇水の経験が市民の節水意識の底辺に生きているためであろう。

浄水施設について、佐伯に特に記載がないのは地下水直送型で法律で決められた塩素滅菌のみが行なわれているためであろう。これ

は既に述べたように熊本も同様である。都会では土地が狭いのと原水の水質が悪いため、薬品を加えて浮遊物をフロック（塊）にして早く取り除く急速濾過が中心だが、二市では津久見が緩速濾過のみで、臼杵は緩速濾過と膜処理である。こうした余計な薬品を必要としないおいしい水が飲める人たちは幸せだ。

それと比べると福岡の一部では表流水の水質が極端に悪いため急速濾過と活性炭に加えオゾン処理をしている。オゾン処理を加えるのは上流から下流まで繰り返し水を利用する関西の淀川水系では普通だが九州では珍しい。また、海水の淡水化も同市東区の海岸で始まった（最大50,000m³/日で日本一の規模）。これらの水はブレンドされて配水されている。福岡市民は筑後川からのもらい水と相まって給水原価と供給単価にあるとおりずいぶんと高い水道の水を飲んでいる。

以上のことを頭に入れて、みなさんの懐（ふところ）に直接係る水道料金の比較をしてみよう。大分の三市は、平成18年の一般用（口径13mm）で基本料金込み10m³当り、臼杵が990円、津久見が1210円、佐伯は1020円である。ちなみに大分県では由布市が890円と一番安く、竹田市が1630円と一番高い。全国の平均料金の1467円/10m³（2004年）を上回っている。あれほど水の豊かな竹田市が一番高いとは驚きである。橋本淳司は「水道格差時代」と題して、「人口や財政面で不利な地方の水のほうがまずくて高くなるケースがある」（朝日新聞、2008.2.16）と書いている。竹田の水がまずいとはとても思えないが、高いことは人口の過疎化や町村合併の影響と思われ的を射た発言であろう。

一方、同じ条件で熊本は1050円、福岡は1020円とあまり変わらない。少量ではそうであっても、どの自治体でも水の使用を抑制するため、水道料金は多く使うとm³当りの単価が高くなる累進料金制度を採っている。福岡は引き込み管の管径による累進制も他市に比べて高い割合になっており、昭和53年の大渇水を契機に節水都市を目指す姿勢が鮮明である。その点熊本市は給水原価と供給単価が共に安く、水道料金も安い。25m³の使用量になると、福岡市で3785円、熊本市で3180円とかなり差が出てくる。もちろん安いからと言う訳だけではないだろうが、熊本市一人当りの給水量は福岡市の二割も多い。このため熊本では毎年7月に、福岡市レベルを目標に「節水キャンペーン」を実施しており、効果は少しずつ現れている。普通4人家族で、生活用水は月20～25m³ほど使う。各家庭で使用量と料金を一度比べてみると興味深い。その際は下水道使用料金と分けて算出することを忘れないようにして下さい。

5. 限りある地下水資源の保全に向けて

今回思わぬことで、大分県東部三市の水道事情を調べる機会に恵まれた。一番意外だったことは、二市ともに水源を地下水に依存していることだった。大分県南は、私にとってリアス式海岸が続き、山々の連なる地域という漠然とした印象が強かった。今回の結果によって今までの思い込みは訂正せねばならない。余談だが、私は、これにはJR日豊本線から見る風景が大きく影響していると思っている。北から下った場合本線は佐伯駅から西に大きく曲がって久留須川に沿って、駆け足で山間を縫ってゆくルートになる。宗太郎峠のトンネルを抜けるまで山また山の中をひた走る。もし線路がひとつ東よりの堅田川に沿っていれば、広闊な田園の只中を走り、平地が多いことを実感し、違った印象をもつはずである。その代わり遠回りになる。

さて、本論に戻ろう。地下水は自然の水循環の一要素である。当地域で降る年間2000mmほどの雨の3割程度が地下に浸透し、地下水を涵養する。したがって年間の涵養補給される範囲内で地下水を利用していれば問題はないが、それ以上に過大に汲み上げると地盤沈下、塩水浸入など地下水障害を招く。日本全国で1950年～1970年にかけて苦い経験をした事

は皆さんよくご存知のことだろう。

6. 熊本市と市民の地下水へのとりくみに学ぼう

その点熊本市は県と共同して、全国に先駆けて地下水保全に長年力を入れてきた。それは地下水の取水量が減少傾向にありながら、地下水位の低下、水前寺など湧水量の減少、中・上流域の涵養地域の減少（水田の宅地化など）が長期的に続いていることに対する危機意識から生まれた。これは熊本市と周辺地域に住む100万人県民の生活と産業活動に直結する課題である。それに対し熊本市は1977年に地下水保全条例をいち早く制定し、具体的な保全策を現在実行中である。5年前熊本市が市民を対象に、熊本の地下水を守るために新たに税負担をする意思かあるかどうかアンケート調査したところ、2300円位までなら負担しても良いとういう結果が出た（朝日新聞、2003年5月29日）。市民の地下水保全に対する意識の高さを示すものであろう。今年（2008年）を目標年とした5年計画の施策の結果がどうでるか、私は興味深く見守っている。

水源を地下水に依存する大分の三市は、今後、地下水の動向（地下水位や水質）を注意深くモニタリングし、末永く良質の地下水を水源として使用するために保全に努められるように切に希望する。水道行政を担当する厚生労働省は水道の安全や水質の向上のため2005年に「地域水道ビジョン」を作成することを事業者に求めた。今回取り上げた自治体がどういう将来ビジョンを作成したのか興味あるところだが、紙面もそろそろ尽きた。当初の目的とおり、水を通して土地の風景を描くことが出来たかどうか自信はないが、説明不足の点があるとすれば、読者の皆さんに表1の数字から読み取って頂くことにして、この辺で拙文の筆を置くことにしよう。

最後に本誌に寄稿する機会を与えてくださり、資料の収集と写真撮影にご協力頂いた桑原英治さんと臼杵市水道課に厚くお礼を申し上げる。なお、参考文献は省略した。

コミュニケーション能力と町おこし
－「専門性を生きる備えと教養」シンポジウム－

1. はじめに

一昨年（2008年）歳も押し迫った師走の19日から21日まで、京都に行く機会があった。40年来の旧友であるF君に請われてある研究会で話しをするためであった。彼はK大学に長く勤め同年春定年退職した後、その当時は放送大学の京都学習センターに勤務していた。彼は教育学部の要職を務めた臨床心理学者であり、その世界では高名な学者と聞いている。それに対し私は地質学を学んだ後、建設コンサルタントを「なりあい」とする一介のサラリーマンにすぎない。旧友から誘われたことを有難く思いながらも、当初から畑違いのたいそう難しげな題目の並んだ会議に出向く不安とおっくうさを感じていた。秘かな楽しみは久方ぶりに会う旧友との再会と、その春の訪れていた「京都」に再度旅して初冬の魅力を初めて味わえることだった。

2. 研究会－専門的教養知

会合の全体テーマは「専門性を生きる備えと教養」で、副題として―専門的教養知の働きとその教育・養成を考える―となかなか難しそうであり、そのあとに続く趣旨説明を読まないと意味が分からない。無責任なことだが、私は最初電話で彼から話があった時からこの企画が何を意図しているのかよく分からなかった。

しかし次の一言でイメージが一度に広がってやっと踏ん切りがついた。研究代表者であるF君の主旨説明の中ほどに、「一見して無縁に見える専門家が、直接に関与する人間関係の場をえると、不思議な想像力を活性化させうる」とあり、彼は自からの長い経験から秘かにこの点を目論んで実践しようとしていることが読み取れた。

この底流には大学生時代に多様な学部の若者が「探検部」というクラブ活動のなかで、未知の大地と見知らぬ人との出会いを求めて行動し、想像たくましく喧々諤々やっていた熱い雰囲気を思い起こさせる。彼も私もその一人であった。

しかし、シロウト集団の学生と専門化が進んだ大人の世界は違う。異分野間の人たちと如何にコミュニケーションを保つかということを思案しながらも、はなはだ漠然とした気持ちのまま当日にいたり、いったい話がどう運ぶのか不安は拭えないままに会場に入った。事前に送られた名簿を見ても集まるのは教育や心理学に携わる人が大半であった。まったく文科系の人の集まりに、理科系の人間が単身参加するような衆寡敵せずの形勢であり、理科系は私ともう一人K大学の生物専攻の先生と二人のみであった。その数は講師の名簿に記載されただけで2対25である。実際にはそれ以外の関係者が参加してあるようであったから、理科系の比率は微々たるものであった。

実際に会場に入ってみても慣れ親しんだ地質関係の学会のように知り合いはおらず、いわば異分野の世界に迷い込んだ子羊のようで、その心細さは初めての経験であった。あれこれ周りから聞こえてくる会話も聞きなれない用語ばかりで理科系と文科系と全く違う世界にいる居心地の悪さを終始感じていた。

3. コミュニケーション能力

そもそもコミュニケーションとは伝達、連絡、意思の疎通と英和辞典にある。英語の語源からすると、Communicare「共通にするや共有する」からきており、commonも派生語のようである。重要なことは、ただ一方通行で伝えるのではなく、何かを複数の人間のあいだで理解を共有するという意味を含んでおり、この辺が大切なことのようである。

会議が始まった。進行役を務めるＦ君を始めとして、皆さんはしゃべりだしたら際限がなく、漫談調（失礼！）に話が広がってゆく。私にはおばさんやおじさんたちの「ああだ、こうだと、とりとめもない井戸端会議」の渦中にいるように聞こえるのです。夏の積乱雲が黙々と湧き出し、膨張し形を変えてゆくように、議論がとらえどころなく変幻自在に変化するように思えました。

各講演者のテーマは一応示してあるが、何を話しているのか、何が主題なのか、そしてどれが本当か分からない。発言は「俺はこう思う」、「しかし私はこう考える」の応酬の繰り返しだから、結論がなかなか見えて来ない。それぞれが正しいと思う論拠がどこにあるのかがよくみえないのだから、議論が収束してゆかないもどかしさといらだちを感じ続けていた。私自身の専門の基本知識の不足や違いもあるだろう。しかしそれを言い出したら一緒に議論の場にいる意味がない。大事なことは「きちんと部外者に分かるように話してくれる人が、ほんとに専門の核心が分かった人であるのにな」と昔本を読んで感じたことを思い出していた。

参考までに議題のいくつかを書いてみると、「こころを育む人間関係事情」、「人づくりと指導者の教養を考える」、「生きる痛みに触れる援助を考える」、「水に命の潤いを探求する世界」、「いま、子育てを考える／生きざまの魅力と美を求めて」等である。みなさんはこのような議題を与えられたとしたら、どのようなことを考えられるのだろうか。

会は予定時間をはるかに超過して続いてゆく。Ｆ君の独演会になりがちなところは感じられた。司会者とういうか、モデレイター（調整者）であるからもっと周りに話しを振り向けるべきではないか、などと思っていると、大学院生らしき若い人に話しが振られた。しかし若い人は語り続ける材料や経験に欠けるためか、話しが飛び散漫になりがちで言葉が続かない。そのなかでは、実際の教育現場に立った先生の話しが、具体的な経験を語り、新聞でも問題となった話題であるのでその様子が想像でき、聞き覚えのある事例がおおく、私には一番身近に感じられて興味深かった。

結局、結論として思ったことは、心理学や教育学など人との会話を通して、他人の心を相手にしてきた人たちは、語らないことには相手や患者の心理や考えは理解できない。相手の思いを図って言葉を選んで話し、相手の気持を引き出し、相談事や悩みを軽減する方向に導く訓練をしてきた人にはかなわない、ということであった。これがカウンセリングという世界なのであろう。

いっぽう科学の世界は事実らしき数値や形あるものを示し、議論が集約されて、一つの核にまとまってゆくのが普通である。中心にゆくほど星の数が濃くなった星団や星雲にようにたとえられる。イエスかノーがはっきりした世界がおおいのではなかろうか。

また大きなちがいは、多くの場合スライドでものを示しながらでないと話が続かない。ものを事前に組み立てて、スライドを間に立てて絵で見せながら話をしている。そういう意味からすれば、我々は言葉でものを伝える能力に欠けているというか、抽象的な世界を言葉で表現するのがへたくそな（それは私だけかどうか）人種でその描写力が不足している。だから見せた方が早いし、説得力があると信じている。いわば語る努力を億劫に感じる人の集まりのような気がする。スライドがないと話ができない。図表や写真という具体的な媒体を通してでないとものを語れない。

と思う一方で、悔しいけれど彼ら（ここでいう文科系の人たち）の口先三寸にはごまかされてはいけない（俗な言葉で丸めこまれない）という妙な意地も働く。結局その場の結論として、「専門知の知はコミュニケーション能力のことのようだ」ということはよく理解できた。

4. 役者のひとこと

後日NHKの「鶴瓶の家族に乾杯」というぶっつけ本番の番組を見ていたら、役者の前田吟氏が興味ある話をしていた。あれだけ口八丁でおしゃべりの（と私は思うのだが）彼が「役者はいつもあらかじめ決められたシナリオをもとにしゃべっているから、このような番組で知らない人の世界にいきなり放り出されて急に話せといわれても何をしゃべっていいのか戸惑ってしまう」というのである。これではスライドを見ながらでないと、話しが続かない我々と一緒ではないか。役者の意外な一面を見たような気がした。

5. 空気の読み過ぎ

そうこうしているうちに、興味ある記事を新聞で見かけた。平成21年4月9日の朝日新聞に載ったもので、私の視点「空気の読み過ぎ社会を萎縮させる同調圧力」と題する論説だ。萱野稔人さんという若い大学教師が書いている。専門は政治学としてある。

まず、彼は言う。いまはコミュニケーション能力が過剰に求められている時代で、自分の価値を認めてもらうためその高度な能力が必要とされるという。その時代背景には製造業が海外に移転し、国内に残ったのは本社機能的な仕事ばかりである。これは、すなわちマネジメントや企画、研究開発マーケティングといったコミュニケーション能力が富を生み出す経済活動の中心にあると分析する。そしてこれが健全なのかと疑問をなげかける。その結果、コミュニケーション能力に評価基準を置くため、それをめぐる過当競争が起こり、人間関係にひずみをもたらしていると説く。

ここから先の論調は、今回の主旨からは少し外れるが、都合の良いところだけ引用するのも失礼だから最後まで引用すると、彼は論旨を次のように結んでいる。

その結果として、コミュニケーション能力の高さにつまずいて引きこもり、新たな一歩が踏み出せなくなってしまう。競争が激しい社会はつまずいた人にはとても冷淡だ。いじめはコミュニケーション能力の欠如から起きているのではなく、逆にみんなが空気を読みすぎることで生じるストレスのはけ口を特定の人間に向けることで起きているという。最後に、空気を読みすぎて壊してはならないという同調圧力は社会を萎縮させると結んでいる。結論は「いじめ」の社会分析で終わっている。

私はこの記事を読んだ時ホッとしたことを覚えている。京都の集まりでコミュニケーション能力の不足に引け目を感じていた後遺症が癒えない時期だったから、自分が救われた気がした。今回私が話題を提供した「地球の水資源」の内容を、どこまで文科系の人に判ってもらえたかどうか、時間の制約もあって専門用語を多用することはなかったか　反省していた矢先であったからだ。水資源に対する危機意識は感じて頂けたかもしれないと思わないと救われない気持であった。

結局私にとって今回の会議のテーマの結論は、「専門知」とは専門を伝えうるコミュニケーション能力に他ならないと思った次第である。そのためにどうすればよいのか？個人の出来ることには限りがある。その能力を磨くには、できる限り異分野の優れた人と会話する機会をもち、場を踏むしか方法がない。「習うより慣れろ」だ。内に篭って自分だけ納得してもダメというしごく当たり前の結論にたどり着いた。

6. 臼杵市のまちおこし

さて、許された紙幅も少なくなった。少々ここからの話の展開は、今までのお話と強引撞着の感は否めないが、今まで述べてきた「分野」を「土地」に置き代え「町おこし」について考えみたい。

人は旅をすると否応なく異なる自然と歴史を背負ってきた未知の人と出会いコミュニケーションしなければ先は続かない。タクシーや通りがかりの人に道を尋ねる、お土産を買う、宿

に泊まる、などいろんな場面で会話が交わされるはずである。多くの旅人はきっとこの触れ合いのちょっとした言葉や表情の端々で、その「土地」の印象が良くも悪くも心がゆらぐのを経験したにちがいない。なかには、すでに述べたように私が感じた「異分野」に取り囲まれた時の居心地の悪さに似た思いを抱いたままで、踵(きびす)を返すよそ者も多いのかもしれない。これでは大事なリピーターは育たない。逆に満ち足りた思いを胸に帰る人ももちろんあるだろう。

いわゆる「町おこし」には、まず決まって○○振興協議会が作られ内部のコミュニケーションは十分に図られる。いわば専門家の養成である。

しかし肝腎のお客さんと直接接する町の人に、それが周知され"コミュニケーション力"となるまで心配りされているかどうかは疑わしい。また、「町おこし」が箱物や景観、特産の食べ物を宣伝するのは常道でどこもおなじ風景になってしまった感がある。そこにちがいを醸すには風土を旅人の五感に魅せ引き寄せる語り、例えばその"いわれ"をさりげなく説明できる大げさにいえば「ゆかしい専門性」、箱物には「なにかちがうな」と思わせる歴史的雰囲気が、景観には調和と清楚さが、そして食べ物にはなんといっても地場の味わいが求められるであろう。

臼杵の街には、町をぶらつくと"下駄をつっかけて浴衣に羽織かけで歩きたくなる"ような心地よさがあり、私の好きな町のひとつである。若い頃から訪ねているので、最近は「町づくり」に磨きがかかっているのも肌で感じられる。それは、戦時中に空襲を受けず、古い街並みを当たり前のように受け継いだ市民には、特段のイベントではなく、日常生活の延長なのかしれない。

畏友の桑原君が本誌「木漏れ陽」の編集にかける情熱は、本題の「コミュニケーション能力」の啓発と実践そのものであろう。これから執筆者に「異地」や「異分野」の人をほどよく取り込んでその情報の輪を広げて、刊行を続けてゆかれることを願っている。

はるか昔、遠いヨーロッパの「異地」から臼杵に漂着したウィリアム・アダムス（三浦按針）一行は豊後の殿様に鄭重にあつかわれたという。その驚天動地の「異人」をあたたかく迎えた優しい"こころね"は今も臼杵のひとに生きて続けていることであろう。私も再訪してふぐの美味を友に愉快なお酒を飲みながらその風景にまた出会ってみたいと楽しみにしている。

六郷満山　国東半島の不思議におもう

1. はじめに

　国東半島は大分県の北東部、紺碧の瀬戸内海に突き出した直径約30kmのまことに美しい円弧を描いた半島です。沖に浮かぶ姫島はその円弧を一気に毛筆で描いたあとに、筆先から滴り落ちた滴のようです。

　半島は両子山（標高712m）をほぼ中心として長い裾野を引いた火山体が基盤を形成しています。中新世という古い地質時代の火山であるため、山体は浸食と開析が進み山稜は波うってゴツゴツした背骨のようです。そのような尾根筋の山間には、両子山を中心として細長い扇形の細い川筋が放射状にいくつも（28あるそうです）の流域をうがちながら浜辺まで流れ下っています。山体の中腹から棚田が点在し、里道に沿って人家も見え、狭いながらも沖積平野が河口に展開しています。

2. ペドロ・カスイ・岐部

　この半島の浜辺には六郷と呼ばれる6つの村落が散在しています。この村々に歴史上の不思議というか、卓越した日本人が登場します。一人はペドロ・カスイ・岐部（1587～1639）です。豊後は国東の伊美でバテレン教徒の両親から生を受けました。時の領主大友氏が設けたセミナリオで司祭の教育を受けたのですが、徳川政権の海外渡航禁止とキリスト教禁止令によって他の仲間と一緒にマカオに追放されます。その後数人と逃亡を図り、航路と陸路で幾多の艱難を乗り越えて、遥か聖地のエルサレム、そしてローマまで到達します。そのときはわずか一人でした。ローマでは正式な司祭として教育を受け、安楽な後世が約束されていたのです。しかし彼はそれを捨てて、帰国を決意します。帰国後は隠密に行動を続け、山形まで来ますが最後は仙台で悲惨な殉教をします。旅行中やローマ滞在中の記録も残っており、遠藤周作は数編の小説にまとめました。当時として世界を一番広く見聞した知識人であり、「日本のマルコポーロ」と呼ばれています。その折の膨大な見聞記録がもっと書き残され後世に伝わっていれば、その後の日本の歴史は変わっていたかもしれません。

3. 三浦梅園

　さて、二人目はやはり豊後、国東安岐の人三浦梅園（1723～89）です。岐部から150年余りのちの人です。世界を股に掛けた岐部とは違い3度（長崎に2度・伊勢に1度）の旅で外界に出ただけで、後は自宅で思索に耽った哲学者だったそうです。彼が鎖国後、100年ほどのちに地球を12区分した長円形の世界地図（今の多円錐図法）を描いて残しているのです。手製の天球儀もあります。大きな地球から見れば針の穴のような国東の僻村からどうして世界が見えたのでしょうか。

4. 国東への想い

　ここからは私の妄想ですが、東南アジアに散在した日本人町から南蛮文化の断片を密かにもち帰った日本人が豊後に居たのではないかと思うのです。ものは失せても知識は残っていたでしょう。実際には三浦自身が長崎の旅で得た可能性は強いのですが、それにしても長崎での短い勉学というわずかな光明の隙間から差込んだ知識の価値をいち早く認め、後世に記録を残した点が偉いと思うのです。そこにはひらめく天賦の才能が三浦梅園に備わっていたとしか思えません。

　このように、ザビエルが渡来後、早くにバテレン教に帰依して大きな影響を後世に残した大友宗麟といい、豊後の人は先覚の才に秀でてい

ると思います。

　カスイ・岐部と三浦梅園の二人だけを取り上げて国東を語るのは無知と大言壮語のそしりを免れえませんが、しかしなぜ、海外への道が厳しく閉ざされた時代に国東にこのような"世界を見据えた人材"が生まれでたのでしょうか。私には偶然とは思えないのです。すこし時代は下りますが、優れた科学者でもあった帆足万里は豊後日出藩の家老でした。また、杵築には昭和の先哲、堀悌吉海軍中将がいます。

　国東半島はものの本によれば奈良時代末期から平安時代にかけて、山岳宗教の場として栄え、近傍の宇佐神宮の八幡信仰と相まってしだいに神仏混交の山岳仏教の文化が花開いた山岳とされています。

　ここからは私の少し大胆な推測になります。その文化の地を求めて国東には奈良時代から各地の知識人や勉学意欲に燃えた若者が集まり、山岳で修行を旨とするのはもちろんのこと、里人に布教や教育をしたに違いありません。天下の秀才が大学に集まったと考えばよいと思います。

　長い時代の流れの合間に、彼らは僧として里寺に残留したり、里の娘と恋に落ち還俗したかもしれません。そのような人の動きと上に述べたような先覚者を生み出した素地が国東の地に培（つちか）われていたと思われます。

　そのような歴史によって造られた風土は広潤な国東の山野を背景とし、人の行き交う瀬戸の海に囲まれた半島にまことにふさわしいような気がするのです。想像するだけでも楽しいことです。

　学校の歴史で教えられ、僻村から唐突に人材が輩出したかのように考え、不思議とも何とも思わないのは、あまりに無関心ではないでしょうか。現在の都会に住む人間から見たおごりではないかと思えるのです。

5. おわりに

　平安時代以降から現在まで『国東から輩出した俊秀の系譜』を調べてみると興味深い物語ができあがるかもしれません。九大の恩師であるO教授は世界の堆積学をリードされ日本地質学会長の要職を務められました。国東高校のご出身でいらっしゃいます。日本応用地質学会の九州支部長であったI教授も国東です。今もご健在です。私の身近に国東の先達はいらしたのです。

ペドロ・カスイ・岐部の銅像。出身地の国東市岐部にある。

四万十川紀行

1. はじめに

司馬遼太郎は"街道をゆく"の 21 巻「芸備の道」のなかで、国道 54 号線を通って広島から三次に向かう旅の道中、すぐ東に沿って流れる大田川の東支流の根之谷川が、広島市域からわずか 20km で迫った谷に入り、いきなり分水嶺に達すること、更に上根峠 (かみねのたお、標高約 270m) を越えると、なだらかに北方へ傾斜する高原となり、既に、150km の距離をはるばる北に流れて、日本海に注ぐ江の川流域の源流に立っていると言う地形の変化に驚いている。確かに広島と島根両県の県境は島根県が可哀相になる位日本海側に押し出しており、自然地理的な流域面積と調和していない。しかし彼は南側に位置する大田川流域の瀬戸内文化圏が現在の広島県域と異なり、むしろ北から出雲文化圏が思いのほか南に広がっていた古墳時代からの歴史的な事実と重ね合わせて、それが自然地理的な流域と整合していることに得心している。

私は広島に住んでいた頃、毛利氏の拠点であった吉田町を訪ねた。この町は 54 号線沿いにあり、上根峠から 15km 程北東に下ったところにある。この時は根之谷川の更に東側を南に流下する大田川支流の三篠川に沿って走る芸備線に乗った。三篠川は根之谷川に比べ、大きな流域を持つ川であるが、鉄路は向原駅の北 500 m 程で、江の川との流域界を越える。そこは分水嶺と言うにはあまりに平坦な地で、三篠川の右岸に続くわずかな盛り上がりにすぎない。もし河床の低い三篠川に洪水が発生し、川岸が崩壊でもすれば、江の川源流は三篠川に取り込まれ河川の争奪が行われる事は間違いない。大田川と江の川という、1 級河川間で河川の争奪が現代に起こるかもしれないと言う際どい話が、日本の他の河川にあるのかどうか私は寡聞にして知らない。小畑 (1991) は中国地方で、過去に河川の争奪を被った流域面積 5km^2 以上の河川を 19 個所挙げているが、1 級河川同士では 3 個所のみで、上記の根之谷川も入っている。

なお、江の川の水は上根峠から 7km 程下ったところで、合流する可愛川(えのかわ)に建設された土師ダムからトンネルを通して分水し、大田川に人工的に流域変更され、広島市民の生活用水として利用されている。

2. 四万十川
2.1 宇和島から広見川を経て本流との合流点まで

平成 15 年 9 月の彼岸休みに妻と広島から松山に渡り 1 泊の後、宇和島を経由して、窪川に抜けて、高知に至るという旅行をした。四国内の移動はすべて鉄路に拠った。松山では台風の影響で小雨に遭ったものの、おおむね好天に恵まれた。初めて予土線に乗り、トロッコ列車から四万十川と周辺の景観を満喫することが出来た。四万十川との出会いは 1999 年以来 4 度目のことであったが、前の 3 回は車で中村から国道 441 号線に沿って、愛媛県の広見町に抜けるか、その逆コースを通って四万十川の中流から下流を瞥見したに過ぎなかった。今回は広見川と四万十川が合流する中流から上流へ遡るルートを初めて訪れた。愛媛県側の三間川と広見川が合流した支流を貝塚 (1986) は吉野川としているが、中村河川国道事務所では広見川と呼んでいる。ここでは後者に従う。

結論から言えば前回までに抱いていた四万十川の印象と余りに違い、驚きの連続であった。その驚きから筆を執る気持になったが、まず河相が全く違う。河相と言う一般に聞き慣れない用語は広辞苑にあるかと思ったが見当たらな

い。河川学の用語として公認されているかどうか知らないが、河川学の泰斗安芸皎一氏の論考に「河相論への道」(1983)があり、古くは著書「河相論」(1944)がちゃんとある。氏の造語であって、「河川があるがままの状況を言う」と簡潔な定義がある。私が学んだ地質学では岩相(rock facies)がれっきとした用語としてあり岩石の総合的な見かけ、性質を示すものとしてよく用いられている。私は河相の意味するところは"岩"が"河"に変わったものと理解している。

次に当然のことではあるが、川を流れる水量と流れ方が違う。単純に比較すれば、「今回見た上流域の印象は、少なく浅く、早い浸食河川であり、前回に見た下流域は豊かで深く、ゆったりとした堆積河川である」と要約できる。この違いは一体何に由来するのだろうかと言う疑問は今回の旅行中ずっと念頭にあった。

ひとまず地質的な面から考えてみる。四万十川流域は源流部を除き、大部分が四万十帯と呼ばれる白亜紀中期から古第三紀初期にかけて堆積した砂岩と泥岩の互層を主体とする地層で構成される。大きな構造となる地層の走向(東北東～南南西から東西方向)と河川の流路方向の関係は、広見川との合流点上流で大きく流路が湾曲して、両者ともほぼ北西から南東方向になるため、広角で交差する形になり、上下流でさほど変わらない。走向を切って深い谷が穿入曲流を繰り返す本流は先行谷性の特徴であろうが、支流には走向に沿った縦谷も見られる。次に砂岩、泥岩等の岩質の差に因るとも考え難い。しからば四国で第三紀末の鮮新世に始まったとされる土地の隆起の程度が異なる(上流域の方が大きかった?)のであろうか。よく判らない。

後で調べてみると、答えは最後の推測に近かった。大塚弥之助(1927)は当初は四万十川本流上流(松葉川)、梼原川、広見川の3河川が四万十川本流の中流から下流域に集まるような内陸が沈降する地形があり、全体の流域の起伏も少なく、既に曲流蛇行をしていた。その後梼原川から広見川との合流点にかけての中流部が隆起し、地形の回春と共に穿入蛇行が進んだ。一方上流の松葉川と広見川流域は沈降し、沖積平野が更に発達した。このように考え、模式的な説明図を描いている。76年も前に発表されたこの説は宇和島と須崎海岸が沈降していることと符号し、今でも受け入れられている。広見川との合流点から本流の上流に沿いに高位から低位の段丘が発達する(満塩・鹿島,2000)こととも調和する。

宇和島駅(終着駅はバリアフリーで楽である事を、新高松駅と同様に感じ入った)を11時28分に発った"清流しまんと2号"はトロッコ列車と長めの普通車輌の2台を連結してある。9月は土・日曜日のみの運転で、トロッコ列車には途中の特定区間だけ乗車できるが、観光と地元の人の便を旨く考えてあり感心した。普通車輌には地元の学生や主婦が乗車し、観光客らしい人は数人程度である。夏休みのピークを過ぎたからだとガランとした車内を眺めて一人得心していたが、このゆったりした気分は後ほど砕かれてしまうことになる。

予土線は北宇和島駅の北で、予讃線と分かれ、光満川に沿って遡上し、7km程走って、小さなトンネルを抜ける。宇和海の海岸から僅か5kmである。そこはもう四万十川の流域に入る。務田と言う変わった地名の駅があり、地元の人達の乗り降りがあった。源流に近いと言うのにこの地形の広かつさはどうだろう。三間川の両岸には沖積平野が開け、水田には黄色い稲穂が垂れている。稲刈りが終わったところもある。この谷底平野が開けた地形は、広見川との合流点の出目という、いかにも川の吐合を示す地名の集落の少し下流まで続く。地元の人達の多くはここまでで下車してしまい、後は観光客らしい人があちこちに座って歓談している。お年寄りが多い。ここから本流との合流点直上流の江川崎まで、16km余は曲流する河川の谷間を縫って線路はおおむね右岸側を走り、国道は左岸をひたすら縫っている。両岸の山腹も高い稜線を見せるようになる。谷底平野も無い。い

つしか愛媛県から高知県に入っている。

　途中江川崎駅で、「トイレ休憩のため、列車が5分程停車する」とのアナウンスには思わず笑ってしまった。高速バスでは経験済みだが、JRでは聞いたことが無い。宇和島駅を発車する時、トイレが付いていないとのアナウンスに2時間余の乗車に少々不安を抱いていた私が用を済ませたのは勿論のことである。無人駅の綺麗な洗面所は最近造ったと思われ、JRの観光誘致に対する意気込みが伺われる。ホームで背伸びし清清しい空気を吸った。特産品の販売所でも作れば西土佐の村おこしになるのではないかと思われた。コスモスの花が風に揺れている。帰って時刻表を良く見ると、江川崎駅での着・発時間は12時34分で同時刻であった。定刻運行を旨とするJRとしてはこののどかさは何とも心地よい。

2.2　四万十川本流に沿って窪川へ

　江川崎駅を発車し直ぐに広見川にかかる鉄橋を渡ると、いよいよ合流点より四万十川本流の上流域に入る。鉄道距離で江川崎から窪川まで約43kmであるが、川筋を20万分の1地勢図で概測すると、何と78km程の長さになる。如何に曲流を繰り返しているかが判る。そして、曲流の幅がほぼ2kmの範囲に収まっていて、地形図を眺めているとひさしに今にも落ちそうな雨の雫が連なって垂れ下がっているように見える。また線路は勾玉を結ぶ糸のように山あいを縫って走っている。河川の平均勾配は約1/460で、さほど急とも思えないが、両岸や河床には白っぽい露岩が多く所々で瀬をなしている。硬い砂岩が多いのであろうか。河床砂礫の堆積は局所的にあるが少ないように見える。川砂利の採取が行われたのかもしれない。水の色は青々として美しい。

　しばらくして「十川駅から土佐昭和駅までの区間(13km余)はトロッコ列車に移動して良い」とのアナウンスがやっとあった。喜んでいたら何と指定券が必要だとのこと。この少ないお客でなぜと思っていたら、十川から大勢の客が乗り込んで来た。知らなかったのは私達だけかと心配して車掌に尋ねると、幸い席は空いていると言う。良かった。それにしても310円とは高い。心地よい風に吹かれて、トンネルを時折抜けながら、周りの景色を楽しみ、シャッターをきった。良い眺めを求めて、立ったり座ったりと皆忙しい。列車は地形の急な右岸(攻撃斜面)を走るため、対岸の緩やかな河岸段丘(高位から低位の段丘がある、前出)、に広がる集落や田畑を眺めることができる。これは下流域には無い風景だ。沈下橋も見える。

　途中西土佐村と十和村の境で、大きなコンクリートの橋脚が2本(?)線路脇の河川敷に建設中であった。恐らく国道381号の改良に伴って橋を渡すのであろうが、自然と清流を求めて訪れる人には目障りな建造物に映るに違いない。もっと目立たない場所は無かったものかと考えてしまう。今となっては景観にマッチした上部工が建設される事を祈るだけだ。普通車に戻って土佐昭和駅を出発。梼原川との合流点も判らないままにいつしか過ぎ、川が列車の右、左と目まぐるしく移る。川の水量が目立って減ってきたのが判る。

　四国電力の家地川堰は窪川の下流にある(四国電力は佐賀ダムと呼称している)。近年水利権の借用期間の更新を国が認めるかどうか、あるいは堰を撤去するかどうかで話題となった。列車からは下流正面が木の間から一瞬見えるに過ぎない。貯水池には満々と水が貯まっていた。小さなトンネルを抜けると、家地川というホーム一つの小さな駅がある。鉄路は本流から一時大きく弧を描きながら離れ、流域外に出て、土佐くろしお鉄道に乗り入れる。中村まで旧国鉄が乗り入れたのは昭和45年のことで、陸の孤島から解放されて20年たらずで第3セクターに移管された。途中にループ線のトンネルがあるのを初めて知った。流域界の東側急斜面を通過するための苦心の作である(堀、1996)。列車はループ線には入らず、トンネルを抜けて再

び四万十川の流域に戻って走る。川の趣は丘陵地の谷あいの沖積平野を流れ、人手に制御されてしまった小川に近く勢いが無い。

13時45分定刻どおり、左岸側の丘陵地にある窪川駅に到着した。2時間17分、全長77.8kmの長旅であった。しかし四万十川はここから、さらに松葉川の源流まで北に35km以上遡らねばならない。源流は仏像構造線を北に越えて秩父帯に入っている。東方から窪川に合流する東又川の源流は太平洋に臨む海岸まで直線で僅か2kmに過ぎない。当然のことながら、400～500mの山稜からなる流域界の東側は急斜面をなしており、河川の争奪が起こるかもしれない。

ここで本文冒頭に書いた太田川の河川の争奪の話と結びついてくる。

2.3　四万十川とダム

四万十川は「日本に残された数少ない清流」として喧伝され、その拠りどころの一つとしてダムが無いと言われている。これは上記のように間違いである。ここでは呼び方はどうであれ堰とダムは河川を塞き止める構造物として変わりなく同義に取り扱う。中村河川国道事務所は堤高15m以上をダム、以下を堰として区別している(中村河川国道工事事務所、2003)。

四万十川は大きな川の割には、包蔵発電水力が5.7万KWと小さい。現在の四国電力の6箇所の発電所の認可出力は4.41万KWで、約77%が開発されたことになる。小出(1972)は西南日本外帯の紀伊半島や四国の川には共通する傾向があり、その理由として蛇行がはなはだしく、河床勾配が小さく、渓流取水とトンネル導水路による発電方式にあると述べている。しかし前節で述べた松葉川流域と太平洋側の流域外との大きな比高差は大変魅力的であったらしい。伊与木川にある佐賀発電所での有効落差は147.3mで四万十川の発電所で最大である。戦後大規模な発電ダムの建設計画があったが、地元の強い反対で立ち消えになっている(小出、前出)。先人のこうした根強い努力が今日の清流を守っていることを忘れてはならない。

帰って詳しく5万分の1の地図を調べると、家地川堰の他に4つもダムがある。しかも四万十川の本流(松葉川ともされるが)とされる梼原川(！)にである。その最下流の津賀ダムは堤高が45.5mあり大ダムの範疇に入る。昭和19年に完成したが、朝鮮人による強制労働の暗い歴史を残している。これら4つのダムから導水トンネルを通って、自流域に落とされ、発電に利用されている。松葉川にも大野見に取水堰が1個所ある。

家地川堰が問題となるのは、分水が東側の伊予木川に流域変更され、四万十川に戻らず川を細らせているためであろう。発電用の最大使用水量の$12.57m^3$/秒(加茂谷渓流取水$0.05m^3$/秒を含む)は四国地方整備局より平成13年3月に従前の30年から10年に短縮して更新が許可されたが、夏場の維持放流量を国のガイドラインの最大値の3倍とすることが条件とされた(環境省、2002)。また季節により変動する河川流量を考慮し取水量は細かく規定された。撤去には至らなかったが、豊かな清流を上流域まで保全する当然の措置であろう。

熊本県では最近球磨川水系にある企業局の発電用ダム(荒瀬ダム)が費用対効果の観点から撤去が決定された。極めて稀な事業として、ダム本体の撤去法、貯水池内の堆砂の排除、河川の濁りの対策で検討中であるが、今後識者の注目を集めるであろう。2018年3月に工事は完了した。昔の環境が復元しつつあるとのことである。

2.4　四万十川本流－合流点から中村まで

一方江川崎の合流点より中村の河口まで、川筋の距離は約46kmで、河川勾配は1/1150と上流域の半分以下である。両岸が標高500～600mの山あいを流れる河川とはとても思えない緩やかさで、沖積平野のデルタ並である。曲流の度合いは上流に比べると緩やかである。四万十川の写真集を見ると、その多くはこ

の区間(中村市と西土佐村)で撮られた作品である。河川の幅が広く、水量が豊かに、緩やかに流れ、砂礫が堆積する白い河原が発達している。両岸に緑豊かな山腹が迫り、僅かに低位段丘が在るのみで、谷底平野の発達は見られない。従って人家も多くない。四万十川流域は日本有数の多雨地域(年間2000mm以上、最上流は3000mmを越える)であるため、過去多くの洪水や氾濫を繰り返した。四万十川全部で47ほどある沈下橋は広見川には1カ所のみで、あとは多くの支流と本流にかかっている。中でも緩やかに豊かに流れる青い川面に一番良く調和して、多くの人の脳裏に刻み込まれている風景はこの流域の沈下橋であろう。舟運から車社会へ時代の変化の中で、洪水と資金不足を凌ぐための先人の生活の知恵であろう。川にはアカメ、エビをはじめ多くの珍しい生き物が生息し、アオリなど生活に恵みをもたらす"いのち"豊かな自然河川という、全国的に流布している姿は下流域で作られたような気がする。

3. おわりに

四万十川は、流域面積2270km^2、幹線流路延長196kmの1級河川である。流域内は約10万人の人が生活している場でもある(昭和35年は15万人であった)(中村河川国道事務所、前出)。今回の旅行で四万十川が実に多面的な様相をもった大きな河川であることを始めて知った。この辺も今後正確に伝えてゆく努力が必要であろう。私には地質や地形では、その発達史など疑問として残ったことはまだある。また地域の歴史を刻み込んだ地名にも興味をそそられる。よそ者には簡単に読めない難しい地名が多い。今後の課題としたい。

また水質の面から十和村や窪川町では活性炭やバイオを使った自然循環方式による生活用水浄化の努力が続けられ、"四万十川方式"として注目されている(村上、2000)。こうした県や大学と一体となった地元の努力は高く評価されるべきであろう。近年宅地化が進みつつある広見川の水質が本流に比べ悪いと言われるのは流域の人口の差ばかりでなく、水質浄化への熱意の違いに拠るものだろう。当時の中村工事事務所(現中村河川国道事務所)が平成10年に松野町に意識の啓発を目的とした小規模な実験施設を作った(平間他、2001)が、今後対策が早急に取られることを願ってやまない。

四万十川は私が訪れた時はいつも豊かな緑の山々に囲まれたたおやかな清流であった。これからもそうであって欲しいと願わずにはいられない。

参考・引用文献

1) 司馬遼太郎(1988)芸備の道、「街道をゆく21」、27－30，朝日新聞社
2) 小畑浩(1991)中国地方の河川争奪、「中国地方の地形」、125－138，古今書院
3) 貝塚爽平(1986)紀伊山地・四国山地と九州の山やま、「日本の山」、181-212、岩波書店
4) 安芸皎一(1983)河相論への道、川に想う、21－42，古今書院
5) 安芸皎一(1944)河相論　240．常盤書房
6) 大塚弥之助(1927)四万十川の流域に於ける曲流の研究、地理学評論、3、397－419．
7) 満塩大洸、鹿島愛彦(2000)西部四国、愛媛県の第四系総括、四国西部の環境地質学的研究、その15、鹿島愛彦教授退官記念論文集,93－113.
8) 堀淳一(1996)争奪の気配を感じさせる片峠たち、「意外な水源,不思議な分水」、123－148，東京書籍
9) 中村河川国道事務所(2003)渡川水系の流域及び河川の概要、インターネットホームページ資料
10) 小出博(1972)外帯の河川と開発、「日本の河川研究」、321－377，東京大学出版会
11) 環境省(2002)高知県、「全国環境事情」、322－329，ぎょうせい
12) 村上雅博(2000)四万十・流域圏学会研究発表会
13) 平間邦夫、新井田昭吾、大河原恒男、高野晃(2001)高知県、「47都道府県別日本の環境」、1079－1099，日本専門図書出版

山・水・人の風景

四万十川の流域図。(流域の争奪地域と家地川堰の地点に加筆あり)

四万十川に沿うJR予土線のトロッコ列車に揺られて。妻・なをみ。2003年9月

四万十川下流の沈下橋と妻・なをみ。

「コモンズの悲劇」から世界自然遺産「屋久島」を考える

1. はじめに

昨今、屋久島では入島客で混雑し、登山者の急激な増加によって登山道が荒廃したという。その話が支部の月例会で自然保護委員から報告されたとき、私はすぐに有名な「コモンズの悲劇」の話を頭に思い浮べた。コモンズは日本語で「共有地」、あるいは「共用財」などと訳され、日本の「入会地(いりあい)」に近い意味がある。そこで起こった悲劇とはいったい何であろうか。

「コモンズの悲劇」の話はアメリカの生物学者ハーディンの1968年の論文に由来する。それによれば「コモンズは集団で所有している資源である牧草地のことで、そこに複数の農民が牛を放牧する。農民は最大の利益を求めてより多くの牛を放牧しようとする。共有地では自分が牛を増やさないと他の農民が牛を増やしてしまい、自分の取り分が減ってしまうので、牛を無尽蔵に増やし続ける結果になる。こうして農民が共有地を利用する限り資源である牧草地は荒れ果て、結果として全ての農民が被害を受けることになる。最悪の場合には共倒れになってしまう」というお話である。

反対に、私有地であれば牛が牧草を食べ尽くさないように地主が数を調節するため、牧草地が荒廃してしまうことはなく代々続いてゆく。彼の論旨は「地球上の人口急増の抑制と資源管理」にあり、「コモンズの悲劇」はその前段の隠喩的なお話である。だから本来限られた場所の話ではなく地球上の生命体を将来的に運営するソフトを論じた大きな意味合いがあるという。

この小論ではこの話をモチーフに環境問題に対する一般的な対策の考え方を参考にしながら、九州の最高峰を抱く屋久島の自然の保護策について考えてみたい。

2. 屋久島の略歴と現状

さて、話は屋久島に移る。この島は面積500km²余の大半が山岳よりなる島で、そのほとんど（80%以上）が国有地である。杉の伐採が始まったのは、江戸時代初めである。明治になって地域住民と土地の所有権をめぐって訴訟がおこり、最終的に国側が勝訴し国有林とし

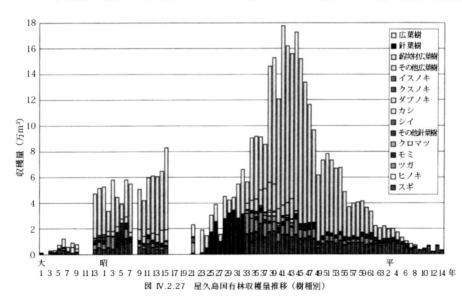

図1　屋久島国有林収穫量推移（樹種別）（大澤他、2006）

て決着した。森林開発の「屋久島憲法」が策定された後、大正末から林野庁によって杉の伐採が続けられた。第2次世界大戦後すぐに国有林事業が独立採算制になると、伐採は一気に増産に転じ、昭和30年代後半から40年代が最盛期であった（図1）。しかし土砂災害の発生や伐採反対運動も激しくなったため保護地域の拡大や皆伐地区の縮小措置がとられたあと、昭和年代の終わりとともに伐採は実質上停止した。それは昭和39年（1964年）霧島・屋久島国立公園に編入されたからでもある。

私事で恐縮だが、私が初めて屋久島に行ったのは昭和40年（1965年）7月で小杉谷には林業小屋があったし、木材搬出のトロッコも安房まで動いていた。小屋は1970年に閉鎖された。

そして1993年（平成5年）12月に白神山地とともに日本初の世界自然遺産に登録された。日本が国際連合の世界遺産条約に批准した翌年のことである。国民のあいだでさえ世界自然遺産に対する理解が進んでいたとはとても言えないなかで振って沸いたような地元にはタナボタの話であった。

以来屋久島は急激に数多くの登山者や観光客でにぎわいをみせ、とくに注目の的となった観がある「縄文杉」には日に千人を超える登山客が列をなして山に向かう日もあるという。指定以来18年近く経った今、山が荒れた、島の環境が悪くなった、自然保護が台無しだという声を聞く。島に住む友人から直に見た自然の荒廃となかにガイドと称する人たちの質の悪さ、宿泊施設の不足、さらに地元自治体の世界自然遺産への理解の無さについて聞くも寂しい話はつきない。

3. 自然保護との関連

以上、簡単に記した島の現状には冒頭に述べた「コモンズの悲劇」を思わせる実態が見える。誰の目にもすぐに「コモンズの悲劇」の舞台である牧草地を屋久島に置き換え、押し寄せる登山客や観光客を牧草地の専有者たちに置き換えて考えると、事の次第は同じ筋書きのように思われるであろう。しかし、屋久島で抜け落ちているのは「専有者共同体」の意識や「管理」の不作為という肝心のソフト欠落の実態である。

確かに昭和55年頃まで林野庁が山に入って管理していた時代は、杉の伐採による自然破壊はすさまじいものであった。チェーンソーの導入と林道やトロッコの建設がそれに輪をかけた。当然反対運動が起きた。

それでも国有地内の伐採地や運搬路以外の地域が、林野庁という特定の組織によって一括管理されている間は、自然破壊が島の広い範囲におよび大きな問題となることは少なかった。今も林野庁が大地主で森林の管理をしていることは変わりないが、現在島は国立公園だから、環境省も管理する立場になって、職員が安房に3名常駐しているが、巡視や管理が満足にできるはずもない。二重行政は隙間だらけである。

島の大半は国有地で国立公園に指定された場所だから、国民にとって「コモンズ」のような土地と同じと考えてよいだろう。したがって誰も制約を受けず、興味をもつ不特定多数の人間が押しかけてくる。多くの人が自分ひとりぐらいではなんでもないだろうと気に留めることもなく、木の根を傷つけ草を踏み倒して我先に「縄文杉」や頂上を目指し、縦走路を闊歩してゆく。

そして18年経った今、山が人気のあるルートを中心に荒廃してしまおうとしている。今までこんな状況をなんとかしなければという声はあったが、反響は俗世間の人気や観光にかき消された感がある。今後何年も同じことが続けば影響は広い範囲におよぶだろう。

こうした状況の中で、日本山岳会が同じような問題を共有する「白神山地」や「知床」とその深刻さを共有し、全国に訴えようと2010年シンポジウムを開催したことは非常に意義が深い。この小論では屋久島で「コモンズの悲劇」を繰り返さないために、後日談と他地域の環境がらみの類似例を参考にしながら、屋久島の自然保護に対し問題を提起してみたい。

4. タイの地下水の規制政策

そのまえに、少し寄り道になるが、共有地（物）へ分け隔てなく参入を放置したことにより全体をダメにしてしまった例をあげたい。例えば最近大洪水に見舞われたタイのバンコクでは、戦後手近で安価な水質の良い水源として数多くの井戸が無秩序に掘削され、生活用水や工業用水として利用された。しかし長年にわたって地下水を過剰に汲み上げたため広い範囲で地下水位が低下し地盤沈下を引き起こした。2メートル以下の標高しかない低平なデルタに位置する市街地は地盤沈下のみならず、内水面排除施設の不足のためたびたび洪水に被災し、塩水浸入による水質汚染にも悩まされ、大きな経済的損失を被った。

これは「コモンズの悲劇」と全く同じである。これに対しタイ政府は地下水の取水制限に乗り出した。タイでは法律上地下水資源は他の鉱物資源と同じ扱いであったため、1977年に制定された国の法律「地下水法」により規制した。まず障害の程度に応じ取水規制区域を設け、井戸の新規掘削を禁止した。次いで取水量に応じて地下水料金を課金するなど法的措置を素早く実施し取水量を規制した。その結果ようやく最近では地下水位が回復し、地盤沈下も収まった。しかし、地盤沈下は元に戻らないから、その結果が今日の広範囲の洪水をもたらした原因の一つであることは間違いない。

以上の歴史的な経緯から、私たちは対象物が国有財産であれば、国が法的措置によって規制地域を設けて私利を独占的に得ようとする行為を強く規制することができること、さらにその利用に対し料金を課すことができることを学ぶことができる。

5. ノーベル経済学賞授賞作『コモンズを管理する』から学ぶこと

つぎに話がますます本筋から外れてしまうようにみえますが、実のところ本文の筋書きの根幹に触れる話に変わります。2009年、アメリカのエリノア・オストロムという今年78歳になる女性がノーベル経済学賞を受賞しました。この賞は女性では初めてだそうです。経済学にはまったく畑違いの私が彼女に関心を持ったのは、彼女の研究が「コモンズ」に関係するからです。授賞対象の一つに『コモンズを管理する』（1990）という本があります。まだ和訳本は出ていないようですが、2007年に20版を重ねた代表作だそうです。彼女は数多くの「コモンズ」や類似の事例研究から得た結論として「コモンズの悲劇」は「私有化とは違う第三の道で防ぐことができる」と言っています。直訳で分かりにくい文になりますが、その原則は、

① 共有の資源を公やけに認められて使用する専有者の範囲を定義すること，
② 共有する資源を使う専有者共同体と資源に特定の属性との間に関係が存在すること、
③ 争いを調整する関係者間のメカニズムの、少なくとも一部は現地の専有者によって作成されること、
④ 現地の専有者に対して責任ある人たちによってモニタリングされること、
⑤ 段階的な罰則で拘束されること、

の5つです。この本は導入部では興味ある事例研究とそこから導き出される原則を積み上げた作品で、事例の1つとして、カリフォルニア州の地下水盆のなかで競合する井戸群の水利権競争と妥協策に至る経緯や日本の村における入会地の事例が述べられています。

提唱された「コモンズの悲劇」に派生する問題を解決する考え方は、人工孵化以前の川を遡上するサケの漁獲争いとその上下流問題に関する研究や、つい最近では乱獲だと騒がれたクロマグロの漁獲制限の方法をめぐって、小グループによる共同自主規制方式などに具体化され適用分野は広がっています。いずれも何らかの形で規制や調停が盛り込まれているのが特徴です。

6. 自然保護への問題提起

さてやっと最終段階にきました。ここでオス

トロムのいう「コモンズの悲劇」の解決のための5つの原則が屋久島の自然保護の改善策にどうすれば応用できるか対策を検討してみよう。

まず、①の定義のうち地理的な範囲や境界については、国立公園の境界は指定域だから外界との境界は明確であり問題となるようなことはない。それが共有する資源の範囲である「コモンズ」に相当するであろう。公に認められたオープンアクセスの専有者の範囲は国民ということになる。このように両者の定義ははっきりしている。

②は例えば共有地が牧場で、専有者が漁業に従事する人達という関係はあり得ない、上手くゆくはずはないという原則を述べている。屋久島の場合は山と山を指向する人の関係であるからボタンの掛け違いのようなちぐはぐな関係となることはない。ただし山を知らない人やマナーを守らない人が多いという、知識不足や人の品質の劣悪さが大きな問題となります。

③が問題となる部分ではないだろうか。例えばある原則を盛り込んだ規則を作ろうとすると、必ず島外の人と、地元の人の間には意見の相違がある。主に利害の対立となって表面化する。そのとき少なくとも両者間に調整の機能が働く原則があることと解釈される。もっともなことだが、当事者同士の話し合いはもちろんだが、誰が両者の間を調整するかが、また重要な問題である。当事者の範囲も簡単ではない。ここは国立公園であるから、リーダーたる国すなわち環境省が毅然たる態度で臨むべきであろう。大家の林野庁に遠慮することはない。自然遺産登録に向けて動いたのは当時の環境庁であった。きちんと両者の立場をモニタリングして後始末をつける責任があるはずである。全て"地元の意向が先"では逃げにすぎません。

④のモニタリングは自然の保全と運営のいずれの面でも重要なことである。その対象となるものは何か。自然界と人間・組織である。いずれにしても、公的なレンジャーだけでは無理である。少なくとも人間が常識ある登山行動をとるかどうかについては、ガイド教育を徹底し登山客に注意を促すか、監視カメラを設置して、抑制効果を狙う。自然界に対しては専門家と地元で関心のある人にボランティアでお願いする。ここでは域内でさらに特別な地域の指定が必要であるという提案をしたい。ここでいう特別区域とは従来ある国立公園特別保護区と第一種特別保護区のほかに、人通りが多く踏み荒らされ易い場所に近接して区域を設定し、いわば人間を自然界から隔離する趣旨の区域の設置である。尾瀬の木道のように歩くところを制限してしまう。入域地域を数年ごとに輪番制にするものである。車両道の制限、ルートのランク付けなどである。

⑤の罰則の原則はなかなか難しい問題である。牧草地の場合、例えて言えば、軽い方から、牛の頭数制限、期限付きの立ち入り停止、全面立ち入り禁止、罰金、資格停止など徐々に厳しい形になろうか。これは専有者組合の昔からの慣習法に則っとるか、新規に決める規則で裁定されることである。

屋久島の場合にもまずどういう規則を作るかによって話は大きく変わってくる。③の原則にも関わることだが、私はもう立ち入りに関する条例なり政令なり、何らかの規則によって規制する時期に来ていると思っている。登山道を輪番に規制することや、入島料を徴収することもこの範疇に入る。入島税は沖縄で3例あるそうだが、税の公平原則から住民も100円払っているとのこと。はたして13700人の屋久島町民は島に出入りのたびに住民税に加えて入島税を払うだろうか。これは島だらけの日本では影響があまりに大きい。

そこで世界自然遺産の山を大義名分に、町が自然保護条例を制定し入山料を徴収すれば法制上も町民にも抵抗は少ないだろう。収入は保護基金とし一般会計と区別する。神奈川県秦野市水道局は一定量以上の地下水利用者に協力金を上積み課金している。あくまで税ではなく、水道料金だから抵抗が少ない。その際の課題は徴収方法をいかに簡単明瞭化するかにある。

最終的に国の法律で追認する形にする。いちばん関係ありそうな現行の法律は、自然環境保全法や自然公園法およびエコツーリズム推進法で利用の規制の条項はあるが、入山料に係るような費用の徴収に触れた条項はもちろんない。だから判例で認められたいわゆる条例の「上乗せ」や「横出し」の論拠となる法律が存在しないのですんなりといかないが、法律を少し改正するのがハードルの低い攻めどころではないだろうか。

以上述べてきたことから、現在の屋久島の状況は、環境問題を解決する政策でいう自主的な取り組みにゆだねる段階では対応できず、もっと踏み込んで直接規制政策や経済的刺激策を採り入れる時期にきていると判断される。いずれの策にしても屋久島町が動き出さないことには話が進まない。しかし、現状では利害が絡んで何らかの規制や課金を盛り込む動きはとくに行政と観光業界ではタブー視されているようにみえる。自然遺産指定のひとつに「ひときわすぐれた自然美」という条件がある。遺産指定はその保全こそが目的であり、観光開発を促進する趣旨はないはずである。

自然遺産の原点にたちかえり規制政策を具体化するためには中央の役人を動かさないとことが始まらないのは自明である。いっぽう中央は地元がまとまることがお膳立ての前提と考えている節がある。こんなピンポン玉のやりとりをやっていては何も始まらない。

1978年世界で初めて世界自然遺産に登録される名誉に浴したガラパゴス諸島は、2007年観光圧力により「顕著な普遍的価値が失われた」と判断され自然遺産危機リストに入った。だがその後中央政府の強力な移住制限策が功を奏し、2010年7月にかろうじてリストから外れた。屋久島が不名誉な危機遺産リスト入りしないためには、抜本的な具体策を提示しないと危機はそこまで来ている。環境省はようやく動き出し実際に、2010年に動態や自然調査をした。指定後6年ごとにユネスコによって行われる保全状況の審査は順当にゆけば2012年に予定されている。町の新執行部は調査結果を審査の基準を上回る施策としうるであろうか。

7．おわりに

この文章は白神山地と知床の2地域の事情は疎いままに書き記しました。一方的な思い込みがあるかもしれません。白神山地では遺産地域は国有林ですから、林野庁が全域に一方的に入山禁止をかけたため、地元や労山が強引な措置に反対しています。もともとこの措置に法的な根拠はありませんので、強制力はないはずです。他方、環境省は自然遺産の登録後、自然環境保全法に則り、自然環境保全地域に指定しました。ここでは入山禁止はなく、立ち入りの規制に留まっています。ここにも行政の二重構造がみえます。また、ガイドの話は北海道では独自にその資格が形あるものになっていると聞きます。厳しく深い山が多いだけに当然のことと思われます。自然保護に配慮し安全な登山が楽しめるように、山を熟知する我々が政府と地元自治体に喫緊なことは何か、『提言』を幅広く訴えねばならないと考えています。

補遺：中国大陸から屋久島に移流する酸性物質

大気圏および化学的研究の結果、冬季に中国から移送される気団によって屋久島西部が酸性物質（石炭燃焼由来の硫酸イオンが主体）に暴露されていることが判明した。それは土壌の薄い屋久島の化学風化に影響し、河川水の水質が酸性化することも示唆された。

Hardin,G.(1968)The Tragedy of the Commons. Science,162. p.1243-1248.
http://ja.wikipedia.org/wiki/コモンズの悲劇(2010.5)
http://ja.wikipedia.org/wiki/屋久島（2010.5）
大澤雅彦・田川日出夫・山極寿一編（2006）世界自然遺産　屋久島. 朝倉書店, pp.199-216.
田川日出夫（1994）世界の自然遺産.pp.105-142., pp.163-182. NHKブックス．

辻　和毅（2009）アジアの地下水．櫂歌書房，pp.53-80.
Ostrom,E.(1990) Governing the Commons the evolution of Institutions for Collective Actions. Cambridge University Press, pp.182-216.
菅　豊（2006）川は誰のものか　人と環境の民俗学．吉川弘文館，pp.1-37.
国土交通省河川局編（2003）河川六法．自然環境保全法，自然公園法，大成出版社，pp.1381-1401.
松村弓彦（1999）環境法．第1章序説，成文堂，pp.1-49.
植田和弘（2007）環境経済学．岩波書店，pp.105-113.
http://ja.wikipedia.org/wiki/%E4%B8%96%E7%95%8C%E9%81%BA%E7%94%A3（2010.9）
日本山岳会・自然保護委員会（2011）屋久島への提言
永淵　修　他（2003）屋久島西部渓流河川の水質形成に及ぼす酸性降下物の影響．水環境学会誌.26巻,3号，pp.159-166.

屋久島の小杉谷林業作業所。1965年7月現在まだ稼業していた。伐採した丸太にまたがり、ブレーキの手綱ひとつでトロッコを操作し、搬出する姿はまことに勇壮。

屋久島・花の江河にたつ筆者。1965年7月。

永田岳より永田川源流の大障子の岩峰群を望む。1965年7月。

ユネスコの世界文化遺産
「神宿る島」宗像・沖ノ島と関連遺産群

1. はじめに

昨年（2017）7月宗像・沖ノ島と関連遺産群が国連教育科学文化機関（ユネスコ）から世界文化遺産として登録され、郷土の明るいニュースとして報道されました。この遺産群は沖ノ島（沖津宮を含む）、と3つの岩礁、宗像大社（辺津宮）、中津宮、沖津宮遙拝所および新原・奴山古墳群から構成されます（図1、図2）。沖ノ島や宗像大社は有名ですが、福津市北方にある新原・奴山古墳群は日本の古墳として最初の登録で、被葬者は海人族の宗像一族とされています。

昭和29年に始まった本格的な発掘調査により沖ノ島から数多くの遺品が出土しました。大陸への航海の安全を祈るため奉献した品と考えられ、4世紀後半から9世紀末まで行われた大陸との海上交易の証と考えられています。その大半が国宝に指定されその数と多様さおよび高い歴史的価値から「海の正倉院」と言われています。

図2 沖ノ島を南上空から望む（宗像沖ノ島・1979より）

沖ノ島は九州本土の北西58km、対馬厳原の東75kmの沖合にある孤島で 北東-南西方向に主稜（1.6km）が伸び、幅0.8kmの紡錘形をしています（図1）。最高峰は一の岳（標高243.6m）で白亜の灯台が建っています。現在は無人ですが、高さ10m余の立派な灯台です。南の沖合（1km）に3つの岩礁があります。

私は沖ノ島を2度訪れたことがあります。古くから受け継がれた信仰によって『おいわずの島（不言島）』とも言われ、島で見聞きしたことは他言をはばかりますので、以下は大寒の夜更けの"ひとり言"としてお聞き流し下さい。

2. 沖ノ島巡りと学術調査
2.1 沖ノ島沖合を巡回航海

1回目は1967年6月23日福岡海上保安部の巡視艇「わかちどり」に乗船し、沖ノ島の南沖合に停泊して灯台員が交代した後、島の沖合を右回りに一巡しました。上陸はしませんが、島の全貌を良く観察できました。同日夕刻志賀島の沖合で小型の巡視艇「くれたけ」に移乗し、夜の巡視のため北に向かう「わかちどり」

図1 沖ノ島の位置図と地形図
（宗像沖ノ島・1979より）

と別れて博多港に帰りました。図3はその時のスケッチの一枚です。

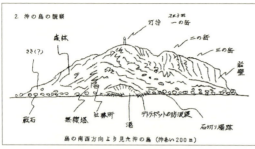

図3　南西から沖ノ島を望む
（沖合200mの巡視艇より）

この時は九大探検部から福岡海上保安部に同乗を申請して許可された貴重な機会でした。写真やスケッチで分かるように沖ノ島には岩壁（石英斑岩）が海から聳え立ち（図4）、ロッククライミングの対象として観察していましたが、今思えばなんと恐れ多いことかと反省しています。過去の文献を見ますと戦前にも同じことを考えていた人（竹内亮氏）がいたようです。

図4　沖ノ島　東端の岩壁（石英斑岩）

2.2　九州大学の学術調査

2回目は1970年（昭和45）10月秋、九州大学考古学教室（岡崎敬教授）を中心とする学術調査に同行しました。昭和44年～46年にわたり4回に分けて行われた第3次調査のうち、昭和45年9月26日～10月20日の第3回目の調査に参加しました。10月15日岡崎隊長と一緒に入島し、みそぎの後5日間地質調査をしました。20日朝8時半離島し、昼12時半に神湊に帰港しました。

往路神湊の宿で岡崎先生と布団を並べて一泊しましたが、その時の先生の言葉が忘れられません。「発掘は宝探しではない。その時代の知識や技術で分からないところはそのまま残して、後の時代に委ねる」とおっしゃいました。先生はシルクロードを経由した東西文明交流研究の大家です。喜多郎のテーマ音楽と共に大ヒットしたNHKのテレビ特集番組「シルクロード」に出演されました。西夏の中心都市カラホトを訪ねたとき、先生の「あ！これ、これこれ。絹だ！絹、絹。西夏時代の絹が発見された・・・」と解説ともつぶやきともつかない声が漏れたシーンが放映され、出色の場面として有名なお話です。1990年67歳でお亡くなりになりました。真摯にして謙虚に取り組まれた研究に裏打ちされたお言葉は私の人生訓として今も生きています。

このときの成果は第3次沖ノ島学術調査隊・代表岡崎敬「宗像沖ノ島」として1979年（昭和54）に宗像大社復興期成会から発刊されました。本文、図版、史料の3分冊からなり、全1211ページの大冊です（271ページ）。宗像大社復興期成会は宗像市赤間出身で出光興産を創業した出光佐三氏が大社復興のため興した団体で、昭和29年から沖ノ島の発掘調査や大社の復興を続けています。地質調査の成果は1973年に地質学会西日本支部会で発表しました。

3. 沖ノ島と関連遺産群の神々

今回の世界文化遺産の正式名称には『神宿る

島』沖ノ島とあります。一体その謂れはなんでしょうか。沖ノ島や宗像大社の由緒を語るとき必ず日本で最古の文字として残った歴史書「記紀」（8世紀初め）に「女神」と記してあるという文言があります。ここではこの神話の世界に至るまでの曖昧模糊とした時代の"空気"を推し量ってみます。そこで私は初めて「記紀」を開いてみました。原文は難しい漢字が多く読めませんので解説・注を抜き書きします。

まず、日本書紀神代一には「宗像三女神、天照大神とスサノウノ尊との天安河原における誓約により出現し給ふ。三女神はスサノウノ尊の児、筑紫胸肩君ら齋き祭る」とあり、宗像は胸肩と書いてあります。古事記上には「多紀理毘賣命は興津宮に座し、市寸嶋比賣命は中津宮に座し、多岐都比賣命は邊津宮に座す。大国主命、多紀理毘を娶り給ふ」とあり、宗像は胸形と書いてあります。宗像三姉妹の神様は上記の通り沖津宮の"田心姫神"（ダゴリヒメノカミ）、辺津宮の"湍津姫神"（ダギツヒメノカミ）、中津宮の"市杵島姫神"（イチキシマヒメノカミ）です。

やんごとない血筋の三姉妹という密な血縁の神々が60kmも離れた3つの地に分かれて配置され、長姉はさらに遠い出雲の大国主命（オオクニヌシノミコト）に嫁いだとは何を意味するのでしょうか。私はここに出てくる土地は当時の人にとって私たちが考えるほど遠くなく、海上航海はもちろん生命の危険を伴うけれども、意外と頻繁に行われ身近な地理的範囲だったのかもしれないと思っています。大和政権に屈し政略結婚の末併合された出雲族の世界観も表現されたのではないでしょうか。

遺跡は4世紀後半から9世紀末まで岩上遺跡、岩陰遺跡、半岩陰遺跡、半露天遺跡と形態を変えながら500年の長きにわたって続いています。貴重な品の奉献が継承されたことは交易と近海の制海権を掌握し、安定した権力者が統べていたことを物語っているのかもしれません。そして奉献の見返りと御利益もあったからこそ継続し、文字による記録が残らない8世紀以前の古代祭祀の模様を伝える貴重な遺跡となったのでしょう。奈良三彩の小瓶は時代の指標になっています。

時代が移って航路も変わり孤島も忘れ去られて、島全体が伝説の世界へさらに信仰の対象となり、入島を厳しく禁忌する掟になって、『神宿る島』に昇華したのではないかと想像しています。信仰が守られてきたから手つかずの遺跡として残されたのでしょう。信仰の対象として別格の島と崇められたことは、史料では江戸時代中頃まで遡ることができるとのことです。女人禁制という忌避は祭神が三姉妹であることから想像できると思います。

今でも宗像大社の宮司は10日交代で沖ノ島にこもってあるそうです。余談ですが日露戦争の終盤、務めていた宮司が沖ノ島の北の近海で展開した日本海海戦の模様を日誌に残したことはよく知られた話です。

4．世界文化遺産の登録と環境問題

宗像大社の神職や旧大島村の漁民、さらに古くは宗像氏一族など守った人がいたから、現在まで沖ノ島の遺跡は残ったと思います。宗像七浦のみあれ祭（大規模な海上神幸行事）はいつ始まったのか知りませんが、漁民に受け継がれた信仰を守り伝承する気運が大漁祈願の実利と相まって大漁旗がはためく漁船団のデモンストレーションという勇壮な祭りに発展したのではないでしょうか。

ですから、昨年5月に世界文化遺産の諮問機関（イコモス、後述）が当初の申請と違い沖ノ島と3つの岩礁のみを登録すると勧告した時私は片手落ちだと思いました。守ってきた人や拠る施設（大社や古墳）を抜きにして沖ノ島の文化遺産は成立しないと感じたからです。

一方、「古い、珍しい、貴重な」だけで文化遺産が登録される時代ではないと思います。そのヒントを昨年12月の九州水フォーラム2017における藤田香氏の基調講演から得ました。氏は沖ノ島の文化遺産は、Spiritual（日

本古来の精神に宿る宗像大社信仰）、Animism（自然崇拝にもとづく沖ノ島信仰）に加えEnvironment（環境保全）がキーワードであると指摘しました。

上記のように一旦登録は沖ノ島と3つの岩礁に限られていました。7月に上位機関の世界遺産委員会で最終審議された結果、沖ノ島と関連遺産群を含めて一括して登録することが決まったのです。そのポイントは「神々の住む海は生態系の多様性にも富んだ海であるべき」という基本認識のもと、現在起こっている環境負荷に対する課題を把握し、対策および行動を前面に打ち出して改めて訴えたことが功を奏し、委員の納得を得たからだと氏は総括しました。それは国連のSDGsに向けての実践活動に沿うもので、具体的には海岸漂流物の清掃や自然保護活動などです。

SDGsは2015年 国連のサミット会議で採択された国際社会共通の17の持続可能な開発目標（ゴール、うち12が環境に関係する）とそれを達成するために必要な169の具体的指針（ターゲット）を指しています。2030年が最終年です。今後日本が世界遺産の登録申請を目指す場合「良い勉強」になったはずです。

沖ノ島と関連遺産群のこれからの環境保全では自治体と地域住民が一体となって自然景観と調和させながら持続的に遺産を護る取り組みをして行かないと早晩評価を落とすことになります。とくに観光客の増加ばかりに目が行かないように自治体の将来を見据えたリーダーシップが重要です。都市計画の一環として早急に自然景観の保全や改善策の全体像を地域住民に示して合意を得、条例を整備する必要があります。

例えば現状で危うさが目に付くのは新原・奴山古墳群周辺の自然景観です。近くにある高い円筒形のサイロは目障りですから移転し、宣伝広告板は撤去した方が良いと思います（図5）。現地の説明板は訪日客に不親切で、訪れる人に見せたい、理解して欲しいという熱意が全く感じられません。

5. おわりに

世界文化遺産の登録はユネスコの下部機関であるイコモスに諮問されます。イコモスとは国際記念物遺跡会議（ICOMOS/ International Council on Monuments and Sites）のことで、文化遺産保護に関わる国際的な非政府組織（NGO）です。文化遺産候補はイコモスが現地調査を踏まえて登録の可否を勧告します。一方自然遺産候補は国際自然保護連合（IUCN）が現地調査を踏まえて登録の可否を勧告し、文化的景観に関しては、両者で協議が行われる場合があります。最終的には上位の世界遺産委員会が勧告を受けて審議し決定します。これとは別に国際諮問委員会が登録する世界の記憶（記憶遺産）があります。

昨年12月九大大学院教授の河野俊行氏がイコモスの会長に就任することが決まり、地元福岡では沖ノ島の登録に続く明るいニュースとして報じられました。3年の任期です。

福岡県ではほかに世界記憶遺産として三井田川鉱業所などの石炭採掘や炭鉱長屋の様子を描いた「山本作兵衛の水彩記録画」（国内第一号）があり、世界文化遺産（非公式には産業遺産）に登録された「明治日本の産業革命遺産」を構成する三池炭鉱宮原坑跡があります。新旧時代の多彩な遺産が揃ってまことに誇らしいことではないでしょうか。

図5 新原・奴山古墳群（左手前）と景観を壊す目障りなサイロの建物（右奥）

文献
竹内 亮（1933）宗像沖ノ島雑記『島』1. 3. 27-33.
竹内 亮（1933）岩場としての宗像沖ノ島 『山と渓谷』5月号
鳥山武雄（1933）沖ノ島の地質 福岡博物学雑誌 1. 2. 176-178.
竹内 亮（1933）続宗像沖ノ島雑記 『島』2. 157-171.
辻和毅・大松重雄（1969）宗像沖ノ島偵察行報告 九大探検部誌 2. 5-12.
辻 和毅（1973）玄界灘沖ノ島の地質 日本地質学会西日本支部報 57. 3-3.
第3次沖ノ島学術調査隊・代表岡崎敬（1979）宗像 沖ノ島 宗像大社復興期成会 本文. 図版. 史料.

追記：宗像市は 2018 年 3 月、宗像市世界遺産「神宿る島」宗像・沖ノ島と関連遺産群基本条例を公布・施行しました。

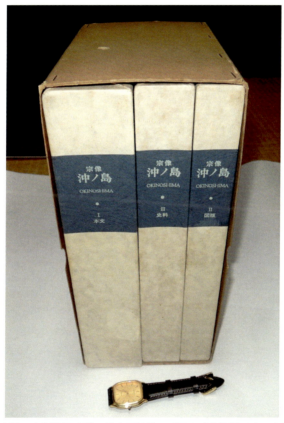

第3次沖ノ島学術調査隊・代表岡崎敬の成果は「宗像沖ノ島」として 1979 年（昭和 54）に宗像大社復興期成会から発刊された。本文、図版、史料の3分冊からなり、全 1211 ページの大冊です。

終章
若き友へのメッセージ

国連大学が主催した「地下水と人間の安全保障」のワークショップ最終回、ベトナム南部のBinhThuan 県（ホーチミン市の東約 195km、美しい海岸と砂丘のリゾート）。2009 年。

Sustainable Development 「持続可能な発展」 について

1. はじめに

　私は大学を卒業して長いこと建設コンサルタント会社で働き、今日まで応用地質学会の会員ですが、九州応用地質学会ではキセル会員にすぎません。40歳代に福岡支店に勤務した折と、定年で福岡にU-ターンしてから現在まで仲間に入れて頂いていますが、ずいぶんと間が抜けています。ですから今回巻頭言のお話を頂いた時には、遠慮しようかなと一瞬気がひるんだのです。しかし貴重な機会を頂いたと思い直し、最近関心を持ってやっている2つのことについて簡単にご紹介し、そこで考えたことをお話しようと思います。また、文末で3冊の本を紹介します。日頃あまりものを深く考えない私が知的な興奮を久しぶりに味わった本です。この文章をまとめるにあたって著書に多くことを教えられました。

2. 海外の留学生に見る水の環境問題

　ここ6年間ある大学で留学生（主に後期博士課程）にお話をする機会に恵まれました。「地下水管理政策」と講義題目はいかめしいのですが、内容は地下水を中心に水資源全般をテーマにまとめています。題材は日本を主に取り扱い、アジアの国々のケースを織り交ぜて地球規模で水環境とその保全を考え、皆さんが技術だけでなく、それぞれの国の水資源政策や法律レベルまで関心をもつきっかけとなるように工夫したつもりです。文部科学省の5ケ年にわたる特定教育プログラムで、留学生はアジアを中心に多くの国から来ています。初年度の2010年は6ヶ国、15名でしたが、2014年の累計では14ヶ国72名に達しています。珍しい国ではジャマイカ、ソロモン、イラン、ベニン、ブルキナファソ、ナイジェリア、タンザニアなどがあります。女子学生や社会人が多いのも特徴でしょうか。

　講義の後レポートを提出してもらっています。テーマは「あなたの身の回りで水環境に関して問題と思うことをPCMの手法で解析し、問題解決に向けたプロジェクトを策定する」という趣旨です。PCM手法とはJICAが開発した問題解決とプロジェクト形成の手順です。お話したいのはレポートのテーマです。ここ5年間の内容は次のとおりです。都市の洪水、地盤沈下、過剰な地下水の汲み上げと管理、人為的な地下水汚染、地下水の塩水化が多く取り上げられ、珍しいところでは海岸浸食、沼沢地の消滅、泥火山噴火、流域を越えた水源問題、漁村の衰退、乾燥地域の水資源開発、水道の普及などがあります。なかでも中国では報道で報じられることのない河川や地下水の人為汚染が多く、その原因として住民の意向を無視した企業と役人の癒着の実態が報告され唖然としました。PCMではステークホルダー（プロジェクト関係者）分析のステップがありますから、必然的にこの過程で問題は明らかになります。私は講義のなかで日本が過去に辛酸をなめた地下水公害を繰り返さないようにと訴えましたが、レポートは各地ですでに事態が悪化していることを教えていました。

　彼らの向学意欲は非常に高く、目の輝きが違いますし、英語の表現力も豊かで使い慣れています。残念ながら日本人学生にはどちらもいまひとつ努力が欲しい気がします。今年はどんな学生さんとの出会いがあるのか楽しみにしています。

3. 国連大学のワークショップでの経験―Groundwater and Human Security（地下水と人間の安全保障）

　6年ほど前、国連大学が主催した表題に関するワークショップに2年間参加しました。人

間の安全保障とはまことに大きな命題ですが、エジプト、イラン、ベトナム、バングラデシュでの5つの地下水の関するケーススタディを通して解決法を探るという趣旨です。参加者は各国の専門家と国連大学の研究者および大学院生で毎回15名程度の国際色豊かで、こじんまりとしながら、実のりある集まりでした。

会議を通して語られた重要なキーワードはSustainability（持続性）とVulnerability（脆弱性）でした。ここでは後者について述べます。水資源開発に伴うリスク管理は、多くの自然災害問題への対応と同様に大きく変化しています。リスク管理はハード対策や防災から適応策や緩和策へ大きくパラダイムが転換しました。具体的には起こす側の原因を物理的に軽減したり、封じ込める策ではなく、受ける側の脆弱性を補強することが基本理念になりました。それに沿ってまず社会・経済基盤を整備・修復して損害をできるだけ緩和し、人が適応できる社会を構築するソフト志向になったのです。起こるものは仕方が無いからうまくかわすという諦観に似た感じも受けますが、起こす自然要因が地域の枠をとっくに超え、地球規模になって甚大化している時代背景があることは確かなようです。2013年公表されたIPCC報告書では地球温暖化の可能性は極めて高いと表現され、気候変動に伴って水資源のリスクはさらに増大したと考えられます。

ワークショップの報告書はもっと早く出るはずでしたが、遅れてしまいました。すでに提出していた原稿が少し時代遅れになりましたので、つい最近加筆し更新したばかりです。私はバングラデシュで起きている地下水のヒ素汚染が「人間の安全保障」を論じるうえで最も悲惨で喫緊の問題であることを訴えてきました。今年度中には出版されるでしょう。

4. 以上2つのテーマのなかで呪文のように唱えられた言葉—Sustainable Development「持続可能な発展」について

資源開発や環境保全を議論するときに最終的な目標として「持続可能な発展」という用語が氾濫しています。誰もがまるで「呪文」のように唱えて得心したかのように、議論が一件落着となってしまう気がします。しかしことはここで終わってはいけないのです。実質的に具体化する行動に移るにはここからもう一歩踏み出す動機付けが必要です。「持続可能な発展」は1992年国連のリオ環境サミットで初めて議論されました。その理念は経済開発と人々のニーズを公平に充足し、環境を守るように成長とバランスして、次世代に負担を残さないと認識され、行動計画を採択しました。画期的なことでしたが、実行は各論に入って今日までなかなか進まないのが実態ではないでしょうか。

私は講義のなかで国際的にひんぱんに議論された「持続可能な発展」の経緯に触れながらいつも「隔靴掻痒」の思いがしたものです。国連大学の場でも同じ気持ちを味わいました。それは、この発展を実現するために次のステップを動機付け牽引する理念はなにかと長い間思い続けていたからです。さらに突っ込んで「持続可能な発展」を達成するために、具体的にどうすれば良いのかと問われたとき、皆さんは何を思いつくでしょうか。恐らく多くの方はいきなり個々の問題を列挙して解決策を述べるでしょう。しかしそれは「木を見て森を見ず」の当座の対症療法にすぎないのではないでしょうか。そうではなく私が欲しかったのは、次に進むべき道筋の全体像を啓示する包括的で根源的な概念だったのです。そもそもなにをどうすれば持続可能になるのでしょうか。

最近私はそのヒントを岸田の本から得ました。それは「循環」です。日本の環境政策の根幹である環境基本法には「循環」という思想も用語もありません。循環型社会形成推進法にありますが、廃棄物や資源の再利用に限られた非常に狭い概念です。ここで用いる「循環」はもっと広い意味です。著者は原子物理学者で、この本は3つの「循環」という大きなモチーフで過去10万年の人類の発展史を解き明かしていま

す。歴史科学を学んで12万年前の最終間氷期や2万年前の最終氷期など人類が体験した地球環境の大きな変遷を熟知する地質学徒には理解しやすい構成です。その循環とは、自然の物質・エネルギー循環、人間の生活活動の循環、金融循環です。人類は10万年前アフリカの密林から草原に出て言語を獲得し、採集生活しながら1つ目の循環のなかで発展しました。最終氷期に襲った食料不足の危機は2万年前以降の気候の温暖期にも恵まれて、農耕を発明して克服し急速に発展します。3つ目の循環に入るのは18世紀後半で産業革命と近代科学によってエネルギー危機を乗り越えたからでした。すなわち発展するには循環のパラダイムの転換が欠かせないのです。そして3つの循環は交錯しながら指数関数的な成長を支えてきたのですが、現代にいたり、人口増や環境への過負荷によって、3つの循環が限界に達し成長神話は崩壊したと説きます。このまま発展を志向するのは無理で、新たなパラダイムの選択を迫られていると警告しています。「循環」の輪を科学の力で巨大化しスパイラルに成長してきた近代も限りがあるはずです。将来もこの輪を維持するには「浪費」を防ぐ社会システムの創成が必要です。この変革への学習と転換が著者の主題で「定常型経済」への移行です。

細田（2010）は経済学者が書いた本で、岸田著よりずっと新しい時代を扱っています。遊牧や農業の黎明期から現代まで環境を搾取して発展した世界の環境経済史を易しく説いた好著です。私は経済学に全くの門外漢ですが、岸田（2014）の2つ目と3つ目の循環を詳しく述べたといえるでしょう。大河内（2012）はあるエネルギー関連の学会誌の書評に紹介された本で、著者はエネルギーを専門とする地球科学者です。さらにずっと新しい近代を扱っています。岸田が現代を生きる私たちに投げかけたパラダイムの転換と選択を考える際に多くの生きた材料を提供しています。各種のエネルギーは単位をジュールに統一して数値化されています。そのため人間が生きてゆくうえで必要な各種（化石、原子力、再生など）のエネルギーを比較し、量と質をどう確保し、需給バランスやコストを具体的に考えるのに役立っています。3冊の本をどれから読み始めるかは皆さんの好みです。私はたまたま出版年代順に読み通したあと再度読み返しましたが、時間はかかったものの迷路に立ち往生することもなく理解できたように思います。

　岸田一隆（2014）3つの循環と文明論の科学．エネルギーフォーラム　205p．1400円
　細田衛士（2010）環境と経済の文明史．NTT出版　280p．1800円
　大河内直彦（2012）「地球のからくり」に挑む．地球科学者が見た近代のエネルギー史　新潮新書　237p．740円

5．おわりに
－日本国の安全保障について考える

緒方貞子氏（元国連難民高等弁務官）は、私が尊敬する現代人の一人です。氏は「人間の安全保障」とは何かと問われたとき、単刀直入に「人が家族と一緒に同じ屋根の下で平和に暮らすこと」だとおっしゃっています。この答えの主旨を敷衍すれば、人を国に置き換えて、話が「国の安全保障」までアップスケールしても同じ論法で結びを次のように展開できそうです。

私は講義や国際会議への参加を海外に友達を増やす、国境を越えたお付き合いで地球上に日本国の味方を作るという気持ちでやっています。以前持ち合わせた国際貢献をする、援助してあげるという上からの目線は反省して捨てました。学生には、たまたま時代の数歩先を走ってきた日本に住む技術者として「Lessons learned from the past」を伝え、同じ過ちを繰り返さず、良い点は取り入れてと説きました。同時代を生きる世界の仲間に技術や経験を発信して語り継ぎ、安全で平和な国での生活を守ってゆきたいと願っています。

私が久しぶりに覚えた知的興奮を皆さんと共有できれば幸いです。

山・水・人の風景

地下水をめぐる環境問題を身近に考えるヒント
―杜と水の都・熊本―

1. はじめに

IPCC（気候変動に関する政府間パネル）の第5次評価報告書が発表されました。温暖化に代表される地球規模の環境問題に私たちはどう立ち向かえばよいのでしょうか。現代に生きる人には将来影響がおよぶ深刻さはなかなか実感できないでしょう。そこで考える視点をわが身の能力の及ぶ地域の環境までダウンスケールし、特定の問題に限って考えてみたいと思います。ここでは地下水のもつ環境側面とその保全に関する私の見聞からお話をはじめましょう。

2. 熊本市の親水環境

ここに一枚の写真があります（写真1）。のどかな春の日のスナップで、熊本市にある江津湖の湧水公園を背景に、手前に一本の自噴井戸が映っています。この湖は加藤清正の築堤（対岸の並木堤）による湿地改良でできた貯水池で、導水路を兼ねています。堤の向こう側が開田されました。幼稚園児が池の側を散歩しています。この風景に出会ったとき、私は湧水池と一本の井戸が醸し出す教育効果はなんと素晴らしいものかと感じ入りました。それは、園児たちは地下にきれいで冷たい（冬は暖かい）水があり、地下から湧き出して池に流れていることを理屈抜きにストンと実感できたはずと思うからです。この感覚は、水は蛇口から出るものとして育った子供はもちろんのこと、井戸水を知らない大人にとってもなかなかつかみにくいと思います。これは熊本市内で生まれ育った人に聞いた話ですが、子どものころ冬は外から帰ったとき、いつもかじかんだ手を洗面器に汲んだ水道水につけて温めていたそうです。冬に暖かい地下水だからできることです。小さい頃から地下水に親しみ、毎日飲んで顔を洗って肌で感じて大きくなった子供たちはきっと足元の地下水環境を大切に守ってゆく市民になるでしょう。その心根は地下水環境保全の大きな底流となるはずです。

写真1 熊本市の江津湖と自噴井戸

写真2 湧水を集めて熊本市内を流れる川
（江津湖の上流）

熊本市は上水道を100%地下水に依存した人口73万人の政令指定都市です。地下水を井戸で汲み上げて利用しているのはもちろんです（地下水盆全体で50万 m^3/日）。ここで特に紹介したいのは大量の湧水と下流の清流です。市街地の南部には各所で地下水が湧き出し、清澄な川となって水前寺成趣園となり、下って湧水を集めながら江津湖となって素晴らしい親水公園を作っています（湧水量40万 m^3/日）（写真2）。市の北部には同じように豊かな湧水

278

に育まれた八景水谷(はけのみや)があります。ともに市街地にありながら、豊かな緑陰のもとを清冽(せいれつ)な流れがきらめいてまことに静ひつな別世界です。このように湧水のみで涵養された自然の内水面が市街地のなかで、これほど広い面積を占めている都会はおそらく日本ではほかにないのではないでしょうか。夏に江津湖畔を歩くと涼しい風が吹き抜けますし、冬には薄霧が池面(いけも)から立ち上(のぼ)ってたゆたい、渡り鳥が羽を休めています。

3. 地下水保全策

熊本市は過去、ほかの地域と同じように、地下水位低下、湧水量の減少や水質汚染などの地下水障害にみまわれ、市は長年地下水の保全に取り組んできました。その内容をここで紹介する余裕はありませんので、市の広報と市民参画への取り組みを中心に簡単に紹介します。結局は「みんなで動き始めないと何も動かない」ので、試行錯誤しながら始めたらうまくいったというお話に落ち着きます。

そのおおまかな流れは次の通りです。研究者の長年の研究成果をもとに、行政(県と市)が主動して保全目標を設定し、地下水盆に住むステイクホルダー(涵養域の町村や土地改良区と、市民/企業などの利用者)と調整し合意を形成しながら、保全策を実施してきました。それぞれが役割を分担してうまく機能し、目標の数字は年度ごとに確実に達成度が上がっています。推進のための財政基盤も整いました。この間隣接する地方自治体は利害の対立を乗り越えて結束し、中流域の休耕田に湛水して地下水を涵養しました。利用者は節水に努めました。対策実施の中心は熊本市でした。市庁舎前にリアルタイムの地下水位広報板(現在は撤去)を設置し、節水キャンペーン中は毎日達成度を公表しました。

市は地下水取水の管理運営と並行して、このように広報活動に力を注ぎました。年を経るほどに市民の環境保全に対する意識が向上し、上流山地での植林や涵養田で採れる作物の定期購入支援、くまもと地下水財団への寄附、家庭での雨水枡の設置、地下水検定、地下水標語への応募など住民の参加が増えました。土地改良区の農家ではブランド作物を開発して宣伝し売り上げが伸びたそうです。ステイクホルダー間の意思の疎通と教育啓蒙が住民参加を促し、予想外の付加価値を生み出しているのは素晴らしいことだと思います。

現在では地下水利用量は減少し、地下水位は上昇に転じて、湧水量も増加傾向になりました。意外な早さですが、被圧地下水ですから、これは圧力伝搬の結果を示しているのでしょう。

公園や周辺の微気象観測データがあるのかどうか分かりませんが、湧水公園は水質のみならず、都市空間の環境の緩和(平準化)に良い影響を与えているような気がします。市街地域の環境改善という観点から、恒温で清冽な地下水が果たす役割を考えるモデル地域にならないでしょうか。市の関係者から「湧水を増やすために働いているようなもの」とのぼやきともつかない"つぶやき"を耳にしましたが、日本でも稀な市街地のなかに貴重な親水空間を作りだす地下水の維持と環境改善という視点を加えれば新しい展望が開けるのではないでしょうか。

以上の結果と言うべきでしょうか、熊本市は昨年国連が定めた世界水の日に「生命の水」の管理部門で最優秀実践都市として表彰されました(写真3)。日本水大賞を受賞して5年が経ち、

写真3 国連「生命の水」の表彰盾を手に喜びの熊本市長

さらに国際機関（国連と外部の 31 の団体メンバーで構成）から認められてこれ以上の喜びはないでしょう。世界の専門家に評価されたことで、市民が郷土の恵まれた地下水環境に改めて気づき誇りを感じたのは疑いないことでしょう。いっぽうで私は熊本の地下水管理運営と保全策、そして市民参画がパッケージとして世界に発信されることを切望しています。

4．おわりに

今回のセミナーで RECCA（気候変動適応研究推進プログラム,2010 〜 2014）の研究も大詰めを迎えました。みなさんの素晴らしい成果や技術は地域にダウンスケールされ実践されて初めて役に立ち、環境負荷の軽減に貢献するのはもちろんです。さらにそれらを海外に発信されますようにお願いします。その際には今までお話した Awareness-raising（情報公開と周知）と Participatory practice（参画）の段階を踏んだ Local governance（自治）の視点をぜひとも入れていただきたいと思います。Participatory practice には関係者に現場を見せ感じてもらうインセンティブが欲しいものです。

添付資料　熊本市水前寺江津湖公園 (Kumamoto City Suizenji Ezuko Park)
Source: 熊本市ホームページ [http://www.ezuko-park.com/]

江津湖は、熊本市の中心部から南東に約 5km。長さ 2.5km、周囲 6km の湖です。その湖水面積は約 50ha で、上江津湖と下江津湖に分かれた『ひょうたん型』をしています。そして、人口 70 万人を超える大都市でこれだけの湖が市街地にあるのは珍しく、貴重な水生生物や野鳥を見ることもできる、まさにオアシスです。加えて、市民の水道水の 100％を天然地下水でまかなう「日本一の地下水都市・熊本」のシンボル的存在でもあります。

この宝の湖ともいうべき、江津湖の周囲をぐるりと取り囲む形で、水前寺江津湖公園は立地しています。その周囲には遊歩道やサイクリングロードが整備されているほか、芝生が広がる公園もあり、休日には湧水広場やアスレチックで遊ぶ親子連れなど多く見られます。また、湖に隣接する形で動植物園もあり、一帯は市民の憩いの場や子どもたちの自然学習の場として活用されています。

なお、2012 年 4 月より熊本市が政令指定都市となったことを機に、江津湖全域の管理が熊本県から熊本市に移管されました。これを機に、とても一言では語り尽くせない、江津湖全体の魅力や大切さを、このホームページを通じて少しでも知っていただき、その上でこの公園を実際に歩いていただくことで、さらにその魅力を味わっていただければ幸いです。

アクセス方法（公共交通機関案内）＆ Map
(1) 水前寺地区・出水地区
■市電利用【乗車】「健軍行」乗車【下車】「市立体育館前」下車、徒歩 1 分■バス利用（交通センターから）【乗車】「秋津小楠記念会館（県庁経由）行」約 20 分【下車】「水前寺公園前」下車、徒歩 1 分．
(2) 上江津地区
■市電利用【乗車】「健軍行」乗車【下車】「八丁馬場」下車、徒歩 10 分■バス利用（交通センターから）【乗車】「秋津小楠記念会館（県庁経由）行」約 25 分【下車】「八丁馬場」下車、徒歩 10 分．
(3) 下江津地区
■市電利用【乗車】「健軍行」乗車【下車】「動植物園入口」下車、徒歩 15 分■バス利用（交通センターから動物ゾーン側へ）【乗車】C ホーム 31 番のりば「若葉小学校（県庁経由）行」「秋津小楠記念会館（県庁経由）行」約 35 分【下車】「動植物園前」下車、徒歩 10 分■バス利用（交通センターから植物ゾーン側へ）【乗車】C ホーム 32 番のりば「クレア・城南・甲佐行」約 35 分【下車】「画図橋」下車、徒歩 1 分

終章　若き友へのメッセージ

熊本市の江津湖で水遊び。大都会の真ん中でなんとも贅沢な遊びができる子供たちは幸せだ。地下水を大切に守る気持ちはこうして育まれ将来も受け継がれてゆくことでしょう。2016年7月（写真2の直ぐ下流で）

熊本地域の東部　白川(しらかわ)中流部の地下水人工涵養田、2008年7月、手前の小さな札には所有者の氏名、住所、水を張る期間、その前後の耕作予定の作物、面積などが書いてある。遠くに金峰山が見える。

山・水・人の風景

流域圏と地質屋・Lessons learnt from the past

1. はじめに

　私は石ころをあつかう地質屋です。流域圏学会ではその分野でただ一人の会員かもしれません。地質屋は「数百万年前のできごとを新しいと平気で言う」とか「そんな昔のことをさも見てきたようにほらを吹く」などと、ときにやゆされ、日本では残念ながら社会的な立場はよわく目立ちません。今回本欄に機会を与えて頂きましたので、流域圏のなかで地質屋はどういう役割を担ってゆけるのか、あらためて考えてみました。

2. 流域圏と第四紀層

　地質学は46億年まえに地球が誕生して以来、形成された地質を対象とする学問です。そのなかで、私たちが居住する現世の流域圏にダウンスケールしたとき、流域圏が決定的な素因となり、流域圏で完結する地質というものはあるのでしょうか。それは、おそらく、現在の地形に近い流域が地表に現れたあと、流域の地質が風化し浸食されて、おもに河川によって物質が下流に運ばれ、湖や海に堆積してできたきわめて新しい時代の地質と思われます。大雑把にいえば、ほぼ第四紀(258万年前から現在まで)という地質時代の地層(以下第四系という)に相当するでしょう。ほとんどが未固結な砂層、粘土層や礫層から構成されています。砂層や礫層は地下水を含む帯水層となります。第四紀より古い時代の堆積層もその当時の海や湖などの堆積盆を囲む流域圏があったはずですが、正確に復元することは難しいので取り上げません。また、ここでは第四系でも、時に流域を越えて広域に分布する火山噴出物(溶岩や火山灰)や洞穴を地下水が流動する石灰岩は除いて考えます。
　第四系は地域的な環境要素である地質や地形のほかに、海水準変動という地球規模の環境変化に大きな影響をうけました。それは地球気候の寒冷化と温暖化という変動にともなう、氷河の消長と密接に関係しているからです。世界的にみて第四系は地下数百mの厚さにおよび、地表ではいわゆる沖積平野(デルタや扇状地)という平坦な地形となって、人類に生活圏と農耕地を提供しています。人類が生活する最前線である海岸線は海水準変動を主因として、地盤の隆起や沈降および河川からの土砂排出量の多少、さらに沿岸流の作用が加わって海進と海退(海岸線が海側に退くこと、海進はその反対)を繰り返します。地盤の隆起によって海退が起こり、海岸や河川に沿って平坦な段丘が形成され、やはり人間にとって生活圏が広がります。
　アジア大陸には世界的な大河流域の最下流に数百万haにおよぶ広大なデルタがいくつもあり、そこには人口数百万人の巨大な都市圏が発達しています。島嶼部でもジャカルタ平野や第四紀火山のすそ野は広大な山間盆地となり、人口稠密地でみどり豊かな沃野です。

3. 地下水の利用と特長

　上記の都市圏では20世紀後半以降、産業の発展が人口の集中を促し、地下の第四系から急速に地下水開発が進みました。地下水は水質もよく、手っ取り早い地産地消型の水資源として手軽に利用されました。しかし、問題がない静穏な時代はそう長くは続きませんでした。過剰な取水はいろんな地下水障害を引き起こし、大きな社会問題となりました。循環型の浅層地下水とはいえ、短い時間に水収支バランスを超えた利用に限界はあります。時間の差こそあれ、地下水利用の栄枯盛衰の歴史的な経緯はアジア各国で驚くほど類似しています。その対策として地下水の取水が制限されました。そしていま、主として河川水へ水源の転換が図られていますが、なかなか進展していないのが現状でしょう

か。開発と運転のコストが安く、利便性に富んで、てごろな地下水は、土地に根付いた既得権として手放せないのでしょうか。

よく水資源は大陸や国別のスケールで賦存量や1人当たりの水量、その平均値などが算出され、偏在性や水ストレスが議論されます。そして、人口や気候予測をもとに将来の見通しが論じられます。しかし、この議論は絶対的に水に不足した地域や乾季と雨季の降水量の差が大きい地域のスケールで見た場合、そこに住む人たちにはあまり意味がないように思います。水は必要とする場と時節に存在して初めて価値があり、少なくとも流域単位くらいで年変化の量や質を考えないと適切な指標として使えません。水は食料やエネルギーと違い量が張るため流域を越えた流通経済財として成立しませんし、水運搬事業は一般にペイしません。それに反して、流域の水循環を無視し大規模に水を移送することは、国際間でも国内でも時に政治的な紛争にまで発展します。国際河川の流域変更や独占的貯水に伴う上下流国間のいがみ合いは皆さんご承知のとおりです。国境をまたぐ国際地下水盆でも帯水層の深さを問わず同様の問題が潜んでいます。

4. 水文地質屋の役割

第四系の地下水は流域に土着の水資源であることと、都市圏の直下に賦存するという特長によって大きな価値を発揮します。だから保全につとめ、流域の水循環を正しく評価し、管理基準を法の下で合意したうえで、うまく持続的に利用してゆけばよいのです。せっかく足元にある貴重な資源を利用しないのはもったいないことです。ながく法の下で取水規制を続けた東京下町では、地下水位が回復し上昇して、地中構造物に影響が出ています。地下水の揚圧力だけでなく、地盤の隆起によって地中構造物の内空が変位していることが報告されています。新たな静かに忍び寄る社会問題といえるかもしれません。バンコクも同じ悩みを抱えています。水文地質屋は地下水の開発から障害対策そして回復まで歴史的な変遷を見守ってきました。これからも地下水が次の世代まで、末永く達者な姿で利用されるシナリオを描いて引き継いでゆかねばなりません。これは私たちが果たすべき重要な役割であると思います。実際、多くの方が精力的にその方面の仕事をしています。

5. ベトナム・ハノイの地下水

世界には水文地質屋が先進的な役割をリードし、うまく地下水を利用している大都会があります。ベトナムの首都ハノイです。ここが地下水に依存した大都会であることはあまり知られていません。

バンコクやホーチミンが地下水障害に長い間苦労し、開発に急ブレーキをかけ続けた大都会であるのに比べ、ハノイはコントロールしながら、地下水をうまく利用して今日に至っています。その理由のひとつは地形、地質的に有利な条件に恵まれていることでしょう。ハノイはバックボ平野を貫通する紅河の右岸にあります。中国の横断山脈を水源とする紅河が峡谷から抜け出し、堆積物をいっきに吐きだした扇状地の末端にハノイはあって、デルタに移行する辺りに広がっています。そのため、紅河は極端な天井川となり、流出河川となって豊富に地下水を涵養しています。井戸も浄水場も紅河の堤防近くにあります。それは同時に水害の常襲地であり、歴代の為政者の大きな仕事は堤防を積み上げ、排水路を掘る治水事業でした。2008年11月の水害はまだ記憶に新しいところです。

現在ハノイ首都圏では330万人が住み、日量約90万m^3の地下水が取水されています。これは東京下町の1960年代ピーク時の60万m^3/日をおおきく上回っています。ハノイの専門家の間では水収支計算の結果によって数年後に地下水取水量は100万m^3/日が限界ではないかと考えられています。そのため、対策の手は打たれていました。近くの既存ダムからの導水です。2007年3月私が当地を訪れた時は工事中でした。

しかし、ハノイにも問題はあります。大半の

井戸が 100m 以浅の帯水層を対象としていることは地表の影響を受けやすいことでもあります。産業廃棄物や工場、墳墓による地下水汚染が報告されています。また、市街地の下流の浅い地下水に地層起源のヒ素汚染があり、深い帯水層に漏水していることが、水文地質構造の研究から指摘されています。ここでは取水が制限されて、深い井戸はありません。いっぽう、経営面にも問題があります。安い水道料金で生じた赤字を海外の援助で補てんしたり、高い漏水率など有収率の低さは旧社会主義行政の残渣でしょうか。現在では改善されていることを祈ります。330 万人都市のハノイ水事情が主に第四系の帯水層から取水する地下水でうまく運営されている陰に、ハノイの水文地質屋の懸命な努力があったことを私はよく知っています。

6. 地下水汚染

前段で地下水汚染に少し触れましたが、水質は水量とともに地下水の取水に伴う環境変化に対し重要なモニタリングの対象で、飲用の適否を左右します。世界でも有数の広がりをもつガンジスデルタは地下に膨大な地下水資源を賦存しています。第四系の厚さは世界有数でしょう。しかし、その地下水はヒマラヤ山脈を起源とする堆積物からヒ素が溶脱し汚染されています。そのため、開発の適地や井戸の深さは大きく制約され、現在でも約 3000 万人の貧しい人たちが健康基準の濃度を超す地下水で生活することを余儀なくされています。日々の暮らしに安全な水が保障されていないのです。私は現在バングラデシュや西ベンガルの人たちが直面するヒ素汚染は世界でもっとも悲惨な地下水障害と思っています。内外で紹介する場を得るたびにそう訴えてきました。

7. 国際連合の取り組み－地下水と人間の安全保障・Vulnerability

私は 2008 年から国連大学のワークショップに参画しました。目的は「地下水と人間の安全保障」を主題に 5 つのケース・スタディ地域（上記のガンジスデルタを含みます）の現状を分析し、将来の需給予測と対策を議論することでした。私はここで地下水障害を予測し、リスクを回避する方法として Vulnerability（ぜい弱性）という概念を学びました。聞きなれない用語ですが、自然災害のリスク管理の考え方と同じと考えられます。国連大学は UNDP の災害研究を受け、2005 年頃から従来の災害の分析や数量化から一歩進んだ方法論として採用しているようです。

私はこの概念を「人がこうむる災害や障害の可能性や影響、規模は自然現象面だけでなく、被害者側の社会的、経済的なもろさ、そして加害・被害の両者が環境に与える負荷を総合して考えることが重要であること。その分析から効果的なリスクの軽減策や障害と災害に強い方策を構築する糸口が生まれる」と理解しています。

ここまでお話ししますと、多くの分野の人が集まった流域圏学会の皆さんと議論ができる接点にやっとたどり着いたような気がします。それは、災害や障害に対するリスク管理には、物理的な側面ばかりでなく、人為的、社会的、経済的そして環境的な要因まで多岐にわたって多くの専門家と一緒に考察しなければならないからです。この考え方が適応できる対象は地下水に限りませんので、問題解決学として多方面で役にたつのではないでしょうか。

国連のなかでも UNESCO は、IHP と組んで地下水と人間の安全保障や緊急事態、そしてぜい弱性の抽出など人類の生存をおびやかすリスクと減災に注目した仕事を精力的にやっています。2006 年に「Groundwater for Emergency Situations A framework document (94p.)」を公表し、昨年「Groundwater Emergency Situations A Methodological Guide (316 p.)」を出版しました。現在「Groundwater Vulnerability Map of the World」を作成中です。日本でいうハザードマップに似た図のような気もしますが、Vulnerability をどう区分し、複雑な要因をどう図化するのか非

常に興味ある Map です。

8. 東日本大震災と地質学

つぎに、Vulnerability を念頭に東日本大震災の復興に向けたまちづくりについて考えてみます。細かい話は知りませんが、被災した三陸海岸では安全なまちの移転先に高台があがっています。ここは大半が最終間氷期（12〜13万年前）の旧汀潮線を刻む土地が隆起してできた中位段丘に相当すると思われます。その段丘面の標高は 40〜25m で、三陸海岸の北に高く南に低くなっています。今後新たな生活圏として開発するとき、大々的に段丘の切土や盛土がなされるでしょう。段丘に段丘崖はつきものです。造成には地震時の斜面と盛土の安定に細心の注意を要します。

いっぽう、現在のリアス式海岸は地盤の沈降（水没）によってできますので、最終間氷期以降の随分新しい時代のできごとです。その海岸には狭いながらも沖積平野があります。巾着型に閉じた地形と砂礫層が多い地質条件を生かし、緊急時の水源として地下ダムを造る案があり、大船渡市の稜里川では施工事例もあります。水道の集中システムのもろさを避けた、災害に強い分散型の水源です。標高の低い平野に位置しますから取水施設に工夫は必要でしょう。

9. 第四紀学と人類

第四系は近年いろんな解析手法が開発されて、堆積年代が明らかになり古環境の復元も可能になりました。第四紀は人類が繁栄した時代でもあります。そこに地質学と考古学や歴史学との接点が生まれ、古環境学という新しい学問がおこりました。最近の話題のひとつに津波堆積物があります。地質学者は現場をつぶさに歩き、東北地方の沿岸でその堆積物を見つけ、ほぼ時代を特定しました。古文書と対比しその分布が平安時代初期の貞観地震（869 年）による被災地と似ていることが分かりました。そして東日本大震災前、三陸沖で発生すると想定されていた地震の規模を上回る巨大地震が起こる可能性があると警鐘を鳴らしていたのです。素晴らしいフィールドの観察と洞察力だと思いますが、今回の震災前にそれは防災計画の目標として生かされませんでした。津波堆積物は高知県でも見つかっていますので、防災計画のなかで考慮されるでしょう。

また、地震に関わる話として、各地の遺跡で見つかっていた噴砂脈があります。その跡が地震で発生した砂地盤の液状化によるものと分かったのは地質学者と多分野の学者による共同研究の結果でした。古環境の復元といえるでしょう。このような最近の話題とは別に、近代において私たちが今その恩恵にあずかっている社会インフラ整備に地質学や地盤工学が多大の貢献をしてきたことは皆さんご存じのとおりです。第四系が大半を占める都市圏の地中空間利用のため、やっかいな軟弱地盤や地下水を相手に地道な研究が積み重ねられました。

地質学徒は地質学史の講義で、まず、斉一観 (Uniformitarianism) を教わります。これを地学事典は「過去の地質現象は現在の地質現象と同じ作用で一様に行われたとする考え」と説明しています。地質を過去の一時代の現象（ストック）ではなく、歴史的な変化あるいは進化過程（フロー）として観察する訓練を受けるのです。また、地質屋は地質現象を三次元で立体的に理解することを学びます。私たちは露頭から証拠を読みとり、それが自然界でどう展開しているのか、常に頭の中でフィールドを透視し、あれこれと地史の仮説を編み上げながら踏査をしています。上記の歴史地震に示された地質学者の先見性は、このような歴史観が観察眼力に裏付けされて生まれたのではないでしょうか。

めざましい進歩をとげた第四紀学の情報を流域圏学会の皆さんに広く活用していただきたいと思います。流域圏の歴史的な変遷や未来を考えるとき、きっとお役にたてるはずです。「Lessons learnt from the past」です。

山・水・人の風景

大学で留学生との語らい
－水資源とその環境保全・講義録－

思いがけないうれしい話

2010年秋から6年間大学で講義する機会がありました。水資源という格好な題材を思う存分海外の若い留学生に好きな英語でお話しするという、まことに楽しく幸せな充実した時間でした。

同年8月熊本大学のS教授からお手紙を頂き、文部科学省の科学技術振興機構のCREST（クレスト）「地下水環境リーダー育成国際共同教育拠点 Groundwater Environmental Leader Program of Kumamoto University : GelK」へのお誘いでした。常勤の特任教授として5年の契約でプログラムの運営と講義を受け持つことと待遇が記してありました。本俸に加えてボーナスや昇給、住宅手当など結構な処遇でした。なかなか魅力的なお話しで自分でやる自信は十分ありましたが、定年（2003年秋）まで9年間も単身赴任を経験した身には、また単身生活に戻る元気はありませんでした。また福岡で新しい職場に勤めていましたので、通いでよろしければお手伝いしたい旨のご返事をしました。

そうして大学院理学研究科で非常勤の客員教授として地下水管理政策実習（1単位）を担当することになりました。名目は実習でしたが、内容は一任されましたので全て講義とし、後期に集中して2コマ3時間×5日としました。講義はパワーポイントを使い教材はすべて英語です。

当初は5年というお話しでしたが1年延長され2016年3月まで6年続きました。受講生は理学と工学の大学院に所属する留学生で後期博士課程が主で修士課程の学生が2割ほどいました。アジアとアフリカの出身者が8割を占め、その構成は興味深いので後ほど詳しく述べます。

GelK（ジェルク）とは

就任が決まってから開講まで時間は無かったのですが、幸いなことに講義教材を準備するのにさほど時間はかかりませんでした。1999年から毎年JICA（国際協力機構）の研修生向けに地下水の講義を続けており、その教材が基になりました。これは高知工科大学のM教授からお誘いがあったもので、研修は継続して年ごとに講義時間が増えたので、中身を追加・修正して徐々に充実させていました。さらにこの当時はCREST（クレスト）（上記と別のプログラム）や国連大学のワークショップに参加して海外に出る機会も多く、英語で講義することになんの不安もありませんでした。

GelKについて私は次のように理解しています。熊本市と近隣町村は人口70万人を抱え、水源を100％地下水に頼っています。その保全のため熊本市と県は長年にわたって、①調査・解析から ②観測、③流域単位での水収支の把握、④問題点の抽出、⑤法的な枠組みの設定、⑥地域住民への情報公開と啓発、⑦改善の目標と具体策の提示、⑧予算措置等実施への取り組み、そして現在進行中の人工涵養に至る地下水盆管理の筋道をきちんと積み重ねる努力をしてきました。これは県、市、学界、住民、企業が地下水資源に依存する地域性と、地下水位の低下や湧水量の減少といった地下水盆に係る危機感を共有しながら、一体となって取り組んだ"熊本方式"と称すべき一大プロジェクトで世界的にも高く評価されます。終章の2で述べたように熊本市は国連が定めた世界水の日に「生命の水」の管理部門で2013年最優秀実践都市として表彰されました。

地下水保全に向けた人工涵養事業は休耕田を有効利用して、現在熊本市と近隣町村との協定に基づいて進められています。これは地下水盆

単位で水理地質構造が正しく理解され、地下水の涵養域が明らかになった結果です。"水"事業がともすれば流動の上下流の関係で生じやすい利害の対立を乗り越え、行政界を跨いで実施されていることは高く評価されてよいと思います。

さらに法制では熊本市が2007年に全面改定した「地下水保全条例」は地下水を『公水』（市民共通の財産としての地下水）として従来より一歩踏み込んだ条項を明示しました。日本では神奈川県秦野市についで2番目ではないでしょうか。他市町村に影響を与えると思います。日本の法律では地下水は「私水」なのです。法律と条例では法律が上位でしょうが、水資源に関して権限の違いが存在し、共に有効である根拠を理論的に正当とした制定法は日本にまだありません。

以上に述べた熊本の実績を学び、持続可能な地下水開発を推進する指導者を育成するのがGeIKです。最終的にGeIKで必要な13科目26単位を修得すると、「熊本大学地下水環境リーダー」の称号が授与されます。学位に加えて特殊な資格を得ることは留学生にとって将来役に立つはずです。世界的にも珍しい資格は熊本だからできたことであり、熊本を世界に発信するよいきっかけになると確信しています。

講義のテーマ

講義の内容は日本の水資源や地下水の開発と管理運営の歴史を大きな流れとして、アジア諸国で過剰な取水によって発生した地下水障害など広範囲に提示しました。地下水にとって水理地質は基本ですから、日本と対比しながらきちんとお話ししたつもりです。日本の成功例や失敗を整理して、成功例は参考にし、苦い過ちは繰り返すことなく、有効な政策をとるように訴えました。具体的に一番分かり易い日本の事例は東京下町での地下水の過剰な開発に伴う地盤沈下や塩水化などの地下水障害の歴史と、その後の対策法制ですが、細かい話は省きます。できるだけ事例研究は彼らの故国の話題を取り上げましたので、興味をもって聴いてもらえたようです。

留学生は故国に帰っていずれ指導者となり、技術に専念する立場から組織の管理、運営や政策に携わる職務に就くはずです。その時のためと言うのは少しおこがましいのですが、地下水を含む水資源の法的な側面（水法）について米国や欧州の法令を取り上げて事例研究を紹介しました。

また、国連の開発計画（UNDP）の危機管理に則った災害対応ついてVulnerability（脆弱性）に触れました。また、1993年のリオ・サミットに始まって2001年に策定されたミレニアム開発目標（MDGs）を経て、2015年国連サミットで採択されたSDGs（持続可能な開発目標）に至る国際目標の潮流をまとめました。地下水保全が地球環境保全の重要な要素であることを再認識するためです。彼らは水法とグローバルな環境課題について包括的な話を聞くのは初めてだったようで好評でした。

作成した教材はパワーポイントのファイルとして講義のあと全て彼らに配布しました。

多彩な留学生たち

2010年度から2015年度まで6年間の受講生は96名で、年平均16名のこじんまりとしたクラスです。2名が2年続けて在籍しましたので実質は94名ですが、延べ人数として96名としておきます。数字の羅列になりますが、いろんな傾向を見てゆきましょう。まず男性が64名、女性が1/3の32名です。インドネシアは半数近くが女性です。出身国は全部で21ケ国で、国別ではインドネシアが最多で25名(26％)、次いで中国20名、日本12名、バングラデシュ6名となり、日本を除いたトップスリーで51名と53％を占めます。あとは少数派で2名が、韓国、インド、フィリピン、イラン、フランス、ベナンであり、1名は、アフガニスタン、ソロモン、モンゴル、スーダン、ナイジェリア、タンザニア、ケニア、ジャ

マイカ、パキスタン、マレーシアです。地域別では東南アジアが 39 名（41%）、その他アジアが 33 名 (34%) で、アジア勢は 75% を占め、アフリカは 6 名 (6%)、欧州 2 名、中米 1 名、太平洋 1 名です。

女性が 3 割を占め、日本の大学院の人的構成を上回っているのではないでしょうか。出身国が 21 ケ国に及ぶのは素晴らしいことです。紛争只中のアフガニスタンやスーダンから来熊できたのには驚きました。フランスやジャマイカ、ソロモン、ベナンなど意外な国でした。ジャマイカは全出身国のなかで唯一英語を母国語とする国です。ネイティブを前に英語を話す時は少し緊張しましたが、彼女から高い評価を得たのは自信になりました。アジア勢は 3/4 で日本の大学の一般的な傾向と同じでしょう。

彼らの向学意欲は非常に高く、目の輝きが違いますし、英語の表現力も豊かで使い慣れています。残念ながら日本の学生さんにはいまひとつ努力が欲しい気がします。

最後に彼らの学資は興味ある話題ですが、微妙な点もあり調べていません。GeIK や熊本大学など日本政府の奨学金、JICA の派遣費、自国の奨学金、私費など多様なようです。

レポートの提出

講義が終了してレポートを提出してもらいました。テーマは「あなたの身の回りで水環境に関して問題と思うことを PCM の手法で解析し、問題解決に向けたプロジェクトを策定する」という趣旨です。テーマは広く"水"に関係したものとし、地下水に限りませんでした。対象地域の設定も自由としました。

レポートは知識の有無を問うのではなく、自分に身近な地域を対象に自身で問題や障害を発掘し、その解決のために必要なプロジェクトを形成するという創造的で完結型の課題としました。この PCM (Project Cycle Management) と言う手法は JICA（国際協力機構）が開発援助案件の立案や解決法として開発したもので、応用範囲は広く将来も役に立つし、利用して欲しいという思いで採用しました。

手法の概要はまず対策を必要とする目標を設定し、どこに問題点があるのか、関連する事項を拾い上げる。それらを短い文章でカードに表現し、「原因－結果」、「手段－目的」等の関係に基づいて状況を論理的に分析し、分類する。それらを要素単元の小さなものから大きなものへ道筋を構成し、最終的には目標に到達する「ツリー」に組み立てる。結論では具体的なプロジェクトを選択するという手法です。川喜田二郎氏の KJ 法ですね。

報文はインターネットから直接引用することは控え、自分で文章を書くように伝えました。成績は出欠とレポートに拠りました。提出されたテーマはそれぞれの国で何が起こっているのか、彼らが何を考えているかを教えてくれます。

一番関心が高かったのは河川、地下水、湿地など水資源の汚染です。その浄化処理施設に触れたものもあります。汚染原因は石炭や金など鉱物資源の開発、都市開発に伴う生活汚水や廃棄物、タバコ栽培肥料などです。中国では企業の開発が優先し、自治体の対策が遅れて、住民が被害をこうむる公害が大半です。中には企業と自治体の癒着も指摘されています。次いで過剰な取水による地下水位の低下や森林伐採に起因する湧水の枯渇、地球の温暖化によると思われる湖の水位低下などが報告されています。

地下水関連（石灰岩の地下水開発、地下水開発による地すべり、地下水のヒ素汚染、地下水の人工涵養）、水源開発（山間地の水道水源の開発、中国の南水北調）、海岸・河川関連（海岸の後退、河岸の浸食、洪水対策、都市の渇水）、そのほか水源に起因する感染症、石油ガス掘削によるアスファルト噴出、土石流、環境汚染による魚業被害など多様な視点で問題が指摘されています。PCM 解析ではステークホルダー分析もありますので、被害者、加害者、自治体など対立する立場から問題が浮かび上がって興味深い論考があります。上記の中国の企業と自治

体の癒着は利権と金でチェック機能がマヒした典型的な例でしょう。

また、上記の石灰岩の地下水開発はイラン北東部のプロジェクトで、北に国境を接するトルクメニスタンに流下する地下水を上流のイランで開発する計画です。いわゆる国際帯水層ですから紛争の種にならないように願っています。

学生さんの反応
学生さんたちは今までずっと専門知識の吸収や技術の学習、実験に専念しています。私の講義の主題である「管理・運営や政策」という学際的なソフトの話を聞くのは初めての人が大半で戸惑いを感じているようにみえました。しかし話を進めるにつれ熱心に聴いてくれ、質問を受けるようになりました。なかには非常に興味を示し立派なレポートを書いた意欲的な学生さんもいて、大変嬉しいことでした。

話題が広い範囲に亘るので十分理解できていないところも見受けられました。いっぽうで、初めて聞く話が大半であったが、沢山の知識を勉強して刺激になったという学生さんもいました。雨の多い湿潤アジアからの留学生には「水資源危機の世界」は実感として乏しい面もあるようです。しかし、アジアの大都市では地下水の利用が増大しながら、十分な管理がなされていないため地下水障害が発生していることはよく理解しています。とくに河川や湿地の汚染は日常目にする問題として危機意識を持っています。その対策として汚染の原因は家庭から出る汚水やゴミであるから、下水道整備や処理施設といったハード面だけではなく、一般市民に情報の公開と啓蒙というソフト面の対策が喫緊の課題であるという Public Involvement（公共の関わり合い）の重要性を訴えた時宜を得たレポートもあります。

法制では既に述べたように熊本市の「地下水保全条例」は地下水を『公水』（市民共通の財産としての地下水）と定め、条例として一歩踏み込んだ条項を明示しました。しかし日本の法律では地下水は「私水」です。留学生の母国（中国、ベトナム、インドネシアなど）では地下水は法的に「公水」であって、皆さんは意外と思ったようです。

全般に講義では写真や図表を多く示し、アニ

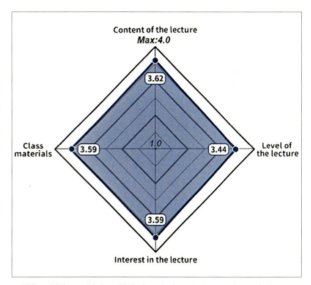

講師（私）に対する学生さんたちの評価。現役の先生方に負けない評価を頂いて光栄なことでした。講義資料、興味深さ、講義のレベル、講義の内容について4点満点で評価してあり、色付きの面が広いほど高得点です。GelKの最終報告書より引用しました。講師に対するエンマ帳が公開されるのは珍しいことではないでしょうか。評点が出ているのはほかに7名の先生です。

メーションも工夫しました。その結果かどうか、ティーチングスキル（教え方、見せ方）について評判は良かったようです。若い人に体験や知識を伝えたいとの熱い思いで教材を準備した私にとってまことにうれしいことでした。

英語をしゃべるということ　−英語脳−
英語を長時間しゃべるのは初めてではありませんが、今回奇妙な体験をしました。口から意識せずに次の句がよどみなく出てくる奇妙な感覚を味わいました。授業開始後すぐにスイッチが入る感じで、快い感覚に浸って、気持ちが良いのです。英語ですべてものを考えている英語脳の世界です。スライドを見ながら話すからと

いうこともももちろんありますが、見ていなくとも同じ感覚です。

　使い慣れた専門用語の世界だからと言って、用語を適当に並べただけで意志は伝わりません。文章を構成する必要があり、単語をどう並べて前後関係をどう結ぶか、and なのか、because なのか、but なのか論理的な思考が必要です。しかしそういう選択にとまどう時間を意識することなく、自然に流れ出てくる感じです。語学で大切なことはその世界に浸り切ることでしょうか。その意味では今はやりのスピードラーニングもよいかもしれませんが、座学で基本となる構文、語彙や文法を学ばなければ、文意を理解できるとは思えません。

　自慢をしているつもりはありません。頭に浮かんだ言いたいことと口からでてきた英文表現の間に日本語で考えるプロセスが存在しない、そういう特殊回路の感覚を味わいながら、英語をしゃべった楽しい6年間でした。

最終講義を終えて、学生さんたちと。(2016.2)

熊本大学での現地研修の途中で、阿蘇カルデラ西部の俵山展望台にて。後列中央の大柄な Willi Struckmier 博士（国際水文地質学会会長）を挟んで、右が嶋田教授、左が筆者。後方は阿蘇火山中央丘。

国連大学のワークショップ 『地下水と人間の安全保障』に参加して
－若い友へのメッセージとともに－

1．はじめに

　筆者は2008年1月から2010年3月まで行われた表記のプロジェクト "Groundwater and Human Security-Case Study（略称GWAHS-CS）" に参加する機会をえた。このワークショップ形式の共同研究はドイツのボンにある国連大学 (United Nations University, 略称UNU) のInstitute of Environment and Human Security（略称IEHS）が主催し、UNESCOのInternational Hydrological Programme（略称IHP）と国連のInternational Network on Water, Environment and Healthが協賛した。この小文はプロジェクトの目的と4回開催された会議の模様およびケーススタディ地域について、その概要を報告した。その合間に各地の街の様子や旅の感想などを織り交ぜて紹介したい。

2．プロジェクトの概要

　水資源は地球上で生物が生存してゆくうえで欠かせない。近年水量の枯渇や水質の汚染のために、安全な水が脅威にさらされている。この研究はこうした現状認識と将来に対する危機意識から生まれた。将来の懸念材料はいうまでもなく地球の温暖化や人口増加および貧困などである。

　水資源のなかで地下水は乾燥地域も含め世界中でひろく利用されている。いっぽうで賦存地域は偏在している。この研究は地下水が当面している脅威を抽出し、その緩和に向けた管理や運用の方策を4つの地域をケースにして、具体的に立案することが目的である。その地域は、エジプトとイランから1ヶ所ずつ、ベトナムから2ヶ所が選ばれた。選ばれた経緯は筆者の知るところではないが、乾燥地域と熱帯湿潤地域から2ヶ所ずつバランスをとったように思われる。筆者は特別参加のかたちでバングラデシュのヒ素汚染を提起した。いずれの地域も水資源のなかで地下水が主たる供給源となっており、現在水量や水質に問題が生じているため対策に苦慮している。仕事が進むにつれ研究が目指す『人間の安全保障』という壮大な命題に対し、果して相応しい地域を選択したのかどうか個人的には疑問に思う点もあった。これについてはのちほど少し触れる。

　参加者は主催者や共催者側の研究者とケーススタディ地域を研究している各国の学者である。専門とする分野は社会・経済学から水理地質まで多岐にわたっていた。これはひとつには地下水の賦存機構や障害の発生については水理地質学の範疇であること、ふたつには、地下水を利用する地域の社会構造や経済、それらの変化に伴う水需給の将来予想、水不足や水質の劣化がおよぼす地域社会や環境面の脆弱性（Vulnerability、のちに説明）の分析などは社会学や経済学に負うところが大きいからである。

　参加者のなかで実質的に作業を進めたのは、各国の責任分野について発表した者を含め毎回15名程度であった。こじんまりとしながらも活発な議論がなされた実のある場であった。4回の会議を通して参加者の出身をみると、UNUが5名、UNESCOが3名で会議の進行と方向づけを取り仕切り、ケーススタディではエジプト3名、イラン2名、ベトナム2名、日本からはK大学のM教授（イランでの1回のみに参加）と教授のピンチヒッターで参加した筆者（ほかの3回に参加）の2名であった。したがって4回の会議を通して日本人は一人であり、代役の筆者は初めての大舞台で顔見知りもいず心細い思いをした。しかしすぐに雰囲気にも慣れなんとか役目を果すことができた。そのほか単独のオブザーバーとしてインド、オランダ、チェコ、カナダから参加があった。

派遣費用は特別参加者をのぞき UNU から予算がでているようであった。

会議は持ち回りで行われた。プロジェクト立ち上げの初回はドイツのボン、2回目がエジプトのアレクサンドリア、3回目がイランのシラーズ、最終回がベトナムのホーチミンであった。2回目以降は現地見学会があり、いずれもバスに揺られてかなりの強行軍であったが楽しく実り多い旅であった。

実際に進められた作業の大枠の道筋は、まず主催した UNU と IEHS の社会学者からプロジェクトの趣旨説明があり、ついで各地域の研究者から地下水の賦存機構や障害の発生について発表があった。初回の会議で、地下水障害によって顕在化する脅威（リスク）の程度を考える基本的な視点として、物理的な自然現象そのものではなく、影響を受ける側の多様な面での脆弱性（Vulnerability）を明らかにし、両者の相乗作用として考える重要性が強調された。それば図1に示すように自然災害のリスクの考え方と同様な流れに近似できると考えられる。したがって脅威を軽減し緩和するためには、多様な側面から脆弱性の要因をあらかじめ洗い出し、備えておくことが予防や保全策を具体化するうえで重要となる。この点は最後にまとめたい。

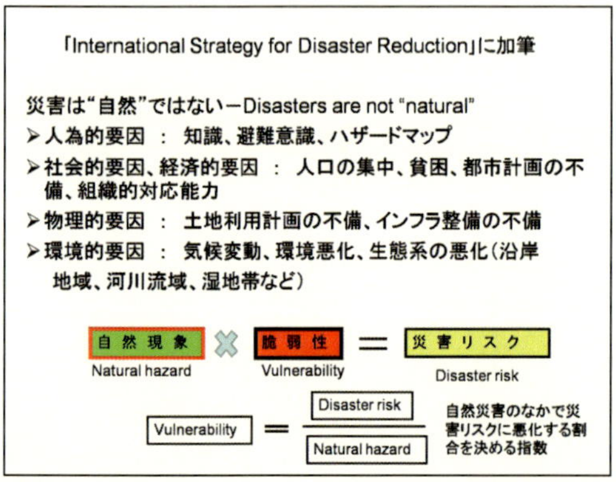

図1 災害の脆弱性（Vulnerability）と災害リスクの考え方

3. ケーススタディと見学旅行
3.1 ボン

いわずとしれた現在のドイツ連邦共和国が統一するまえ、旧西ドイツの首都であった。ベートーベンが生まれた街としても有名である。初回の会議は 2008 年 1 月ボンの南の街はずれにある UNU で開催された。ライン川左岸のほとりにあるひときは大きな高層ビルで、首都時代の政府庁舎ということであった（写真1）。

筆者には初めてのヨーロッパの旅で緊張した。ウィーンで慌ただしく航空機を乗り換え、夜遅く北の大都市ケルンとの中間にある空港に着いた。ボンは旧首都というにはあっけないほど小さな街である。UNU が入ったビルの最上階がレストランになっており、素晴らしい展望が開けている（写真1）。低平な疎林の丘陵が川の両岸に連なるほかは、望洋たる平野の真ん中をライン川が曲流し風景に変化を与えている。低層の家並と林の緑が落ち着いた色合いをなしてまことに調和のとれた平和な眺望である。しかし寒かった。車の窓は凍りつきワイパーも動かない。会議を終えた夕刻ボンの落ち着いた中心街を散歩し、その一角にあるベートーベンの生家を見学できたのは幸せな時間であった。帰路飛行機の乗り換え便の都合でウィーンに一泊した。その夜国立オペラ劇場の2階ボックス席で本場の歌劇を満喫できた。夜も更けて落ち葉が舞う底冷えの街をホテルまで歩いて帰りながら、格調高い音楽の都ならではの華やかで贅沢な一晩に酔いしれた。

写真1 UNU（国連大学）のビルからボン市街（左）とライン川を下流に向かって望む

3.2 エジプト・アレクサンドリア

2回目の会議は2008年11月エジプトの北端、ナイルデルタの西のはずれにあるアレクサンドリアで行われた。地中海に面した古い街である。会場は歴史上名高いアレクサンドリア図書館であった（写真2）。ここの館長はDr. Ismail Serageldinである。名前はお聞きおよびでないかもしれないが、箴言、「20世紀が石油をめぐる戦争の世紀とすれば、21世紀は水資源をめぐる戦争の世紀であろう」という有名な警鐘を発し、その管理の緊急性を世界に訴えたお話は御存じの方が多いであろう。博士が1995年世界銀行の副総裁の時に述べた言葉である。館長をしてあることをあとで知り、お会いする千載一遇の機会を逸したことを残念に思った。現在地中海に面して古代の跡地に建つ新しい図書館は船の舳先をイメージしたような非常にモダンな造りであり、天井は総ガラス張りで明るく広々としている。大勢の利用者が出入りしていた。若者が多い。

写真2　アレキサンダー大王像の前に揃ったメンバー

ケーススタディ地域であるWadi El Natrounはアレクサンドリアの南約90km、砂漠の只中にあった。まっ白の砂漠は緑豊かなナイルデルタの沃野から西に40〜50km離れて、くっきりと一線を画している。地域は幅数km、長さ30kmほどの、NW-SE系の地溝帯にあり、地面標高はマイナス23mで海面下にある。海面下に立ったのは生まれて初めてのことであった。

帯水層はほぼ水平に重なった更新世と鮮新世の堆積岩からなる。降水量は年間100mm以下で、地下水はナイルデルタより涵養されている。ここでは地下水開発によって1950年以降都市化と農業開発が急速に進んだ。カイロとアレクサンドリアをま一文字に結ぶ砂漠の国道が開通したためである。今日まで地下水開発許容量が評価されないまま乱開発されたため、過剰な揚水によって、水位の低下や水質の汚染が顕在化した。建設中のリゾートホテルや柑橘類などの農園がいつまで維持できるかどうかは、こんご今回の成果をどう生かすかにかかっている。急を要する問題である。灼熱の砂漠のただなかで蜃気楼のように"うたかたの緑の孤島"となって移ろい、ゴーストタウンとならないように祈る気持ちで、たわわに実ったみかん畑を眺めながら複雑な想いであった。

3.3 イラン・シラーズ

この会議は2009年5月イラン中南部のシラーズで行われた。近郊に有名な古代王朝の都ペルセポリスがあり、豊穣の地であったかもしれない。筆者は出席していないので報告に従って要点を紹介する。イランでは地下水は重要な水資源であり、その利用には注意を払ってきた。保全策は雨季の河川水を地下水盆に導水し涵養すること、施肥による水質の汚染を監視すること、昔から利用されたカナート（手掘りの地下水導水隧道（トンネル））を維持することなどである。とくに農業用の地下水に細心の注意が払われている。たとえば畝間のドリップ灌漑やいちじくの木の周囲を盛土で囲み雨水を根元に集めて灌漑する（Micro catchment）法など少しの水も逃がさない工夫がしてあった。

3.4 ベトナム・ホーチミン

最終回は2009年11月にホーチミンで開かれた。筆者にはなじみ深い都会である。ケーススタディ地域は、ホーチミンを挟んで西方のメコンデルタの下流にあるTra Vinh県の湿潤できわめて低平な後背湿地と、東方のBinh

Thuan 県の海岸沿いの大規模な砂丘の 2 ヶ所であった。

メコンデルタの帯水層は中新世以降の海成層であるが、化石塩水や近年の塩水浸入や施肥による汚染で利用域や層準が限られる。最近の人口増と生活レベルの向上が厳しさに拍車をかけている。Binh Thuan 県はベトナムでも降雨の少ない地区で、砂丘が発達する（図 2）。不圧地下水が存在する砂丘列は海成で最も古い砂丘は中期更新世（分布標高は 200 m にたっする）までさかのぼる。近年農業開発と人口増およびチタン採掘により水位の低下と砂漠化が見られ、地下水の人工涵養が計画されている。

図 2　Binh Thuan 県海岸の砂丘群と不圧地下水

4. バングラデシュ

バングラデシュの地下水のヒ素汚染はご存じの方が多いと思う。図 3 は 2006 年に公表された図を簡略化し、ベンガル湾の海底地形と地形等高線を加筆した図である。赤の塗色域は飲用井戸水のヒ素含有量を個別調査した結果、50μg/ℓ 以上の井戸が 60% を超える地域を郡単位で示してある。飲用水のヒ素基準は WHO で 10μg/ℓ 以下、バングラデシュは 50μg/ℓ 以下である。高濃度汚染帯は完新世の最大海進線である標高約 4 m に並行する。また東西に伸びるこの帯は南北方向の 2 ヶ所で途切れる。ここは最終氷期の埋没谷筋に当たる。この水理地質的な解釈は拙著「アジアの地下水」に譲るが、とにかく同国の南半部の地下水（井戸の深さ＜100 m）は広く汚染されている。ここには約 3500 万人が住み、毎日地下水を飲用し、代替水源はない。この悲惨な現実こそ国連大学が『地下水と人間の安全保障』の緊急課題として取り組むべきではないか、筆者は会議でそう訴えた。西アフリカ南部の砂漠化するサヘルも逼迫している。それに比べ今回のケーススタディ地域だけでは痛切な叫びが遠い。

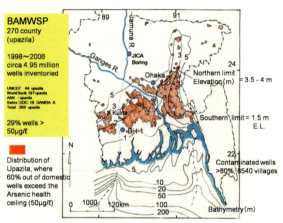

図 3　地下水のヒ素汚染地域（赤帯 50μg/ℓ ＞ 60%）

5. おわりに

この会議を通してキーワードのひとつになった Vulnerability という用語は聞きなれない。これは国連大学が 2005 年頃から従来の災害の分析や数量化から一歩進んだ方法論として採用している。筆者はこの概念は「人が被る災害の可能性や影響、規模は自然現象面だけでなく、社会的、経済的、そして環境の側面を統合して考えることが重要で、その分析から効果的なリスクの軽減や災害に強い方策を構築する鍵が生まれる」と理解している。今回のワークショップでも、リスクの程度は単に障害の現象的なあるいは技術的な解決策のみを探るのではなく、現象そのものと人が作り出した社会、インフラ、そして経済や環境に潜む脆弱性との複雑な相互作用の結果として明らかにする必要がある。もちろんコストと便益もある。脆さや弱さの枠組みを明らかにすることは、裏を返せば逆の側面から保全策を創案することになる。そして総合的に障害の軽減を促し、最終的に『人間の安全保障』を確保する手法と考えられる。最終成果の原稿は 2010 年 5 月に UNU に提出済みで、

終章　若き友へのメッセージ

報告書は公表されると聞いていたが、今日まで陽の目を見ていない。残念なことである。

最後に若いひとにお話しがしたい。国際機関で働くことのお勧めである。今回紹介したプロジェクトを主導したのは、UNU や UNESCO で働く仏国（フランス）、スペイン、独国（ドイツ）の40歳前後の社会学や経済学の研究者であった。そこで学ぶ英国や豪州の大学院生も精力的に補佐した。みんな若いし、女性も多い。筆者は彼らの精勤ぶりを頼もしく思いながら、日本の若者の姿がみえないことにふと痛みと寂しさを覚えた。日本の若いひとに国内の職場に満足するだけでなく、是非とも国際機関に腰を落ち着けて世界を舞台に雄飛して欲しいと思う。その経験や情報はかならず日本を活性化させる将来への糧となる。そういう経歴を得た人をきちんと評価して受け入れる社会になって欲しい。

さらに切なる展望でいえば、海外に親しい知己をえて、グローバルに対話ができる人間関係を醸成することは、『日本国の安全を保障する』草の根の献身であると信じている。

もうひとこと付け加えると、そういう意欲ある学生を育てる長期的な戦略を大学に考えて欲しいと思う。教師には専門知識に加えて、世界の動静を見据えたグローバルな視野が求められる。

イラン南部シラーズのイチヂクの果樹園。樹木の一本ごとに周辺に土手を築き、雨水が集まる（Micro Catchment）ように整地してある。（村上雅博氏撮影）

ベトナム南部 Binh Thuan 県の海岸砂丘でのチタン採掘。地下水との競合問題がおきている。すいひ、水中を撹拌させ比重差により選鉱する。

ベトナム Binh Thuan 県 ファンテイエトの海岸。南シナ海から昇る朝日が美しい。

あとがき

　本の題は『山・水・人の風景』とし、副題として－地質コンサルタントの世界－と添え書きしました。
　本題は私がこれまでたどって来た道はこの「山・水・人」の三題ばなしにくくられるような気がするからです。この三題であれば、落語家ではありませんが、突然の指名でも即座になにがしかのお話しはできそうです。
　副題は少し情緒的な本題を補って私の人生を単刀直入に表現したつもりです。地質の視点から現場の問いに技術で答える実学の世界に身をおき、世界を歩いたことは幸せでした。
　本題を別のたとえでいえば、大学で学んだ岩石学でよく用いられる3成分系の相平衡図があります。まず鉱物を三つの化学成分で代表させ、正三角形の頂点に配置します。つぎにその混じりあう割合を正三角形のなかに座標で図示します。これに温度や圧力軸を紙面に垂直に加えて、岩石の相変化を三次元で説明する際によく使われています。振り返れば私はこの「山・水・人」を三つの端成分とする人生の三角形のなかで右往左往しながら生きてきたように思います。平衡とは程遠い心境ですが、垂直軸を年齢に置き換えれば人生がより立体的に見えるかもしれません。
　つぎに「風景」ですが、ごくありふれた言葉です。しかし、ここでいう風景は視覚の対象としての物理的な景色ではありません。ここに込めた「風景」の語感は司馬遼太郎の歴史小説の題名「空海の風景」から借用したものです。同氏は本のあとがきで「風景」に込めた意味合いを次のように述べています。

　「千数百年も前の人物など、時間が遠すぎてどうにも人情が通いにくく、小説の対象にはなりにくいものだが、(中略) 結局は、空海が生存した時代の事情、身辺、その思想などといったものに外光を当ててその起伏を浮かびあがらせ、筆者自身のための風景にしてゆくにつれてあるいは空海という実体に遇会できはしないかと期待した。」(アンダーラインは筆者)

　この本の成り立ちは、当初はあちこちに書いた雑文を整理しようと軽い気持ちで思い立ったことにあります。類似するテーマの文章を束ね、章だてし、目次に

並べかえ、巻頭の「はじめに」など本として体裁を整えてゆくうちに、だんだんと"おおごと"になってきました。一般論として人間の一生はモザイク模様のように複雑な回路で、最大公約数に似た「三題」に近似できるほど単純ではありませんが、私の後半生は「山・水・人」三題のそれぞれの語感がかもし出す風景や雰囲気になにかしら包まれる人生であったように感じます。「三題」に象徴される拙文の題材や表現を通して私が描いてきた「風景」を読者にお伝えできれば望外の喜びです。

　出版にあたり櫂歌書房の東保司社長には大変お世話をいただきました。また編集や修正の段階では黒田美恵氏に大変なご苦労をお掛けしました。厚くお礼を申し上げます。

初　出　一　覧

第 1 章　チベット・ヒマラヤの東　カンリガルポ山群と探検史
　1-1　流域紀行　チベット・ヤルツァンポとアッサム・ブラマプトラ川 ・・・（流域圏学会誌、2016 年）
　1-2　カンリガルポ山群東端の 6327m 峰 ・・・・・・・（横断山脈研究会誌、ユンシス、2006 年）
　1-3　東南チベット・易貢措（イゴンツォ）の天然ダムと大洪水 ・・・・・・・（地理、2006 年）
　1-4　アッサム大地震　―1950 年 8 月― ・・・（横断山脈研究会誌、News Letter、2008 年）
　1-5　カンリガルポ山群山麓の民俗誌―史跡と建造物あれこれ― ・・・・・・・・・・・（初出）

第 2 章　ミャンマーからブータンにかけての辺境地域
　2-1　ビルマ（ミャンマー）訪問記 ・・・・・・・・・・・・（日本山岳会福岡支部報、2003 年）
　2-2　ミャンマー北部および周辺地域の探検史 ・・・・・（横断山脈研究会誌、ユンシス、2012 年）
　2-3　ブータンとタワン・スバンシリ地域の探検史と年表 ・・・・・・・・・（同上、2014 年）

第 3 章　探検史の断章
　3-1　灯台下暗し―文献探しに思う― ・・・・・・・・・・（日本山岳会福岡支部報、2005 年）
　3-2　キングドン・ウォード追想 ・・・・・・・・・・・・・・・・・・・（同上、2007 年）
　3-3　カンリガルポ山群・探検史余話―ラッドロウとシェリフ・（横断山脈研究会誌、ユンシス、2008 年）

第 4 章　東南アジアから南アジアへ　―大都会と水の風景―
　4-1　ヤシの木影で卒業論文を ・・（九州大学理学部地質学・地球惑星科学科同窓会誌、能古、1985 年）
　4-2　インドネシア　―第二の故郷― ・・・・・・・・・・・・・・・・・（同上、1999 年）
　4-3　いったい今ミャンマーで何が起こっているのだろう ・・・・・・・・・（同上、2006 年）
　4-4　モンスーンアジアの大都会みたまま（その 1）ハノイ ・（大分県臼杵市郷土誌、木漏れ陽、2011 年）
　4-5　モンスーンアジアの大都会みたまま（その 2）ベトナム第一の商業都市ホーチミンとメコンデルタ
　　　　・・・・・・・・・・・・・・・・・・・・・・・・・・・・・・・・（同上、2012 年）
　4-6　モンスーンアジアの大都会みたまま（その 3）東南アジアの中心商業都市バンコクとチャオプラヤ川
　　　　・・・・・・・・・・・・・・・・・・・・・・・・・・・・・・・・（同上、2013 年）
　4-7　モンスーンアジアの大都会みたまま（その 4）軍事政権から民主化への胎動 ・・・（同上、2014 年）
　4-8　モンスーンアジアの大都会（その 5）ヒ素汚染の地下水に苦悩する人々 ・・・（同上、2017 年）
　4-9　モンスーンアジアの大都会（その 6）ガンジス平野・地下水と人間の安全保障 ・・（同上、2018 年）

第 5 章　大海の孤島に渡る
　5-1　尖閣列島と私 ・・・（「東支那海の谷間―尖閣列島 九州大学・長崎大学合同 尖閣列島学術調査報告、1973 年）
　5-2　尖閣列島調査隊の成立 ・・・・・・・・・・・・・・・・・・・・・（同上、1973 年）
　5-3　尖閣列島の波高し ・・・（「九州大学探検部　50 年の軌跡」 九州大学探検会、2016 年）
　5-4　韓国・済州島の漢拏山（ハンナサン）登山（1966 年 4 月）―蒸し返される日韓問題と私のトラウマ― ・・・・・・
　　　　・・・・・・・・・・・・・・・・・・・・・・・・・・（日本山岳会福岡支部報、2017 年）
　5-5　白頭山を訪ねて三千里 ・・・・（九州大学理学部地質学・地球惑星科学科同窓会誌、能古、1969 年）
　5-6　白水隆先生の思い出 ・・・・・・・（「九州大学探検部　50 年の軌跡」 九州大学探検会、2016 年）

第6章　地下水と水資源の環境保全
6-1　タイ王国・高貴なる大河 チャオプラヤと流域の水資源管理－日本が学ぶこと・・・・・・・・・
・・・・・・・・・・・・・・・・・（不知火海・球磨川流域圏学会、News Letter、2007年）
6-2　書評　辻　和毅　著「アジアの地下水」2010年　櫂歌書房　松下潤氏(中央大学研究開発機構教授・
前流域圏学会会長)・・・・・・・・・・・・・・・・・・・・・・・・・・・・・・・（2011年）
6-3　書評　辻　和毅　著『アジアの地下水』2010年　櫂歌書房　古川博恭氏（琉球大学名誉教授）・・
・・・・・・・・・・・・・・・・（九州大学理学部地質学・地球惑星科学科同窓会誌、能古、2010年）
6-4　書評　辻　和毅　著『アジアの地下水』2010年　櫂歌書房　・・(古賀河川図書館、HP、2010年)
6-5　書評　守田　優　著『地下水は語る―見えない資源の危機』2012年　岩波書店・・・・・・・・・
・・・・・・・・・・・・・・・・・・・・・・・・・・・・・・・・（流域圏学会誌、2012年）
6-6　書評　谷口真人編著『地下水流動　モンスーンアジアの資源と循環』 2011年　共立出版・・・・
・・・・・・・・・・・・・・・・・・・・・・・・・・・・・・・（古賀河川図書館、HP、2011年）
6-7　書評　谷口真人・吉越昭久・金子慎治　編著『アジアの都市と水環境』2011年　古今書院・・・・
・・・・・・・・・・・・・・・・・・・・・・・・・・・・・・・・・・・・・（同上、2011年）
6-8　書評　古川博恭・黒田登美雄　著　英文『The Underground Dam』2011年　海鳥社・・・・・・・
・・・・・・・・・・・・・・・・（九州大学理学部地質学・地球惑星科学科同窓会誌、能古、2011年）

第7章　邂逅のひとこま　－人生の妙－
7-1　マダガスカルと天草を結ぶ糸－バルチック艦隊の消息を打電した日本人がいた－・・・・・・・・
・・・・・・・・・・・・・・・・（九州大学理学部地質学・地球惑星科学科同窓会誌、能古、2005年）
7-2　地図から消える町－西オーストラリアのアスベスト禍・・・・・・・・・・・・・・・・・・・・
・・・・・・・・・・・・・・・・・・・・・・・・・・・・・・・・・・・・・（同上、2007年）
7-3　君、お椀だって指先の小さな力でスーッと動くんだよ　－勘米良亀齢先生の小さな実験の思い出－
・・・・・・・・・・・・・・・・・・・・・・・・・・・・・・・・・・・・・（同上、2009年）
7-4　『九州大学探検部　50年の軌跡』九州大学探検会・・・・・・・（日本山岳会福岡支部報、2016年）

第8章　郷土の情景
8-1　水からみえる土地の風景－臼杵をめぐって－・・・・（大分県臼杵市郷土誌、木漏れ陽、2008年）
8-2　コミュニケーション能力と町おこし・・・・・・・・・・・・・・・・・・・・（同上、2010年）
8-3　六郷満山　国東半島の不思議におもう・・・・・・・・・・・・・・・・・・・（同上、2012年）
8-4　四万十川紀行・・・・・・・・・・・・・・・・・・・・・・・（四万十流域圏学会誌、2003年）
8-5　「コモンズの悲劇」から世界自然遺産「屋久島」を考える　・・・（日本山岳会福岡支部報、2012年）
8-6　ユネスコの世界文化遺産　「神宿る島」　宗像・沖ノ島と関連遺産群・・・・・・（同上、2018年）

終章　若き友へのメッセージ
終章-1　Sustainable Development「持続可能な発展」について　・・・・（九州応用地質学会誌、2016年）
終章-2　地下水をめぐる環境問題を身近に考えるヒント（気候変動適応研究推進プログラム RECCA,2016年）
終章-3　流域圏と地質屋－ Lessons learnt from the past －　・・・・・・・・・（流域圏学会誌、2013年）
終章-4　大学で留学生との語らい　－水資源とその環境保全・講義録－・・・・・・・・・・・（初出）
終章-5　国連大学のワークショップ「地下水と人間の安全保障」に参加して－若き友へのメッセージとともに－
・・・・・・・・・・・・・・・（九州大学理学部地質学科・地球惑星科学科同窓会誌、能古、2012年）

著者略歴　辻　和毅

著者近影。佐賀県伊万里市都河内ダムにて。

1943年　福岡県生まれ。
1967年　九州大学理学部地質学科卒業。
1969年　同大学院修士課程修了。
1971-1972年　西オーストラリア・ハマースレイ探鉱会社。
1973-2003年　日本工営（株）に勤務。
　国内と海外の土木地質、水理地質の業務に従事。学術博士。技術士（応用理学部門、総合技術監理部門）。元熊本大学大学院理学研究科客員教授。
　応用地質学会、九州応用地質学会、流域圏学会、横断山脈研究会、日本山岳会、アジア砒素ネットワークに所属。
　現在（株）技術開発コンサルタントに勤務。
　著書に「ヒマラヤの東　カンリガルポ山群　踏査と探検史」（松本徰夫、渡部秀樹と共著）、「アジアの地下水」(単著)いずれも櫂歌書房。

山・水・人の風景
ISBN978-4-434-25450-5

発行日　2019年5月1日　初版第1刷

著　者　辻　和毅
発行者　東　保司

発　行　所
櫂 歌 書 房

〒811-1365　福岡市南区皿山4丁目14-2
TEL 092-511-8111　FAX 092-511-6641
E-mail: e@touka.com　http://www.touka.com

発売所　　株式会社　星雲社